駿台受験シリーズ

# 数学Ⅱ・B・C
## [ベクトル]
## BASIC 140

改訂版

桐山宣雄・小寺智也・小松崎和子　共著

駿台文庫

# はじめに

この本は，教科書で学ぶ基本的知識と入試に向けた実践的学習を結びつけるための問題集です．入試問題は教科書からすればかなり高度に見えますが，教科書以上の知識が必要なわけではありません．必要なのは，教科書にある重要事項の意味を正確に理解し，それを具体的に応用し，論理的に発展させる力です．こうした力をつけるためにまず必要なことは，教科書にある重要事項がどのような意味をもち，どのように関係しあっているかを，基本的な問題の解法のなかでしっかりと理解することです．そして，「問題」を解くにあたって，何が大切であったかを言葉にしてみたり，定式化してみることが重要です．BASICと言っていますが，少し難しく感じるところがあるかもしれません．基本と実践の間に橋を渡すときには，ある種の難しさを感じながらも，それに動じることなく，前へ前へと進んでいく大胆さも大事ではないでしょうか．この問題集はそれほど厚くありませんが，公式の成り立ちを理解するうえで必要なことはできるだけのせてあります．はじめは各分野の全体像を大ざっぱにつかむことが大切です．まずは，この本のなかで完結している論理的な方法を身につけるようにしてください．そのために，この本の例題にくりかえし立ちかえり，ねばり強く考える力を養ってください．

この問題集ができるまでにたくさんの方々のお世話になりました．当初議論に加わり貴重なご意見をいただいた手島史夫先生，原稿に目を通し有益なコメントをいただいた小沢英雄先生，改訂に際して当を得たご助言をいただいた齋藤大成先生，ありがとうございました．多大なご苦労をおかけした文庫編集部の方々，はじめは，松永正則さん，大坂美緒さん，中越邁さん，そして，改訂に際して，加藤達也さん，林拓実さん，前橋桂介さん，ありがとうございました．そして，折々に著者の疑問に付き合ってくれた多くの先生方，職員の方々に感謝申し上げます．

著者を代表して　　桐山宣雄

# 本書の特長と利用法

実際の使い方としては

1 まず 例題 を解いてみてください.

2 それから解答を確認し，自分の今いる地点(実力)を確認してください.
(問題は解けたか．言葉の意味は知っていたか，公式は覚えていたか，公式は使えたか，計算はできたか，などなど.)

3 例題が解けず，解答を読んだものについては，間をあけず復習問題を紙の上で解いてみてください．(そのため多くの復習問題は例題と同程度の類題にとどめてあります.) 真似て解いてみることも基礎を定着させるにはとても大切なことです.

4 疑問がわいたら，計算については傍注，理論的な事については Assist を見ること．公式は基礎として重要な定理はおおよそのせてあります．必要に応じて，概念の約束である定義も傍注や公式の中にちりばめておきました．(より詳しい説明が知りたくなったら，面倒がらずに教科書等に戻ってください.)

5 シェーマ は推論の仕方を思い出しやすいように，みじかい言葉(こういう時はこう考えるという図式)で示したものです．各自，自分なりの言葉でやり方を整理するのもいいでしょう.

数学においては，理論のもつ意味に注意しながら，**論理的思考力**と**思考の柔軟性**を養うことが大切です．そのために，この問題集で基礎を確認し，そこから，さらなる実戦的な問題に挑戦し，つねに未知なる世界をめざしてほしいと思います．その途上でくりかえし立ち返る土台として，この問題集を使っていただければさいわいです.

# 目次

## § 1. 複素数と方程式・式と証明 (数Ⅱ)


001. ３次式の展開，因数分解………… 8
002. 二項定理とその応用…………… 9
003. 二項係数の性質…………………… 10
004. 整式の割り算……………………… 11
005. 分数式……………………………… 12
006. 恒等式，等式の証明①………… 13
007. 等式の証明②，式の値………… 14
008. 不等式の証明…………………… 15
009. 相加平均と相乗平均…………… 16
010. ２つの文字に関する恒等式…… 17
011. ２次方程式の複素数解………… 18
012. ２次方程式の解と係数の関係… 19
013. 余りの計算……………………… 20
014. 剰余の定理，因数定理………… 21
015. １の３乗根……………………… 22
016. 因数定理による３次方程式の解法……………………………… 23
017. ３次方程式の解と係数の関係… 24
018. ３次方程式が解をもつ条件…… 25
019. 「相反」方程式 ………………… 26


## § 2. 図形と方程式 (数Ⅱ)


020. ２点間の距離と分点…………… 27
021. 直線の平行・垂直……………… 28
022. 直線に関して対称な点………… 29
023. ３直線が三角形を作らない条件……………………………… 30
024. 点と直線の距離………………… 31
025. 円の方程式……………………… 32
026. 円と直線………………………… 33
027. 円の接線………………………… 34
028. ２円の位置関係………………… 35
029. ２円の共有点を通る図形……… 36
030. 不等式の表す領域……………… 37
031. 線分と直線が共有点をもつ条件……………………………… 38
032. 領域における最大・最小……… 39
033. $\mathrm{AP}:\mathrm{BP}=m:n$ をみたす点 P の軌跡……………………………… 40
034. $x=f(t)$, $y=g(t)$ をみたす $(x, y)$ の軌跡……………………………… 41
035. ２交点の中点の軌跡…………… 42
036. ２直線の交点の軌跡…………… 43
037. 通過領域………………………… 44
038. 点の存在範囲…………………… 45


## § 3. 三角関数 (数Ⅱ)


039. 三角関数の基本………………… 46
040. 三角関数の計算………………… 47
041. 三角関数のグラフ……………… 48
042. １次の三角方程式……………… 49
043. 三角関数の２次式①…………… 50
044. 加法定理………………………… 51
045. ２倍角・半角の公式…………… 52
046. ３倍角の公式…………………… 53
047. 三角関数の合成………………… 54

048. 三角関数の２次式②…………… 55
049. 三角関数の２次式③…………… 56
050. 三角方程式の解の個数………… 57
051. ２直線のなす角 ………………… 58
052. 和と積の公式…………………… 59
053. 図形と最大・最小……………… 60

## §4. 指数関数と対数関数 （数Ⅱ）

054. 累乗の計算……………………… 61
055. 指数方程式・不等式…………… 62
056. 対数の計算……………………… 63
057. 対数方程式……………………… 64
058. 対数不等式……………………… 65
059. 桁数と最高位の数……………… 66
060. 最大・最小に関する問題……… 67
061. 領域に関する問題……………… 68
062. 対数方程式の解の個数………… 69
063. $a^x+a^{-x}$ に関する問題 ………… 70
064. 無理数となる対数の証明……… 71

## §5. 微分法と積分法 （数Ⅱ）

065. 極限，微分係数………………… 72
066. 微分の計算……………………… 73
067. ３次関数の接線………………… 74
068. ３次関数のグラフ……………… 75
069. ３次関数の極値………………… 76
070. ３次関数の最大・最小①……… 77
071. ３次関数の最大・最小②……… 78
072. ３次方程式の解………………… 79
073. ３次方程式の解の個数………… 80
074. 接線が一致する………………… 81
075. 接線の本数……………………… 82
076. 不等式の証明…………………… 83
077. 図形問題への微分の応用……… 84
078. ４次関数のグラフ……………… 85
079. 積分の計算①…………………… 86
080. 積分の計算②…………………… 87
081. 定積分で表された関数………… 88
082. 面積①…………………………… 89
083. 絶対値を含む積分……………… 90
084. 面積②…………………………… 91
085. 面積の変化……………………… 92
086. 面積③…………………………… 93
087. ３次関数のグラフと接線で囲まれた部分の面積…………………… 94

## §6. 数　列 （数Ｂ）

088. 等差数列………………………… 95
089. 等比数列………………………… 96
090. 和の計算………………………… 97
091. 階差数列………………………… 98
092. 和の計算の応用①……………… 99
093. 和の計算の応用②……………… 100
094. 群数列…………………………… 101
095. ２項間漸化式①………………… 102
096. ２項間漸化式②………………… 103
097. ２項間漸化式③………………… 104
098. ２項間漸化式④………………… 105
099. 和と一般項……………………… 106
100. ３項間漸化式…………………… 107
101. 連立漸化式……………………… 108
102. 数学的帰納法…………………… 109
103. 格子点…………………………… 110

104. 確率漸化式……………………111

## § 7. 統計的推測　(数B)

105. 確率分布と平均・分散…………112
106. 確率変数の変換………………113
107. 確率変数の性質………………114
108. 確率変数の独立………………115
109. 二項分布………………………116
110. 確率密度関数…………………117
111. 正規分布と標準正規分布………118
112. 二項分布の正規分布による近似……………………119
113. 標本平均………………………120
114. 標本平均の分布と正規分布……121
115. 母平均の推定…………………122
116. 母比率の推定…………………123
117. 仮説検定①……………………124
118. 仮説検定②……………………125

## § 8. ベクトル　(数C)

119. ベクトルの演算………………126
120. 一直線上にある3点……………127
121. 重心のベクトル………………128
122. 内心のベクトル………………129
123. 三角形ABCに対する点Pの位置……………………130
124. 交点の位置ベクトル……………131
125. ベクトルの内積………………132
126. 内積の計算……………………133
127. 成分の平行条件・垂直条件，内積計算……………………134
128. 三角形の外心の位置ベクトル…135
129. 平面上の点の存在範囲…………136
130. 直線のベクトル方程式①………137
131. 円のベクトル方程式……………138
132. 図形の応用……………………139
133. 空間のベクトル・同一直線上にある条件……………………140
134. 直線のベクトル方程式②………141
135. 平面と直線の交点………………142
136. 空間ベクトルの位置ベクトルによる内積計算……………………143
137. 空間ベクトルの成分による内積計算……………………144
138. 成分による四面体の体積………145
139. 2直線上の2点の距離…………146
140. 球面と平面の交わりの円………147

復習の答(結果のみ)…………………148
自己チェック表………………………158
巻末：正規分布表

## 例題 001 3次式の展開，因数分解

(1) $(3x+2)^3$ を展開せよ．

(2) $8x^3+125y^3$ を因数分解せよ．

(3) $x^6-1$ を因数分解せよ．

解 (1) $\mathbf{(3x+2)^3}=(3x)^3+3(3x)^2\cdot 2+3(3x)\cdot 2^2+2^3$

$=\mathbf{27x^3+54x^2+36x+8}$

(2) $\mathbf{8x^3+125y^3}=(2x)^3+(5y)^3$

$=\{(2x)+(5y)\}\{(2x)^2-(2x)(5y)+(5y)^2\}$

$=\mathbf{(2x+5y)(4x^2-10xy+25y^2)}$

(3) $\mathbf{x^6-1}=(x^3)^2-1$

$=(x^3+1)(x^3-1)$

$=\mathbf{(x+1)(x^2-x+1)(x-1)(x^2+x+1)}$

**Assist**

(3)は次のようにしてもよい．

$$x^6-1=(x^2)^3-1=(x^2-1)\{(x^2)^2+x^2+1\}$$
$$=(x+1)(x-1)(x^4+x^2+1)=(x+1)(x-1)\{(x^2+1)^2-x^2\}$$
$$=(x+1)(x-1)\{(x^2+1)+x\}\{(x^2+1)-x\}$$
$$=(x+1)(x-1)(x^2+x+1)(x^2-x+1)$$

《3次の展開公式》 $(a+b)^3=a^3+3a^2b+3ab^2+b^3$

$(a-b)^3=a^3-3a^2b+3ab^2-b^3$

《3次の因数分解公式》 $a^3+b^3=(a+b)(a^2-ab+b^2)$

$a^3-b^3=(a-b)(a^2+ab+b^2)$

**シェーマ**

3次式 ⋙ $\begin{cases}(\square\pm\triangle)^3 \\ \square^3\pm\triangle^3\end{cases}$ の形とみなす

**復習 001**

(1) $(3x^3-4)^3$ を展開せよ．

(2) $(2x+3y)(4x^2-6xy+9y^2)$ を展開せよ．

(3) $a^6-64b^9$ を因数分解せよ．

(4) $x^6-7x^3-8$ を因数分解せよ．

## 例題 002 二項定理とその応用

(1) $(3x+2)^6$ の展開式で $x^4$ の係数を求めよ．

(2) $\left(2x^2+\dfrac{1}{x}\right)^8$ の展開式で $x$ の係数を求めよ．

(3) $(a+b+c)^7$ を展開したときの $a^3b^2c^2$ の係数を求めよ．

解 (1) $(3x+2)^6$ の展開式の一般項は $_6\mathrm{C}_r(3x)^{6-r}2^r$ $(r=0, 1, 2, \cdots, 6)$

つまり，$_6\mathrm{C}_r 2^r 3^{6-r}x^{6-r}$ であるから，$x^4$ の項となるのは $6-r=4$ $\therefore\ r=2$

よって，$x^4$ の係数は $_6\mathrm{C}_2 2^2\cdot 3^{6-2}=15\cdot 4\cdot 81=\mathbf{4860}$

(2) $\left(2x^2+\dfrac{1}{x}\right)^8$ の展開式の一般項は $_8\mathrm{C}_r(2x^2)^{8-r}\left(\dfrac{1}{x}\right)^r$ $(r=0, 1, 2, \cdots, 8)$

つまり，$_8\mathrm{C}_r 2^{8-r}x^{16-3r}$ であるから，$x$ の項となるのは $16-3r=1$ $\therefore\ r=5$

よって，$x$ の係数は $_8\mathrm{C}_5 2^{8-5}={}_8\mathrm{C}_3 2^3=\dfrac{8\cdot 7\cdot 6}{3\cdot 2\cdot 1}\cdot 8=\mathbf{448}$

(3) $(a+b+c)^7=\{(a+b)+c\}^7$ より，$(a+b+c)^7$ の展開式のそれぞれの項は

$$_7\mathrm{C}_r(a+b)^{7-r}c^r \quad (r=0, 1, 2, \cdots, 7) \quad \cdots①$$

をさらに展開して得られる．$a^3b^2c^2$ の項は，$c$ の 2 乗の項なので，$r=2$ のときの①の展開式の一つの項である．このとき，①は $_7\mathrm{C}_2(a+b)^5c^2\cdots②$ であり，このうち $(a+b)^5$ の展開式の一般項は $_5\mathrm{C}_k a^{5-k}b^k$ $(k=0, 1, \cdots, 5)$ であるから，②の展開式の一般項は $_7\mathrm{C}_2(_5\mathrm{C}_k a^{5-k}b^k)c^2$ である．つまり，$_7\mathrm{C}_2\cdot{}_5\mathrm{C}_k a^{5-k}b^kc^2$ であるから，$a^3b^2c^2$ の項はこのうちの $k=2$ のときで，$a^3b^2c^2$ の係数は $_7\mathrm{C}_2\cdot{}_5\mathrm{C}_2=\mathbf{210}$

### Assist

(3)は次のように考えることもできる．$(a+b+c)^7=(a+b+c)(a+b+c)\cdots(a+b+c)$ を展開したとき，$a^3b^2c^2$ の項は 7 個の因数のうち，3 個から $a$，2 個から $b$，2 個から $c$ をとり出すことによって得られる．このとり出し方は，$a$ を 3 個，$b$ を 2 個，$c$ を 2 個並べる方法と同じだけあり，$\dfrac{7!}{3!2!2!}=210$ 通りである．$a^3b^2c^2$ の項がこれだけあることになり，これが $a^3b^2c^2$ の係数である．

一般に，$(a+b+c)^n$ の展開式の一般項は $\dfrac{n!}{p!q!r!}a^pb^qc^r$ $(p+q+r=n)$ である．

《二項定理》 $(a+b)^n={}_n\mathrm{C}_0a^n+{}_n\mathrm{C}_1a^{n-1}b+{}_n\mathrm{C}_2a^{n-2}b^2+\cdots$
$\cdots+{}_n\mathrm{C}_ra^{n-r}b^r+\cdots+{}_n\mathrm{C}_{n-1}ab^{n-1}+{}_n\mathrm{C}_nb^n$

### シェーマ

**$(a+b)^n$ の展開式 ⋙ 一般項は $_n\mathrm{C}_r\, a^{n-r}\, b^r$ $(r=0, 1, 2, \cdots, n)$**

**復習 | 002** 次の項の係数を求めよ．

(1) $(2x^2-3)^8$ の $x^6$ (2) $\left(3x^3-\dfrac{2}{x^2}\right)^7$ の $x$ (3) $\left(1+\dfrac{2}{x}+x^2\right)^8$ の定数項

## 例題 003　二項係数の性質

次のそれぞれの等式を証明せよ.

(1)　${}_nC_0+{}_nC_1+{}_nC_2+\cdots+{}_nC_n=2^n$

(2)　$r{}_nC_r=n{}_{n-1}C_{r-1}$（ただし，$r=1, 2, 3, \cdots, n$ とする.）

(3)　${}_nC_1+2{}_nC_2+3{}_nC_3+\cdots+n{}_nC_n=n\cdot 2^{n-1}$

解 (1)　二項定理より

$$(1+x)^n={}_nC_0\cdot 1^n+{}_nC_1\cdot 1^{n-1}\cdot x+{}_nC_2\cdot 1^{n-2}\cdot x^2+\cdots$$
$$+{}_nC_{n-2}\cdot 1^2\cdot x^{n-2}+{}_nC_{n-1}\cdot 1^1\cdot x^{n-1}+{}_nC_n\cdot x^n$$

ここで，$x=1$ を代入すると

$$2^n={}_nC_0+{}_nC_1+{}_nC_2+\cdots+{}_nC_n$$ 終

(2)　$${}_nC_r=\frac{{}_nP_r}{r!}=\frac{n!}{r!(n-r)!}=\frac{n\cdot(n-1)!}{r\cdot(r-1)!(n-r)!}$$
$$=\frac{n}{r}\cdot\frac{(n-1)!}{(r-1)!(n-r)!}=\frac{n}{r}\cdot\frac{{}_{n-1}P_{r-1}}{(r-1)!}=\frac{n}{r}\cdot{}_{n-1}C_{r-1}$$

← ${}_nC_r\left(=\frac{n!}{r!(n-r)!}\right)$ を ${}_{n-1}C_{r-1}\left(=\frac{(n-1)!}{(r-1)!(n-r)!}\right)$ で表そうとする.

$\therefore\ r{}_nC_r=n{}_{n-1}C_{r-1}$ 終

(3)　(2)より　$1{}_nC_1=n{}_{n-1}C_0$，$2{}_nC_2=n{}_{n-1}C_1$，$\cdots$，$n{}_nC_n=n{}_{n-1}C_{n-1}$

よって　(左辺)$=n{}_{n-1}C_0+n{}_{n-1}C_1+n{}_{n-1}C_2+\cdots+n{}_{n-1}C_{n-1}$

$=n({}_{n-1}C_0+{}_{n-1}C_1+{}_{n-1}C_2+\cdots+{}_{n-1}C_{n-1})$

$=n\cdot 2^{n-1}$　((1)より)

$=$(右辺) 終

### Assist

(2)は「組合せ」で示すこともできる.
異なる $n$ 個のものから $r$ 個をとり出して作る組の総数 (${}_nC_r$) を次のように計算する. つまり，$n$ 個のものからまず1個とり，そのあとで残りの $n-1$ 個から $r-1$ 個をとり出す. このとき，同じ組が $r$ 通りずつ含まれる. よって　${}_nC_r=\frac{n\times{}_{n-1}C_{r-1}}{r}$　$\therefore\ r{}_nC_r=n{}_{n-1}C_{r-1}$

### シェーマ

**二項係数の問題 ⟫ $(1+x)^n$ の展開式に着目し，$x$ に数値を代入**

**復習 003**　次のそれぞれの問いに答えよ.

(1)　${}_nC_0-{}_nC_1+{}_nC_2-\cdots+(-1)^n{}_nC_n=0$ を示せ.

(2)　${}_nC_0+{}_nC_1\cdot 2+{}_nC_2\cdot 2^2+\cdots+{}_nC_n\cdot 2^n$ の値を求めよ.

(3)　${}_nC_r={}_{n-1}C_r+{}_{n-1}C_{r-1}$ を示せ.

## 例題 004 整式の割り算

次のそれぞれの問いに答えよ．

(1) $x^4-x^3+2x^2-x+1$ を $x^2-4x-1$ で割ったときの商と余りを求めよ．

(2) $x=2+\sqrt{5}$ のとき，$x^4-x^3+2x^2-x+1$ の値を求めよ．

**解** (1) $x^4-x^3+2x^2-x+1=(x^2-4x-1)(x^2+3x+15)+62x+16$ …①

より，商は $\boldsymbol{x^2+3x+15}$　余りは $\boldsymbol{62x+16}$

(2) $x=2+\sqrt{5}$ より　$x-2=\sqrt{5}$

両辺を 2 乗して　$(x-2)^2=5$　∴ $x^2-4x-1=0$

よって，①より

$$x^4-x^3+2x^2-x+1=62x+16$$

よって，求める値は，$x=2+\sqrt{5}$ をこの式の右辺に代入して

$$62(2+\sqrt{5})+16=\boldsymbol{140+62\sqrt{5}}$$

### Assist

(2)の解答にあるように，$x=2+\sqrt{5}$ のとき $x^2-4x-1=0$ であるから

$$x^2=4x+1 \cdots (*)$$

この式をくり返し用いると

$$x^3=x\cdot x^2=x(4x+1)=4x^2+x=4(4x+1)+x=17x+4$$

$$\therefore\ x^4=x\cdot x^3=x(17x+4)=17x^2+4x=17(4x+1)+4x=72x+17$$

以上より

$$x^4-x^3+2x^2-x+1=(72x+17)-(17x+4)+2(4x+1)-x+1=62x+16$$

このように，$x$ が $(*)$ をみたすとすると，$x$ の高次式はすべて $x$ の 1 次式に直すことができる．これによって得られる 1 次式は，元の高次式を $x^2-4x-1$ で割った余りと等しい．

《整式の除法の商と余り》

**整式 $A$ を 0 でない整式 $B$ で割ったときの商を $Q$，余りを $R$ とすると**

$$A=BQ+R \quad ((R\text{ の次数})<(B\text{ の次数}))$$

### シェーマ

**$x=a+b\sqrt{c}$ に対する式の値** ≫ **$a+b\sqrt{c}$ を 1 解とする $x$ の 2 次方程式を作り，割り算をする**

**復習 | 004**　次のそれぞれの問いに答えよ．

(1) $x^5-x^4+2x^2+x+3$ を $x^2-4x+2$ で割った余りを求めよ．

(2) $x=2-\sqrt{2}$ のとき，$x^5-x^4+2x^2+x+3$ の値を求めよ．

**TRIAL** $x-1=t$ とおき，二項定理を用いて，$x^{10}$ を $(x-1)^3$ で割った余りを求めよ．

## 例題 005 分数式

(1) 次の式を簡単にせよ．(i) $\dfrac{2x-3}{x^2-3x+2}-\dfrac{3x-2}{x^2-4}$ (ii) $\dfrac{1}{1-\dfrac{1}{1-\dfrac{1}{1-x}}}$

(2) 実数 $x$ が $x+\dfrac{1}{x}=4$ をみたすとき，次の値を求めよ．

(i) $x^2+\dfrac{1}{x^2}$ (ii) $x^3+\dfrac{1}{x^3}$ (iii) $x^4+\dfrac{1}{x^4}$ (iv) $x-\dfrac{1}{x}$

**解** (1) (i) $(与式)=\dfrac{2x-3}{(x-1)(x-2)}-\dfrac{3x-2}{(x+2)(x-2)}=\dfrac{(2x-3)(x+2)-(3x-2)(x-1)}{(x-1)(x-2)(x+2)}$

$$=\frac{-x^2+6x-8}{(x-1)(x-2)(x+2)}=\frac{-(x-2)(x-4)}{(x-1)(x-2)(x+2)}=\boldsymbol{\frac{-x+4}{(x-1)(x+2)}}$$

(ii) $(与式)=\dfrac{1}{1-\dfrac{1}{\dfrac{(1-x)-1}{1-x}}}=\dfrac{1}{1-\dfrac{x-1}{x}}=\dfrac{1}{\dfrac{x-(x-1)}{x}}=\boldsymbol{x}$

(2) (i) $x+\dfrac{1}{x}=4$ の両辺を2乗して $x^2+2x\cdot\dfrac{1}{x}+\dfrac{1}{x^2}=16$ ∴ $\boldsymbol{x^2+\dfrac{1}{x^2}=14}$

(ii) $\boldsymbol{x^3+\dfrac{1}{x^3}}=x^3+\left(\dfrac{1}{x}\right)^3=\left(x+\dfrac{1}{x}\right)\left\{x^2-x\left(\dfrac{1}{x}\right)+\left(\dfrac{1}{x}\right)^2\right\}$

$$=\left(x+\frac{1}{x}\right)\left\{\left(x^2+\frac{1}{x^2}\right)-1\right\}=4(14-1)=\mathbf{52}$$

(iii) $\boldsymbol{x^4+\dfrac{1}{x^4}}=\left(x^2+\dfrac{1}{x^2}\right)^2-2x^2\cdot\dfrac{1}{x^2}=14^2-2=\mathbf{194}$

(iv) $\left(x-\dfrac{1}{x}\right)^2=x^2-2x\cdot\dfrac{1}{x}+\dfrac{1}{x^2}=14-2=12$ ∴ $\boldsymbol{x-\dfrac{1}{x}=\pm2\sqrt{3}}$

《約分》 $\dfrac{AC}{BC}=\dfrac{A}{B}$ 《通分》 $\dfrac{B}{A}+\dfrac{D}{C}=\dfrac{BC+DA}{AC}$

**シェーマ**

$x^n+\dfrac{1}{x^n}$ ⋙ $x+\dfrac{1}{x}$ で表せる

**復習 | 005**

(1) $\dfrac{-3x-2}{x^3-1}+\dfrac{3}{x^2+3x-4}$ を簡単にせよ．

(2) 実数 $x$ が $x-\dfrac{1}{x}=3$ をみたすとき，次の値を求めよ．

(i) $x^2+\dfrac{1}{x^2}$ (ii) $x+\dfrac{1}{x}$ (iii) $x^3-\dfrac{1}{x^3}$ (iv) $x^4+\dfrac{1}{x^4}$

## 例題 006 恒等式，等式の証明①

(1) 以下の式が $x$ についての恒等式となるように，定数 $a$，$b$，$c$ の値を求めよ．

(i) $\dfrac{2x^2+x-1}{x^3+x}=\dfrac{a}{x}+\dfrac{bx+c}{x^2+1}$

(ii) $x^2+x+4=a(x-1)(x-2)+b(x-2)(x-4)+c(x-4)(x-1)$

(2) $(x+y+z)(x^2+y^2+z^2-xy-yz-zx)+3xyz=x^3+y^3+z^3$ を証明せよ．



解 (1) (i) 分母を払って

$$2x^2+x-1=a(x^2+1)+(bx+c)x \quad \therefore\ 2x^2+x-1=(a+b)x^2+cx+a$$

題意をみたすとき，この式も $x$ についての恒等式となるので，両辺の係数を比較して　$a+b=2$，$\boldsymbol{c=1}$，$\boldsymbol{a=-1}$　$\therefore$ $\boldsymbol{b=3}$

(ii) $x=1$，2，4 を代入して　$6=3b$，$10=-2c$，$24=6a$　$\therefore$ $a=4$，$b=2$，$c=-5$

このとき，(右辺)$=4(x-1)(x-2)+2(x-2)(x-4)+(-5)(x-4)(x-1)=x^2+x+4$ となり，与式の左辺と一致するので，たしかに恒等式になる．したがって

$\boldsymbol{a=4}$，$\boldsymbol{b=2}$，$\boldsymbol{c=-5}$

(2)
$$\begin{aligned}(\text{左辺})&=x(x^2+y^2+z^2-xy-yz-zx)+y(x^2+y^2+z^2-xy-yz-zx)\\&\qquad+z(x^2+y^2+z^2-xy-yz-zx)+3xyz\\&=(x^3+xy^2+z^2x-x^2y-xyz-zx^2)+(x^2y+y^3+yz^2-xy^2-y^2z-zxy)\\&\qquad+(zx^2+y^2z+z^3-xyz-yz^2-z^2x)+3xyz\\&=x^3+y^3+z^3=(\text{右辺})\end{aligned}$$

終

### Assist

(1)(ii)では，3つの数値を代入して，$a$，$b$，$c$ を求めた段階で，与式は2次以下の整式であることから，与式が恒等式になることがいえる．

《恒等式の性質》 $ax^2+bx+c=a'x^2+b'x+c'\cdots(*)$ が $x$ についての恒等式である
（すべての実数 $x$ に対して $(*)$ が成り立つ）

$\Leftrightarrow$ $x=x_1$，$x_2$，$x_3$ が $(*)$ をみたす（$x_1$，$x_2$，$x_3$ は相異なる実数）

$\Leftrightarrow$ $a=a'$，$b=b'$，$c=c'$（$(*)$ の両辺が式として一致している）

### シェーマ

**恒等式 ⋙ 係数比較か数値代入**

### 復習 006

(1) $\dfrac{3x^2-1}{x^3-x^2-2x}=\dfrac{a}{x}+\dfrac{b}{x-2}+\dfrac{c}{x+1}$ が $x$ についての恒等式であるとき，定数 $a$，$b$，$c$ の値を求めよ．

(2) $x^4+7x^3-3x^2+23x-14=ax(x+1)(x+2)(x+3)+bx(x+1)(x+2)+cx(x+1)+dx+e$ が $x$ についての恒等式となるように定数 $a$，$b$，$c$，$d$，$e$ を求めよ．

(3) $(a^2+b^2+c^2)(x^2+y^2+z^2)=(ax+by+cz)^2+(bx-ay)^2+(cy-bz)^2+(az-cx)^2$ を証明せよ．

## 例題 007 等式の証明②，式の値

(1) $a+b=c$ のとき，$a^3+b^3+3abc=c^3$ が成り立つことを証明せよ．

(2) $\dfrac{x+y}{2}=\dfrac{y+z}{3}=\dfrac{z+x}{4}\ (\neq 0)$ をみたすとき，$\dfrac{xy+yz+zx}{x^2+y^2+z^2}$ の値を求めよ．

**解** (1) $c=a+b$ を代入して $c$ を消去すると

(左辺)$=a^3+b^3+3abc=a^3+b^3+3ab(a+b)=a^3+3a^2b+3ab^2+b^3$

(右辺)$=c^3=(a+b)^3=a^3+3a^2b+3ab^2+b^3$

よって，(左辺)=(右辺) となり，題意をみたす． 終

(2) $\dfrac{x+y}{2}=\dfrac{y+z}{3}=\dfrac{z+x}{4}=k$ とおくと

$$\begin{cases} x+y=2k \\ y+z=3k \quad (k\neq 0) \quad \cdots(*) \\ z+x=4k \end{cases}$$

辺々足して　$2(x+y+z)=9k$　$\therefore\ x+y+z=\dfrac{9}{2}k$

この式から(＊)の各式を引いて　$z=\dfrac{5}{2}k,\ x=\dfrac{3}{2}k,\ y=\dfrac{1}{2}k$

よって

$$\frac{xy+yz+zx}{x^2+y^2+z^2}=\frac{\left(\frac{3}{2}k\right)\left(\frac{1}{2}k\right)+\left(\frac{1}{2}k\right)\left(\frac{5}{2}k\right)+\left(\frac{5}{2}k\right)\left(\frac{3}{2}k\right)}{\left(\frac{3}{2}k\right)^2+\left(\frac{1}{2}k\right)^2+\left(\frac{5}{2}k\right)^2}$$

$$=\frac{3\cdot 1+1\cdot 5+5\cdot 3}{3^2+1^2+5^2}=\boldsymbol{\frac{23}{35}}$$

**シェーマ**

$\dfrac{A}{p}=\dfrac{B}{q}=\dfrac{C}{r}$ などの比例式の形 ⋙ 「$=k$」とおく

**復習 | 007**

(1) $a+b+c=0$ のとき，$\dfrac{a^5+b^5+c^5}{5}=\dfrac{a^2+b^2+c^2}{2}\cdot\dfrac{a^3+b^3+c^3}{3}$ が成り立つことを証明せよ．

(2) $abc\neq 0$ で $\dfrac{(a+b)c}{ab}=\dfrac{(b+c)a}{bc}=\dfrac{(c+a)b}{ca}$ が成り立つとき，$\dfrac{(b+c)(c+a)(a+b)}{abc}$ の値を求めよ．

## 例題 008　不等式の証明

$x$, $y$, $z$, $a$, $b$ は実数とする.

(1)　$x^2-xy+y^2 \geqq 0$ を証明せよ. また, 等号が成り立つのはどのようなときか.

(2)　$x^2+y^2+z^2-xy-yz-zx \geqq 0$ を証明せよ. また, 等号が成り立つのはどのようなときか.

(3)　$a \geqq b$, $x \geqq y$ のとき, $(a+2b)(x+2y) \leqq 3(ax+2by)$ を証明せよ.

**解**　(1)　$(\text{左辺})=x^2-xy+y^2=\left(x-\frac{y}{2}\right)^2-\frac{y^2}{4}+y^2=\left(x-\frac{y}{2}\right)^2+\frac{3}{4}y^2 \geqq 0$

よって　$x^2-xy+y^2 \geqq 0$

（まず, $x$ の 2 次式として平方完成.）

等号が成り立つのは $x-\frac{y}{2}=0$ かつ $y=0$　$\therefore$ $\boldsymbol{x=y=0}$ のときである.　終

(2)　$(\text{左辺})=\frac{1}{2}(2x^2+2y^2+2z^2-2xy-2yz-2zx)$

$$=\frac{1}{2}\{(x^2-2xy+y^2)+(y^2-2yz+z^2)+(z^2-2zx+x^2)\}$$

$$=\frac{1}{2}\{(x-y)^2+(y-z)^2+(z-x)^2\} \geqq 0$$

よって $x^2+y^2+z^2-xy-yz-zx \geqq 0$ である. 等号が成り立つのは $x-y=0$ かつ $y-z=0$ かつ $z-x=0$　$\therefore$ $\boldsymbol{x=y=z}$ のときである.　終

(3)　$(\text{右辺})-(\text{左辺})=3(ax+2by)-(a+2b)(x+2y)=2(ax-ay-bx+by)$

$$=2\{a(x-y)-b(x-y)\}=2(a-b)(x-y) \cdots ①$$

（$a-b \geqq 0$, $x-y \geqq 0$ であることを利用する.）

$a \geqq b$, $x \geqq y$ より, ①の右辺は 0 以上であるから　$(a+2b)(x+2y) \leqq 3(ax+2by)$　終

### Assist

1°　すべての実数 $x$ に対して $x^2 \geqq 0$ である. (1), (2)は, この実数の基本性質を用いている.

2°　(2)は $x$, $y$ の順で平方完成してもよい.

$$(\text{左辺})=x^2-(y+z)x+y^2-yz+z^2=\left(x-\frac{y+z}{2}\right)^2-\left(\frac{y+z}{2}\right)^2+y^2-yz+z^2$$

$$=\left(x-\frac{y+z}{2}\right)^2+\frac{3}{4}y^2-\frac{3}{2}yz+\frac{3}{4}z^2=\left(x-\frac{y+z}{2}\right)^2+\frac{3}{4}(y-z)^2 \geqq 0$$

### シェーマ

**文字に条件のない不等式の証明　⟫⟫　$(\quad)^2+(\quad)^2+\cdots+(\quad)^2$ の形にする**

**復習 | 008**　(1)　次の不等式を証明せよ. また, 等号が成り立つのはどのようなときか. ただし, $x$, $y$, $z$, $a$, $b$, $c$ は実数である.

(i)　$(ax+by)^2 \leqq (a^2+b^2)(x^2+y^2)$　(ii)　$(ax+by+cz)^2 \leqq (a^2+b^2+c^2)(x^2+y^2+z^2)$

(2)　$a<b<c$, $a+b+c=0$ のとき, $3(a^2+b^2+c^2)<2(c-a)^2$ を証明せよ.

**TRIAL**　**復習 008** の(1)の(ii)を用いて, $x+y+z=1$ のとき, $x^2+y^2+z^2$ の最小値を求めよ.

## 例題 009 相加平均と相乗平均

(1) 正の実数 $a$, $b$, $c$ に対して次の不等式を証明せよ．また，等号が成り立つのはどのようなときか．

(i) $\dfrac{b}{a}+\dfrac{a}{b}\geqq 2$　　(ii) $(a+b+c)\left(\dfrac{1}{a}+\dfrac{1}{b}+\dfrac{1}{c}\right)\geqq 9$

(2) $y=x+\dfrac{2}{x}\ (x>0)$ の最小値を求めよ．

**解** (1) (i) 相加・相乗平均の関係より　$(\text{左辺})=\dfrac{b}{a}+\dfrac{a}{b}\geqq 2\sqrt{\dfrac{b}{a}\cdot\dfrac{a}{b}}=2(=(\text{右辺}))$

よって，与式が成り立つ．等号が成り立つのは $\dfrac{b}{a}=\dfrac{a}{b}$　∴ $a^2=b^2$　∴ $\boldsymbol{a=b}$ のときである．　終

(ii) $(\text{左辺})=(a+b+c)\left(\dfrac{1}{a}+\dfrac{1}{b}+\dfrac{1}{c}\right)=\left(\dfrac{a}{a}+\dfrac{a}{b}+\dfrac{a}{c}\right)+\left(\dfrac{b}{a}+\dfrac{b}{b}+\dfrac{b}{c}\right)+\left(\dfrac{c}{a}+\dfrac{c}{b}+\dfrac{c}{c}\right)$

$$=3+\left(\frac{a}{b}+\frac{b}{a}\right)+\left(\frac{b}{c}+\frac{c}{b}\right)+\left(\frac{c}{a}+\frac{a}{c}\right)$$

$$\geqq 3+2\sqrt{\frac{a}{b}\cdot\frac{b}{a}}+2\sqrt{\frac{b}{c}\cdot\frac{c}{b}}+2\sqrt{\frac{c}{a}\cdot\frac{a}{c}}=3+2+2+2=9(=(\text{右辺}))$$

よって，与式が成り立つ．等号が成り立つのは $\dfrac{a}{b}=\dfrac{b}{a}$ かつ $\dfrac{b}{c}=\dfrac{c}{b}$ かつ $\dfrac{c}{a}=\dfrac{a}{c}$

∴ $\boldsymbol{a=b=c}$ のときである．　終

(2) 相加・相乗平均の関係より　$x+\dfrac{2}{x}\geqq 2\sqrt{x\cdot\dfrac{2}{x}}$　∴ $y\geqq 2\sqrt{2}$

等号が成り立つのは $x=\dfrac{2}{x}$　∴ $x^2=2$　∴ $x=\sqrt{2}$ のときである．$y$ の最小値　$\boldsymbol{2\sqrt{2}}$

---

《相加平均と相乗平均の関係》　$\boldsymbol{a>0}$，$\boldsymbol{b>0}$ のとき

$\dfrac{a+b}{2}\geqq\sqrt{ab}$　(等号が成り立つのは，$\boldsymbol{a=b}$ のときである．)

---

**シェーマ**

$aX+\dfrac{b}{X}$ の形（$a$，$b$，$X$ は正）　⋙　「相加平均と相乗平均の関係」を利用

---

**復習 | 009**　(1) 正の実数 $a$, $b$, $c$ に対して $\left(\dfrac{b+c}{a}\right)\left(\dfrac{c+a}{b}\right)\left(\dfrac{a+b}{c}\right)\geqq 8$ を証明せよ．

また，等号が成り立つのはどのようなときか．

(2) $y=\dfrac{x^2+12}{3x}\ (x>0)$ の最小値を求めよ．

**TRIAL**　$y=\dfrac{x+2}{x^2+5}\ (x>-2)$ の最大値を求めよ．

## 例題 010　2 つの文字に関する恒等式

$x$, $y$ の 2 次式 $2x^2+5xy-3y^2+4x+5y+k$ が $x$, $y$ の 1 次式の積の形に因数分解できるような定数 $k$ の値を求めよ.

**解**　$2x^2+5xy-3y^2=(x+3y)(2x-y)$ であることより

$$2x^2+5xy-3y^2+4x+5y+k=(x+3y+a)(2x-y+b)\cdots①$$

が $x$, $y$ の恒等式となるような $k$ の値を求めればよい.

$$(①の右辺)=2x^2+5xy-3y^2+(2a+b)x+(-a+3b)y+ab$$

これと①の左辺を比べて

$$\begin{cases}2a+b=4\\-a+3b=5\\ab=k\end{cases}\quad\therefore\quad\begin{cases}a=1\\b=2\\k=2\end{cases}$$

よって　$\boldsymbol{k=2}$

**別解**　$2x^2+5xy-3y^2+4x+5y+k=0$ とおき

$$2x^2+(5y+4)x-3y^2+5y+k=0\cdots②$$

を $x$ の 2 次方程式とみて解く. ②の判別式を $D$ とすると

$$D=(5y+4)^2-4\cdot2(-3y^2+5y+k)=49y^2+16-8k$$

$x=\dfrac{-(5y+4)\pm\sqrt{D}}{4}$ であるから

$$(②の左辺)=2\left(x-\frac{-5y-4+\sqrt{D}}{4}\right)\left(x-\frac{-5y-4-\sqrt{D}}{4}\right)$$

これが 1 次式の積の形になるのは $D=49y^2+16-8k$ が $y$ についての完全平方式になることだから　$16-8k=0$　$\therefore$ $\boldsymbol{k=2}$　　← $(\square y+\triangle)^2$ の形.

### Assist

$$(ax+by+c)(dx+ey+f)$$
$$=adx^2+(ae+bd)xy+bey^2+(af+cd)x+(bf+ce)y+cf$$

の 2 次の項 $adx^2+(ae+bd)xy+bey^2$ は $(ax+by)(dx+ey)$ と因数分解できることに注目した.

### シェーマ

**$Ax^2+Bxy+Cy^2+Dx+Ey+F$**
**$=(ax+by+c)(dx+ey+f)$**
**の形に因数分解**

⇒

**$x$, $y$ の恒等式とみる**

**or**

**(左辺)$=0$ を $x$ の 2 次方程式とみると判別式が $(\square y+\triangle)^2$ の形となる**

### 復習 010

$x$, $y$ の 2 次式 $3x^2-7xy+2y^2+5x+ky+2$ が $x$, $y$ の 1 次式の積の形に因数分解できるような定数 $k$ の値を求めよ.

## 例題 011　2次方程式の複素数解

(1)　2次方程式 $(2+i)x^2+(5+i)x-3(1+2i)=0$ の実数解を求めよ．

(2)　$z^2=-5+12i$ をみたす複素数 $z$ を求めよ．

(3)　2次方程式 $x^2-3x+8=0$ の解を求めよ．

**解** (1)　与式より　$(2x^2+5x-3)+(x^2+x-6)i=0$

ここで，$x$ が実数のとき，2つの（　）内は実数である．よって

$$2x^2+5x-3=0 \text{ かつ } x^2+x-6=0$$

$$\therefore (x+3)(2x-1)=0 \text{ かつ } (x+3)(x-2)=0 \quad \therefore \boldsymbol{x=-3}$$

(2)　$z=x+yi$（$x$，$y$ は実数）と表すと，$z^2=-5+12i$ より

$$(x+yi)^2=-5+12i$$

$$\therefore x^2-y^2+2xyi=-5+12i$$

$x$ と $y$ が実数なので

$$x^2-y^2=-5 \cdots ① \text{ かつ } 2xy=12 \cdots ②$$

②より　$y=\dfrac{6}{x} \cdots ②'$　　これを①に代入して

$$x^2-\left(\frac{6}{x}\right)^2=-5 \quad \therefore x^4+5x^2-36=0$$

$$\therefore (x^2+9)(x^2-4)=0 \quad \therefore x^2=4 \quad \therefore x=\pm 2$$　← $x^2 \geqq 0$

②′に代入して　$(x, y)=(2, 3)$，$(-2, -3)$　$\therefore$ $\boldsymbol{z=2+3i,\ -2-3i}$

(3)　解の公式を適用すると

$$x=\frac{-(-3)\pm\sqrt{(-3)^2-4\cdot1\cdot8}}{2\cdot1}=\frac{3\pm\sqrt{-23}}{2} \quad \therefore \boldsymbol{x=\frac{3\pm\sqrt{23}\,i}{2}}$$

《複素数の相等》　$a$，$b$，$c$，$d$ が実数のとき

$$a+bi=0 \Rightarrow a=b=0$$

$$a+bi=c+di \Rightarrow a=c,\ b=d$$

《負数の平方根》　$a>0$ のとき　$\sqrt{-a}=\sqrt{a}\,i$　（とくに $\sqrt{-1}=i$）

**シェーマ**

**複素数の等式** ⟫ 実 + 実△ $i=0$ の形にして　□＝△＝0

**復習 011**

(1)　2次方程式 $(1+i)x^2+(i-1)x+ai=0$ が実数解をもつように，実数の定数 $a$ の値を定めよ．

(2)　$z^2=i$ をみたす複素数 $z$ を求めよ．

(3)　2次方程式 $3x^2-2x+5=0$ の解を求めよ．

## 例題 012　2 次方程式の解と係数の関係

(1)　2 次方程式 $x^2+2x+4=0$ の 2 解を $\alpha$, $\beta$ とする.

(i)　$\alpha^2+\beta^2$ を求めよ.　(ii)　$\alpha^3+\beta^3$ を求めよ.

(iii)　$\alpha^2$ と $\beta^2$ を 2 解とする 2 次方程式を 1 つ求めよ.

(2)　2 次方程式 $x^2+ax+3a-1=0$ の 2 解の比が $1:3$ のとき，その 2 解と定数 $a$ の値を求めよ.

(3)　$x$, $y$ に関する次の連立方程式を解け.

$x+y-xy=6\cdots$①, $x^2+y^2-4x-4y+2xy+4=0\cdots$②



**解**　(1)　$x^2+2x+4=0$ の 2 解を $\alpha$, $\beta$ とすると，解と係数の関係より

$\alpha+\beta=-2$, $\alpha\beta=4$

(i)　$\alpha^2+\beta^2=(\alpha+\beta)^2-2\alpha\beta=(-2)^2-2\cdot4=\mathbf{-4}$

(ii)　$\alpha^3+\beta^3=(\alpha+\beta)^3-3\alpha\beta(\alpha+\beta)=(-2)^3-3\cdot4\cdot(-2)=\mathbf{16}$

(iii)　(i)より，$\alpha^2+\beta^2=-4$ であり，$\alpha^2\beta^2=(\alpha\beta)^2=4^2=16$ であるから，

$\alpha^2$ と $\beta^2$ を 2 解とする 2 次方程式の 1 つは　$\mathbf{x^2+4x+16=0}$

(2)　2 解の比が $1:3$ のとき，2 解は $\alpha$ と $3\alpha$ と表せ，解と係数の関係より

$\alpha+3\alpha=-a$, $\alpha\cdot3\alpha=3a-1$

$\alpha$ を消去して　$3\left(-\dfrac{a}{4}\right)^2=3a-1$　$\therefore$ $3a^2-48a+16=0$

$$\therefore\ \boldsymbol{a}=\frac{24\pm\sqrt{24^2-3\cdot16}}{3}=\frac{\mathbf{4(6\pm\sqrt{33})}}{\mathbf{3}},\quad \boldsymbol{x}=\mathbf{-2\mp\frac{\sqrt{33}}{3}},\quad \mathbf{-6\mp\sqrt{33}}\ \text{（複号同順）}$$

(3)　②より　$(x+y)^2-4(x+y)+4=0$　$\therefore$ $(x+y-2)^2=0$　$\therefore$ $x+y-2=0$

$\therefore$ $x+y=2\cdots$③　①に代入して　$xy=-4\cdots$④

③, ④より，$x$ と $y$ は $X$ の方程式 $X^2-2X-4=0\cdots$⑤の 2 解である.

⑤ $\Leftrightarrow$ $X=1\pm\sqrt{5}$ より　$\mathbf{(x,y)=(1+\sqrt{5},1-\sqrt{5}),\ (1-\sqrt{5},1+\sqrt{5})}$

**《2 次方程式の解と係数の関係》**

「$\alpha$ と $\beta$ は 2 次方程式 $ax^2+bx+c=0$ の 2 つの解」 $\Leftrightarrow$ $\alpha+\beta=-\dfrac{b}{a}$, $\alpha\beta=\dfrac{c}{a}$

**シェーマ**

$\begin{cases}x+y=p\\xy=q\end{cases}$ ≫ **$x$, $y$ は $X$ の方程式 $X^2-pX+q=0$ の 2 解**

**復習 | 012**

(1)　2 次方程式 $2x^2-3x+1=0$ の 2 解を $\alpha$, $\beta$ とするとき，$\alpha+\beta$, $\alpha^2+\beta^2$, $\alpha^3+\beta^3$ の値を求めよ. また，$\alpha^2\beta$ と $\alpha\beta^2$ を 2 解にもつ 2 次方程式を 1 つ求めよ.

(2)　$x^2+y^2=3$, $x^2+y^2+xy=5$ のとき，$x$, $y$ の値を求めよ.

## 例題 013 余りの計算

(1) $x^n$ を $x^2-5x+6$ で割った余りを求めよ．ただし，$n$ は自然数の定数である．

(2) $3x^{13}+7x^6$ を $x^2+1$ で割った余りを求めよ．

(3) $x$ の整式 $f(x)$ を $(x-1)^2$ および $(x+1)^2$ で割ったときの余りが，それぞれ $2x-1$，$3x-4$ であるとする．$f(x)$ を $(x-1)^2(x+1)$ で割ったときの余りを求めよ．

**解** (1) 求める余りを $ax+b$，商を $P(x)$ とすると，割り算の式は

$$x^n=(x^2-5x+6)P(x)+ax+b \cdots ①$$ と表せる．

ここで，$x^2-5x+6=(x-2)(x-3)$ より，①に $x=2,\ 3$ を代入すると

$$\begin{cases} 2^n=2a+b \\ 3^n=3a+b \end{cases} \quad \therefore\ a=3^n-2^n,\ b=3\cdot2^n-2\cdot3^n$$

よって，求める余りは　$\boldsymbol{(3^n-2^n)x+3\cdot2^n-2\cdot3^n}$

(2) 求める余りを $ax+b$，商を $P(x)$ とすると，割り算の式は

$3x^{13}+7x^6=(x^2+1)P(x)+ax+b$（$a$，$b$ は実数）と表せる．$x=i$ を代入して

$$3i^{13}+7i^6=ai+b \quad \therefore\ ai+b=3i-7$$

$a$，$b$ は実数であるから　$a=3$，$b=-7$

よって，求める余りは　$\boldsymbol{3x-7}$

(3) $f(x)$ を $(x-1)^2(x+1)$ で割ったときの商を $P(x)$，余りを $ax^2+bx+c$ とすると

$$f(x)=(x-1)^2(x+1)P(x)+ax^2+bx+c$$

$f(x)$ を $(x-1)^2$ で割ったときの余りが $2x-1$ であるから，$ax^2+bx+c$ を $(x-1)^2$ で割った余りも $2x-1$．よって，$ax^2+bx+c=a(x-1)^2+2x-1$ と表せるので

$$f(x)=(x-1)^2(x+1)P(x)+a(x-1)^2+2x-1$$

ここで，$x=-1$ を代入すると，$f(-1)=4a-3$ である．また，条件より

$$f(x)=(x+1)^2Q(x)+3x-4 \quad (Q(x)\text{ は商})$$

と表せ，$f(-1)=-7$ であるから　$4a-3=-7$　$\therefore\ a=-1$

よって，求める余りは　$-(x-1)^2+2x-1=\boldsymbol{-x^2+4x-2}$

**シェーマ**

**$f(x)$ を $g(x)$ で割った余り** ≫ **割り算の式 $f(x)=g(x)Q(x)+R(x)$ を作り $g(x)=0$ となる $x$ の値を代入**

### 復習 | 013

(1) $x^n$ を $x^2-3x-4$ で割った余りを求めよ．ただし，$n$ は自然数の定数である．

(2) $x^{12}-x^4+x^2$ を $x^2-2x+2$ で割った余りを求めよ．

(3) $f(x)$ を $(x-2)^2$ で割ると余りが $2x-4$，$(x-3)^2$ で割ると余りが $-4x-4$ になるという．このとき，$f(x)$ を $(x-2)^2(x-3)$ で割った余りを求めよ．

## 例題 014 剰余の定理，因数定理

(1)　$x$ の整式 $f(x)$ を $x-2$ で割った余りが 1，$x+1$ で割った余りが 4 のとき，$f(x)$ を $(x-2)(x+1)$ で割った余りを求めよ．

(2)　$x$ の 3 次式 $f(x)=x^3+(a+b)x^2+(2a-b-1)x+b-5$ が $x^2-1$ で割り切れるとき，定数 $a$，$b$ の値を求めよ。このとき，方程式 $f(x)=0$ の解を求めよ．

**解** (1)　剰余の定理より　$f(2)=1$ かつ $f(-1)=4 \cdots$①

いま，$f(x)$ を $(x-2)(x+1)$ で割った余りを $ax+b$（$a$，$b$ は定数）とすると

$$f(x)=(x-2)(x+1)P(x)+ax+b \quad (P(x) \text{ は商})$$

と表せる．ここで，$x=2, -1$ を代入すると

$$f(2)=2a+b,\ f(-1)=-a+b$$

これと①より

$$2a+b=1 \text{ かつ } -a+b=4 \quad \therefore\ a=-1,\ b=3$$

よって，求める余りは　$\boldsymbol{-x+3}$

(2)　$f(x)$ が $x^2-1$ で割り切れるので，$f(x)$ は $x-1$ と $x+1$ で割り切れ，因数定理より

$$f(1)=3a+b-5=0,\ f(-1)=-a+3b-5=0$$

$$\therefore\ \boldsymbol{a=1,\ b=2}$$

よって　$f(x)=x^3+3x^2-x-3=(x^2-1)(x+3)=(x+1)(x-1)(x+3)$

したがって，$f(x)=0$ の解は　$\boldsymbol{x=\pm 1,\ -3}$

**《剰余の定理》**　整式 $P(x)$ を 1 次式 $x-\alpha$ で割った余りは $P(\alpha)$ である

**《因数定理》**　整式 $P(x)$ が $x-\alpha$ を因数にもつ ⇔ $P(\alpha)=0$

**Assist**（剰余の定理の証明）

$P(x)$ を $x-\alpha$ で割った商を $Q(x)$，余りを $r$ とすると

$$P(x)=(x-\alpha)Q(x)+r \quad (Q(x) \text{ は整式，} r \text{ は実数})$$

ここで $x=\alpha$ を代入すると $P(\alpha)=r$　つまり，余りは $P(\alpha)$

**シェーマ**

**$f(x)$ が $(x-\alpha)(x-\beta)$ で割り切れる $(\alpha \neq \beta)$ ⟹ $f(\alpha)=f(\beta)=0$**

**復習 | 014**

(1)　因数定理「整式 $f(x)$ に対して $f(\alpha)=0$（$\alpha$ は定数）をみたすとき，$f(x)$ は $x-\alpha$ で割り切れること」を証明せよ．

(2)　整式 $f(x)$ を $x+2$ で割ると $-5$ 余り，$x-1$ で割ると 4 余る．このとき，$f(x)$ を $(x+2)(x-1)$ で割った余りを $ax+b$ とするとき，定数 $a$，$b$ の値を求めよ．

## 例題 015　1の3乗根

1の3乗根のうち虚数であるものの1つを$\omega$とする．

(1)　3次方程式$x^3=1$の解は1，$\omega$，$\omega^2$であることを示せ．

(2)　$\omega^2+\omega^4+\omega^6$の値を求めよ．

(3)　$\omega^5+2\omega^2+1=a\omega+b$をみたす実数$a$，$b$の値を求めよ．

**解**　(1)　$x^3=1 \Leftrightarrow x^3-1=0 \Leftrightarrow (x-1)(x^2+x+1)=0$

$\Leftrightarrow x=1$ または $x^2+x+1=0$

よって，$\omega$は$x^2+x+1=0$…①の解の一つである．

したがって　$\omega^2+\omega+1=0$…②

また，①の$\omega$以外の解を$\omega'$とすると，解と係数の関係より

$\omega+\omega'=-1$　∴ $\omega'=-\omega-1$…②′

ここで，②より，$-\omega-1=\omega^2$であるから，②′に代入して　$\omega'=\omega^2$

よって，$x^3=1$の解は1，$\omega$，$\omega^2$である．　終

($\omega$は$\dfrac{-1+\sqrt{3}i}{2}$か$\dfrac{-1-\sqrt{3}i}{2}$のいずれか．)

(2)　ここで$\omega$は$x^3=1$の解なので　$\omega^3=1$…③

③より　$\omega^4=\omega^3\cdot\omega=\omega$，$\omega^6=(\omega^3)^2=1^2=1$ である．

これと②より　$\omega^2+\omega^4+\omega^6=\omega^2+\omega+1=\mathbf{0}$

(3)　③より　$\omega^5=\omega^3\omega^2=\omega^2$ であり，②より　$\omega^2=-\omega-1$ であるから

$\omega^5+2\omega^2+1=\omega^2+2\omega^2+1=3\omega^2+1=3(-\omega-1)+1=-3\omega-2$

よって　$\omega^5+2\omega^2+1=a\omega+b \Leftrightarrow -3\omega-2=a\omega+b$

ここで$a$，$b$は実数，$\omega$は虚数なので　$\boldsymbol{a=-3,\ b=-2}$

### Assist

1°　(1)では，$\omega$が$\dfrac{-1+\sqrt{3}i}{2}$か$\dfrac{-1-\sqrt{3}i}{2}$なので，2乗してもう一方になることを確認してもよい．

2°　$a$，$b$，$c$，$d$が実数のとき「$a+b\omega=0$…(ア)ならば$a=b=0$」…(＊)が成り立ち，これより「$a+b\omega=c+d\omega$…(イ)ならば$a=c$かつ$b=d$」…(＊＊)が成り立つ．(3)ではこのことを用いた．

(＊)の証明：(ア)を仮定する．このとき，$b\neq 0$とすると，(ア)より，$\omega=-\dfrac{a}{b}$となり，$\omega$が実数となり，仮定に反する．よって$b=0$．これを(ア)に代入して$a=0$．つまり　$a=b=0$

(＊＊)の証明：(イ)を仮定すると$a-c+(b-d)\omega=0$　ここで，$a-c$と$b-d$は実数なので，(＊)より　$a-c=b-d=0$　∴ $a=c$かつ$b=d$

### シェーマ

**1の3乗根$\omega$(虚数)　⇒　$\omega^3=1$と$\omega^2+\omega+1=0$を利用**

**復習 015**　2次方程式$x^2+x+1=0$の1つの解を$\omega$とする．

(1)　$\omega^3=1$を示せ．　(2)　$\omega^{100}+\omega^{200}+\omega^{300}$の値を求めよ．

(3)　$(1+2\omega)(a+b\omega)=1$をみたす実数$a$，$b$の値を求めよ．

**TRIAL**　$x^{11}-2x^{10}$を$x^2+x+1$で割った余りを求めよ．

## 例題 016 因数定理による3次方程式の解法

(1) 方程式 $x^3-4x^2-x+12=0$ を解け.

(2) 方程式 $2x^3-3x^2-6x-2=0$ を解け.

**解** (1) 定数項の値より整数解 $x$ は，存在するならば，12の約数である.

よって，$x=\pm1, \pm2, \pm3, \pm4, \pm6, \pm12$ を順に代入すると，$x=3$ で成り立つことがわかる.

したがって，与式の左辺は因数定理より $x-3$ で割り切れる．つまり

$$x^3-4x^2-x+12=(x-3)(x^2-x-4)$$

したがって，与式は

$$(x-3)(x^2-x-4)=0 \quad \therefore \ \boldsymbol{x=3, \ \frac{1\pm\sqrt{17}}{2}}$$

(2) 定数項が $-2$，最高次の係数が2であるから，$x=\pm1, \ \pm2, \ \pm\frac{1}{2}$ を順に代入すると，

与式は $x=-\frac{1}{2}$ を代入したとき成り立つことがわかる．よって，与式の左辺は $2x+1$ で割り切れ，与式は

$$(2x+1)(x^2-2x-2)=0 \quad \therefore \ \boldsymbol{x=-\frac{1}{2}, \ 1\pm\sqrt{3}}$$

### Assist

整数係数の3次方程式 $ax^3+bx^2+cx+d=0$ において，整数解を $p$ とすると

$$ap^3+bp^2+cp+d=0 \quad \therefore \ d=-p(ap^2+bp+c)$$

ここで，右辺の $ap^2+bp+c$ は整数であるから，整数解 $p$ は定数項である整数 $d$ の約数である.

また，有理数解を $\frac{r}{q}$（$r$ は整数，$q$ は自然数，$r$ と $q$ は互いに素）とすると

$$a\left(\frac{r}{q}\right)^3+b\left(\frac{r}{q}\right)^2+c\left(\frac{r}{q}\right)+d=0 \quad \therefore \ ar^3+br^2q+crq^2+dq^3=0$$

$$\therefore \ ar^3=-q(br^2+crq+dq^2)$$

ここで，$br^2+crq+dq^2$ は整数であり，$r$ と $q$ が互いに素なので，$r^3$ と $q$ は互いに素である.

よって，最高次の係数 $a$ は $q$ で割り切れなくてはならない．つまり，$q$ は $a$ の約数である．このことは4次以上の方程式においても成り立つ.

### シェーマ

**整数係数の高次方程式 ⟫ 有理数の解 $=\pm\dfrac{\text{定数項の約数}}{\text{最高次の約数}}$**

### 復習 | 016

(1) 方程式 $x^3-2x^2-13x+6=0$ を解け.

(2) 方程式 $3x^3-5x^2-5x-1=0$ を解け.

**TRIAL** 方程式 $2x^3+px^2-x-p-1=0$ が異なる3個の実数解をもつ条件を求めよ.

## 例題 017　3次方程式の解と係数の関係

(1)　方程式 $x^3-8x-2=0$ の3個の解を $\alpha$, $\beta$, $\gamma$ とするとき，
$\alpha+\beta+\gamma$, $\alpha\beta+\beta\gamma+\gamma\alpha$, $\alpha\beta\gamma$, $\alpha^2+\beta^2+\gamma^2$ の値をそれぞれ求めよ．

(2)　$x+y+z=8$, $x^2+y^2+z^2=26$, $xyz=12$ のとき，$x$, $y$, $z$ を求めよ．

**解** (1)　$x^3-8x-2=0$ の3個の解を $\alpha$, $\beta$, $\gamma$ とするとき，解と係数の関係より

$$\boldsymbol{\alpha+\beta+\gamma=0},\ \boldsymbol{\alpha\beta+\beta\gamma+\gamma\alpha=-8},\ \boldsymbol{\alpha\beta\gamma=2}$$

よって　$\alpha^2+\beta^2+\gamma^2=(\alpha+\beta+\gamma)^2-2(\alpha\beta+\beta\gamma+\gamma\alpha)=0^2-2(-8)=\mathbf{16}$

(2)　$x+y+z=8\cdots$①，$x^2+y^2+z^2=26\cdots$②，$xyz=12\cdots$③

①，②より　$xy+yz+zx=\dfrac{1}{2}\{(x+y+z)^2-(x^2+y^2+z^2)\}=\dfrac{1}{2}(8^2-26)=19\cdots$④

①，④，③より，解と係数の関係から，$x$, $y$, $z$ は $X$ の方程式
$X^3-8X^2+19X-12=0\cdots$⑤の3つの解である．⑤は，$X=1$ を代入すると成り立つので，因数定理より，⑤の左辺は $X-1$ で割り切れ，⑤は $(X-1)(X^2-7X+12)=0$，さらに $(X-1)(X-3)(X-4)=0$ と変形されるので，求める解は

$$\boldsymbol{(x,\ y,\ z)=(1,\ 3,\ 4),\ (1,\ 4,\ 3),\ (3,\ 1,\ 4),\ (3,\ 4,\ 1),\ (4,\ 1,\ 3),\ (4,\ 3,\ 1)}$$

**《3次方程式の解と係数の関係》**

**$\alpha$, $\beta$, $\gamma$ が3次方程式 $ax^3+bx^2+cx+d=0$ の3つの解 $\cdots(*)$**

$$\Leftrightarrow \alpha+\beta+\gamma=-\frac{b}{a},\ \alpha\beta+\beta\gamma+\gamma\alpha=\frac{c}{a},\ \alpha\beta\gamma=-\frac{d}{a}\cdots(**)$$

**Assist**　$(*)$を仮定すると，因数定理より，$ax^3+bx^2+cx+d=a(x-\alpha)(x-\beta)(x-\gamma)$ が成り立ち，両辺の係数を比較すると$(**)$となる．よって　$(*)\Rightarrow(**)$
また，$(**)$を仮定すると，$b=-a(\alpha+\beta+\gamma)$，$c=a(\alpha\beta+\beta\gamma+\gamma\alpha)$，$d=-a\alpha\beta\gamma$ であるから，
$ax^3+bx^2+cx+d=ax^3-a(\alpha+\beta+\gamma)x^2+a(\alpha\beta+\beta\gamma+\gamma\alpha)x+(-a\alpha\beta\gamma)=a(x-\alpha)(x-\beta)(x-\gamma)$
が成り立ち，$ax^3+bx^2+cx+d=0$ の3つの解は $\alpha$, $\beta$, $\gamma$ であり，$(*)$が成り立つ．
よって　$(**)\Rightarrow(*)$

**シェーマ**

$$\begin{cases} x+y+z=p \\ xy+yz+zx=q \\ xyz=r \end{cases}$$

⇒ **$x$, $y$, $z$ は $X$ の方程式 $X^3-pX^2+qX-r=0$ の3解**

**復習 | 017**

(1)　方程式 $2x^3-3x^2+2x-4=0$ の3個の解を $\alpha$, $\beta$, $\gamma$ とするとき，

$$\frac{3}{\dfrac{1}{1+\alpha}+\dfrac{1}{1+\beta}+\dfrac{1}{1+\gamma}}$$ の値を求めよ．

(2)　$x+y+z=3$, $x^2+y^2+z^2=9$, $xyz=-4$ のとき，$x$, $y$, $z$ を求めよ．

## 例題 018　3 次方程式が解をもつ条件

$f(x)=x^3+x^2+px+q$ に対して，3 次方程式 $f(x)=0$ が $x=1$ を解にもつとする．
(1)　$q$ を $p$ で表せ．
(2)　3 次方程式 $f(x)=0$ が 3 つの異なる実数解をもつ定数 $p$ の条件を求めよ．

解　(1)　$x=1$ を解にもつので，

$$f(1)=p+q+2=0 \quad \therefore\ \boldsymbol{q=-p-2}$$

(2)　(1)の結果を代入し，因数定理より，$f(x)$ が $x-1$ で割り切れることに注意すると

$$f(x)=x^3+x^2+px-p-2=(x-1)\{x^2+2x+(p+2)\}$$

よって　$f(x)=0 \Leftrightarrow (x-1)(x^2+2x+p+2)=0$

$\Leftrightarrow x=1$ または $x^2+2x+p+2=0$…①

したがって，与式が異なる 3 つの実数解をもつ条件は，①が 1 以外の異なる 2 実数解をもつことである．$g(x)=x^2+2x+p+2$，$g(x)=0$ の判別式を $D$ とすると

$$\frac{D}{4}=1-(p+2)>0 \text{ かつ } g(1)=p+5\neq 0$$

$\therefore\ \boldsymbol{p<-1\quad (p\neq -5)}$

### Assist

(2)において，(1)の結果を代入せず，$f(x)$ を $x-1$ で実際に割ると，

$$f(x)=x^3+x^2+px+q=(x-1)(x^2+2x+p+2)+p+q+2$$

より，余りが $p+q+2$ と表せ，因数定理より，$f(x)$ は $x-1$ で割り切れるので

$$p+q+2=0$$

これより

$$f(x)=0 \Leftrightarrow (x-1)(x^2+2x+p+2)=0$$

と変形してもよい．

### シェーマ

**$f(x)=0$ が $\alpha$ を解にもつ（$f(x)$ は整式）** ⋙ **$f(x)$ は $x-\alpha$ で割り切れる**

### 復習 | 018

$f(x)=x^3-px^2+qx+1$ に対して，3 次方程式 $f(x)=0$ が $x=-2$ を解にもつとき，この 3 次方程式が重解（2 重解または 3 重解）をもつ定数 $p$ の値を求めよ．

## 例題 019 「相反」方程式

次のそれぞれの問いに答えよ．

(1) $t=x+\dfrac{1}{x}$ とおくとき，$x^2+2x+\dfrac{2}{x}+\dfrac{1}{x^2}$ を $t$ の式で表せ．

(2) 方程式 $x^4+2x^3-13x^2+2x+1=0$ を解け．

**解** (1) $t=x+\dfrac{1}{x}$ …①より $t^2=x^2+2+\dfrac{1}{x^2}$ $\therefore$ $x^2+\dfrac{1}{x^2}=t^2-2$

よって $x^2+2x+\dfrac{2}{x}+\dfrac{1}{x^2}=\left(x^2+\dfrac{1}{x^2}\right)+2\left(x+\dfrac{1}{x}\right)$

$$=(t^2-2)+2t=\boldsymbol{t^2+2t-2}$$

(2) $$x^4+2x^3-13x^2+2x+1=0 \cdots ②$$

$x=0$ は解ではないので，$x\neq 0$ としてよい．

← $x=0$ を代入すると（左辺）$=1$ より不成立．

このとき，②の両辺を $x^2$ で割ると

$$x^2+2x-13+\frac{2}{x}+\frac{1}{x^2}=0$$

(1)を用いると，これは

$$(t^2+2t-2)-13=0 \quad \therefore\ t^2+2t-15=0 \quad (t+5)(t-3)=0 \quad \therefore\ t=-5,\ 3$$

①より

$$x+\frac{1}{x}=-5,\ 3 \quad \therefore\ x^2+5x+1=0,\ x^2-3x+1=0$$

$$\therefore\ x=\boldsymbol{\frac{-5\pm\sqrt{21}}{2},\ \frac{3\pm\sqrt{5}}{2}}$$

### シェーマ

$ax^4+bx^3+cx^2+bx+a=0$ ⋙ $x^2$ で割り $x+\dfrac{1}{x}=t$ とおく

**復習 | 019** 次のそれぞれの問いに答えよ．

(1) $x-\dfrac{1}{x}=t$ とおくとき，$2x^2-x+\dfrac{1}{x}+\dfrac{2}{x^2}$ を $t$ の式で表せ．

(2) 方程式 $2x^4-x^3-4x^2+x+2=0$ を解け．

**TRIAL** 方程式 $x^5-2x^4-5x^3-5x^2-2x+1=0$ が $x=-1$ を解にもつことに注意して，この方程式を解け．

## 例題 020　2点間の距離と分点

(1)　2点A(1, 3)，B(4, −1)間の距離ABを求めよ．

(2)　2点A(2, 4)，B(−1, 1)から等距離にある$x$軸上の点Pの座標を求めよ．

(3)　A(2, 8)，B(7, −2)，C(−3, 3)がある．線分ABを2：3に内分する点Dの座標，△ACDの重心Gの座標をそれぞれ求めよ．

**解** (1)　$AB=\sqrt{(4-1)^2+(-1-3)^2}=\sqrt{9+16}=\mathbf{5}$

(2)　$P(x, 0)$（$x$は実数）と表され，AP＝BPより　$AP^2=BP^2$

$\therefore\ (x-2)^2+(0-4)^2=(x-(-1))^2+(0-1)^2$

$\therefore\ x^2-4x+20=x^2+2x+2\quad\therefore\ x=3\quad\therefore\ \mathbf{P(3, 0)}$

(3)　Dは線分ABを2：3に内分するので　$D\left(\dfrac{3\cdot2+2\cdot7}{2+3}, \dfrac{3\cdot8+2\cdot(-2)}{2+3}\right)\quad\therefore\ \mathbf{D(4, 4)}$

よって，△ACDの重心Gは　$G\left(\dfrac{2+(-3)+4}{3}, \dfrac{8+3+4}{3}\right)\quad\therefore\ \mathbf{G(1, 5)}$

《2点間の距離》　2点$A(x_1, y_1)$，$B(x_2, y_2)$間の距離ABは

$$AB=\sqrt{(x_2-x_1)^2+(y_2-y_1)^2}$$

《内分点・外分点》　2点$A(x_1, y_1)$，$B(x_2, y_2)$に対して線分ABを

$m:n$に内分する点の座標は

$$\left(\frac{nx_1+mx_2}{m+n}, \frac{ny_1+my_2}{m+n}\right)$$

$m:n$に外分する点の座標は

$$\left(\frac{-nx_1+mx_2}{m-n}, \frac{-ny_1+my_2}{m-n}\right)$$

特に線分ABの中点の座標は　$\left(\dfrac{x_1+x_2}{2}, \dfrac{y_1+y_2}{2}\right)$

《三角形の重心》　3点$A(x_1, y_1)$，$B(x_2, y_2)$，$C(x_3, y_3)$を頂点とする△ABCの重心の座標は　$\left(\dfrac{x_1+x_2+x_3}{3}, \dfrac{y_1+y_2+y_3}{3}\right)$

**シェーマ**

A(□, □) B(△, △)をm：nに分ける　≫　内分は$\dfrac{n\square+m\triangle}{m+n}$の形　外分は$\dfrac{-n\square+m\triangle}{m-n}$の形

**復習 020**

(1)　2点A(−1, 2)，B(−4, −3)間の距離ABを求めよ．

(2)　2点A(1, 1)，B(2, 4)がある．$y$軸上にあり，△ABPが∠APB＝90°の直角三角形となるような点Pの座標を求めよ．

(3)　3点A(−3, 1)，B(2, −4)，C(2, 3)がある．ABを4：1に内分する点D，4：1に外分する点Eの座標をそれぞれ求めよ．また，△CDEの重心Gの座標を求めよ．

**TRIAL**　3つの頂点がA(3, 3)，B(−4, 4)，C(−1, 5)である三角形の外接円の中心の座標と半径を求めよ．

## 例題 021 直線の平行・垂直

(1) 点 A(2, 1) を通り，直線 $l: 3x+4y=2$ と平行な直線，垂直な直線の方程式をそれぞれ求めよ．

(2) 2 直線 $l: (a+2)x-ay=10$，$m: (a-1)x-3y=5$ が平行であるときの $a$ の値，垂直であるときの $a$ の値をそれぞれ求めよ．

**解** (1) 直線 $l$ の傾きは $-\dfrac{3}{4}$ であるから，A を通り，$l$ に平行な直線の方程式は

$$y=-\frac{3}{4}(x-2)+1 \quad \therefore\ y=-\frac{3}{4}x+\frac{5}{2} \quad \therefore\ \boldsymbol{3x+4y=10}$$

A を通り，$l$ に垂直な直線の方程式は　$y=\dfrac{4}{3}(x-2)+1 \quad \therefore\ y=\dfrac{4}{3}x-\dfrac{5}{3} \quad \therefore\ \boldsymbol{4x-3y=5}$

(2) 直線 $m$ の傾きは $\dfrac{a-1}{3}$．$a=0$ とすると，2 直線は平行にも垂直にもならないので，

$a\neq 0$ としてよく，このとき，$l$ の傾きは $\dfrac{a+2}{a}$．よって，$l$ と $m$ が平行となる条件は

$$\frac{a+2}{a}=\frac{a-1}{3} \quad \therefore\ 3(a+2)=a(a-1) \quad \therefore\ a^2-4a-6=0 \quad \therefore\ \boldsymbol{a=2\pm\sqrt{10}}$$

**$l$ と $m$ が垂直となる条件は**

$$\left(\frac{a+2}{a}\right)\left(\frac{a-1}{3}\right)=-1 \quad \therefore\ (a+2)(a-1)=-3a \quad \therefore\ a^2+4a-2=0 \quad \therefore\ \boldsymbol{a=-2\pm\sqrt{6}}$$

《直線の方程式Ⅰ》 点 $(x_1, y_1)$ を通り，傾き $m$ の直線の方程式は　$y-y_1=m(x-x_1)$

点 $(x_1, y_1)$ を通り，$x$ 軸に垂直な直線の方程式は　$x=x_1$

《2 直線の平行・垂直》 2 直線 $y=m_1x+n_1$，$y=m_2x+n_2$ について

2 直線が平行 ⇔ $m_1=m_2$　　2 直線が垂直 ⇔ $m_1m_2=-1$

(2 直線が一致する場合も平行であると考えることにする.)

### Assist

一般に次の公式が成り立つのでこれを用いて(2)を解いてもよい．

2 直線 $ax+by+c=0$，$a'x+b'y+c'=0$ について

2 直線が平行 ⇔ $ab'-a'b=0$　　2 直線が垂直 ⇔ $aa'+bb'=0$ …(＊)

### シェーマ

2 直線が平行 ⟫ 傾きが等しい　　2 直線が垂直 ⟫ 傾きの積が $-1$

**復習 021** (1) 点 A(−3, −1) を通り，直線 $l: 5x-2y=1$ と平行な直線，垂直な直線の方程式をそれぞれ求めよ．

(2) 2 点 A(1, 5)，C(7, 3) に対して，四角形 ABCD が正方形のとき，原点を通り，AC に平行な直線，2 点 B，D を通る直線の方程式をそれぞれ求めよ．

**TRIAL** (1) **Assist** の(＊)を証明せよ．　(2) (＊)を用いて**例題 021** (2)を解け．

## 例題 022　直線に関して対称な点

2点A(3, 2), B(−1, 2)と直線$l$：$x+y+1=0$がある．また，点Pは直線$l$上を動くとする．

(1)　直線$l$に関して点Aと対称な点A′の座標を求めよ．

(2)　AP+BPが最小になるような点Pの座標を求めよ．

解 (1)　A′$(a, b)$とすると，AA′の中点$\left(\dfrac{3+a}{2}, \dfrac{2+b}{2}\right)$が$l$上より

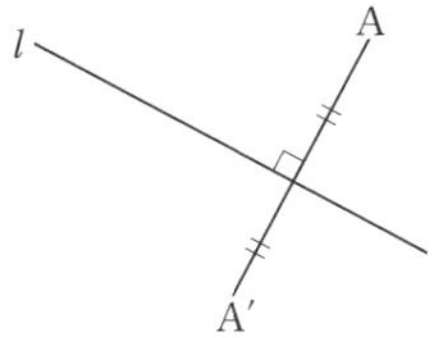


$$\frac{3+a}{2}+\frac{2+b}{2}+1=0 \quad \therefore\ a+b=-7\cdots①$$

また，AA′と$l$が垂直なので，($l$の傾き)$=-1$より

$$\frac{b-2}{a-3}\times(-1)=-1 \quad \therefore\ b-2=a-3 \quad \therefore\ a-b=1\cdots②$$

AA′は$y$軸と平行ではないので$a-3\neq0$
AA′の傾きは$\dfrac{b-2}{a-3}$

①，②より　$a=-3$，$b=-4$　∴ **A′(−3, −4)**

(2)　AとA′は$l$に関して対称なので

AP+PB=A′P+PB

よって，AP+PBが最小となるのは，A′P+PBが最小となるときで，これはA′，P，Bが一直線上にあるときである．

つまり，点PがA′Bと$l$の交点のときである．

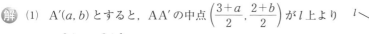

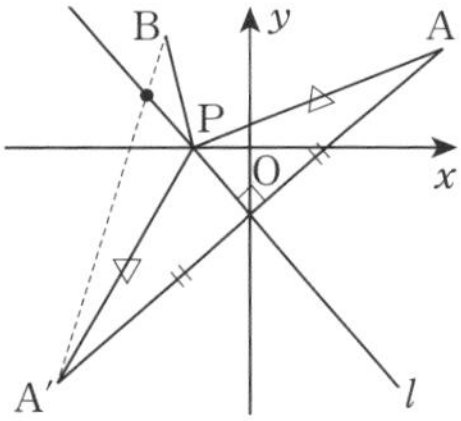


直線A′Bの方程式は

$$y=\frac{-4-2}{-3-(-1)}(x+3)-4 \quad \therefore\ y=3x+5$$

これと$l$の式を連立して　$x=-\dfrac{3}{2}$，$y=\dfrac{1}{2}$

求める点Pの座標は　$\left(-\dfrac{3}{2}, \dfrac{1}{2}\right)$

《直線の方程式Ⅱ》　異なる2点A$(x_1, y_1)$，B$(x_2, y_2)$を通る直線の方程式は

$x_1\neq x_2$のとき　$y-y_1=\dfrac{y_1-y_2}{x_1-x_2}(x-x_1)$

**シェーマ**

**2点AとBが直線$l$に関し対称 ⋙ ABの中点が$l$上 かつ AB⊥$l$**

**復習 022**

直線$l$：$y=\dfrac{1}{2}x+1$と2点A(1, 4)，B(5, 6)がある．

(1)　直線$l$に関して点Aと対称な点Cの座標を求めよ．

(2)　$l$上の点で，AP+PBが最小になるような点Pの座標を求めよ．

TRIAL　直線$l$：$y=2x+3$に関して，直線$3x+y=0$と対称な直線の方程式を求めよ．

## 例題 023　3直線が三角形を作らない条件

3直線 $l: x+y=6$，$m: 2x-y=k+1$，$n: x-ky=1-2k$
が三角形を作らないような定数 $k$ の値を求めよ．

**解**　三角形を作らないのは

(i)　$l$，$m$，$n$ のうちどれか2つが平行である

(ii)　$l$，$m$，$n$ が1点で交わる

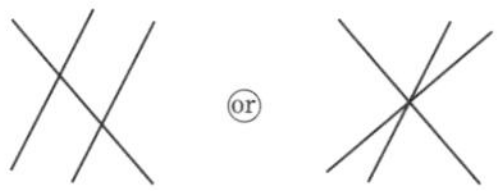


のいずれかのときである．

(i)のとき

(ア)　$l$ の傾きは $-1$，$m$ の傾きは2なので　$l \not\parallel m$

(イ)　$m \parallel n$ となるのは　$\dfrac{1}{k}=2$　∴ $k=\dfrac{1}{2}$

(ウ)　$n \parallel l$ となるのは　$\dfrac{1}{k}=-1$　∴ $k=-1$

← $m \parallel n$ となるとき $k \neq 0$ であり，このとき $n$ の傾きは $\dfrac{1}{k}$

(ii)のとき

$l$ と $m$ の交点は，2式を連立して　$\left(\dfrac{k+7}{3}, \dfrac{-k+11}{3}\right)$

1点で交わる条件は，これが $n$ 上にあることで，$n$ の式に代入して

$$\frac{k+7}{3}-k\left(\frac{-k+11}{3}\right)=1-2k$$

∴ $k^2-4k+4=0$　∴ $(k-2)^2=0$　∴ $k=2$

以上より　$\boldsymbol{k=-1,\ \dfrac{1}{2},\ 2}$

### シェーマ

**3直線が三角形を作らない** ⋙ **2直線が平行 ⓞⓡ 3直線が1点で交わる**

**互いに平行でない直線 $l$，$m$，$n$ が1点で交わる** ⋙ **$l$ と $m$ の交点が $n$ 上**

**復習 | 023**

3直線 $x+2y=1$，$3x-4y=1$，$ax+(a-25)y=1$ がある．

(1)　この3直線が三角形を作るような定数 $a$ の条件を求めよ．

(2)　この3直線が直角三角形を作るような定数 $a$ の値を求めよ．

## 例題 024 点と直線の距離

3 点 A(1, 1), B(3, 7), C(4, 5) がある.

(1) 2 点 A, B を通る直線の方程式を求めよ.

(2) 点 C から直線 AB におろした垂線の長さを求めよ.

(3) △ABC の面積を求めよ.

**解** (1) 直線 AB の方程式は

$$y=\frac{7-1}{3-1}(x-1)+1 \quad \therefore\ \boldsymbol{y=3x-2}$$

← 直線 AB: $3x-y-2=0$

(2) 垂線の長さを $d$ とすると, $d$ は点 C から直線 AB までの距離であり

$$d=\frac{|3\cdot4-5-2|}{\sqrt{3^2+(-1)^2}}=\frac{5}{\sqrt{10}}=\boldsymbol{\frac{\sqrt{10}}{2}}$$

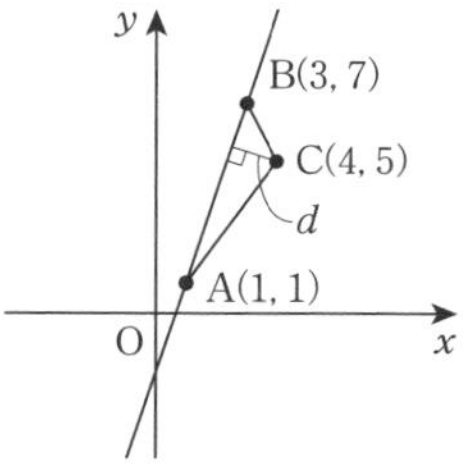


(3) 2 点 A, B 間の距離は

$$AB=\sqrt{(3-1)^2+(7-1)^2}=2\sqrt{10}$$

よって

$$\triangle ABC=\frac{1}{2}\cdot AB\cdot d=\frac{1}{2}\cdot2\sqrt{10}\cdot\frac{\sqrt{10}}{2}=\boldsymbol{5}$$

《点と直線の距離》 点 $P(x_1, y_1)$ と直線 $ax+by+c=0$ の距離 $d$ は

$$d=\frac{|ax_1+by_1+c|}{\sqrt{a^2+b^2}}$$

**シェーマ**

**直線におろした垂線の長さ ⋙ 点と直線の距離の公式を利用**

**復習 | 024**

原点と異なる 2 点 $A(x_1, y_1)$, $B(x_2, y_2)$ がある. ただし, O, A, B は一直線上にはない.

(1) 点 A から直線 OB におろした垂線の長さ $d$ を $x_1$, $x_2$, $y_1$, $y_2$ で表せ.

(2) △OAB の面積を $S$ とするとき, $S=\frac{1}{2}|x_1y_2-x_2y_1|$ であることを示せ.

**TRIAL** 2 直線 $8x-y=0$ と $4x+7y-2=0$ からの距離が等しい点の集合を求めよ.

## 例題 025 円の方程式

次の円の方程式を求めよ.

(1) 2点 A(2, 1), B(−6, 5) を直径の両端とする円

(2) 3点 A(0, −3), B(8, −1), C(9, 0) を通る円

(3) 点 A(−1, 2) を通り, $x$ 軸, $y$ 軸に接する円

**解** (1) 円の中心はABの中点で $\left(\dfrac{2+(-6)}{2}, \dfrac{1+5}{2}\right)$ ∴ $(-2, 3)$

半径は $\dfrac{1}{2}$AB であり, $\mathrm{AB}=\sqrt{(2-(-6))^2+(1-5)^2}=4\sqrt{5}$ より $2\sqrt{5}$

よって **$(x+2)^2+(y-3)^2=20$**

(2) 円の方程式を $x^2+y^2+ax+by+c=0$ とおくと, 3点 A, B, C を通るので, 代入して

$-3b+c=-9$…① かつ $8a-b+c=-65$…② かつ $9a+c=-81$…③

①より $c=3b-9$

②, ③に代入して $4a+b=-28$, $3a+b=-24$ ∴ $a=-4$, $b=-12$ ∴ $c=-45$

よって **$x^2+y^2-4x-12y-45=0$**

(3) 円の半径を $r$ とすると, 条件より, 円の中心は第2象限にあり, $(-r, r)$ である.

よって, 円の方程式は $(x+r)^2+(y-r)^2=r^2$ と表され

この円が点Aを通るので $(-1+r)^2+(2-r)^2=r^2$

∴ $r^2-6r+5=0$ ∴ $(r-1)(r-5)=0$ ∴ $r=1, 5$

よって **$(x+1)^2+(y-1)^2=1$, $(x+5)^2+(y-5)^2=25$**

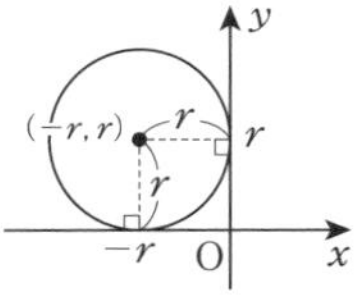


### Assist

一般に, 次の公式が成り立つので, これを用いて(1)を解いてもよい.

2点 $\mathrm{A}(x_1, y_1)$, $\mathrm{B}(x_2, y_2)$ を直径の両端とする円の方程式は

$(x-x_1)(x-x_2)+(y-y_1)(y-y_2)=0$…(＊) である.

これより, (1)の円の方程式は $(x-2)(x+6)+(y-1)(y-5)=0$

これを展開すると, 上の解の式と一致する.

《円の方程式》 点 A$(a, b)$ を中心とし, 半径が $r$ の円の方程式は

$$(x-a)^2+(y-b)^2=r^2$$

### シェーマ

$x$ 軸, $y$ 軸に接する円 ⋙ 半径を $r$ とすると中心は $(\pm r, \pm r)$ のいずれか

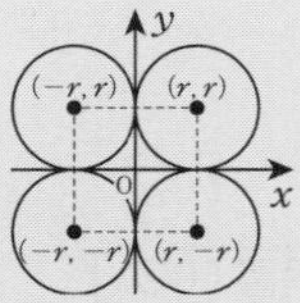


**復習 | 025** 次の円の方程式を求めよ.

(1) 2点 (2, 3), (−8, 5) を直径の両端とする円 (2) 3点 (−5, 3), (0, 4), (1, −1) を通る円

(3) 点 (−1, −8) を通り, $x$ 軸, $y$ 軸に接する円 (4) 2点 (1, 4), (2, 5) を通り, $y$ 軸に接する円

**TRIAL** Assist の (＊) を証明せよ.

## 例題 026 円と直線

方程式 $x^2+y^2-2kx+4y+12=0$…① が円を表すとする．

(1) 実数 $k$ の値の範囲を求めよ．

(2) 円①が直線 $x+y=1$ と共有点をもつような実数 $k$ の値の範囲を求めよ．

(3) $k=4$ のとき，直線 $3x+4y+1=0$ が円①によって切りとられてできる線分の長さを求めよ．

**解** (1) ① $\Leftrightarrow (x-k)^2+(y+2)^2=k^2-8$…①′ より

円を表す条件は　$k^2-8>0$　∴ $\boldsymbol{k<-2\sqrt{2},\ 2\sqrt{2}<k}$

(2) ①′ より，①で表される円の中心は $(k,\ -2)$，半径は $\sqrt{k^2-8}$．

よって，円①が直線 $x+y-1=0$ と共有点をもつ条件は

$$\frac{|k+(-2)-1|}{\sqrt{1^2+1^2}} \leqq \sqrt{k^2-8} \text{ かつ } k^2-8>0$$

←（中心から直線までの距離）≦（半径）

∴ $(k-3)^2 \leqq 2(k^2-8)$ かつ $k^2>8$　∴ $k^2+6k-25 \geqq 0$ かつ $k<-2\sqrt{2},\ 2\sqrt{2}<k$

∴ $\boldsymbol{k \leqq -3-\sqrt{34},\ -3+\sqrt{34} \leqq k}$

(3) $k=4$ のとき，①で表される円の中心は $A(4,\ -2)$，半径は $\sqrt{8}$．

この中心から直線 $3x+4y+1=0$ におろした垂線を AH,

切りとられてできる線分を PQ とすると

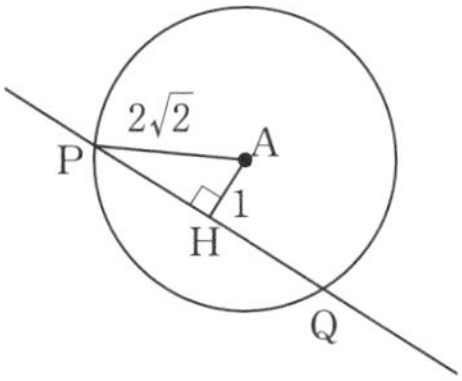


$$AH=\frac{|3\cdot4+4(-2)+1|}{\sqrt{3^2+4^2}}=1$$

∴ $PQ=2PH=2\sqrt{AP^2-AH^2}=2\sqrt{8-1}=\boldsymbol{2\sqrt{7}}$

《円を表す方程式》 $\boldsymbol{(x-a)^2+(y-b)^2=K}$ の表す図形は

$K>0$ のとき中心 $(a,b)$，半径 $\sqrt{K}$ の円，$K=0$ のとき点 $(a,b)$

$K<0$ のとき方程式が表す図形はない

《円と直線の関係》

円の中心から直線までの距離を $d$，円の半径を $r$ とすると

交わる ⇔ $d<r$　　接する ⇔ $d=r$　　共有点なし ⇔ $d>r$

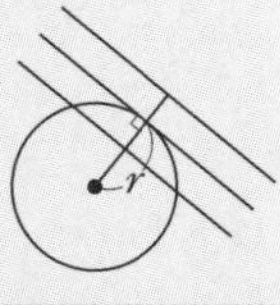


**シェーマ**

**円と直線の位置関係 ⟫⟫ 「中心と直線の距離」と「半径」の大小で決まる**

**切り取られる線分の長さ ⟫⟫ 「距離」と「半径」で「三平方」**

**復習 | 026** 直線 $ax+y-a=0$ と円 $x^2+y^2-y=0$ が異なる2点 P，Q で交わるとする．

(1) 円の中心と半径を求めよ．　(2) 実数 $a$ の値の範囲を求めよ．

(3) 線分 PQ の長さが $\dfrac{1}{\sqrt{2}}$ となるような実数 $a$ の値を求めよ．

# 例題 027 円の接線

円 $C: x^2+y^2=4$ について考える．

(1) 円 $C$ 上の点 $(1, -\sqrt{3})$ における接線の方程式を求めよ．

(2) 点 $(2, 4)$ を通り，円 $C$ に接する直線の方程式を求めよ．

解 (1) 接線の方程式は公式より

$$1\cdot x+(-\sqrt{3})\cdot y=4 \quad \therefore\ \boldsymbol{x-\sqrt{3}y=4}$$

(2) 円 $C$ 上の接点を $\mathrm{P}(a, b)$ とすると，点 P における

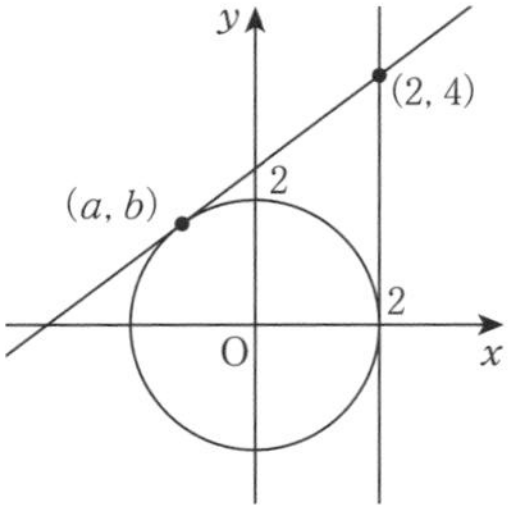


接線の方程式は　$ax+by=4\cdots$①

これが点 $(2, 4)$ を通るので

$$2a+4b=4 \quad \therefore\ a=2-2b\cdots②$$

一方，点 P は円 $C$ 上にあるので　$a^2+b^2=4\cdots$③

②と③を連立して　$b(5b-8)=0 \quad \therefore\ b=0,\ \dfrac{8}{5}$

$$\therefore\ (a, b)=(2, 0),\ \left(-\frac{6}{5}, \frac{8}{5}\right)$$

①に代入して　$\boldsymbol{x=2,\ 3x-4y=-10}$

別解 (i) 直線が $y$ 軸に平行なとき $x=2$ が題意をみたす．

(ii) 直線が $y$ 軸に平行でないとき，点 $(2, 4)$ を通るものは

$$y=m(x-2)+4 \quad (m \text{ は実数})$$

と表せる．この直線が円 $C$ と接する条件は，$C$ の中心が O，半径が 2 であるから

$$\frac{|m\cdot 0-0-2m+4|}{\sqrt{m^2+(-1)^2}}=2$$

$$\therefore\ |2m-4|=2\sqrt{m^2+1}$$

$$\therefore\ (m-2)^2=m^2+1$$

$$\therefore\ m=\frac{3}{4}$$

以上より　$\boldsymbol{x=2,\ y=\dfrac{3}{4}x+\dfrac{5}{2}}$

《円の接線》

円 $x^2+y^2=r^2$ 上の点 $(x_1, y_1)$ における接線の方程式は

$$x_1x+y_1y=r^2$$

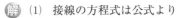

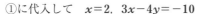

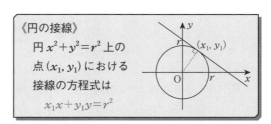

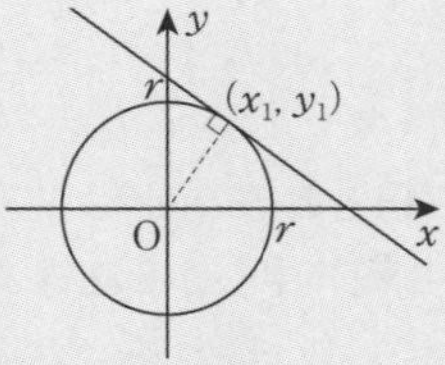


**シェーマ**

**曲線外の点を通る接線 ⋙ まず接点を $(a, b)$ とおいて接線の方程式を書く**

**復習 | 027**

(1) 円 $x^2+y^2=6$ 上の点 $(\sqrt{2}, -2)$ における接線の方程式を求めよ．

(2) 点 $\mathrm{P}(-1, 3)$ を通り，円 $x^2+y^2=2$ に接する直線の方程式を求めよ．

TRIAL 円 $C: (x-1)^2+(y-1)^2=1$ の接線のうちで点 $(0, 3)$ を通るものを求めよ．また，この接線と $x$ 軸，$y$ 軸に接する円で，第 1 象限にあり，$C$ と異なるものを求めよ．

## 例題 028　2円の位置関係

円 $C_1:(x+1)^2+(y-2)^2=4$ と円 $C_2:(x-3)^2+(y+1)^2=r^2$ を考える．
(1)　円 $C_1$ と円 $C_2$ が接するように定数 $r$ の値を定めよ．ただし，$r>0$ とする．
(2)　(1)のとき，接点の座標を求めよ．

**解**　(1)　円 $C_1$ の中心は $\mathrm{A}(-1,2)$，半径は2，円 $C_2$ の中心は $\mathrm{B}(3,-1)$，半径は $r$．
2円が接するとき，外接と内接の2種類がある．

(i)　$C_1$ と $C_2$ が外接するとき

$$\mathrm{AB}=2+r$$ ←（中心間距離）＝（半径の和）

$\mathrm{AB}=\sqrt{(-1-3)^2+(2+1)^2}=5$ より　$5=2+r$　$\therefore$ $\boldsymbol{r=3}$

(ii)　$C_1$ と $C_2$ が内接するとき

$$\mathrm{AB}=|2-r| \quad \therefore |r-2|=5 \quad \therefore r-2=\pm 5$$ ←（中心間距離）＝（半径の差）

$r>0$ より　$\boldsymbol{r=7}$

(2)　(i)　$C_1$ と $C_2$ が外接するとき，半径の比が2：3であるから，
接点はABを2：3に内分する点で

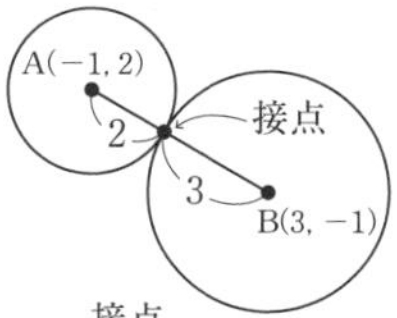


$$\left(\frac{3\cdot(-1)+2\cdot 3}{2+3},\ \frac{3\cdot 2+2\cdot(-1)}{2+3}\right) \quad \therefore \left(\boldsymbol{\frac{3}{5}},\ \boldsymbol{\frac{4}{5}}\right)$$

(ii)　$C_1$ と $C_2$ が内接するとき，半径の比が2：7であるから，
接点はABを2：7に外分する点で

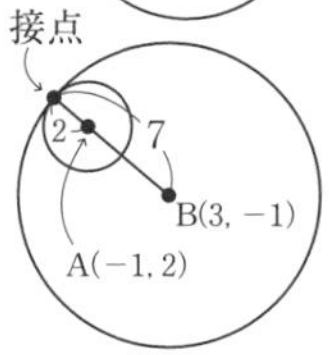


$$\left(\frac{(-7)\cdot(-1)+2\cdot 3}{2-7},\ \frac{(-7)\cdot 2+2\cdot(-1)}{2-7}\right) \quad \therefore \left(\boldsymbol{-\frac{13}{5}},\ \boldsymbol{\frac{16}{5}}\right)$$

**《2円の位置関係》**　2円の半径を $r$ と $r'$，中心の間の距離を $d$ とする

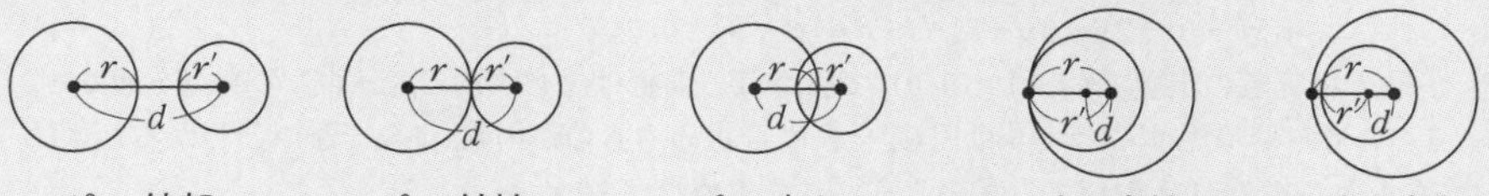


| 1°　外部 | 2°　外接 | 3°　交わる | 4°　内接 | 5°　内部 |
|---|---|---|---|---|
| $d>r+r'$ | $d=r+r'$ | $\|r-r'\|<d<r+r'$ | $d=\|r-r'\|$ | $d<\|r-r'\|$ |

（ただし，4°，5°では $r \neq r'$ とする．）

**シェーマ**

**2円が接する　》》　中心間距離 ＝ 半径の和（または差）**
**2円が交わる　》》　中心間距離が「外接」と「内接」の間**

**復習 028**　$k$ を正の定数とする．円 $x^2+y^2=k$ が円 $x^2+y^2-x-3y-20=0$ と相異なる2点で交わるために，$k$ がみたすべき条件を求めよ．また，この2つの円が接するとき，$k$ の値と接点の座標を求めよ．

**TRIAL**　$x^2+(y-2)^2=9$ と $(x-4)^2+(y+4)^2=1$ に外接し，直線 $x=6$ に接する円を求めよ．

## 例題 029　2円の共有点を通る図形

円 $C_1$ : $x^2+y^2-9=0$…① と円 $C_2$ : $x^2+y^2-2x-6y-7=0$…② は 2 点で交わっている.

(1)　円 $C_1$ と円 $C_2$ の 2 交点を通る直線の方程式を求めよ.

(2)　円 $C_1$ と円 $C_2$ の 2 交点と $(0, 0)$ を通る円の方程式を求めよ.

解 (1)　①－②より　$2x+6y-2=0$　∴ $\boldsymbol{x+3y-1=0}$…③

③は 2 円 $C_1$, $C_2$ の 2 交点を通る直線の方程式である.

(2)　②＋$k$×① より

$$x^2+y^2-2x-6y-7+k(x^2+y^2-9)=0 \cdots ④ \quad (k \text{ は定数})$$

は 2 円 $C_1$, $C_2$ の 2 交点を通る図形の方程式である.

これが $(0, 0)$ を通る $k$ の値を求めると, 代入して　$-7-9k=0$　∴ $k=-\dfrac{7}{9}$

よって, 求める円の方程式は　$x^2+y^2-2x-6y-7-\dfrac{7}{9}(x^2+y^2-9)=0$

∴ $\boldsymbol{x^2+y^2-9x-27y=0}$

### Assist

**1°**　(①かつ②) ならば③であるから, 円①と円②の交点は直線③上にある.
同様に, (①かつ②) ならば④であるから, 円①と円②の交点は曲線④上にある.
具体的にいうと, ①と②の交点の 1 つを $(x_1, y_1)$ とするとき, ①, ②より

$$x_1{}^2+y_1{}^2-9=0 \cdots ①' \text{ かつ } x_1{}^2+y_1{}^2-2x_1-6y_1-7=0 \cdots ②'$$

①′－②′より　$x_1+3y_1-1=0$　よって, 交点 $(x_1, y_1)$ は直線③上にある.

②′＋$k$×①′より　$x_1{}^2+y_1{}^2-2x_1-6y_1-7+k(x_1{}^2+y_1{}^2-9)=0$

よって, 交点 $(x_1, y_1)$ は曲線④上にある.

**2°**　より一般的に

$$j(x^2+y^2-2x-6y-7)+k(x^2+y^2-9)=0 \cdots ⑤$$

($j$, $k$ は実数の定数で $(j, k) \neq (0, 0)$) で表される曲線は, 必ず円 $C_1$ と円 $C_2$ の交点を通る.
(ここで, $j=0$ とすると, ⑤は円 $C_1$ を表す.) 求めるものが円 $C_1$ 自身でないとわかるときは, あらかじめ $j=1$ とおいて, ④のようにして求めればよい.

### シェーマ

**2円の交点を通る直線 ⋙ 2円の方程式を辺々引く**

**円 $C$ と円 $D$ の交点を通る円の方程式 ⋙ (円 $C$ の式)＋$k$(円 $D$ の式)＝0 の形**

### 復習 | 029

2 円 $x^2+y^2-2x-4y-11=0$, $x^2+y^2-3x-5y-4=0$ は 2 点で交わっている.

(1)　2 交点を通る直線の方程式を求めよ.

(2)　2 交点と点 $(1, 0)$ を通る円の方程式を求めよ.

(3)　2 交点を通る円で中心が直線 $x+y=0$ 上にあるものを求めよ.

TRIAL　$a$ を実数の定数とする. 円 $x^2+y^2+(3a+1)x-(a+3)y-7a-10=0$ は, $a$ の値にかかわらず, つねに定点を通る. その定点を求めよ.

## 例題 030　不等式の表す領域

次の不等式または連立不等式で表される領域を図示せよ.

(1)　$y \geqq x^2$　　(2)　$\begin{cases} y \geqq x^2 \\ y \leqq x+2 \end{cases}$　　(3)　$(x^2+y^2-4)(y-2x)<0$

**解** (1)　$y \geqq x^2$ で表される領域は,
放物線 $y=x^2$ およびその上側である.
よって, 求める領域は右図の斜線部分である. ただし, 境界を含む.

(1)
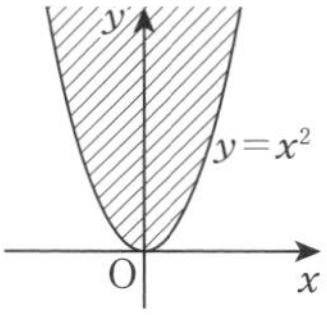


(2)
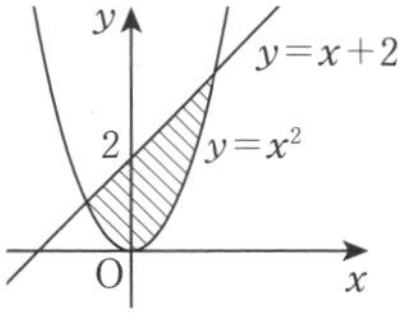


(2)　$y \leqq x+2$ で表される領域は,
直線 $y=x+2$ およびその下側である.
この領域と(1)の領域の共通部分が求める領域であり,
右図の斜線部分である. ただし, 境界を含む.

(3)
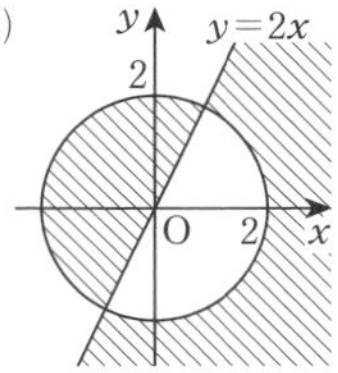


(3)　与式より　$\begin{cases} x^2+y^2-4>0 \\ y-2x<0 \end{cases}$　または　$\begin{cases} x^2+y^2-4<0 \\ y-2x>0 \end{cases}$

$\therefore$ $\begin{cases} x^2+y^2>4 \\ y<2x \end{cases}$　または　$\begin{cases} x^2+y^2<4 \\ y>2x \end{cases}$ …(＊)

よって, 求める領域は右図の斜線部分である. ただし, 境界を含まない.

### Assist

**1°**　(3)は(＊)より $x^2+y^2=4$ で表される円を $C$, $y=2x$ で表される直線を $l$ とすると, ($C$ の外部と $l$ の下側の共通部分)と($C$ の内部と $l$ の上側の共通部分)の和集合である.

**2°**　(3)で不等号を等号に直すと　$(x^2+y^2-4)(y-2x)=0$　$\therefore$ $x^2+y^2-4=0$ または $y-2x=0$
つまり, 円 $C$ または直線 $l$ である. これは不等式の表す領域の境界線であり, 平面はこれによって4つに分けられる. いま, 平面上の点 $(x, y)$ が円 $C$ を越えると, $x^2+y^2-4$ の符号が変わり, 直線 $l$ を越えると, $y-2x$ の符号が変わる. よって, 求める領域はこの4つに分けられた部分の隣り合わない2つの部分であることがわかる. そこで, 境界線上にない1点の座標を $(x^2+y^2-4)(y-2x)$ に代入することで, 求める領域を決定することができる.

**《曲線の上側・下側》**　$y>f(x)$ の表す領域は曲線 $y=f(x)$ の上側
　　　　　　　　　　$y<f(x)$ の表す領域は曲線 $y=f(x)$ の下側

**《円の内部・外部》**　円 $(x-a)^2+(y-b)^2=r^2$ を $C$ とする.
　　　　　　　　$(x-a)^2+(y-b)^2<r^2$ の表す領域は円 $C$ の内部
　　　　　　　　$(x-a)^2+(y-b)^2>r^2$ の表す領域は円 $C$ の外部

**シェーマ**

**$p$ かつ $q$ の表す領域　⟫　$p$ と $q$ のみたす点集合の共通部分**
**$p$ または $q$ の表す領域　⟫　$p$ と $q$ のみたす点集合の和集合**

**復習｜030**　次の不等式または連立不等式で表される領域を図示せよ.

(1)　$y \leqq x^2-x-2$　　(2)　$\begin{cases} x+y>0 \\ x^2+y^2 \leqq 2 \end{cases}$　　(3)　$(x^2+2x+y-4)(y+2x) \geqq 0$

## 例題 031　線分と直線が共有点をもつ条件

2点 A$(-1, 2)$, B$(1, 3)$ を結ぶ線分（両端を除く）を $L$ とする．
直線 $m : y=ax+b$ が $L$ と共有点をもつような実数の組 $(a, b)$ の集合を $ab$ 平面上に図示せよ．

**解** 題意をみたすのは，(i) A と B が直線 $m$ に関して反対側にあるか，(ii) 線分 $L$ と直線 $m$ が重なるか，いずれかの場合である．

(i)のとき

題意をみたす条件は，A と B のうち，一方が $m$ の上側にあり，もう一方が $m$ の下側にあることである．

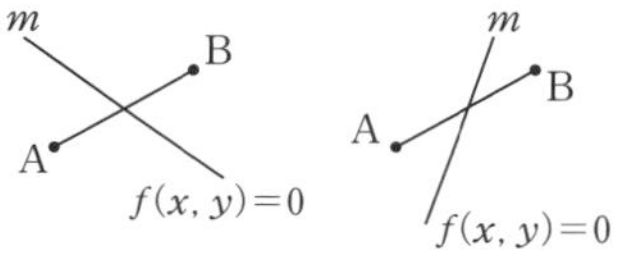


よって，$f(x, y)=ax-y+b$ とおくと，条件は

$$f(-1, 2)\cdot f(1, 3)<0$$

$$\therefore\ (-a-2+b)(a-3+b)<0\cdots(*)$$

(ii)のとき

2点 A，B が直線 $m$ 上にあることより

$$f(-1, 2)=0 \text{ かつ } f(1, 3)=0$$

$$\therefore\ -a-2+b=0 \text{ かつ } a-3+b=0 \quad \therefore\ (a, b)=\left(\frac{1}{2}, \frac{5}{2}\right)$$

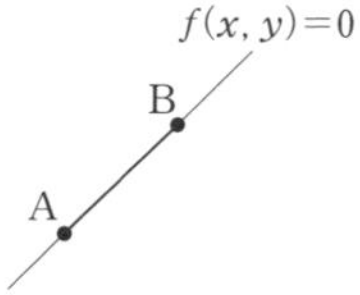


(i), (ii)より，存在範囲は下図の斜線部分である．ただし，境界は点 $\left(\frac{1}{2}, \frac{5}{2}\right)$ のみを含む．

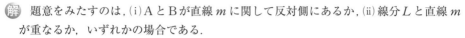

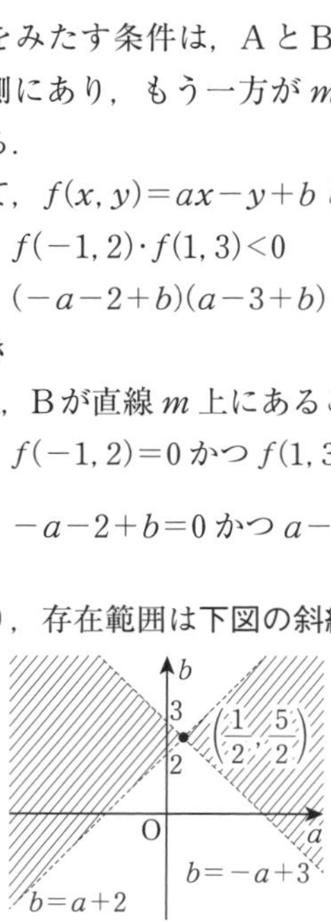


← (ii)のときの点 $\left(\frac{1}{2}, \frac{5}{2}\right)$ は $(*)$ で表される領域の境界線 $b=a+2$ と $b=-a+3$ の交点である．

### Assist

$f(x, y)=ax-y+b$ とおくと，直線 $m$ の上側の領域は $y>ax+b$ $\therefore\ f(x, y)<0$ と表され，$m$ の下側の領域は $y<ax+b$ $\therefore\ f(x, y)>0$ と表される．よって，点 $(x_1, y_1)$ と点 $(x_2, y_2)$ が直線 $m$ に関し反対側にある条件は，$f(x_1, y_1)$ と $f(x_2, y_2)$ が異符号，つまり

$$\begin{cases} f(x_1, y_1)>0 \\ f(x_2, y_2)<0 \end{cases} \text{ または } \begin{cases} f(x_1, y_1)<0 \\ f(x_2, y_2)>0 \end{cases} \quad \therefore\ f(x_1, y_1)\cdot f(x_2, y_2)<0$$

### シェーマ

**直線と線分 AB が端点以外で交わる** ⇒ **点 A と点 B が直線の両側に分かれる**

**復習 | 031**　2点 A$(3, 4)$, B$(2, -4)$ を結ぶ線分（両端を含む）と直線 $mx+y-m^2+2=0$ が共有点をもつような実数 $m$ の値の範囲を求めよ．

## 例題 032　領域における最大・最小

4 つの不等式 $x \geqq 0$, $y \geqq 0$, $2x+y \leqq 8$, $x+3y \leqq 9$ をみたす $x$, $y$ に対し，次の関数の最大値をそれぞれ求めよ．

(1)　$x+y$　　　(2)　$\dfrac{y+1}{x+1}$

**解**　(1)　4 つの不等式 $x \geqq 0$, $y \geqq 0$, $2x+y \leqq 8$, $x+3y \leqq 9$ で表される領域を $D$ とする．これは，3 点 A$(4, 0)$, B$(3, 2)$, C$(0, 3)$ をとると，四角形 OABC の周および内部である．$x+y=k$ ($k$ は実数)…①とおくと，実数 $k$ のとりうる値の範囲は，座標平面上で，領域 $D$ と直線①が共有点をもつ実数 $k$ の集合である．① ⇔ $y=-x+k$ より，直線①は，

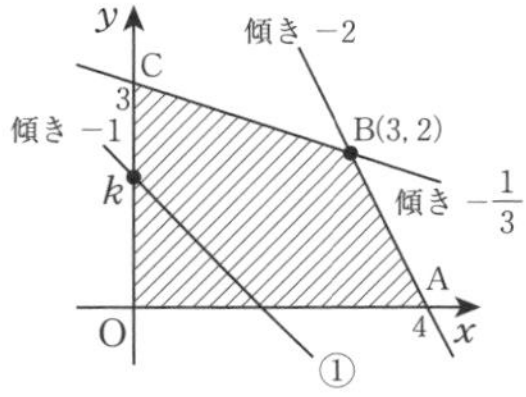


傾きが $-1$, $y$ 切片が $k$ の直線を表す．よって，実数 $k$ が最大となるのは，直線①が領域 $D$ と共有点をもつ範囲で，$y$ 切片が最大のときである．これは，(AB の傾き)<(①の傾き)<(BC の傾き) より，直線①が点 B$(3, 2)$ を通るときである．したがって，$x=3$, $y=2$ のとき

　　$x+y$ の最大値　$3+2=\mathbf{5}$

(2)　$\dfrac{y+1}{x+1}=l$ ($l$ は実数) とおく．ここで，点 P$(x, y)$, 点 E$(-1, -1)$ をとると

$$l=\frac{y-(-1)}{x-(-1)}=(\text{EP の傾き})$$

←｜$x \neq -1$ である．

点 P は領域 $D$ 上なので，$l$ が最大となるのは，EP の傾きが最大のときで，点 P が点 C$(0, 3)$ のときである．よって，$x=0$, $y=3$ のとき

　　$\dfrac{y+1}{x+1}$ の最大値　$\dfrac{3+1}{0+1}=\mathbf{4}$

**Assist**　(1)で，4 つの不等式 $x \geqq 0$, $y \geqq 0$, $2x+y \leqq 8$, $x+3y \leqq 9$…(ア)をみたしながら $x$, $y$ が動くときの 2 変数関数 $k=x+y$…(イ)のとりうる値の範囲は，「(ア)と(イ)をみたす実数 $x$, $y$ が存在する実数 $k$ の集合」である．よって，座標平面上で，「領域(ア)と直線(イ)が共有点をもつ実数 $k$ の集合」となる．

**シェーマ**

**$(x, y)$ が条件 $P$ をみたすときの $f(x, y)$ の値の範囲** ⇒ **$P$ の表す領域と $f(x, y)=k$ で表される曲線 (直線) が共有点をもつ実数 $k$ の集合**

**復習 032**　連立不等式 $y \leqq \dfrac{1}{2}x+3$, $y \leqq -5x+25$, $x \geqq 0$, $y \geqq 0$ の表す領域を点 $(x, y)$ が動くとき，次の値をそれぞれ求めよ．

(1)　$x+3y$ の最大値　(2)　$x-y$ の最大値　(3)　$\dfrac{y+1}{2x-14}$ の最小値

(4)　$x^2+y^2$ の最大値

## 例題 033 AP：BP=$m$：$n$ をみたす点Pの軌跡

2点A$(-12, -2)$，B$(4, 6)$ に対して，次の各条件をみたす点Pの軌跡をそれぞれ求めよ．

(1) AP：BP=1：1　　(2) AP：BP=3：1

解 (1) 点Pの座標を $(x, y)$ とすると

$$\mathrm{AP}:\mathrm{BP}=1:1 \Leftrightarrow \mathrm{AP}=\mathrm{BP} \Leftrightarrow \mathrm{AP}^2=\mathrm{BP}^2$$
$$\Leftrightarrow (x+12)^2+(y+2)^2=(x-4)^2+(y-6)^2$$
$$\Leftrightarrow y=-2x-6$$

よって，点Pの軌跡は **直線 $y=-2x-6$** である．

別解 AP：BP=1：1 ∴ AP=BP をみたす点Pは2点A，Bから等距離の点であるから，求める点Pの軌跡は線分ABの垂直二等分線である．これは，線分ABの中点 $(-4, 2)$ を通り，AB$\left(傾き\ \frac{1}{2}\right)$ に垂直な直線であり，傾きは $-2$ であるから　$y-2=-2(x+4)$　∴ $y=-2x-6$

よって，点Pの軌跡は　**直線 $y=-2x-6$**

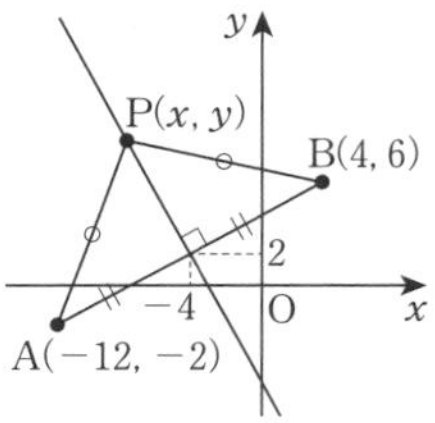


(2) 点Pの座標を $(x, y)$ とすると

$$\mathrm{AP}:\mathrm{BP}=3:1 \Leftrightarrow \mathrm{AP}=3\mathrm{BP} \Leftrightarrow \mathrm{AP}^2=9\mathrm{BP}^2$$
$$\Leftrightarrow (x+12)^2+(y+2)^2=9\{(x-4)^2+(y-6)^2\}$$
$$\Leftrightarrow x^2+y^2-12x-14y+40=0 \Leftrightarrow (x-6)^2+(y-7)^2=45$$

点Pの軌跡は **円 $(x-6)^2+(y-7)^2=45$** である．

### Assist

**1°** 「条件Fをみたす点Pの軌跡」とは「条件Fをみたす点Pの集合」である．点Pの軌跡を求める問題では，点Pの座標を $(x, y)$ とおき，問題文の条件をみたす $x$，$y$ の条件式を求める．ただし，(1)のように $(x, y)$ とおかずに，Pの条件式から図形的にPの軌跡がわかるときもある．

**2°** (2)では，点Pの軌跡は2点A，Bを3：1に内分する点 $(0, 4)$ と外分する点 $(12, 10)$ を直径の両端とする円になっている．一般に，$m$，$n$ を正の数とするとき，2点A，Bからの距離の比が $m:n$ である点の軌跡は，$m \neq n$ ならば，線分ABを $m:n$ に内分する点と外分する点を直径の両端とする円である．この円をアポロニウスの円という．$m=n$ ならば，点の軌跡は，線分ABの垂直二等分線である．

### シェーマ

**点Pの軌跡 ⟫ P$(x, y)$ とおき $x$ と $y$ の条件式を求める**

**復習 | 033**　$a$ を正の定数とするとき，2点A$(-a, 0)$，B$(a, 0)$ に対して点Pの軌跡をそれぞれ求めよ．

(1) AP：BP=1：1　　(2) AP：BP=3：2

**TRIAL** 2直線 $3x-4y=2$，$5x+12y=22$ のなす角の二等分線の方程式を求めよ．

## 例題 034　$x=f(t)$, $y=g(t)$ をみたす $(x, y)$ の軌跡

$x=t-1$, $y=2t^2+t$ で定まる点P$(x, y)$がある.

(1)　$t$ がすべての実数値をとって変化するとき, 点Pの軌跡を求めよ.

(2)　$t$ が $-1 \leqq t \leqq 1$ をみたして変化するとき, 点Pの軌跡を求めよ.

**解** (1)　$x=t-1 \cdots$①, $y=2t^2+t \cdots$②

①より　$t=x+1 \cdots$①′

これを②に代入して　$y=2(x+1)^2+(x+1)$　$\therefore$ $y=2x^2+5x+3 \cdots$③

$t$ がすべての実数値をとるので, ①より, $x$ はすべての実数値をとる.

よって, 点Pの軌跡は **放物線 $y=2x^2+5x+3$** である.

(2)　①′を $-1 \leqq t \leqq 1$ にも代入して　$-1 \leqq x+1 \leqq 1$　$\therefore$ $-2 \leqq x \leqq 0 \cdots$④

点Pの軌跡の式は③かつ④

よって, 点Pの軌跡は **放物線 $y=2x^2+5x+3$ のうち $-2 \leqq x \leqq 0$ の部分** である.

### Assist

**1°**　(1)において, たとえば, 点(1, 10)は, ①かつ②に $x=1$, $y=10$ を代入した式 $1=t-1$ かつ $10=2t^2+t$ が $t=2$ で成り立つので, 軌跡上の点である. 一方, 点(1, 0)は, $x=1$, $y=0$ を代入した式 $1=t-1$ かつ $0=2t^2+t$ をみたす実数 $t$ が存在しないので, 軌跡上の点ではない. このように考えると, 点Pの軌跡は「①かつ②をみたす実数 $t$ が存在する」ような点 $(x, y)$ の集合である, といえる. (①かつ②) ⇔ (①′かつ③) であり, 「①′かつ③をみたす実数 $t$ が存在する」ような $(x, y)$ の集合を求めることになるが, ③をみたせば①′をみたす実数 $t$ が存在するので, ③が点Pの軌跡の方程式となる.

**2°**　(1)と同様に考えると, (2)において, ①かつ②かつ $-1 \leqq t \leqq 1 \cdots$⑤で定まる点Pの軌跡は「①かつ②かつ⑤をみたす実数 $t$ が存在する」ような点 $(x, y)$ の集合である, といえる.
(①かつ②かつ⑤) ⇔ (①′かつ③かつ④) であり, ③と④をみたせば①′をみたす実数 $t$ が存在するので, ③かつ④が点Pの軌跡の方程式となる.

### シェーマ

**$x=f(t)$, $y=g(t)$ で与えられる $(x, y)$ の軌跡** ⋙ **$t=$ [$x$, $y$ の式] の形の式を作り, 代入して $x$ と $y$ の条件式を導く**

### 復習 | 034

(1)　$t$ がすべての実数値をとって変化するとき, $x=t^2$, $y=t^4+t^2$ で定まる点Pの軌跡を求めよ.

(2)　$t$ が $0 \leqq t \leqq 2$ をみたす実数値をとって変化するとき, $x=t+2$, $y=2t^2+t-3$ で定まる点Pの軌跡を求めよ.

**TRIAL**　$t$ がすべての実数値をとって変化するとき, $x=1+2\cos t$, $y=3-2\sin t$ で定まる点Pの軌跡を求めよ.

## 例題 035 2交点の中点の軌跡

座標平面上に直線 $l: y=mx-4m$…①と放物線 $C: y=\frac{1}{4}x^2$…②があり，$l$ と $C$ が異なる2点P，Qで交わるとする．

(1) $m$ の値の範囲を求めよ．　　(2) 線分PQの中点Mの軌跡を求めよ．

解 (1) ①，②より $y$ を消去して　$mx-4m=\frac{1}{4}x^2$　∴ $x^2-4mx+16m=0$…③

$l$ と $C$ が2点で交わるので，③は異なる2実数解をもつ．③の判別式を $D$ とすると

$$\frac{D}{4}=4m^2-16m>0 \quad \therefore\ 4m(m-4)>0 \quad \therefore\ \boldsymbol{m<0,\ 4<m}\cdots④$$

(2) ③の2つの実数解を $\alpha$，$\beta$ とすると，これらはP，Qの $x$ 座標であるから，PQの中点をM$(x, y)$ とすると　$x=\frac{\alpha+\beta}{2}$…⑤

中点Mも直線 $l$ 上にあるので　$y=mx-4m$…⑥

ここで $\alpha$，$\beta$ は③の解なので解と係数の関係より $\alpha+\beta=4m$ であるから，

⑤より　$x=2m$　∴ $m=\frac{1}{2}x$…⑦

これを⑥，④に代入して　$y=\left(\frac{1}{2}x\right)x-4\left(\frac{1}{2}x\right)$　∴ $y=\frac{1}{2}x^2-2x$…⑧

$$\frac{1}{2}x<0,\ 4<\frac{1}{2}x \quad \therefore\ x<0,\ 8<x\cdots⑨$$

⑧，⑨より，点Mの軌跡は **放物線 $y=\frac{1}{2}x^2-2x$ のうち $x<0$，$8<x$ の部分** である．

### Assist

1° **例題034** のときと同様に考えると，
(④かつ⑤かつ⑥) ⇔ (④かつ⑦かつ⑥) ⇔ (⑦かつ⑧かつ⑨) であるから，
「⑦かつ⑧かつ⑨をみたす実数 $m$ が存在する」ような $(x, y)$ を求めればよい．ここで⑧と⑨をみたせば⑦をみたす実数 $m$ は必ず存在するので，⑧かつ⑨が軌跡の方程式となる．

2° P，Qは直線 $l$ 上にあるのでP$(\alpha, m\alpha-4m)$，Q$(\beta, m\beta-4m)$ と表せ
$y=\frac{(m\alpha-4m)+(m\beta-4m)}{2}$ であり，$\alpha+\beta=4m$ より $y=2m^2-4m$ として
これと⑦より，$x$，$y$ の式を求めてもよい．

### シェーマ

| 曲線と直線の2交点の中点の軌跡 | ⇒ | まず2交点の $x$ 座標を $\alpha$，$\beta$ とし，中点 $(x, y)$ を $\alpha$，$\beta$ で表す |
|---|---|---|

**復習 | 035**　座標平面上に円 $(x-4)^2+y^2=4$…①と直線 $y=px$…②がある．

(1) ①と②が異なる2点で交わるような $p$ の値の範囲を求めよ．

(2) ①と②によって切り取られる弦PQの中点Mの軌跡を求めよ．

# 例題 036　2直線の交点の軌跡

$a$ がすべての実数値をとって変化するとき，2直線 $l$：$ax-y+a=0$…①，$m$：$x+ay-a=0$…②の交点Pの軌跡を求めよ．

**解**　①$\Leftrightarrow a(x+1)=y$…①′

(i)　$x=-1$ のとき，①，②より　$y=0$，$a=-1$
つまり，$a=-1$ のとき交点が　$(-1, 0)$

(ii)　$x\fallingdotseq -1$ のとき，①′より　$a=\dfrac{y}{x+1}$　②に代入して

$$x+\frac{y}{x+1}(y-1)=0 \qquad \therefore\ x(x+1)+y(y-1)=0 \cdots ③$$

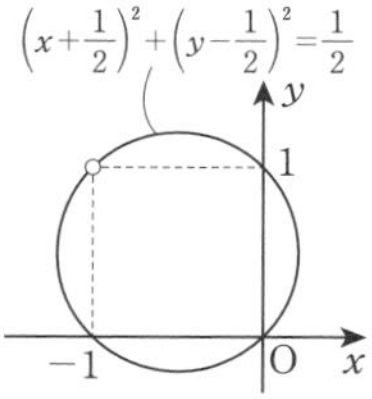


以上より　$(x, y)=(-1, 0)$ または $(x\fallingdotseq -1$ かつ③$)$　よって，

点Pの軌跡は 円$\left(x+\dfrac{1}{2}\right)^2+\left(y-\dfrac{1}{2}\right)^2=\dfrac{1}{2}$ である．ただし，点 $(-1, 1)$ を除く．

**別解**　①$\Leftrightarrow y=a(x+1)$，②$\Leftrightarrow x+a(y-1)=0$ より，$l$ は点A$(-1, 0)$ を，$m$ は点B$(0, 1)$ をつねに通る．また，①，②の $x$ と $y$ の係数について，$a\cdot 1+(-1)\cdot a=0$ であるから，2直線 $l$，$m$ は垂直に交わり $\angle APB=90°$ である（ただし，$a=-1$ のときP=A，$a=1$ のときP=Bである）．よって，求める図形はA，Bを直径の両端とする円である（円の中心はABの中点 $\left(-\dfrac{1}{2}, \dfrac{1}{2}\right)$，半径は $\dfrac{1}{2}AB=\dfrac{\sqrt{2}}{2}$ である）．ただし，$a$ がどんな実数値をとっても，$l$ は直線 $x=-1$ を表さず，$m$ は直線 $y=1$ を表さないので，$x=-1$ と $y=1$ の交点 $(-1, 1)$ はPとなることはないので，この点は除かれる．よって，点Pの軌跡は，

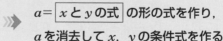

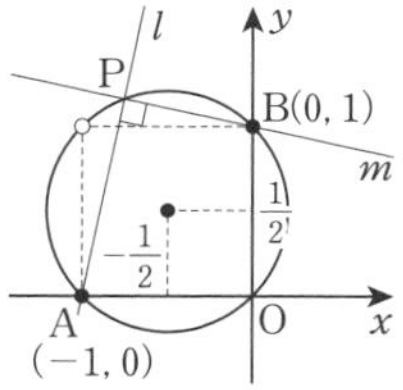


円$\left(x+\dfrac{1}{2}\right)^2+\left(y-\dfrac{1}{2}\right)^2=\dfrac{1}{2}$ である．ただし，点 $(-1, 1)$ を除く．

**Assist**

点P$(x, y)$ の軌跡は，ある実数 $a$ に対して①かつ②をみたす点 $(x, y)$ の集合であるから「①かつ②をみたす実数 $a$ が存在する」ような点 $(x, y)$ の集合である，といえる．そこで，**例題034** と同様に，$a=\square$ の形にして代入したいので，(i) $x=-1$ と(ii) $x\fallingdotseq -1$ に分けて考える．

**シェーマ**

**媒介変数 $a$ を含む式で表される 2直線の交点 $(x, y)$ の軌跡** ⋙ **$a=$ [$x$ と $y$ の式] の形の式を作り，$a$ を消去して $x$，$y$ の条件式を作る**

**復習｜036**　2直線 $(t-1)x-y+1=0$，$tx+(t-2)y+2=0$ があり，次のそれぞれの場合に2直線の交点Pの軌跡を求めよ．

(1)　$t$ がすべての実数値をとる．　(2)　$t$ が $t\geqq 0$ をみたす．

## 例題 037 通過領域

$m$ がすべての実数値をとって変化するとき，直線 $y=-2mx-m^2\cdots$①を考える．

(1) 点A$(1,\ -3)$，点B$(1,2)$ は，それぞれ①が通り得る範囲に含まれるか．

(2) 直線①が通り得る範囲を図示せよ．

**解** (1) (i) $(x,y)=(1,\ -3)$ を①に代入すると

$$-3=-2m\cdot1-m^2 \quad \therefore\ m^2+2m-3=0 \quad \therefore\ (m-1)(m+3)=0 \quad \therefore\ m=1,\ -3$$

よって，$m=1,\ -3$ のとき点Aは直線①上にあり，点Aは①が通り得る範囲に含まれる．

(ii) $(x,y)=(1,2)$ を①に代入すると

$$2=-2m\cdot1-m^2 \quad \therefore\ m^2+2m+2=0$$

この $m$ の2次方程式の判別式を $D$ とすると，$D=2^2-4\cdot2=-4(<0)$ であり，これをみたす実数 $m$ は存在しない．

よって，点Bは①が通り得る範囲に含まれない．

(2) (1)より考えて，直線①の通り得る範囲は，

「$y=-2mx-m^2\cdots$①をみたす実数 $m$ が存在する」…(＊)

ような $(x,y)$ の集合である．

$$① \Leftrightarrow m^2+2xm+y=0\cdots①'$$

(＊)は $m$ の2次方程式とみた①′が実数解をもつことなので，①′の判別式を $D$ とすると

$$\frac{D}{4}=x^2-y\geqq0 \quad \therefore\ y\leqq x^2\cdots②$$

よって，①が通り得る範囲は $y\leqq x^2$ であり，右図の斜線部分である．ただし，境界を含む．

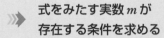

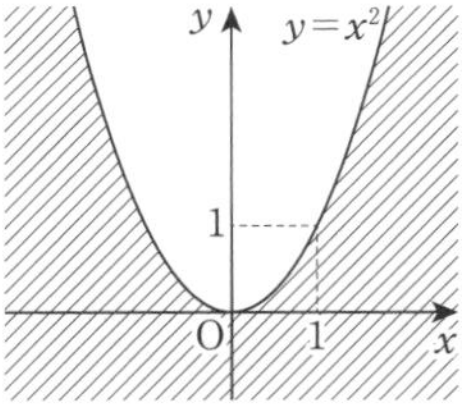


**Assist**

直線①が「通り得る範囲」とは，$m$ がすべての実数値をとって変化するときの直線①が通る点 $(x,y)$ の全体であり，「①をみたす実数 $m$ が存在する」ような $(x,y)$ の集合である，といえる．

**シェーマ**

媒介変数 $m$ を含む式で表された図形の通過領域 ⇒ 式をみたす実数 $m$ が存在する条件を求める

**復習 | 037** 以下の場合において，直線 $y=4tx-t^2\cdots$①の通り得る範囲を求め，それを図示せよ．

(1) $t$ がすべての実数値をとって変化する．

(2) $t$ が $t\geqq0$ の範囲を動く．

**TRIAL** $k$ がいかなる実数値をとっても直線 $2kx+(k^2-1)y+(k-1)^2=0$ が通らない点の集合を求め，それを図示せよ．

## 例題 038 点の存在範囲

点P$(x, y)$が$x^2+y^2 \leqq 4$をみたす範囲にあるとき，$X=x+y$，$Y=xy$で定まる点Q$(X, Y)$の存在範囲を求め，$XY$平面上に図示せよ．

**解**

$x^2+y^2 \leqq 4 \cdots$①

$X=x+y \cdots$②，$Y=xy \cdots$③

②，③より，$x$と$y$は$t$の2次方程式$t^2-Xt+Y=0 \cdots$④の2解である．

$x$と$y$は実数なので，④の判別式を$D$とすると

$$D=X^2-4Y \geqq 0 \quad \therefore \ Y \leqq \frac{1}{4}X^2 \cdots ⑤$$

また，②，③より $x^2+y^2=(x+y)^2-2xy=X^2-2Y$ であるから，①より

$$X^2-2Y \leqq 4 \quad \therefore \ Y \geqq \frac{1}{2}X^2-2 \cdots ⑥$$

よって，点Q$(X, Y)$の存在範囲は⑤かつ⑥であり右図の斜線部分である．ただし，境界を含む．

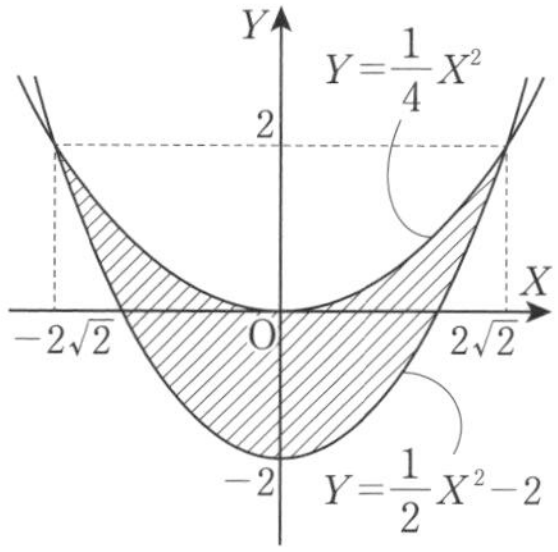


### Assist

**1°** ①をみたす$(x, y)$の各々に対して，②と③で$(X, Y)$が定まるが，軌跡の問題と同様に，点$(X, Y)$の存在範囲は，ある実数$x$，$y$に対して，①かつ②かつ③をみたす$(X, Y)$の全体であり，「①かつ②かつ③をみたす実数$x$，$y$が存在する」$(X, Y)$の集合を求めればよい．

**2°** ②，③によって，$(x, y)$に対して$(X, Y)$を定めるとき，任意の実数$x$，$y$に対して，$X$，$Y$は必ず実数になるが，任意の実数$X$，$Y$に対して②，③をみたす実数$x$，$y$がとれるとはかぎらない．そこで「解と係数の関係」を用いて「$x$，$y$の実数条件」を⑤のように表す．

### シェーマ

$\begin{cases} x+y=X \\ xy=Y \end{cases}$ （$x$と$y$は実数） ⟹ （$t^2-Xt+Y=0$の判別式）$\geqq 0$

**復習 | 038**

点P$(x, y)$が$xy>0$をみたす範囲にあるとき，$X=x+y$，$Y=x^2+y^2$で定まる点Q$(X, Y)$の存在範囲を求め，$XY$平面上に図示せよ．

## 例題 039 三角関数の基本

次のそれぞれをみたす$\theta$ $(0 \leqq \theta < 2\pi)$ を求めよ.

(1) $\sin\theta = \dfrac{\sqrt{3}}{2}$　　(2) $\cos\left(\theta + \dfrac{\pi}{5}\right) = -\dfrac{1}{2}$　　(3) $\tan\theta < \dfrac{1}{\sqrt{3}}$

**解** (1) $\boldsymbol{\theta = \dfrac{\pi}{3},\ \dfrac{2\pi}{3}}$

(2) $0 \leqq \theta < 2\pi$ より $\dfrac{\pi}{5} \leqq \theta + \dfrac{\pi}{5} < \dfrac{11}{5}\pi$

であるから

$\theta + \dfrac{\pi}{5} = \dfrac{2}{3}\pi,\ \dfrac{4}{3}\pi$　$\therefore$ $\boldsymbol{\theta = \dfrac{7}{15}\pi,\ \dfrac{17}{15}\pi}$

(3) $\boldsymbol{0 \leqq \theta < \dfrac{\pi}{6},\ \dfrac{\pi}{2} < \theta < \dfrac{7}{6}\pi,\ \dfrac{3}{2}\pi < \theta < 2\pi}$

(1)
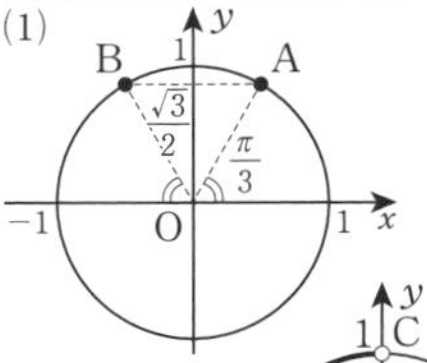


(2)
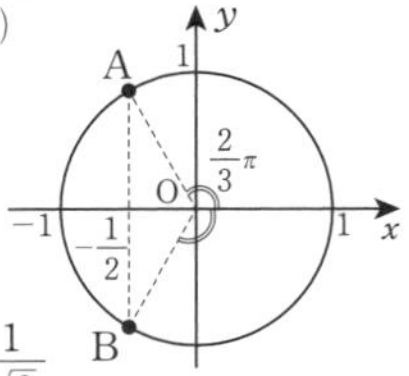


(3)
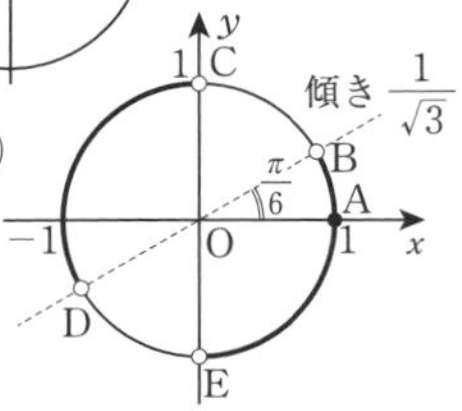


《弧度法》 $180° = \pi$ ラジアン

《三角関数の定義》

円 $x^2 + y^2 = 1$ 上の点Pで, $x$ 軸から半直線OPまでの角を$\theta$とするとき,

- Pの $x$ 座標を $\cos\theta$
- Pの $y$ 座標を $\sin\theta$
- OPの傾きを $\tan\theta$

と定める.

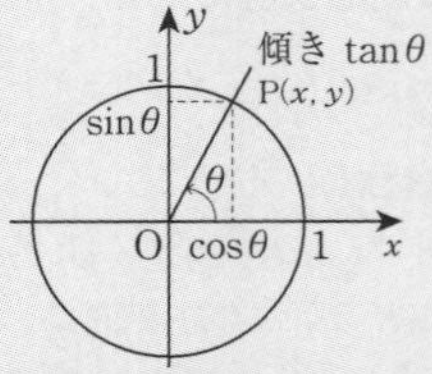


**Assist** 解答の説明(点Pは円 $x^2 + y^2 = 1$ 上の点とする)

(1) $x$ 軸から半直線OPまでの角を$\theta$とすると, 与式は, Pの $y$ 座標が $\dfrac{\sqrt{3}}{2}$ という条件であり, 点Pが図のAかBということである. $0 \leqq \theta < 2\pi$ のとき　$\theta = \dfrac{\pi}{3},\ \dfrac{2\pi}{3}$

(2) $x$ 軸から半直線OPまでの角を$\theta + \dfrac{\pi}{5}$ とすると, 与式は, Pの $x$ 座標が $-\dfrac{1}{2}$ という条件であり, 点Pが図のAかBということである. $0 \leqq \theta < 2\pi$ のとき　$\theta + \dfrac{\pi}{5} = \dfrac{2}{3}\pi,\ \dfrac{4}{3}\pi$

(3) $x$ 軸から半直線OPまでの角を$\theta$とすると, 与式は, OPの傾きが $\dfrac{1}{\sqrt{3}}$ 未満という条件であり, 点Pが図の弧CD, EB(端点を除く)のどちらかの上にあるということである.

**シェーマ**

**$\sin\theta(\cos\theta)$ の値 ⋙ 単位円上の点の座標と考える**

**復習 | 039**　次のそれぞれをみたす$\theta$ $(0 \leqq \theta < 2\pi)$ を求めよ.

(1) $\tan\theta = -\sqrt{3}$　　(2) $\sin\left(2\theta - \dfrac{1}{4}\pi\right) = -\dfrac{1}{2}$　　(3) $\cos\theta \leqq -\dfrac{\sqrt{3}}{2}$

## 例題 040 三角関数の計算

(1) $\sin\theta+\cos\theta=\dfrac{\sqrt{2}}{2}$ $(0<\theta<\pi)$ のとき，$\sin\theta\cos\theta$，$\sin\theta-\cos\theta$，$\sin^3\theta+\cos^3\theta$ の値をそれぞれ求めよ．

(2) $\tan\theta=5$ のとき，$\dfrac{1}{1+\sin\theta}+\dfrac{1}{1+\cos\theta}+\dfrac{1}{1-\sin\theta}+\dfrac{1}{1-\cos\theta}$ の値を求めよ．

解 (1) $\sin\theta+\cos\theta=\dfrac{\sqrt{2}}{2}$ より，両辺を2乗して　$\sin^2\theta+2\sin\theta\cos\theta+\cos^2\theta=\dfrac{1}{2}$

$\therefore\ 1+2\sin\theta\cos\theta=\dfrac{1}{2}$　$\therefore$ $\boldsymbol{\sin\theta\cos\theta=-\dfrac{1}{4}}$ …①　← $\sin^2\theta+\cos^2\theta=1$

よって　$(\sin\theta-\cos\theta)^2=\sin^2\theta-2\sin\theta\cos\theta+\cos^2\theta=1-2\left(-\dfrac{1}{4}\right)=\dfrac{3}{2}$

$0<\theta<\pi$ より　$\sin\theta>0$　　これと①より，$\cos\theta<0$ であるから　$\sin\theta-\cos\theta>0$

よって　$\sin\theta-\cos\theta=\sqrt{\dfrac{3}{2}}=\boldsymbol{\dfrac{\sqrt{6}}{2}}$

$\sin^3\theta+\cos^3\theta=(\sin\theta+\cos\theta)(\sin^2\theta-\sin\theta\cos\theta+\cos^2\theta)$　← $x^3+y^3=(x+y)(x^2-xy+y^2)$

$=\dfrac{\sqrt{2}}{2}\cdot\left\{1-\left(-\dfrac{1}{4}\right)\right\}=\boldsymbol{\dfrac{5\sqrt{2}}{8}}$

(2) $(\text{与式})=\left(\dfrac{1}{1+\sin\theta}+\dfrac{1}{1-\sin\theta}\right)+\left(\dfrac{1}{1+\cos\theta}+\dfrac{1}{1-\cos\theta}\right)$

$=\dfrac{2}{1-\sin^2\theta}+\dfrac{2}{1-\cos^2\theta}=\dfrac{2}{\cos^2\theta}+\dfrac{2}{\sin^2\theta}$ …①

$\tan\theta=5$ より　$\cos^2\theta=\dfrac{1}{1+\tan^2\theta}=\dfrac{1}{1+5^2}=\dfrac{1}{26}$　$\therefore$ $\sin^2\theta=1-\cos^2\theta=\dfrac{25}{26}$

（$\sin\theta=\tan\theta\cos\theta$ より $\sin^2\theta$ を求めてもよい．）

①に代入して　$(\text{与式})=2\cdot26+2\cdot\dfrac{26}{25}=2\cdot\dfrac{26^2}{25}=\boldsymbol{\dfrac{1352}{25}}$

《三角関数の基本公式》

$$\cos^2\theta+\sin^2\theta=1\qquad \tan\theta=\frac{\sin\theta}{\cos\theta}\qquad 1+\tan^2\theta=\frac{1}{\cos^2\theta}$$

シェーマ

**$\sin\theta$ と $\cos\theta$ の計算 ⟫ 「$\cos^2\theta+\sin^2\theta=1$」が基本**

### 復習 040

(1) $\sin x-\cos x=\dfrac{1}{3}$ $(0<x<\pi)$ のとき，$\sin x\cos x$，$\sin x+\cos x$，$\sin^3x-\cos^3x$ の値をそれぞれ求めよ．

(2) $\sin\theta=\dfrac{1}{3}$ のとき，$\cos\theta$，$\tan\theta$ の値をそれぞれ求めよ．

## 例題 041 三角関数のグラフ

(1) $y=2\sin 2\theta$ のグラフをかけ．また，その周期のうち正の最小のものを求めよ．

(2) $y=-\cos\left(\theta-\dfrac{\pi}{3}\right)+1$ のグラフをかけ．

**解** (1) $y=2\sin 2\theta$ のグラフは，$y=\sin\theta$ のグラフを $\theta$ 軸方向に $\dfrac{1}{2}$ 倍に縮小し，$y$ 軸方向に2倍に拡大したものである．正の最小の周期は **$\pi$**

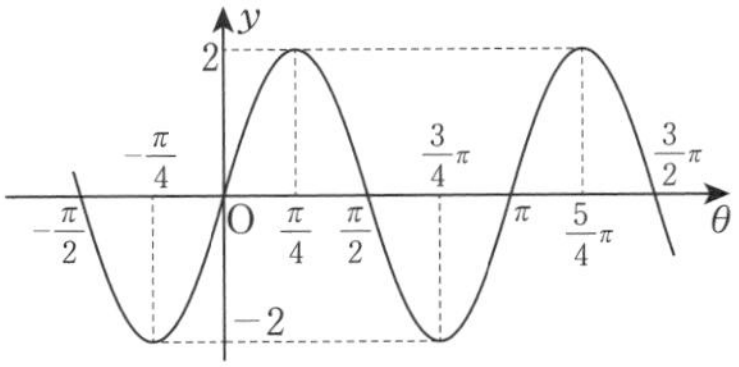


(2) $y=-\cos\left(\theta-\dfrac{\pi}{3}\right)+1$ のグラフは，

$y=-\cos\theta$ のグラフを $\theta$ 軸方向に $\dfrac{\pi}{3}$，$y$ 軸方向に1だけ平行移動したものである．

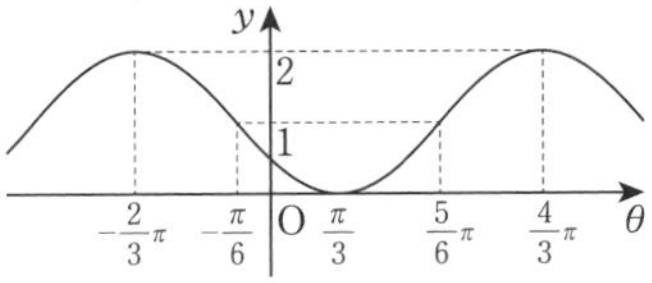


**《$y=\sin\theta$，$y=\cos\theta$，$y=\tan\theta$ のグラフ》**

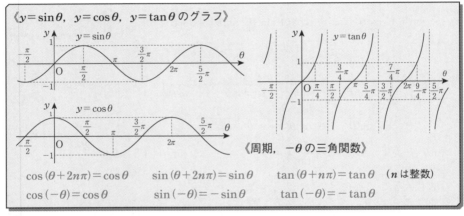

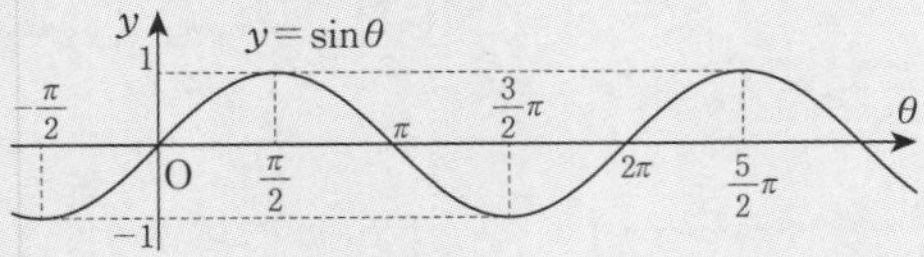


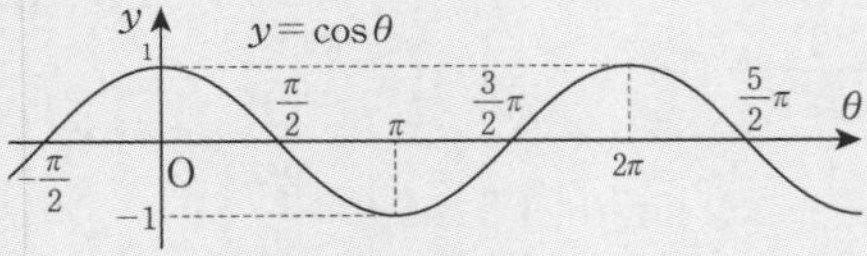


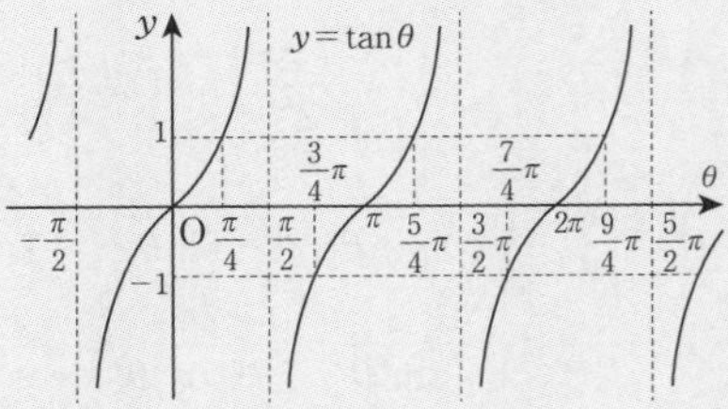


**《周期，$-\theta$ の三角関数》**

$\cos(\theta+2n\pi)=\cos\theta$　　$\sin(\theta+2n\pi)=\sin\theta$　　$\tan(\theta+n\pi)=\tan\theta$　（$n$ は整数）

$\cos(-\theta)=\cos\theta$　　$\sin(-\theta)=-\sin\theta$　　$\tan(-\theta)=-\tan\theta$

### Assist

1° （関数の周期）　関数 $f(\theta)$ において，任意の実数 $\theta$ に対して $f(\theta+\alpha)=f(\theta)$（$\alpha$ は実数の定数）が成り立つとき，実数 $\alpha$ を $f(\theta)$ の周期という．

2° $y=kf(\theta)$ のグラフは，$y=f(\theta)$ のグラフを $y$ 軸方向に $k$ 倍したものである．

$y=f(l\theta)$ のグラフは，$y=f(\theta)$ のグラフを $\theta$ 軸方向に $\dfrac{1}{l}$ 倍したものである．

### シェーマ

**$y-\beta=f(\theta-\alpha)$ のグラフ** ⋙ **$y=f(\theta)$ のグラフを $\theta$ 軸方向に $\alpha$，$y$ 軸方向に $\beta$ だけ平行移動したもの**

**復習 041**　次の関数のグラフをかけ．また，正の最小の周期を求めよ．

(1) $y=-\dfrac{1}{2}\cos\dfrac{\theta}{2}$　　(2) $y=3\sin\left(\theta+\dfrac{\pi}{3}\right)+1$　　(3) $y=\cos\left(2\theta-\dfrac{\pi}{3}\right)$

## 例題 042 1次の三角方程式

(1) $0 \leqq \theta \leqq \pi$ において方程式 $\cos 3\theta = \sin 2\theta$ を解け.

(2) $0 \leqq x \leqq 2\pi$, $0 \leqq y \leqq 2\pi$ のとき連立方程式

$\sin x - \sin y = \dfrac{1}{2}$, $\cos x + \cos y = \dfrac{\sqrt{3}}{2}$ を解け.

解 (1) 与式より $\cos 3\theta = \cos\left(\dfrac{\pi}{2} - 2\theta\right)$ $\therefore\ 3\theta = \pm\left(\dfrac{\pi}{2} - 2\theta\right) + 2n\pi$ ($n$ は整数)

$\therefore\ 5\theta = \dfrac{\pi}{2} + 2n\pi$ または $\theta = -\dfrac{\pi}{2} + 2n\pi$ $\therefore\ \theta = \underbrace{\dfrac{\pi}{10} + \dfrac{2}{5}n\pi}_{(ア)},\ \underbrace{-\dfrac{\pi}{2} + 2n\pi}_{(イ)}$

$0 \leqq \theta \leqq \pi$ より, (ア)の方は $n = 0,\ 1,\ 2$ $\therefore\ \theta = \dfrac{\pi}{10},\ \dfrac{5}{10}\pi,\ \dfrac{9}{10}\pi$

(イ)の方は不適. よって $\boldsymbol{\theta = \dfrac{\pi}{10},\ \dfrac{\pi}{2},\ \dfrac{9}{10}\pi}$

(2) $\sin y = \sin x - \dfrac{1}{2} \cdots ①$ $\cos y = -\cos x + \dfrac{\sqrt{3}}{2} \cdots ②$ $\sin^2 y + \cos^2 y = 1$ に代入して

$\left(\sin x - \dfrac{1}{2}\right)^2 + \left(-\cos x + \dfrac{\sqrt{3}}{2}\right)^2 = 1$ $\therefore\ -\sin x - \sqrt{3}\cos x + 1 = 0$

$\therefore\ \sin x = -\sqrt{3}\cos x + 1 \cdots ③$ $\sin^2 x + \cos^2 x = 1$ に代入して $(-\sqrt{3}\cos x + 1)^2 + \cos^2 x = 1$

$\therefore\ 2\cos x(2\cos x - \sqrt{3}) = 0$ $\therefore\ \cos x = 0,\ \dfrac{\sqrt{3}}{2}$ それぞれ③, ①, ②に代入して

$(\cos x, \sin x, \cos y, \sin y) = \left(0, 1, \dfrac{\sqrt{3}}{2}, \dfrac{1}{2}\right),\ \left(\dfrac{\sqrt{3}}{2}, -\dfrac{1}{2}, 0, -1\right)$

以上より $\boldsymbol{(x, y) = \left(\dfrac{\pi}{2}, \dfrac{\pi}{6}\right),\ \left(\dfrac{11}{6}\pi, \dfrac{3}{2}\pi\right)}$

**《$\dfrac{\pi}{2} - \theta$, $\pi - \theta$ の三角関数》** $\cos\left(\dfrac{\pi}{2} - \theta\right) = \sin\theta$ $\sin\left(\dfrac{\pi}{2} - \theta\right) = \cos\theta$

$\cos(\pi - \theta) = -\cos\theta$ $\sin(\pi - \theta) = \sin\theta$

**《三角比の値と角の値の関係》** $\cos\theta = \cos\alpha \Leftrightarrow \theta = \pm\alpha + 2n\pi$ ($n$ は整数)

$\sin\theta = \sin\alpha \Leftrightarrow \theta = \alpha + 2n\pi,\ (\pi - \alpha) + 2n\pi$ $\cdots(*)$

**シェーマ**

**方程式 $\cos A = \sin B$ の形 ⋙ 両辺を cos か sin にそろえる**

**復習 | 042** (1) $0 \leqq \theta \leqq \dfrac{\pi}{2}$ のとき, $\sin 4\theta = \cos\theta$ をみたす $\theta$ の値を求めよ.

(2) $0 \leqq x \leqq 2\pi$, $0 \leqq y \leqq 2\pi$ のとき, $\cos y - \sin x = 1$, $\cos x + \sin y = -\sqrt{3}$ を解け.

(3) 《三角比の値と角の値の関係》の($*$)が成り立つことを示せ.

## 例題 043　三角関数の 2 次式①

(1) 方程式 $2\cos^2\theta=3\sin\theta$ $(0\leqq\theta<2\pi)$ の解を求めよ．

(2) $y=\sin\theta-\cos^2\theta$ $(0\leqq\theta\leqq 2\pi)$ の最大値，最小値を求めよ．また，そのときの $\theta$ の値を求めよ．

(3) 不等式 $2\cos^2\theta+3\cos\theta-2\leqq 0$ をみたす $\theta$ の値の範囲を求めよ．ただし，$0\leqq\theta<2\pi$ とする．

**解** (1) 与式より　$2(1-\sin^2\theta)=3\sin\theta$　$\therefore$ $2\sin^2\theta+3\sin\theta-2=0$

$\therefore$ $(2\sin\theta-1)(\sin\theta+2)=0$　$\therefore$ $\sin\theta=-2,\ \dfrac{1}{2}$

$-1\leqq\sin\theta\leqq 1$ より　$\sin\theta=\dfrac{1}{2}$

$0\leqq\theta<2\pi$ より　$\boldsymbol{\theta=\dfrac{\pi}{6},\ \dfrac{5}{6}\pi}$

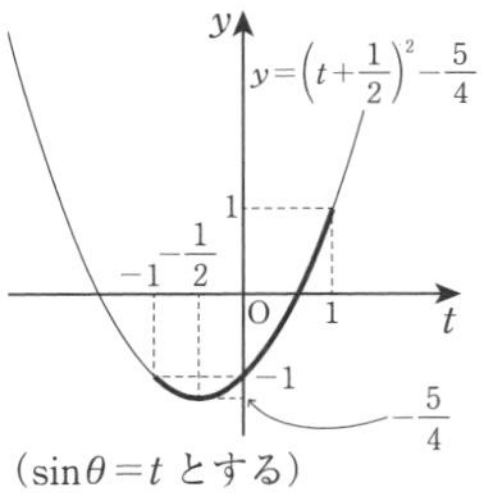

$(\sin\theta=t$ とする$)$

(2) $y=\sin\theta-(1-\sin^2\theta)=\sin^2\theta+\sin\theta-1=\left(\sin\theta+\dfrac{1}{2}\right)^2-\dfrac{5}{4}$

$0\leqq\theta\leqq 2\pi$ より，$-1\leqq\sin\theta\leqq 1$ であるから

(i) $\sin\theta=1$　$\therefore$ $\boldsymbol{\theta=\dfrac{\pi}{2}}$ のとき　最大値　**1**

(ii) $\sin\theta=-\dfrac{1}{2}$　$\therefore$ $\boldsymbol{\theta=\dfrac{7}{6}\pi,\ \dfrac{11}{6}\pi}$ のとき　最小値　$\boldsymbol{-\dfrac{5}{4}}$

(3) 与式より　$(2\cos\theta-1)(\cos\theta+2)\leqq 0$

$\cos\theta+2>0$ より　$2\cos\theta-1\leqq 0$　$\therefore$ $\cos\theta\leqq\dfrac{1}{2}$

$0\leqq\theta<2\pi$ より　$\boldsymbol{\dfrac{\pi}{3}\leqq\theta\leqq\dfrac{5}{3}\pi}$

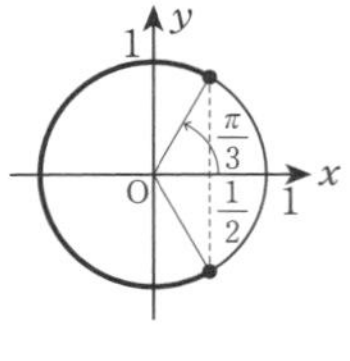


### シェーマ

**$\sin\theta$ と $\cos\theta$ の 2 次式 ($\sin\theta\cos\theta$ の項を含まない)** ≫ **$\sin\theta$ と $\cos\theta$ のどちらかを消去**

### 復習 | 043

(1) 方程式 $2\sin^2 2\theta+\cos 2\theta-1=0$ $(0\leqq\theta\leqq\pi)$ を解け．

(2) $y=\sqrt{3}\cos\theta+\sin^2\theta+1$ $(0\leqq\theta\leqq 2\pi)$ の最大値，最小値を求めよ．また，そのときの $\theta$ の値を求めよ．

(3) $0\leqq\theta<\pi$ のとき，$\theta$ に関する次の不等式を解け．

(i) $\cos\theta\sin\theta+\sin^2\theta<1$　　(ii) $\cos^3\theta-\sin^3\theta<0$

## 例題 044　加法定理

(1)　$\sin 15^\circ$ の値を求めよ．

(2)　$0^\circ \leqq A \leqq 90^\circ$，$0^\circ \leqq B \leqq 90^\circ$ として $\sin A = \dfrac{1}{7}$，$\cos B = \dfrac{11}{14}$ のとき，$\cos(A+B)$ の値を求めよ．

(3)　△ABC は 3 辺の長さがそれぞれ AB=5，AC=3，BC=4 である．$\alpha = \angle\mathrm{CAB}$，$\beta = \angle\mathrm{CBA}$ とおくとき，$\tan(\alpha-\beta)$ の値を求めよ．

解 (1)　$\sin 15^\circ = \sin(45^\circ - 30^\circ) = \sin 45^\circ \cos 30^\circ - \cos 45^\circ \sin 30^\circ$

$$= \frac{\sqrt{2}}{2}\cdot\frac{\sqrt{3}}{2} - \frac{\sqrt{2}}{2}\cdot\frac{1}{2} = \boldsymbol{\frac{\sqrt{6}-\sqrt{2}}{4}}$$

(2)　$0^\circ \leqq A \leqq 90^\circ$ より　$\cos A = \sqrt{1-\sin^2 A} = \sqrt{1-\left(\dfrac{1}{7}\right)^2} = \dfrac{4\sqrt{3}}{7}$

$0^\circ \leqq B \leqq 90^\circ$ より　$\sin B = \sqrt{1-\cos^2 B} = \sqrt{1-\left(\dfrac{11}{14}\right)^2} = \dfrac{5\sqrt{3}}{14}$

よって　$\boldsymbol{\cos(A+B)} = \cos A \cos B - \sin A \sin B = \dfrac{4\sqrt{3}}{7}\cdot\dfrac{11}{14} - \dfrac{1}{7}\cdot\dfrac{5\sqrt{3}}{14} = \boldsymbol{\dfrac{39\sqrt{3}}{98}}$

(3)　条件より，△ABC は $\angle\mathrm{ACB} = 90^\circ$ の直角三角形である．よって

$\tan\alpha = \dfrac{4}{3}$，$\tan\beta = \dfrac{3}{4}$ であるから

$$\boldsymbol{\tan(\alpha-\beta)} = \frac{\tan\alpha - \tan\beta}{1+\tan\alpha\tan\beta} = \frac{\frac{4}{3}-\frac{3}{4}}{1+\frac{4}{3}\cdot\frac{3}{4}} = \boldsymbol{\frac{7}{24}}$$

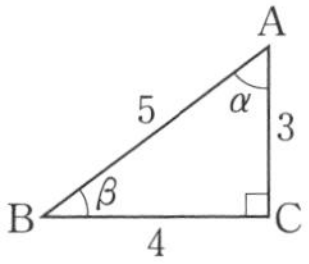


《加法定理》

$\sin(\alpha+\beta) = \sin\alpha\cos\beta + \cos\alpha\sin\beta$　　$\cos(\alpha+\beta) = \cos\alpha\cos\beta - \sin\alpha\sin\beta$

$\sin(\alpha-\beta) = \sin\alpha\cos\beta - \cos\alpha\sin\beta$　　$\cos(\alpha-\beta) = \cos\alpha\cos\beta + \sin\alpha\sin\beta$

$\tan(\alpha+\beta) = \dfrac{\tan\alpha+\tan\beta}{1-\tan\alpha\tan\beta}$　　$\tan(\alpha-\beta) = \dfrac{\tan\alpha-\tan\beta}{1+\tan\alpha\tan\beta}$

**シェーマ**

**$A+B$，$A-B$ の三角比の値 ⇒ 加法定理**

### 復習 044

(1)　$\cos 165^\circ$ の値を求めよ．

(2)　$0^\circ \leqq A \leqq 90^\circ$，$90^\circ \leqq B \leqq 180^\circ$，$\sin A = \dfrac{8}{17}$，$\sin B = \dfrac{4}{5}$ のとき，$\sin(A-B)$ を求めよ．

TRIAL　$\sin\alpha - \sin\beta = \dfrac{5}{4}$，$\cos\alpha + \cos\beta = \dfrac{5}{4}$ のとき，$\cos(\alpha+\beta)$ の値を求めよ．

## 例題 045　2 倍角・半角の公式

(1)　$\tan\theta=\dfrac{1}{3}$ のとき $\sin 2\theta$ の値を求めよ．

(2)　$\tan^2\dfrac{\theta}{2}$ を $\cos\theta$ で表し，また，これより $\tan\dfrac{7\pi}{8}$ の値を求めよ．

(3)　$0<\theta<\dfrac{\pi}{2}$ とする．$\sin\theta=\dfrac{3\sqrt{5}}{7}$ のとき $\sin\dfrac{\theta}{2}$ を求めよ．

**解** (1)　$1+\tan^2\theta=\dfrac{1}{\cos^2\theta}$ であるから　$\cos^2\theta=\dfrac{1}{1+\tan^2\theta}=\dfrac{1}{1+\left(\dfrac{1}{3}\right)^2}=\dfrac{9}{10}$

よって　$\boldsymbol{\sin 2\theta}=2\sin\theta\cos\theta=2\tan\theta\cos^2\theta=2\cdot\dfrac{1}{3}\cdot\dfrac{9}{10}=\boldsymbol{\dfrac{3}{5}}$

(2)　$\boldsymbol{\tan^2\dfrac{\theta}{2}}=\dfrac{\sin^2\dfrac{\theta}{2}}{\cos^2\dfrac{\theta}{2}}=\dfrac{\dfrac{1-\cos\theta}{2}}{\dfrac{1+\cos\theta}{2}}=\boldsymbol{\dfrac{1-\cos\theta}{1+\cos\theta}}$

よって　$\tan^2\dfrac{7\pi}{8}=\dfrac{1-\cos\dfrac{7\pi}{4}}{1+\cos\dfrac{7\pi}{4}}=\dfrac{1-\dfrac{1}{\sqrt{2}}}{1+\dfrac{1}{\sqrt{2}}}=\dfrac{\sqrt{2}-1}{\sqrt{2}+1}=(\sqrt{2}-1)^2$　　← $\dfrac{\theta}{2}=\dfrac{7\pi}{8}$ とする．

$\tan\dfrac{7\pi}{8}<0$ より　$\boldsymbol{\tan\dfrac{7\pi}{8}}=-(\sqrt{2}-1)=\boldsymbol{1-\sqrt{2}}$　　← $\dfrac{\pi}{2}<\dfrac{7\pi}{8}<\pi$

(3)　$0<\theta<\dfrac{\pi}{2}$ より　$\cos\theta=\sqrt{1-\left(\dfrac{3\sqrt{5}}{7}\right)^2}=\dfrac{2}{7}$　よって　$\sin^2\dfrac{\theta}{2}=\dfrac{1-\cos\theta}{2}=\dfrac{1-\dfrac{2}{7}}{2}=\dfrac{5}{14}$

$\sin\dfrac{\theta}{2}>0$ より　$\boldsymbol{\sin\dfrac{\theta}{2}}=\sqrt{\dfrac{5}{14}}=\boldsymbol{\dfrac{\sqrt{70}}{14}}$

《2 倍角の公式》　$\cos 2\alpha=2\cos^2\alpha-1=1-2\sin^2\alpha=\cos^2\alpha-\sin^2\alpha$

$\sin 2\alpha=2\sin\alpha\cos\alpha$　　$\tan 2\alpha=\dfrac{2\tan\alpha}{1-\tan^2\alpha}$

《半角の公式》　$\sin^2\dfrac{\alpha}{2}=\dfrac{1-\cos\alpha}{2}$　　$\cos^2\dfrac{\alpha}{2}=\dfrac{1+\cos\alpha}{2}$　　$\tan^2\dfrac{\alpha}{2}=\dfrac{1-\cos\alpha}{1+\cos\alpha}$

**シェーマ**

**角 $2\theta$，$\dfrac{\theta}{2}$ の三角関数の値 ⟫ 2 倍角，半角の公式**

**復習 045**

$\pi<\alpha<2\pi$ で $\cos\alpha=\dfrac{3}{5}$ のとき，$\sin\alpha$，$\sin\left(\dfrac{\pi}{2}-\alpha\right)$，$\cos\dfrac{\alpha}{2}$ の値をそれぞれ求めよ．

**TRIAL**　$\tan\dfrac{\theta}{2}=t$ $(t\neq1)$ とおくとき，$\sin\theta=\dfrac{2t}{1+t^2}$，$\cos\theta=\dfrac{1-t^2}{1+t^2}$，$\tan\theta=\dfrac{2t}{1-t^2}$ をそれぞれ示せ．

## 例題 046　3 倍角の公式

(1)　$\alpha=36^\circ$ とするとき，$3\alpha=180^\circ-2\alpha$ であることを用いて，$\cos 36^\circ$ を求めよ．

(2)　1 辺の長さが 1 の正五角形 ABCDE の対角線 AC の長さを求めよ．

解 (1)　$3\alpha=180^\circ-2\alpha$ より

$$\cos 3\alpha=\cos(180^\circ-2\alpha)=-\cos 2\alpha$$

$$4\cos^3\alpha-3\cos\alpha=-(2\cos^2\alpha-1)$$

$$4\cos^3\alpha+2\cos^2\alpha-3\cos\alpha-1=0$$

$$(\cos\alpha+1)(4\cos^2\alpha-2\cos\alpha-1)=0$$

← $\cos\alpha=-1$ とおくと成り立つ．

$$\therefore\ \cos\alpha=-1,\ \frac{1\pm\sqrt{5}}{4}$$

$\cos 36^\circ>0$ より　$\boldsymbol{\cos 36^\circ=\dfrac{1+\sqrt{5}}{4}}$

(2)　正五角形の内角はそれぞれ　$\dfrac{180^\circ\times(5-2)}{5}=108^\circ$

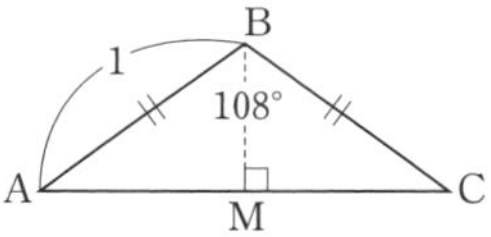


AC の中点を M とすると，AB=BC より BM⊥AC であり

$$\angle\mathrm{BAM}=\frac{1}{2}(180^\circ-108^\circ)=36^\circ$$

よって，(1)の結果を用いて　$\mathrm{AC}=2\mathrm{AM}=2(\mathrm{AB}\cos\angle\mathrm{BAM})=2\cdot 1\cos 36^\circ=\boldsymbol{\dfrac{1+\sqrt{5}}{2}}$

### Assist

(1)で sin の 3 倍角の公式を用いると，次のような計算になる．

$3\alpha=180^\circ-2\alpha$ より　$\sin 3\alpha=\sin(180^\circ-2\alpha)=\sin 2\alpha$

$$\therefore\ -4\sin^3\alpha+3\sin\alpha=2\sin\alpha\cos\alpha$$

$$\therefore\ \sin\alpha(-4\sin^2\alpha+3-2\cos\alpha)=0$$

$\sin^2\alpha=1-\cos^2\alpha$ より

$$\sin\alpha(4\cos^2\alpha-2\cos\alpha-1)=0$$

$0^\circ<\alpha<90^\circ$ より　$\cos\alpha=\dfrac{1+\sqrt{5}}{4}$

《3 倍角の公式》　$\cos 3\alpha=4\cos^3\alpha-3\cos\alpha$

$\sin 3\alpha=3\sin\alpha-4\sin^3\alpha$

### シェーマ

**$\sin 3\alpha$ ⟫ $\sin\alpha$ の 3 次式**

**$\cos 3\alpha$ ⟫ $\cos\alpha$ の 3 次式**

**復習 | 046**

(1)　$\sin 18^\circ$ を求めよ．また，$\cos 18^\circ$ を求めよ．

(2)　$0^\circ\leqq x\leqq 180^\circ$ の範囲で方程式 $\cos x+\cos 2x+\cos 3x=0$ の解を求めよ．

## 例題 047 三角関数の合成

関数 $f(\theta)=\sqrt{3}\sin\theta+\cos\theta+1$ $(0\leqq\theta<2\pi)$ について，次の問いに答えよ．

(1) $f(\theta)$ がとりうる値の範囲を求めよ．　(2) $f(\theta)=0$ をみたす $\theta$ を求めよ．

(3) $f(\theta)<2$ をみたす $\theta$ の範囲を求めよ．

**解** (1) $f(\theta)=2\left(\dfrac{\sqrt{3}}{2}\sin\theta+\dfrac{1}{2}\cos\theta\right)+1=2\left(\sin\theta\cos\dfrac{\pi}{6}+\cos\theta\sin\dfrac{\pi}{6}\right)+1$

$=2\sin\left(\theta+\dfrac{\pi}{6}\right)+1\cdots$①

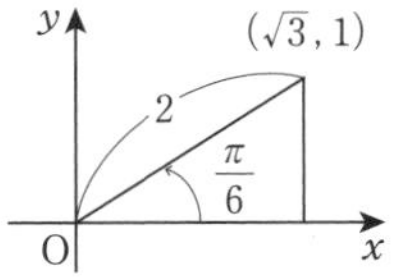


$0\leqq\theta<2\pi$ より，$\dfrac{\pi}{6}\leqq\theta+\dfrac{\pi}{6}<\dfrac{13}{6}\pi\cdots$②であるから，$\sin\left(\theta+\dfrac{\pi}{6}\right)$ の

とりうる値の範囲は　$-1\leqq\sin\left(\theta+\dfrac{\pi}{6}\right)\leqq1$

よって，$f(\theta)$ がとりうる値の範囲は　$2\cdot(-1)+1\leqq f(\theta)\leqq2\cdot1+1$　∴ $\boldsymbol{-1\leqq f(\theta)\leqq3}$

(2) ①より，$f(\theta)=0$ は

$2\sin\left(\theta+\dfrac{\pi}{6}\right)+1=0$　∴ $\sin\left(\theta+\dfrac{\pi}{6}\right)=-\dfrac{1}{2}$

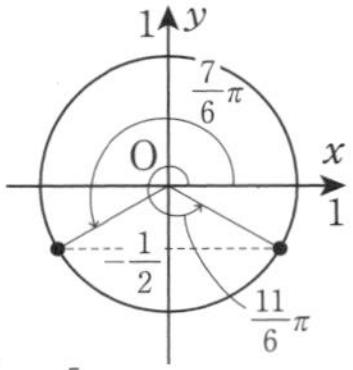


②より　$\theta+\dfrac{\pi}{6}=\dfrac{7}{6}\pi,\ \dfrac{11}{6}\pi$　∴ $\boldsymbol{\theta=\pi,\ \dfrac{5}{3}\pi}$

(3) $f(\theta)<2$ は　$2\sin\left(\theta+\dfrac{\pi}{6}\right)+1<2$　∴ $\sin\left(\theta+\dfrac{\pi}{6}\right)<\dfrac{1}{2}$

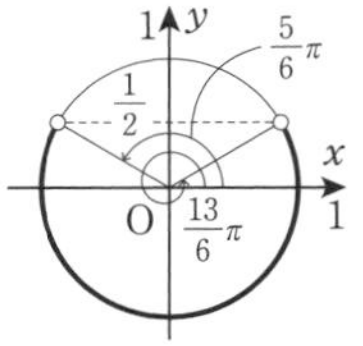


②より　$\dfrac{5}{6}\pi<\theta+\dfrac{\pi}{6}<\dfrac{13}{6}\pi$

∴ $\boldsymbol{\dfrac{2}{3}\pi<\theta<2\pi}$

**《三角関数の合成》** $(a, b)\neq(0, 0)$ のとき

$$a\sin\theta+b\cos\theta=\sqrt{a^2+b^2}\sin(\theta+\alpha)$$

$\left(\text{ただし，}\alpha\text{ は }\cos\alpha=\dfrac{a}{\sqrt{a^2+b^2}},\ \sin\alpha=\dfrac{b}{\sqrt{a^2+b^2}}\text{ をみたす角}\right)$

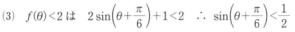

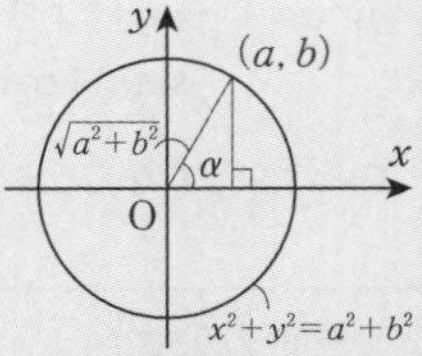


**シェーマ**

**$A\sin\theta+B\cos\theta+C$ の式 ⋙ $\sqrt{A^2+B^2}\sin(\theta+\alpha)+C$ の形に**

**復習 | 047**　関数 $f(\theta)=\sin\theta+\sqrt{3}\cos\theta$ について，次の問いに答えよ．

(1) $y=f(\theta)$ のグラフをかけ．　(2) $-\pi<\theta<\pi$ のとき，方程式 $f(\theta)=1$ を解け．

(3) $-\pi<\theta<\pi$ のとき，不等式 $\sin\theta>-\sqrt{3}\cos\theta+\sqrt{3}$ を解け．

**TRIAL**　$0\leqq\theta\leqq\dfrac{\pi}{4}$ における $y=\sin\theta+2\cos\theta$ の最大値，最小値を求めよ．

## 例題 048 三角関数の 2 次式②

$0 \leqq \theta \leqq \dfrac{\pi}{2}$ のとき，$f(\theta)=2\cos^2\theta-\sqrt{3}\sin\theta\cos\theta+\sin^2\theta$ の最大値，最小値を求め，そのときの $\theta$ の値を求めよ．

**解** 2 倍角の公式，半角の公式より　$\cos^2\theta=\dfrac{1+\cos 2\theta}{2}$，$\sin\theta\cos\theta=\dfrac{\sin 2\theta}{2}$，

$\sin^2\theta=\dfrac{1-\cos 2\theta}{2}$ であるから，代入すると

$$f(\theta)=2\cdot\frac{1+\cos 2\theta}{2}-\sqrt{3}\cdot\frac{\sin 2\theta}{2}+\frac{1-\cos 2\theta}{2}$$

$$=-\left(\frac{\sqrt{3}}{2}\sin 2\theta-\frac{1}{2}\cos 2\theta\right)+\frac{3}{2}$$

合成して

$$f(\theta)=-\left(\sin 2\theta\cos\frac{\pi}{6}-\cos 2\theta\sin\frac{\pi}{6}\right)+\frac{3}{2}$$

$$=-\sin\left(2\theta-\frac{\pi}{6}\right)+\frac{3}{2}$$

ここで，$0 \leqq \theta \leqq \dfrac{\pi}{2}$ より，$-\dfrac{\pi}{6} \leqq 2\theta-\dfrac{\pi}{6} \leqq \dfrac{5}{6}\pi$ であるから

$2\theta-\dfrac{\pi}{6}=-\dfrac{\pi}{6}$　∴ $\boldsymbol{\theta=0}$ **のとき　最大値　2**

$2\theta-\dfrac{\pi}{6}=\dfrac{\pi}{2}$　∴ $\boldsymbol{\theta=\dfrac{\pi}{3}}$ **のとき　最小値　$\dfrac{1}{2}$**

### Assist

半角，2 倍角の公式を書き直すと，正弦，余弦の 2 次式を 2 倍角の 1 次式に直す公式が得られる．

$$\cos^2\theta=\frac{1+\cos 2\theta}{2},\quad \sin^2\theta=\frac{1-\cos 2\theta}{2}$$

$$\sin\theta\cos\theta=\frac{1}{2}\sin 2\theta$$

### シェーマ

**$a\sin^2\theta+b\sin\theta\cos\theta+c\cos^2\theta$ の形** ⋙ **$A\sin 2\theta+B\cos 2\theta+C$ の形に変形して「合成」**

**復習 | 048**

$0 \leqq \theta < \pi$ のとき，関数 $f(\theta)=\sqrt{3}\sin^2\theta+3\sin\theta\cos\theta-2\sqrt{3}\cos^2\theta$ の最大値，最小値を求めよ．また，そのときの $\theta$ の値を求めよ．

**TRIAL** 実数 $x$，$y$ が $x^2+y^2=1$ をみたすとき，$4x^2+2xy+y^2$ の最小値を求めよ．

## 例題 049　三角関数の 2 次式③

$0 \leqq \theta < 2\pi$ の範囲で関数 $y = \sin\theta + \cos\theta - \sin\theta\cos\theta + 1$ を考える．このとき，次の問いに答えよ．

(1)　$t = \sin\theta + \cos\theta$ とおくとき，$y$ を $t$ を用いて表せ．

(2)　$t$ のとりうる値の範囲を求めよ．

(3)　$y$ の最大値と最小値を求めよ．また，そのときの $\theta$ の値を求めよ．

解 (1)　$t = \sin\theta + \cos\theta \cdots$①より　$t^2 = \sin^2\theta + 2\sin\theta\cos\theta + \cos^2\theta$

$\therefore\ t^2 = 1 + 2\sin\theta\cos\theta$　　$\therefore\ \sin\theta\cos\theta = \dfrac{t^2-1}{2} \cdots$②

与式に①，②を代入すると　$y = t - \dfrac{t^2-1}{2} + 1 = \boldsymbol{-\dfrac{1}{2}t^2 + t + \dfrac{3}{2}} \cdots$③

(2)　①より　$t = \sqrt{2}\left(\dfrac{1}{\sqrt{2}}\sin\theta + \dfrac{1}{\sqrt{2}}\cos\theta\right) = \sqrt{2}\sin\left(\theta + \dfrac{\pi}{4}\right) \cdots$④

$0 \leqq \theta < 2\pi$ であるから　$\dfrac{\pi}{4} \leqq \theta + \dfrac{\pi}{4} < \dfrac{9}{4}\pi$

よって，$\sin\left(\theta + \dfrac{\pi}{4}\right)$ のとりうる値の範囲は　$-1 \leqq \sin\left(\theta + \dfrac{\pi}{4}\right) \leqq 1$ であるから，

$t$ のとりうる値の範囲は　$\boldsymbol{-\sqrt{2} \leqq t \leqq \sqrt{2}}$

(3)　③より　$y = -\dfrac{1}{2}(t-1)^2 + 2$

よって，$t=1$ のとき　**最大値　2**

このとき，④より　$\sin\left(\theta + \dfrac{\pi}{4}\right) = \dfrac{1}{\sqrt{2}}$　$\therefore\ \theta + \dfrac{\pi}{4} = \dfrac{\pi}{4},\ \dfrac{3}{4}\pi$　$\therefore\ \boldsymbol{\theta = 0,\ \dfrac{\pi}{2}}$

$t = -\sqrt{2}$ のとき　**最小値**　$\boldsymbol{\dfrac{1}{2} - \sqrt{2}}$

このとき，④より　$\sin\left(\theta + \dfrac{\pi}{4}\right) = -1$　$\therefore\ \theta + \dfrac{\pi}{4} = \dfrac{3}{2}\pi$　$\therefore\ \boldsymbol{\theta = \dfrac{5}{4}\pi}$

**シェーマ**

**$\cos\theta$ と $\sin\theta$ の対称式（交換しても変わらない式）** ≫ **$\cos\theta + \sin\theta$（$=t$ とおく）で表せる**

**復習 | 049**

$0 \leqq \theta \leqq \pi$ のとき，関数 $y = 3(\sin\theta + \cos\theta) - 2\sin\theta\cos\theta$ の最大値と最小値を求めよ．

**TRIAL**　$-\dfrac{\pi}{2} \leqq \theta \leqq \dfrac{\pi}{2}$ とする．

(1)　$t = \sin\theta + \sqrt{3}\cos\theta$ のとりうる値の範囲を求めよ．

(2)　$f(\theta) = \cos^2\theta + \sqrt{3}\sin\theta\cos\theta - \sin\theta - \sqrt{3}\cos\theta$ の最小値とそのときの $\theta$ を求めよ．

## 例題 050 三角方程式の解の個数

$2\cos^2\theta - \sin\theta - a - 1 = 0$ $(0 \leqq \theta < 2\pi)$ の解の個数を求めよ．ただし，$a$ は実数の定数とする．

**解** 与式は　$2(1-\sin^2\theta) - \sin\theta - a - 1 = 0$　$\therefore$　$-2\sin^2\theta - \sin\theta + 1 = a$

$\sin\theta = t$…①とおくと　$-2t^2 - t + 1 = a$…②

①と $0 \leqq \theta < 2\pi$…③より

$$\begin{cases} -1<t<1 \text{ をみたす各 } t \text{ に対して，③をみたす実数 } \theta \text{ が 2 つ対応する} \\ t=\pm 1 \text{ をみたす各 } t \text{ に対して，③をみたす実数 } \theta \text{ が 1 つ対応する} \end{cases}$$

よって，$t$ の方程式②の解のうち

$$\begin{cases} -1<t<1 \text{ をみたすものの個数を } N_1 \\ t=\pm 1 \text{ をみたすものの個数を } N_2 \end{cases}$$

とすると，元の方程式の解の個数 $N$ は，$N = 2N_1 + N_2$ で与えられる．

$t=1$ には $\theta=\dfrac{\pi}{2}$，$t=-1$ には $\theta=\dfrac{3}{2}\pi$ が対応する．

$f(t) = -2t^2 - t + 1$ とおくと　$f(t) = -2\left(t+\dfrac{1}{4}\right)^2 + \dfrac{9}{8}$

②の実数解 $t$ は $y=f(t)$ のグラフと $y=a$ のグラフの共有点の $t$ 座標である．グラフより

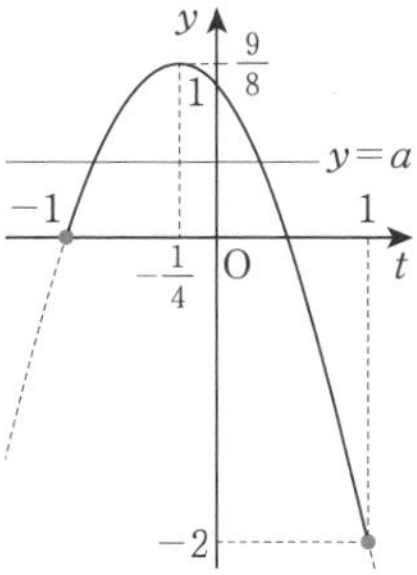


| $a$ | … | $-2$ | … | $0$ | … | $\frac{9}{8}$ | … |
|---|---|---|---|---|---|---|---|
| $N_1$ | 0 | 0 | 1 | 1 | 2 | 1 | 0 |
| $N_2$ | 0 | 1 | 0 | 1 | 0 | 0 | 0 |
| $N$ | **0** | **1** | **2** | **3** | **4** | **2** | **0** |

### Assist

たとえば，$a=0$ のときの解を求めてみると，与式は

$$2(1-\sin^2\theta) - \sin\theta - 1 = 0 \quad \therefore\ 2\sin^2\theta + \sin\theta - 1 = 0$$

$$\therefore\ (2\sin\theta - 1)(\sin\theta + 1) = 0 \quad \therefore\ \sin\theta = \frac{1}{2},\ -1 \quad \therefore\ \theta = \frac{\pi}{6},\ \frac{5\pi}{6},\ \frac{3\pi}{2}$$

よって，解は 3 個である．

### シェーマ

**$\sin\theta$ ($\cos\theta$) の方程式の解の個数** ⇒ **$\sin\theta = t$ ($\cos\theta = t$) とおいたときの $\theta$ と $t$ の個数の対応に注意**

### 復習｜050

(1)　$4\sin^2\theta + \sin\theta - 1 = 0$ $(0 \leqq \theta \leqq \pi)$ の解の個数を求めよ．

(2)　$\cos 2\theta + 2\cos\theta - a = 0$ $(0 \leqq \theta < 2\pi)$ ($a$ は定数) の解の個数を求めよ．

**TRIAL**　$\cos 2\theta + 2\cos\theta - a = 0$ $\left(0 \leqq \theta < \dfrac{3}{2}\pi\right)$ の解の個数を求めよ．ただし，$a$ は実数の定数とする．

## 例題 051　2直線のなす角

(1)　2直線 $5x-y-1=0$…①，$3x-11y+5=0$…②のなす角を $\theta$ $\left(0\leqq\theta\leqq\frac{\pi}{2}\right)$ とする．$\tan\theta$ の値を求めよ．

(2)　2直線 $ax-y-a+1=0$…①，$2x-y-1=0$…②のなす角 $\theta$ が $\frac{\pi}{4}$ となるように定数 $a$ の値を定めよ．

**解**　(1)　2直線①，②が $x$ 軸の正の向きとなす角を図のように，それぞれ $\alpha$，$\beta$ とすると

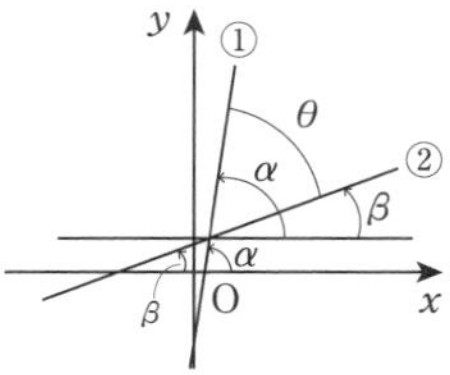


$\tan\alpha=5$（①の傾き），$\tan\beta=\frac{3}{11}$（②の傾き）

$\theta=\alpha-\beta$ より

$$\tan\theta=\tan(\alpha-\beta)=\frac{\tan\alpha-\tan\beta}{1+\tan\alpha\tan\beta}=\frac{5-\frac{3}{11}}{1+5\cdot\frac{3}{11}}=\mathbf{2}$$

(2)　①，②が $x$ 軸の正の向きとなす角をそれぞれ

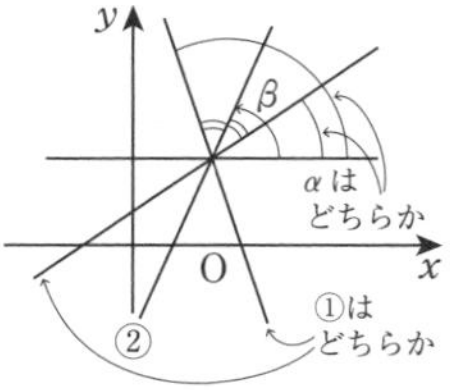


$\alpha$，$\beta$ $\left(0\leqq\alpha\leqq\pi,\ \alpha\neq\frac{\pi}{2},\ 0\leqq\beta\leqq\pi,\ \beta\neq\frac{\pi}{2}\right)$ とすると

$\tan\alpha=a$（①の傾き），$\tan\beta=2$（②の傾き）

$\theta$ が $\frac{\pi}{4}$ となる条件は，$\alpha-\beta=\frac{\pi}{4}$ または $\beta-\alpha=\frac{\pi}{4}$ であるから

$$|\tan(\beta-\alpha)|=\tan\frac{\pi}{4}\quad\therefore\ \left|\frac{\tan\beta-\tan\alpha}{1+\tan\beta\tan\alpha}\right|=\left|\frac{2-a}{1+2\cdot a}\right|=1$$

$$\therefore\ |a-2|=|2a+1|\quad\therefore\ a-2=\pm(2a+1)\quad\therefore\ \boldsymbol{a=-3,\ \frac{1}{3}}$$

**《2直線のなす角》**　交わる2直線 $l_1$：$y=m_1x+n_1$，$l_2$：$y=m_2x+n_2$ が垂直でないとき，

$l_1$ から測って $l_2$ までの角を $\theta$ とすると　$\tan\theta=\frac{m_2-m_1}{1+m_1m_2}$

2直線のなす鋭角を $\theta$ とすると　$\tan\theta=\left|\frac{m_2-m_1}{1+m_1m_2}\right|$

**シェーマ**

**2直線のなす角 ⟫ 2直線の傾きで角の tan を表す**

### 復習 051

(1)　直線 $x-4y+3=0$ と直線 $5x-3y-10=0$ とのなす角を $\theta$ $\left(0\leqq\theta\leqq\frac{\pi}{2}\right)$ とするとき，$\sin\theta-\cos\theta$ の値を求めよ．

(2)　2直線 $2x+y+1=0$…①，$2x-ky+k+2=0$…②のなす角 $\theta$ が $\frac{\pi}{4}$ となるように，定数 $k$ の値を定めよ．

## 例題 052 和と積の公式

(1) $2\cos 20^\circ \cos 70^\circ = \sin 40^\circ$ を示せ.　(2) $\sin 20^\circ + \sin 40^\circ = \sin 80^\circ$ を示せ.

(3) △ABC において, $\sin A + \sin B + \sin C = 4\cos\dfrac{A}{2}\cos\dfrac{B}{2}\cos\dfrac{C}{2}$ を示せ.

解 (1) $2\cos 20^\circ \cos 70^\circ = 2\cdot\dfrac{1}{2}\{\cos(20^\circ+70^\circ)+\cos(20^\circ-70^\circ)\} = \cos 90^\circ + \cos(-50^\circ)$

$= \cos 50^\circ = \sin(90^\circ - 50^\circ) = \sin 40^\circ =$ (右辺) 終

(2) $\sin 20^\circ + \sin 40^\circ = 2\sin\dfrac{20^\circ+40^\circ}{2}\cos\dfrac{20^\circ-40^\circ}{2} = 2\sin 30^\circ \cos 10^\circ = 2\cdot\dfrac{1}{2}\cdot\sin(90^\circ-10^\circ)$

$= \sin 80^\circ =$ (右辺) 終

(3) $C = \pi - (A+B)$ より　$\sin C = \sin(\pi - (A+B)) = \sin(A+B) = 2\sin\dfrac{A+B}{2}\cos\dfrac{A+B}{2}$

また, $\sin A + \sin B = 2\sin\dfrac{A+B}{2}\cos\dfrac{A-B}{2}$ であるから

$$\sin A + \sin B + \sin C = 2\sin\frac{A+B}{2}\left(\cos\frac{A-B}{2} + \cos\frac{A+B}{2}\right)$$

$$= 2\sin\frac{\pi - C}{2}\left(2\cos\frac{A}{2}\cos\frac{B}{2}\right) = 4\cos\frac{A}{2}\cos\frac{B}{2}\cos\frac{C}{2}$$ 終

《積を和に変形する公式》

$\sin\alpha\cos\beta = \dfrac{1}{2}\{\sin(\alpha+\beta)+\sin(\alpha-\beta)\}$　$\cos\alpha\cos\beta = \dfrac{1}{2}\{\cos(\alpha+\beta)+\cos(\alpha-\beta)\}$

$\cos\alpha\sin\beta = \dfrac{1}{2}\{\sin(\alpha+\beta)-\sin(\alpha-\beta)\}$　$\sin\alpha\sin\beta = \left(-\dfrac{1}{2}\right)\{\cos(\alpha+\beta)-\cos(\alpha-\beta)\}$

《和を積に変形する公式》

$\sin A + \sin B = 2\sin\dfrac{A+B}{2}\cos\dfrac{A-B}{2}$　$\cos A + \cos B = 2\cos\dfrac{A+B}{2}\cos\dfrac{A-B}{2}$

$\sin A - \sin B = 2\cos\dfrac{A+B}{2}\sin\dfrac{A-B}{2}$　$\cos A - \cos B = -2\sin\dfrac{A+B}{2}\sin\dfrac{A-B}{2}$

シェーマ

**三角比の和と積の計算 ⋙ 和積・積和公式を用いて簡単な角に直す**

**復習 | 052**

(1) $2\cos 20^\circ \cos 50^\circ + \cos 110^\circ$, $\cos 50^\circ + \cos 70^\circ - \sin 80^\circ$ の値をそれぞれ求めよ.

(2) △ABC において $\cos A + \cos B + \cos C = 1 + 4\sin\dfrac{A}{2}\sin\dfrac{B}{2}\sin\dfrac{C}{2}$ を示せ.

TRIAL (1) $\sin 10^\circ \sin 50^\circ \sin 70^\circ$ の値を求めよ.

(2) 関数 $\cos\left(x+\dfrac{2}{5}\pi\right)\cos\left(x+\dfrac{\pi}{5}\right)$ を最大にする $x$ $(0 \leqq x < 2\pi)$ を求めよ.

## 例題 053 図形と最大・最小

半径1の円に内接し，$\angle A=\dfrac{\pi}{3}$ である $\triangle ABC$ について，3辺の長さの和 $AB+BC+CA$ の最大値を求めよ．

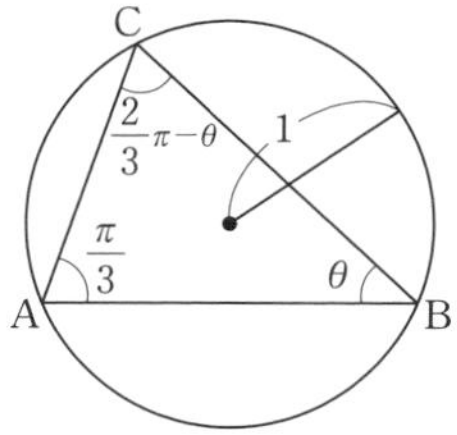


解　$\angle B=\theta$ とおくと，$\angle A=\dfrac{\pi}{3}$ より　$\angle C=\dfrac{2}{3}\pi-\theta$

$\theta$ のとりうる値の範囲は　$\theta>0$ かつ $\dfrac{2}{3}\pi-\theta>0$　$\therefore\ 0<\theta<\dfrac{2}{3}\pi$

$\triangle ABC$ の外接円の半径が1であるから，正弦定理より

$$\frac{AB}{\sin\left(\frac{2}{3}\pi-\theta\right)}=\frac{BC}{\sin\frac{\pi}{3}}=\frac{CA}{\sin\theta}=2\times1\cdots(*)$$

$$\therefore\ AB=2\sin\left(\frac{2}{3}\pi-\theta\right)=2\left\{\frac{\sqrt{3}}{2}\cos\theta-\left(-\frac{1}{2}\right)\sin\theta\right\}=\sqrt{3}\cos\theta+\sin\theta$$

$$BC=2\sin\frac{\pi}{3}=\sqrt{3},\ CA=2\sin\theta$$

よって　$AB+BC+CA=(\sqrt{3}\cos\theta+\sin\theta)+\sqrt{3}+2\sin\theta=3\sin\theta+\sqrt{3}\cos\theta+\sqrt{3}$

$$=2\sqrt{3}\left(\frac{\sqrt{3}}{2}\sin\theta+\frac{1}{2}\cos\theta\right)+\sqrt{3}=2\sqrt{3}\sin\left(\theta+\frac{\pi}{6}\right)+\sqrt{3}$$

$0<\theta<\dfrac{2}{3}\pi$ より　$\dfrac{\pi}{6}<\theta+\dfrac{\pi}{6}<\dfrac{5}{6}\pi$

よって，$\theta+\dfrac{\pi}{6}=\dfrac{\pi}{2}$　$\therefore\ \theta=\dfrac{\pi}{3}$ のとき　最大値　$2\sqrt{3}+\sqrt{3}=\mathbf{3\sqrt{3}}$

**Assist**

$(*)$ のあと，和を積に変形する公式を使ってもよい．$BC=\sqrt{3}$ より，$AB+CA$ は

$$2\sin\left(\frac{2}{3}\pi-\theta\right)+2\sin\theta=2\left\{2\sin\frac{\theta+\left(\frac{2}{3}\pi-\theta\right)}{2}\cos\frac{\theta-\left(\frac{2}{3}\pi-\theta\right)}{2}\right\}=4\sin\frac{\pi}{3}\cos\left(\theta-\frac{\pi}{3}\right)$$

よって，$\theta-\dfrac{\pi}{3}=0$　$\therefore\ \theta=\dfrac{\pi}{3}$ のとき，$AB+BC+CA$ は最大である．

**シェーマ**

**角が変化する図形　⟫　角を $\theta$ とおいて $\theta$ の式を作る（正弦・余弦定理に着目）**

**復習 | 053**

(1)　$\triangle ABC$ で，$AB=AC=1$ とする．$\dfrac{1}{2}\leqq BC^2\leqq 2$ のとき，次の問いに答えよ．

(i)　$\cos A$ の範囲を求めよ．　(ii)　$\sin A+\cos A$ の最大値，最小値を求めよ．

(2)　点Pは単位円周上を動くとする．2点 $A(1,2)$，$B(2,-1)$ に対して，$PA^2+PB^2$ の最大値と最小値を求めよ．

## 例題 054 累乗の計算

(1) 次の式を計算せよ．ただし，$a>0$ とする．

(i) $\sqrt[6]{8}+\sqrt[4]{4}-\sqrt{8}$　(ii) $\sqrt[4]{16}\div\sqrt[3]{-8}$　(iii) $\sqrt{a\sqrt[3]{a\sqrt[4]{a}}}$

(2) $a^{2x}=3$ のとき，$\dfrac{a^x+a^{-x}}{a^{3x}+a^{-3x}}$ の値を求めよ．ただし，$a>0$ とする．

**解** (1) (i) $(与式)=\sqrt[6]{2^3}+\sqrt[4]{2^2}-\sqrt{2^3}=2^{\frac{3}{6}}+2^{\frac{2}{4}}-2^{\frac{3}{2}}$　←$\sqrt{\ }$ は $\sqrt[2]{\ }$ と同じ．

$=\sqrt{2}+\sqrt{2}-2\sqrt{2}=\mathbf{0}$

(ii) $(与式)=\sqrt[4]{2^4}\div\sqrt[3]{(-2)^3}=2^{\frac{4}{4}}\div(-2)^{\frac{3}{3}}=2\div(-2)=\mathbf{-1}$

(iii) $(与式)=\sqrt{a\cdot\sqrt[3]{a\cdot a^{\frac{1}{4}}}}=\sqrt{a\cdot\sqrt[3]{a^{\frac{5}{4}}}}=\sqrt{a\cdot a^{\frac{5}{12}}}=\sqrt{a^{\frac{17}{12}}}=\boldsymbol{a^{\frac{17}{24}}}$

(2) $(与式)=\dfrac{a^x+a^{-x}}{(a^x+a^{-x})(a^{2x}-a^x\cdot a^{-x}+a^{-2x})}$

$=\dfrac{1}{a^{2x}-1+a^{-2x}}=\dfrac{1}{3-1+\frac{1}{3}}=\mathbf{\dfrac{3}{7}}$

← $a^x=A$，$a^{-x}=B$ とすると
$(分母)=a^{3x}+a^{-3x}$
$=A^3+B^3$
$=(A+B)(A^2-AB+B^2)$

### Assist

《累乗根の定義》 $x^n=a$（$n$ は自然数）…(＊)をみたす（$n$ 乗すると $a$ になる）$x$ を $a$ の $n$ 乗根という．正の数 $a$ に対して，(＊)をみたす正の数 $x$ はただ1つ定まり，これを $\sqrt[n]{a}$ で表す．このとき，(＊)の解は，$n$ が奇数のとき，$\sqrt[n]{a}$ だけであり，$n$ が偶数のとき，$\pm\sqrt[n]{a}$ である．また，負の数 $a$ に対して，$n$ が奇数のとき，(＊)をみたす負の数 $x$ はただ1つ定まり，これを $\sqrt[n]{a}$ で表す．このとき，(＊)の解は $\sqrt[n]{a}$ だけであり，$n$ が偶数のとき，解はない．

《指数の拡張》 $a\neq0$ で，$n$ が正の整数のとき，$a^0=1$，$a^{-n}=\dfrac{1}{a^n}$ と定める．

$a>0$ で，$m$，$n$ が正の整数，$r$ が正の有理数のとき，$a^{\frac{m}{n}}=\sqrt[n]{a^m}$，$a^{-r}=\dfrac{1}{a^r}$ と定める．

《指数法則》 $a^m\cdot a^n=a^{m+n}$　$\dfrac{a^m}{a^n}=a^{m-n}$　$(a^m)^n=a^{mn}$　$(ab)^n=a^nb^n$　$\left(\dfrac{a}{b}\right)^n=\dfrac{a^n}{b^n}$

**シェーマ**

$\sqrt[n]{A^m}$ と $\sqrt[k]{B^l}$ の計算 ⋙ 底をそろえて $\sqrt[\square]{C^{\triangle}}$ $(C^{\frac{\triangle}{\square}})$ の形にそろえる

**復習 | 054** (1) 次の式を計算せよ．

(i) $\sqrt[3]{24}-\sqrt[3]{3}+\sqrt[3]{-81}$　(ii) $4^{\frac{2}{3}}\div24^{\frac{1}{3}}\times18^{\frac{2}{3}}$

(2) $a^{2x}=5$ のとき，$\dfrac{a^x-a^{-x}}{a^{3x}-a^{-3x}}$ の値を求めよ．ただし，$a>0$ とする．

**TRIAL** $\sqrt{3}$，$\sqrt[3]{5}$，$\sqrt[4]{7}$，$\sqrt[6]{19}$ を小さい方から順に並べよ．また，$2^{105}$，$3^{60}$，$5^{45}$ ではどうか．

## 例題 055 指数方程式・不等式

次の方程式・不等式を解け.

(1) $3^{2x}-3^{x+1}-54=0$

(2) $\dfrac{1}{4^x}-3\left(\dfrac{1}{2}\right)^x-4\leqq 0$

(3) $a^{2x}+a^x-2>0$ $(a>0,\ a\neq 1)$

**解** (1) (与式)$\Leftrightarrow (3^x)^2-3^x\cdot 3^1-54=0$

$3^x=X$ とおくと

$X^2-3X-54=0 \quad \therefore\ (X-9)(X+6)=0$

$X>0$ より $X=9 \quad \therefore\ 3^x=3^2 \quad \therefore\ \boldsymbol{x=2}$

(2) (与式)$\Leftrightarrow \left(\dfrac{1}{2}\right)^{2x}-3\left(\dfrac{1}{2}\right)^x-4\leqq 0$

$\left(\dfrac{1}{2}\right)^x=X$ とおくと

$X^2-3X-4\leqq 0 \quad \therefore\ (X-4)(X+1)\leqq 0$

$X>0$ より $0<X\leqq 4 \quad \therefore\ 0<\left(\dfrac{1}{2}\right)^x\leqq\left(\dfrac{1}{2}\right)^{-2}$

底が $\dfrac{1}{2}(<1)$ であるから $\boldsymbol{x\geqq -2}$

(3) (与式)$\Leftrightarrow (a^x)^2+a^x-2>0$

$a^x=X$ とおくと

$X^2+X-2>0 \quad \therefore\ (X+2)(X-1)>0$

$X>0$ より

$X>1 \quad \therefore\ a^x>1(=a^0)$

よって $\begin{cases} \boldsymbol{0<a<1} \text{ のとき } \boldsymbol{x<0} \\ \boldsymbol{a>1} \text{ のとき } \boldsymbol{x>0} \end{cases}$

《指数方程式・不等式の変形》 $a^A=a^B \Leftrightarrow A=B$

$a^A>a^B \Leftrightarrow \begin{cases} A>B\ (a>1) \\ A<B\ (0<a<1) \end{cases}$

**シェーマ**

$pa^{2x}+qa^x+r$ ⋙ $a^x=X$ とおくと $X$ の 2 次式

**復習 | 055**

(1) $8^{x+1}-17\cdot 4^x+2^{x+1}=0$ を解け.　(2) $\dfrac{1}{27^{x-1}}<\dfrac{1}{9^x}$ を解け.

(3) $a^{2x+1}-a^{x+2}-a^{x-1}+1<0$ $(a>0,\ a\neq 1)$ を解け.

## 例題 056 対数の計算

次の式を簡単にせよ.

(1) $\log_2\sqrt{3}+3\log_2\sqrt{2}-\log_2\sqrt{6}$　　(2) $\log_3 2\times\log_8 3$

(3) $(\log_2 3+\log_8 3)(\log_3 2+\log_9 2)$　　(4) $10^{2\log_{10}3}$

**解** (1) $(\text{与式})=\log_2\sqrt{3}+\log_2(\sqrt{2})^3-\log_2\sqrt{6}=\log_2\dfrac{\sqrt{3}\times(\sqrt{2})^3}{\sqrt{6}}$

$$=\log_2\frac{\sqrt{3}\times2\sqrt{2}}{\sqrt{6}}=\log_2 2=\mathbf{1}$$

(2) $(\text{与式})=\log_3 2\times\dfrac{\log_3 3}{\log_3 8}=\log_3 2\times\dfrac{1}{\log_3 2^3}=\log_3 2\times\dfrac{1}{3\log_3 2}=\dfrac{\mathbf{1}}{\mathbf{3}}$

(3) $(\text{与式})=\left(\log_2 3+\dfrac{1}{3}\log_2 3\right)\left(\log_3 2+\dfrac{1}{2}\log_3 2\right)$

$$=\frac{4}{3}\log_2 3\times\frac{3}{2}\log_3 2$$

$$=\frac{4}{3}\times\frac{3}{2}\times\log_2 3\times\log_3 2=2\log_2 3\times\frac{\log_2 2}{\log_2 3}$$

$$=\mathbf{2}$$

← $\log_8 3=\dfrac{\log_2 3}{\log_2 8}=\dfrac{\log_2 3}{3}$

$\log_9 2=\dfrac{\log_3 2}{\log_3 9}=\dfrac{\log_3 2}{2}$

(4) $(\text{与式})=10^{\log_{10}3^2}=3^2=\mathbf{9}$

← $a^{\log_a b}=b$

### Assist

《対数の定義》 $a>1$, $a\neq1$ のとき, 任意の正の数 $M$ に対して, $a^p=M$ をみたす実数 $p$ がただ1つ定まる. この $p$ を, $a$ を底とする $M$ の対数といい, $\log_a M$ と書く. つまり

$$a^p=M\cdots(*)\Leftrightarrow p=\log_a M\cdots(**)$$

また, $(*)$ の $p$ に $(**)$ を代入すると, $a^{\log_a M}=M$ が成り立つことがわかる.

**《対数の性質》 $a>0$, $a\neq1$, $c>0$, $c\neq1$, $b>0$, $M>0$, $N>0$ のとき**

$\log_a M+\log_a N=\log_a MN$　　$\log_a M-\log_a N=\log_a\dfrac{M}{N}$

$\log_a M^k=k\log_a M$　　$\log_a b=\dfrac{\log_c b}{\log_c a}$ (底の変換公式)

**シェーマ**

**対数の計算 ⟫ まず底をそろえ対数の性質を利用**

**復習 056** 次の式を簡単にせよ.

(1) $\log_5\sqrt{2}+\dfrac{1}{2}\log_5\dfrac{25}{12}-\log_5\dfrac{1}{\sqrt{6}}$

(2) $(\log_4 81+\log_8 9)(\log_3 16+\log_9 2)$　　(3) $(\sqrt{10})^{\log_{10}9}$

**TRIAL** $\dfrac{1}{2}\log_5 27$, $\log_{125}9$, $\log_5\sqrt[4]{27}$ を小さい方から順に並べよ.

指数関数と対数関数

## 例題 057 対数方程式

次の方程式を解け.

(1) $2(\log_2 x)^2-17\log_2 x+8=0$

(2) $\log_3(x^2+6x+5)+\log_3(x+1)=1$

(3) $x^{\log_{10}x}=1000x^2$

**解** (1) $\log_2 x=X$ とおくと $2X^2-17X+8=0$ $\therefore\ (2X-1)(X-8)=0$ $\therefore\ X=\dfrac{1}{2},\ 8$

$X=\dfrac{1}{2}$ のとき $\log_2 x=\log_2 2^{\frac{1}{2}}$ $\therefore\ x=2^{\frac{1}{2}}=\sqrt{2}$ ← $\dfrac{1}{2}=\dfrac{1}{2}\times 1=\dfrac{1}{2}\times\log_2 2=\log_2 2^{\frac{1}{2}}$

$X=8$ のとき $\log_2 x=\log_2 2^8$ $\therefore\ x=2^8=256$

以上より **$x=\sqrt{2}$, 256**

(2) 真数は正であるから

$x^2+6x+5>0$ かつ $x+1>0$ $\therefore\ (x+1)(x+5)>0$ かつ $x+1>0$ $\therefore\ x>-1$ …①

このとき (与式) $\Leftrightarrow \log_3(x^2+6x+5)(x+1)=\log_3 3 \Leftrightarrow (x^2+6x+5)(x+1)=3$

$\Leftrightarrow x^3+7x^2+11x+2=0 \Leftrightarrow (x+2)(x^2+5x+1)=0 \Leftrightarrow x=-2,\ \dfrac{-5\pm\sqrt{21}}{2}$ …②

①, ②より **$x=\dfrac{-5+\sqrt{21}}{2}$**

(3) 真数は正であるから $x>0$ …①

このとき, 両辺が正なので, 常用対数(10 を底とする対数)をとると

(与式) $\Leftrightarrow \log_{10}x^{\log_{10}x}=\log_{10}1000x^2$ ← 対数方程式になおす.

$\Leftrightarrow (\log_{10}x)\cdot(\log_{10}x)=\log_{10}1000+\log_{10}x^2 \Leftrightarrow (\log_{10}x)^2=3+2\log_{10}x$

$\Leftrightarrow (\log_{10}x-3)(\log_{10}x+1)=0 \Leftrightarrow \log_{10}x=3,\ -1 \Leftrightarrow x=10^3,\ 10^{-1}$ …②

①, ②より **$x=1000,\ \dfrac{1}{10}$**

**《対数方程式の変形》** $\log_a A=\log_a B \Leftrightarrow A=B$ $(A>0,\ B>0,\ a>0,\ a\neq 1)$

### Assist

対数の性質を利用するときは, 真数条件, 底の条件に注意する.

### シェーマ

**$\log_a x$ ⟫ 真数条件 $x>0$, 底の条件 $a\neq 1$, $a>0$**

**対数方程式 ⟫ $\log_a x$ の方程式または $\log_a A=\log_a B$ の形にする**

**復習 | 057** 次の方程式を解け.

(1) $3(\log_3 x)^2+5\log_3(3x^2)-7=0$

(2) $\log_2(x+1)-\log_2(x^2-2)=-1$

(3) $(\log_{10}x)^{\log_{10}x}=x^2$ (ただし, $x>1$)

(4) $\log_2 x+\log_4(x-3)^2=1$

**TRIAL** $x^2\log_2 y+y\log_4 x=2$ かつ $\log_2 x+\log_4(\log_2 y)=\dfrac{1}{2}$ を解け.

## 例題 058 対数不等式

次の不等式を解け.

(1) $2\log_{\frac{1}{2}}(x-1) \geqq \log_{\frac{1}{2}}(x+3)$

(2) $0 \leqq \log_2(\log_2 x) \leqq 1$

(3) $\log_a(2x+13) > \log_a(4-x)$ （$a$ は1以外の正の定数）

**解** (1) 真数は正であるから　$x-1>0$ かつ $x+3>0$　$\therefore\ x>1 \cdots①$

このとき，底が $\frac{1}{2}(<1)$ より

$$(\text{与式}) \Leftrightarrow \log_{\frac{1}{2}}(x-1)^2 \geqq \log_{\frac{1}{2}}(x+3) \Leftrightarrow (x-1)^2 \leqq (x+3)$$

$$\Leftrightarrow x^2-3x-2 \leqq 0 \Leftrightarrow \frac{3-\sqrt{17}}{2} \leqq x \leqq \frac{3+\sqrt{17}}{2} \cdots②$$

①，②より　$\boldsymbol{1<x\leqq\frac{3+\sqrt{17}}{2}}$

(2) 真数は正であるから　$x>0$ かつ $\log_2 x>0$　$\therefore\ x>1 \cdots①$　←（$\log_2 x>0$ より $\log_2 x > \log_2 1$　$\therefore\ x>1$）

このとき，底が $2(>1)$ より

$$(\text{与式}) \Leftrightarrow \log_2 1 \leqq \log_2(\log_2 x) \leqq \log_2 2$$

$$\Leftrightarrow 1 \leqq \log_2 x \leqq 2 \Leftrightarrow \log_2 2 \leqq \log_2 x \leqq \log_2 4 \Leftrightarrow 2 \leqq x \leqq 4 \cdots②$$

①，②より　$\boldsymbol{2\leqq x\leqq 4}$

(3) 真数は正であるから　$2x+13>0$ かつ $4-x>0$　$\therefore\ -\frac{13}{2}<x<4 \cdots①$

(i) **$0<a<1$ のとき**　$2x+13<4-x$　$\therefore\ x<-3$

これと①より　$\boldsymbol{-\frac{13}{2}<x<-3}$

(ii) **$a>1$ のとき**　$2x+13>4-x$　$\therefore\ x>-3$

これと①より　$\boldsymbol{-3<x<4}$

《対数不等式の変形》 $A>0$，$B>0$ のとき

$$\log_a A > \log_a B \Leftrightarrow \begin{cases} A<B & (0<a<1 \text{ のとき}) \\ A>B & (a>1 \text{ のとき}) \end{cases}$$

**シェーマ**

**底 <1 の対数不等式 ⟫ $\log_a$ をはずすときに不等号の向きが変わる**

**復習 | 058**　次の不等式を解け.

(1) $\log_3(x-3)+\log_3(x-6)<1$

(2) $\log_a(x-1) \geqq \log_{a^2}(x+11)$ （$a$ は1以外の正の定数）

(3) $(\log_{\frac{1}{3}} x)^2+\log_{\frac{1}{3}} x^2-15 \leqq 0$　　(4) $\log_{\frac{1}{2}}|x| < \log_{\frac{1}{2}}|x+1|$

## 例題 059 桁数と最高位の数

次の問いに答えよ．ただし，$\log_{10}2=0.3010$，$\log_{10}3=0.4771$ とする．

(1) $\log_{10}5$ の値を求めよ．

(2) $5^{30}$ の桁数を求めよ．

(3) $5^{30}$ の最高位の数字を求めよ．

**解** (1) $\mathbf{\log_{10}5}=\log_{10}\frac{10}{2}=1-0.3010=\mathbf{0.6990}$ ← 5を $\frac{10}{2}$ として計算する．

(2) 常用対数をとって

$$\log_{10}5^{30}=30\log_{10}5=30\times0.6990=20.97$$

よって　$20<\log_{10}5^{30}<21$　∴ $\log_{10}10^{20}<\log_{10}5^{30}<\log_{10}10^{21}$

∴ $10^{20}<5^{30}<10^{21}$

つまり $5^{30}$ は **21** 桁

(3) $5^{30}$ の最高位の数字を $a$ とおくと，(2)より $5^{30}$ は21桁であるから

$$a\times10^{20}\leqq5^{30}<(a+1)\times10^{20}\cdots①$$

をみたす．各辺の常用対数をとると

$$\log_{10}(a\times10^{20})\leqq\log_{10}5^{30}<\log_{10}((a+1)\times10^{20})$$

∴ $\log_{10}a+20\leqq20.97<\log_{10}(a+1)+20$　∴ $\log_{10}a\leqq0.97<\log_{10}(a+1)$

ここで　$\log_{10}9=2\log_{10}3=0.9542$，$\log_{10}10=1$

よって，①をみたすのは　$a=9$　　つまり最高位の数字は **9**

**Assist**

1° たとえば，$x$ が3桁ならば　$100\leqq x<1000$　∴ $10^2\leqq x<10^3$　∴ $2\leqq\log_{10}x<3$

したがって，$x$ の桁数を求めたければ $10^{n-1}\leqq x<10^n$　∴ $n-1\leqq\log_{10}x<n$ をみたす自然数 $n$ を求めればよい．

2° たとえば，$x$ が3桁で最高位の数字が5ならば　$500\leqq x<600$　∴ $5\times10^2\leqq x<6\times10^2$

∴ $2+\log_{10}5\leqq\log_{10}x<2+\log_{10}6$　　したがって，$n$ 桁の数 $x$ の最高位の数を求めたければ

$k\times10^{n-1}\leqq x<(k+1)\times10^{n-1}$　∴ $n-1+\log_{10}k\leqq\log_{10}x<n-1+\log_{10}(k+1)$

∴ $\log_{10}k\leqq(\log_{10}x$ の小数部分$)<\log_{10}(k+1)$ をみたす自然数 $k$ を求めればよい．

**シェーマ**

| | | |
|---|---|---|
| **$x$ の桁数** | ⇒ | **$10^{N-1}\leqq x<10^N$ をみたす $N$ を求める** |
| **$x$($N$ 桁)の最高位の数字** | ⇒ | **$a\times10^{N-1}\leqq x<(a+1)\times10^{N-1}$ をみたす整数 $a$ を求める** |

**復習 | 059**　次の問いに答えよ．ただし，$\log_{10}2=0.3010$，$\log_{10}3=0.4771$ とする．

(1) $12^{60}$ の桁数を求めよ．

(2) $12^{60}$ の最高位の数字を求めよ．

**TRIAL** $\left(\frac{1}{125}\right)^{20}$ を小数で表したとき，小数第何位にはじめて0でない数字が現れるか．

## 例題 060 最大・最小に関する問題

$x \geqq 8$, $y \geqq \frac{1}{8}$, $xy=512$ のとき $(\log_8 x)(\log_8 y)$ の最大値，最小値を求めよ．
また，そのときの $x$, $y$ の値を求めよ．

解 $x \geqq 8$, $y \geqq \frac{1}{8}$, $xy=512\ (=8^3)$ より

$$\begin{cases} \log_8 x \geqq \log_8 8 \\ \log_8 y \geqq \log_8 \frac{1}{8} \\ \log_8 xy = \log_8 512 \end{cases} \quad \therefore \begin{cases} \log_8 x \geqq 1 \\ \log_8 y \geqq -1 \\ \log_8 x + \log_8 y = 3 \end{cases}$$

よって，$\log_8 x = X$, $\log_8 y = Y$ とおくと

$$\begin{cases} X \geqq 1 & \cdots ① \\ Y \geqq -1 & \cdots ② \\ Y = -X+3 & \cdots ③ \end{cases}$$

①，②，③をみたす $XY$ の最小値を求めればよい．

③より　$XY = X(-X+3) = -X^2+3X$

$$= -\left(X-\frac{3}{2}\right)^2 + \frac{9}{4}$$

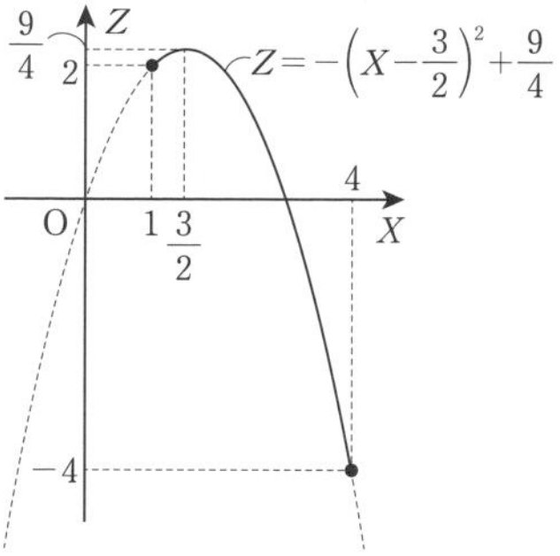


②，③より　$-X+3 \geqq -1$　$\therefore$ $X \leqq 4$

これと①より，$X$ の範囲は　$1 \leqq X \leqq 4$

(i)　$X=\frac{3}{2}$ のとき，$XY$ は最大値 $\frac{9}{4}$ をとる．

このとき　$\log_8 x = \frac{3}{2}$　$\therefore$ $x = 8^{\frac{3}{2}} = 16\sqrt{2}$

③より　$Y=\frac{3}{2}$　$\therefore$ $\log_8 y = \frac{3}{2}$　$\therefore$ $y = 16\sqrt{2}$

(ii)　$X=4$ のとき，$XY$ は最小値 $-4$ をとる．このとき　$\log_8 x = 4$　$\therefore$ $x = 8^4 = 4096$

③より　$Y=-1$　$\therefore$ $\log_8 y = -1$　$\therefore$ $y = \frac{1}{8}$

よって　$\begin{cases} \text{最大値}\ \ \frac{9}{4} \\ (x, y) = (16\sqrt{2}, 16\sqrt{2}) \end{cases}$　$\begin{cases} \text{最小値}\ \ -4 \\ (x, y) = \left(4096, \frac{1}{8}\right) \end{cases}$

**シェーマ**

**$\log_a x$ と $\log_a y$ の関係式** ⟫⟫ **$\log_a x = X$, $\log_a y = Y$ とおいて $X$ と $Y$ の式で考える**

**復習 060**　$x \geqq 10$, $y \geqq 10$, $xy = 10^3$ のとき，$(\log_{10} x)(\log_{10} y)$ の最大値，最小値を求めよ．また，そのときの $x$, $y$ の値を求めよ．

## 例題 061 領域に関する問題

不等式 $\log_x y+2\log_y x\geqq 3$ の表す領域を図示せよ．

解 真数と底の条件より

$$x>0,\ x\neq 1,\ y>0,\ y\neq 1\cdots①$$

対数の底を $x$ にそろえると

$$\log_y x=\frac{\log_x x}{\log_x y}=\frac{1}{\log_x y}$$

であるから，与式より

$$\log_x y+\frac{2}{\log_x y}\geqq 3$$

$\log_x y=X$ とおくと　$X+\dfrac{2}{X}\geqq 3$

よって，$X>0$ であることが必要であり，このとき，両辺を $X$ 倍して

$$X^2+2\geqq 3X$$

$$\therefore\ (X-1)(X-2)\geqq 0$$

$X>0$ より　$0<X\leqq 1,\ 2\leqq X$

したがって

$$\log_x 1<\log_x y\leqq \log_x x,\ \log_x x^2\leqq \log_x y$$

よって

(i)　$0<x<1$ のとき

$$1>y\geqq x,\ x^2\geqq y$$

$$\therefore\ x\leqq y<1,\ y\leqq x^2$$

(ii)　$x>1$ のとき

$$1<y\leqq x,\ x^2\leqq y$$

$$\therefore\ 1<y\leqq x,\ y\geqq x^2$$

①のもとで，これを図示すると，求める領域は右図の斜線部分である．ただし，境界は $\boldsymbol{y=x}$ と $\boldsymbol{y=x^2}$ 上の $\boldsymbol{0<x<1,\ 1<x}$ の部分のみを含む．

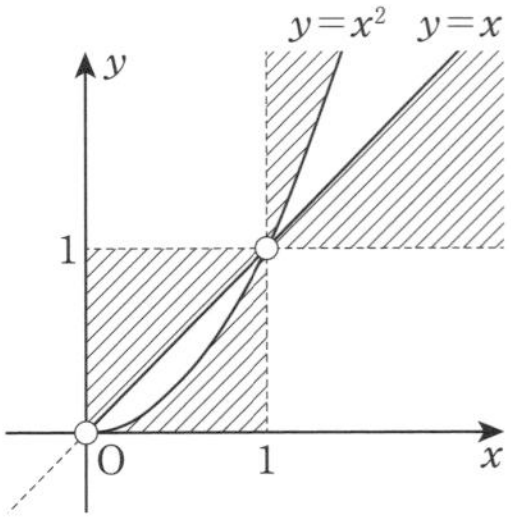


**シェーマ**

**$\log_x y$ と $\log_y x$ の式 ≫ $\log_x y$ だけで表せる $\left(\log_y x=\dfrac{1}{\log_x y}\right)$**

**復習 | 061**

$\log_x y>\log_y x$ をみたす点 $(x,y)$ の存在する領域を図示せよ．

TRIAL　$x$，$y$ は $x\neq 1$，$y\neq 1$ をみたす正の数で $\log_x y+\log_y x>2+(\log_x 2)(\log_y 2)$ をみたすとする．

このとき $x$，$y$ の組 $(x,y)$ の存在する領域を座標平面上に図示せよ．

## 例題 062 対数方程式の解の個数

方程式 $\{\log_2(x^2+2)\}^2-3\log_2(x^2+2)+a=0$ について

(1) 3個の解をもつ定数 $a$ の値を求めよ．

(2) 4個の解をもつ定数 $a$ の値の範囲を求めよ．

解 (1) $\log_2(x^2+2)=t$ …①とおくと，与式は

$$t^2-3t+a=0 \cdots ②$$

ここで，$x^2+2 \geqq 2$ ($x=0$ のとき等号成立) であるから，①より

$$t \geqq \log_2 2 \quad \therefore\ t \geqq 1$$

また，①より，$x^2+2=2^t$ $\therefore\ x=\pm\sqrt{2^t-2}$ であるから，与式をみたす実数 $x$ の値は，方程式②をみたす実数 $t$ に対し，

$$\begin{cases} t>1 \text{ なるものに対しては2個ずつ} \\ t=1 \text{ なるものに対しては1個} \end{cases}$$

対応し，それ以外の $t$ に対しては，1つも対応しない．

よって，3個の解をもつ条件は，②が2解をもち，1つの解が1，他の解が $t>1$ をみたすことである．

ここで，

$$② \Leftrightarrow -t^2+3t=a$$

より，$f(t)=-t^2+3t$ とすると

$$f(t)=-\left(t-\frac{3}{2}\right)^2+\frac{9}{4}$$

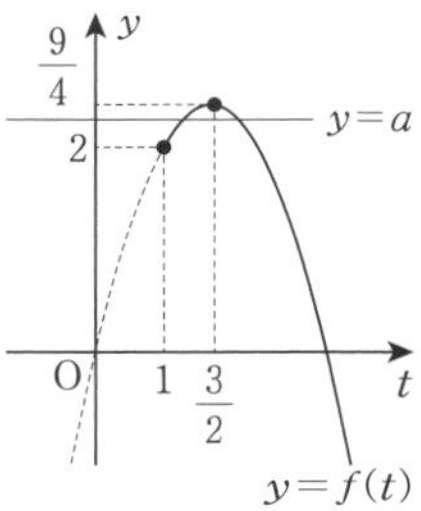


求める条件は，$y=f(t)$ のグラフと直線 $y=a$ が $t=1$ と $t>1$ において共有点をもつことである．

よって，グラフより

$$\boldsymbol{a=2}$$

(2) 4個の解をもつ条件は，②が $t>1$ をみたす異なる2解をもつことである．これは，$y=f(t)$ のグラフと直線 $y=a$ が $t>1$ において，2つの共有点をもつことである．

よって，グラフより

$$\boldsymbol{2<a<\frac{9}{4}}$$

**シェーマ**

**$\log_a x$ の2次方程式の解の個数 ⟫ $\log_a x=t$ とおき，$x$ と $t$ の対応を調べる**

**復習 | 062**

方程式 $\{\log_3(x^2-2x+10)\}^2-8\log_3(x^2-2x+10)-a+1=0$ が4個の解をもつ定数 $a$ の値の範囲を求めよ．

## 例題 063　$a^x+a^{-x}$ に関する問題

$x$ の関数 $y=4^x+4^{-x}+2(2^x+2^{-x})-4$ において

(1)　$t=2^x+2^{-x}$ とおくとき，$t\geqq 2$ であることを示し，等号が成り立つ $x$ を求めよ．また，$4^x+4^{-x}$ を $t$ で表せ．

(2)　$y$ の最小値とそのときの $x$ の値を求めよ．

解 (1)　$2^x>0$，$2^{-x}>0$ であるから，相加・相乗平均の関係より

$$t=2^x+2^{-x}\geqq 2\sqrt{2^x\cdot 2^{-x}}=2$$

$\therefore\ t\geqq 2\cdots$①　終

等号が成り立つのは $2^x=2^{-x}$　$\therefore\ x=-x$　$\therefore\ \boldsymbol{x=0}$ のときである．

また

$$\boldsymbol{4^x+4^{-x}}=4^x+\frac{1}{4^x}$$

$$=\left(2^x+\frac{1}{2^x}\right)^2-2\cdot 2^x\cdot\frac{1}{2^x}$$

$$\boldsymbol{=t^2-2}$$

(2)　(1)より

$$y=(t^2-2)+2t-4=t^2+2t-6=(t+1)^2-7\cdots②$$

いま，①より，$t\geqq 2$ であるから，②より

$$y\geqq(2+1)^2-7\quad \therefore\ y\geqq 2\cdots③$$

ここで，(1)より，$t=2$ となる $x$ が存在するので，③の等号が成り立つ．

よって　**最小値　2**

このとき，(1)より　$\boldsymbol{x=0}$

**Assist**

相加・相乗平均の関係より，$t\geqq 2$ は成り立つが，$t\geqq 2$ をみたす任意の実数 $t$ に対して $t=2^x+2^{-x}$ をみたす実数 $x$ が存在することは示されていない．そのため，③において等号が成り立つことを確認している．

**シェーマ**

**$a^{nx}+a^{-nx}$ の形　⋙　$a^x+a^{-x}=t$ とおき $t$ で表す ($a>0$，$a\neq 1$)**

**復習 | 063**

$y=9^x+9^{-x}-3^{2+x}-3^{2-x}+2$ とする．

(1)　$t=3^x+3^{-x}$ とおくとき，$t\geqq 2$ であることを示せ．

また，$9^x+9^{-x}$ を $t$ で示せ．

(2)　$y$ の最小値とそのときの $x$ の値を求めよ．

# 例題 064 無理数となる対数の証明

(1) $\log_2 3$ が無理数であることを示せ.

(2) $\log_2 3$ の小数第2位以下を切り捨てた値が1.5であることを示せ.

**解** (1) $\log_2 3 > \log_2 1 = 0$ であるから, $\log_2 3$ は正の数である.

$\log_2 3$ が有理数であると仮定すると, ←背理法を用いる.

$$\log_2 3 = \frac{p}{q} \quad (p, \ q \text{ は自然数})$$

と表せる. これより

$$3 = 2^{\frac{p}{q}} \quad \therefore \ 2^p = 3^q \cdots ①$$

ここで, 左辺は2で割り切れ, 右辺は2で割り切れないので, ①をみたす $p$, $q$ は存在しない. このことは①が成立することに矛盾する.

よって, $\log_2 3$ は無理数である. 終

(2) $\log_2 3$ の小数第1位までの値が1.5であることを示すには

$$1.5 \leqq \log_2 3 < 1.6 \cdots ①$$

を示せばよい.

$$① \Leftrightarrow 15 \leqq 10\log_2 3 < 16$$
$$\Leftrightarrow \log_2 2^{15} \leqq \log_2 3^{10} < \log_2 2^{16}$$
$$\Leftrightarrow 2^{15} \leqq 3^{10} < 2^{16} \cdots ①'$$

←底 $2(>1)$ より.

ここで $2^{15} = 2^{10} \cdot 2^5 = 1024 \cdot 32 = 32768$, $3^{10} = 59049$, $2^{16} = 65536$ であるから, ①′が成り立つ.

よって, ①が成り立ち, 題意が示された. 終

## Assist

一般に, $\alpha$ が無理数であることを示すとき, 背理法を用いる. まず, $\alpha = \frac{p}{q}$ ($p$ は整数, $q$ は0以外の整数) と表せると仮定する.

このとき, さらに $p$ と $q$ は互いに素と仮定することもできる. このような仮定を利用して矛盾を導くことも多い.

## シェーマ

**無理数であることの証明** ⋙ **有理数と仮定して $\frac{p}{q}$ ($p$, $q$ は整数, $q \neq 0$) と表す (背理法)**

## 復習 | 064

(1) $\log_6 12$ が無理数であることを証明せよ.

(2) $\log_7 2$ の値を小数第1位まで求めよ.

## 例題 065 極限，微分係数

(1) 次の極限値を求めよ．

(i) $\lim_{x \to 2} \frac{x^2+2}{x-1}$　　(ii) $\lim_{x \to 1} \frac{x^2+2x-3}{x-1}$

(2) 微分係数の定義 $f'(a)=\lim_{h \to 0} \frac{f(a+h)-f(a)}{h}$ にしたがって，関数 $f(x)=x^3$ の $x=2$ における微分係数を求めよ．また，導関数の定義にしたがって $f'(x)$ を求めよ．

解 (1) (i) $x=2$ を代入して　$\lim_{x \to 2} \frac{x^2+2}{x-1}=\frac{2^2+2}{2-1}=\mathbf{6}$ ← $x=2$ とおいても分母が0にならないので代入してもよい．

(ii) $x \fallingdotseq 1$ より

$$(\text{与式})=\lim_{x \to 1} \frac{(x-1)(x+3)}{x-1}=\lim_{x \to 1}(x+3)=1+3=\mathbf{4}$$

← $x \to 1$ のとき，$x \fallingdotseq 1$ なので分母分子を $x-1$ で割ってよい．

(2)
$$f'(2)=\lim_{h \to 0} \frac{(2+h)^3-2^3}{h}=\lim_{h \to 0} \frac{12h+6h^2+h^3}{h}$$
$$=\lim_{h \to 0}(12+6h+h^2)=12+6 \cdot 0+0^2=\mathbf{12}$$

また　$f'(x)=\lim_{h \to 0} \frac{(x+h)^3-x^3}{h}=\lim_{h \to 0} \frac{3x^2h+3xh^2+h^3}{h}=\lim_{h \to 0}(3x^2+3xh+h^2)=\mathbf{3x^2}$

### Assist

1° (極限値の定義)　関数 $f(x)$ において，$x$ が $a$ と異なる値をとりながら $a$ に限りなく近づくとき，$f(x)$ がある一定の値 $\alpha$ に限りなく近づく場合，$\lim_{x \to a} f(x)=\alpha$ または，$x \to a$ のとき $f(x) \to \alpha$ と書き，この値 $\alpha$ を，$x \to a$ のときの $f(x)$ の極限値という．
上の定義より，$x \to a$ のとき $x \fallingdotseq a$ である．

2°　$y=f(x)$ のとき，導関数を $y'$，$f'(x)$，$\frac{dy}{dx}$，$\frac{d}{dx}y$，$\frac{d}{dx}f(x)$ などと書くことができる．

《微分係数の定義》　$f'(a)=\lim_{h \to 0} \frac{f(a+h)-f(a)}{h}=\lim_{x \to a} \frac{f(x)-f(a)}{x-a}$

《導関数の定義》　$f'(x)=\lim_{h \to 0} \frac{f(x+h)-f(x)}{h}$

**シェーマ**

**$x \to a$ のときの極限 ⋙ $x \fallingdotseq a$ より分母分子に $x-a$ があれば約分してよい（$h \to 0$ のときは $h$ で約分）**

**復習 | 065**　(1) 次の極限値を求めよ．　(i) $\lim_{x \to -1} \frac{x^3+3}{2x+1}$　　(ii) $\lim_{x \to 3} \frac{x^3-27}{x-3}$

(2) 導関数の定義にしたがって，$x^4$ の導関数を求めよ．

## 例題 066 微分の計算

(1) $f(x)=x^3+2x^2-5x+3$ のとき，$f'(x)$，$f'(1)$ を求めよ．

(2) $f(x)=x^4+2x^3-x^2+3x-4$ のとき，$f'(x)$，$f'(-2)$ を求めよ．

解 (1)

$$\begin{aligned} \boldsymbol{f'(x)} &= (x^3+2x^2-5x+3)' \\ &= (x^3)'+2(x^2)'-5(x)'+3(1)' \\ &= 3x^2+2(2x)-5\cdot 1 \\ &\boldsymbol{= 3x^2+4x-5} \end{aligned}$$

よって

$$\boldsymbol{f'(1)}=3+4-5\boldsymbol{=2}$$

(2)

$$\begin{aligned} \boldsymbol{f'(x)} &= (x^4+2x^3-x^2+3x-4)' \\ &= (x^4)'+2(x^3)'-(x^2)'+3(x)'-4(1)' \\ &= 4x^3+2(3x^2)-(2x)+3\cdot 1 \\ &\boldsymbol{= 4x^3+6x^2-2x+3} \end{aligned}$$

よって

$$\boldsymbol{f'(-2)}=4(-2)^3+6(-2)^2-2(-2)+3\boldsymbol{=-1}$$

《導関数の公式》

(i) $(x^n)'=nx^{n-1}$ ($n$ は自然数)

定数 $c$ に対して $(c)'=0$

(ii) $f(x)=a_nx^n+a_{n-1}x^{n-1}+\cdots+a_1x+a_0$ のとき

$f'(x)=na_nx^{n-1}+(n-1)a_{n-1}x^{n-2}+\cdots+a_1$

微分法と積分法

**Assist**

一般に公式(i)と導関数の性質

$$\{af(x)\}'=af'(x),\ \{f(x)+g(x)\}'=f'(x)+g'(x)$$

を用いて整式の微分を計算する．

**シェーマ**

$\alpha f(x)+\beta g(x)$ の微分 ⋙ $\alpha f'(x)+\beta g'(x)$ $(=\{\alpha f(x)+\beta g(x)\}')$ と計算

**復習 | 066**

(1) $f(x)=3x^3-x^2+7$ のとき，$f'(x)$，$f'(-1)$ を求めよ．

(2) $f(x)=-x^4+5x^3+6x^2-x-1$ のとき，$f'(x)$，$f'(0)$ を求めよ．

## 例題 067 3次関数の接線

(1) $y=x^3+x^2-2x+3$ 上の点 $(1, 3)$ における接線の方程式を求めよ．

(2) 点 $(1, 14)$ を通り，曲線 $y=x^3-3x^2$ に接する直線の方程式を求めよ．

解 (1) $f(x)=x^3+x^2-2x+3$ とおくと

$$f'(x)=3x^2+2x-2$$

$f'(1)=3$ より，曲線上の点 $(1, 3)$ における接線の方程式は，点 $(1, 3)$ を通り，傾き3の直線で

$$y=3(x-1)+3 \quad \therefore \ \boldsymbol{y=3x}$$

(2) $f(x)=x^3-3x^2$ とおくと　$f'(x)=3x^2-6x$

よって，曲線上の点 $(t, t^3-3t^2)$ における接線の方程式は

$$y=(3t^2-6t)(x-t)+t^3-3t^2$$

$$\therefore \ y=(3t^2-6t)x-2t^3+3t^2 \cdots ①$$

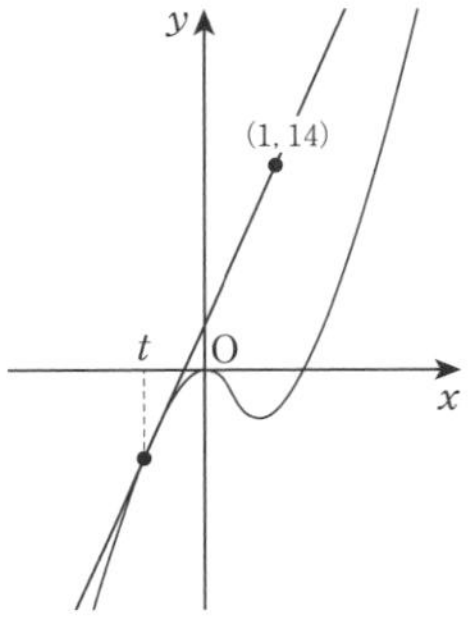


この接線が $(1, 14)$ を通る条件は，①に代入して

$$14=(3t^2-6t)\cdot 1-2t^3+3t^2$$

$$\therefore \ t^3-3t^2+3t+7=0 \cdots (*)$$

$t=-1$ を $(*)$ に代入すると成り立つので，左辺が $t+1$ で割り切れ

$$(t+1)(t^2-4t+7)=0$$

ここで，$t^2-4t+7=(t-2)^2+3>0$ より　$t=-1$

①に代入して，求める接線の方程式は

$$\boldsymbol{y=9x+5}$$

**Assist**

$(*)$ は $t$ の3次方程式と考えられるので，もしこれが3つの異なる実数解をもてば，それに対応して $(1, 14)$ を通る接線は3本存在することになる．（**例題 075** 参照）

《接線の公式》　曲線 $y=f(x)$ 上の点 $(t, f(t))$ における接線の方程式は

$$y=f'(t)(x-t)+f(t)$$

**シェーマ**

**曲線外の点を通る接線 ⟫ 接点の $x$ 座標を $t$ とおき，接線を $t$ で表す**

**復習 067**

(1) $y=2x^3+5x^2-3x+1$ 上の点 $(1, 5)$ における接線の方程式を求めよ．

(2) $y=x^3-3x+1$ の接線で点 $(1, -2)$ を通るものを求めよ．

## 例題 068　3 次関数のグラフ

次の 3 次関数のグラフをかけ.

(1)　$y=x^3-3x^2-9x+2$　(2)　$y=x^3-3x^2+3x+1$　(3)　$y=x^3+3x^2+9x-1$

**解** (1)　$y'=3x^2-6x-9=3(x+1)(x-3)$

| $x$ | $\cdots$ | $-1$ | $\cdots$ | $3$ | $\cdots$ |
|---|---|---|---|---|---|
| $y'$ | $+$ | $0$ | $-$ | $0$ | $+$ |
| $y$ | ↗ | $7$ | ↘ | $-25$ | ↗ |

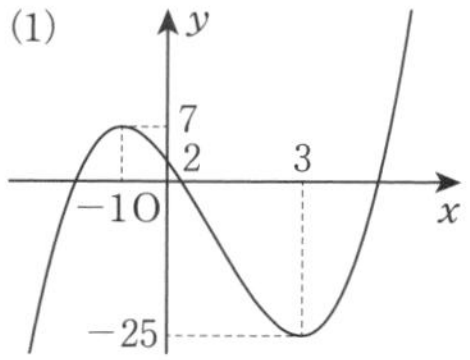


(2)　$y'=3x^2-6x+3=3(x-1)^2$

| $x$ | $\cdots$ | $1$ | $\cdots$ |
|---|---|---|---|
| $y'$ | $+$ | $0$ | $+$ |
| $y$ | ↗ | $2$ | ↗ |

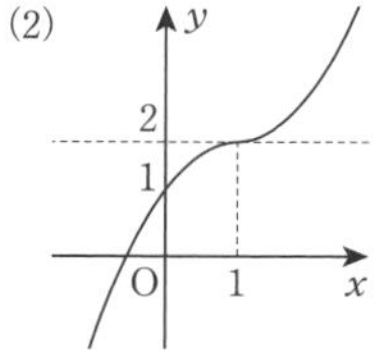


(3)　$y'=3x^2+6x+9=3(x^2+2x+3)=3\{(x+1)^2+2\}$

よって，つねに　$y'>0$

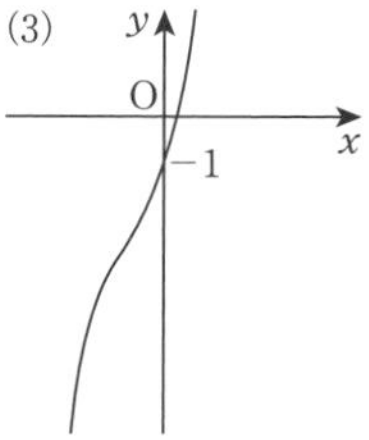


**Assist**

(関数の増減)

つねに $f'(x)>0$ ならば，その区間で $f(x)$ は単調に増加する.
つねに $f'(x)<0$ ならば，その区間で $f(x)$ は単調に減少する.
つねに $f'(x)=0$ ならば，その区間で $f(x)$ は定数である.

(3 次関数のグラフの概形)

$f(x)=ax^3+bx^2+cx+d$ ($a>0$ とする) に対して　(ア)　$f'(x)=3a(x-\alpha)(x-\beta)$ $(\alpha<\beta)$

(イ)　$f'(x)=3a(x-\alpha)^2$　(ウ)　$f'(x)=3ax^2+2bx+c$ $\left(\dfrac{D}{4}=b^2-3ac<0\right)$

の 3 つの場合が考えられ，それぞれグラフの概形は以下の通り.

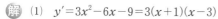

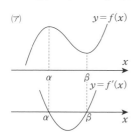

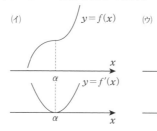

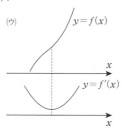

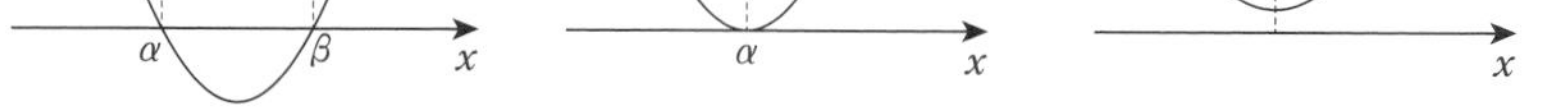


**シェーマ**

**3 次関数 $f(x)$ のグラフ** ⋙ **(i) $f'(x)=0$ となる $x$ を見つけ**
**(ii) $f'(x)$ の符号を調べ　(iii) $f(x)$ の増減表を書く**

**復習 | 068**　次の 3 次関数のグラフをかけ.

(1)　$y=x^3+x^2-x+2$　(2)　$y=-\dfrac{2}{3}x^3+2x^2-2x-3$　(3)　$y=\dfrac{1}{2}x^3-3x^2+8x+3$

## 例題 069　3 次関数の極値

3 次関数 $f(x)=x^3+4x^2+ax-1$ において，次の問いに答えよ．

(1)　$a=-3$ のとき極大値を求めよ．

(2)　$f(x)$ が極値をもつ定数 $a$ の値の範囲を求めよ．

(3)　$f(x)$ が $x=1$ で極値をもつ定数 $a$ の値を求め，極大値か極小値かを答えよ．また，この極値を求めよ．

**解** (1)　$f'(x)=3x^2+8x-3=(3x-1)(x+3)$

増減表より　極大値　$f(-3)=\mathbf{17}$

| $x$ | $\cdots$ | $-3$ | $\cdots$ | $\frac{1}{3}$ | $\cdots$ |
|---|---|---|---|---|---|
| $f'(x)$ | $+$ | 0 | $-$ | 0 | $+$ |
| $f(x)$ | ↗ | 極大 | ↘ | 極小 | ↗ |

(2)　3 次関数が極値をもつのは，極大値と極小値を 1 つずつもつとき，つまり，$f'(x)=0$ が異なる 2 実数解をもつときである．$f'(x)=3x^2+8x+a$ より，条件は，$f'(x)=0$ の判別式を $D$ とすると

$$\frac{D}{4}=16-3a>0 \quad \therefore\ \boldsymbol{a<\frac{16}{3}}$$

← 例題 068 Assist の(ア)の形であることが必要十分．

(3)　$x=1$ で極値をもつとき，$f'(1)=11+a=0$

$\therefore$ $\boldsymbol{a=-11}$ であることが必要である．このとき

$$f'(x)=3x^2+8x-11=(x-1)(3x+11)$$

よって，$x=1$ で極値をもち，これは増減表より極小である．

| $x$ | $\cdots$ | $-\frac{11}{3}$ | $\cdots$ | 1 | $\cdots$ |
|---|---|---|---|---|---|
| $f'(x)$ | $+$ | 0 | $-$ | 0 | $+$ |
| $f(x)$ | ↗ | 極大 | ↘ | 極小 | ↗ |

極小値　$f(1)=a+4=\mathbf{-7}$

**Assist**（関数の極値）

$x=a$ を含む十分小さい区間で，$x \neq a$ ならば $f(x)<f(a)$ が成り立つとき，$f(x)$ は $x=a$ で極大である，という．同様に，$f(x)>f(a)$ が成り立つとき，$f(x)$ は $x=a$ で極小である，という．

いま，$f'(x)$ の符号が $x=a$ の前後で「正から負に変化する」場合，$f(x)$ は $x=a$ を境に増加から減少に転じるので，$x=a$ で極大となる．同様に「負から正に変化する」場合，$f(x)$ は $x=a$ を境に減少から増加に転じるので，$x=a$ で極小となる．

（極値の必要条件）　$x=\alpha$ で極値 $\Rightarrow f'(\alpha)=0$

**シェーマ**

**3 次関数 $f(x)$ が極値をもつ ⋙ $f'(x)=0$ が異なる 2 実数解をもつ**

**復習 | 069**

(1)　$y=2x^3-x^2-4x-1$ の極大値を求めよ．

(2)　$y=2x^3-ax^2+x+9$ が極値をもつ定数 $a$ の値の範囲を求めよ．

(3)　$y=x^3-7x^2+ax+4$ が $x=2$ で極値をもつ定数 $a$ の値と極値を求めよ．

**TRIAL**　$y=x^3-2x^2-3x+2$ の極小値を求めよ．

# 例題 070 3次関数の最大・最小①

3次関数 $y=x^3-\frac{3}{2}x^2-6x+2$ において，次の問いに答えよ．

(1) $-3\leqq x\leqq 3$ における最大値，最小値を求めよ．

(2) $0\leqq x\leqq 3$ における最大値，最小値を求めよ．

解 (1) $y'=3x^2-3x-6=3(x-2)(x+1)$

$-3\leqq x\leqq 3$ における増減表は次の通り．

| $x$ | $-3$ | $\cdots$ | $-1$ | $\cdots$ | $2$ | $\cdots$ | $3$ |
|---|---|---|---|---|---|---|---|
| $y'$ | | $+$ | $0$ | $-$ | $0$ | $+$ | |
| $y$ | $-\frac{41}{2}$ | ↗ | $\frac{11}{2}$ | ↘ | $-8$ | ↗ | $-\frac{5}{2}$ |

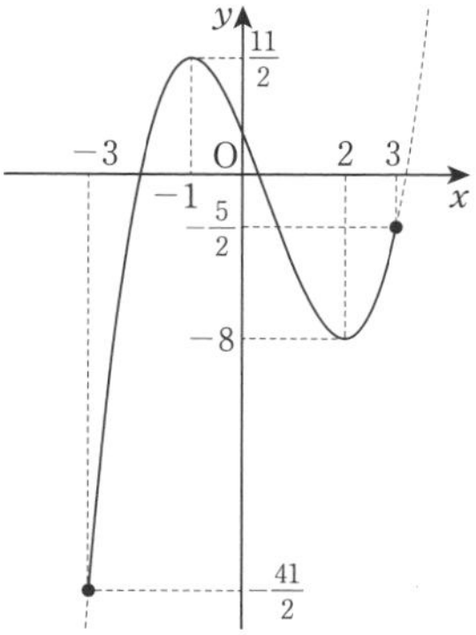


よって，$x=-1$ のとき　最大値 $\mathbf{\frac{11}{2}}$

$x=-3$ のとき　最小値 $\mathbf{-\frac{41}{2}}$

(2) (1)と同様にして，増減表は次の通り．

| $x$ | $0$ | $\cdots$ | $2$ | $\cdots$ | $3$ |
|---|---|---|---|---|---|
| $y'$ | | $-$ | $0$ | $+$ | |
| $y$ | $2$ | ↘ | $-8$ | ↗ | $-\frac{5}{2}$ |

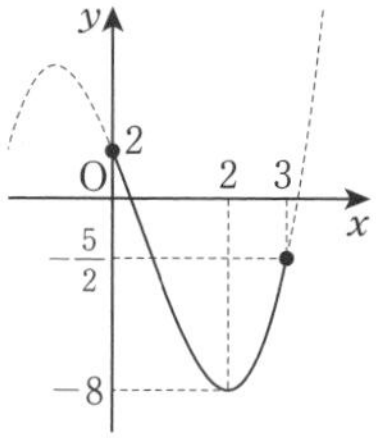


よって，$x=0$ のとき　最大値　**2**

$x=2$ のとき　最小値　**−8**

シェーマ

3次関数の　最大値 ≫ 極大値と端点の $y$ 座標を比較

最小値 ≫ 極小値と端点の $y$ 座標を比較

**復習 | 070**

3次関数 $y=\frac{2}{3}x^3-5x^2+8x+1$ において，次の問いに答えよ．

(1) $0\leqq x\leqq 6$ における最大値，最小値を求めよ．

(2) $-1\leqq x\leqq 3$ における最大値，最小値を求めよ．

## 例題 071　3 次関数の最大・最小②

3 次関数 $y=2x^3-3ax^2+4$ において，$0\leqq x\leqq 2$ における最大値，最小値を求めよ．ただし，$a$ は実数の定数とする．

**解** $f(x)=2x^3-3ax^2+4$ とおくと　$f'(x)=6x^2-6ax=6x(x-a)$

(i) $a\leqq 0$ のとき　$0\leqq x\leqq 2$ で $f'(x)\geqq 0$　つまり，$f(x)$ は増加関数

よって，$x=2$ のとき　最大値　$f(2)=20-12a$

$x=0$ のとき　最小値　$f(0)=4$

(ii) $0<a<2$ のとき

| $x$ | 0 | $\cdots$ | $a$ | $\cdots$ | 2 |
|---|---|---|---|---|---|
| $f'(x)$ | | $-$ | 0 | $+$ | |
| $f(x)$ | 4 | ↘ | $-a^3+4$ | ↗ | $20-12a$ |

増減表より，$x=a$ のとき

最小値　$f(a)=-a^3+4$

また，

$f(2)-f(0)=(20-12a)-4=4(4-3a)$

より

(ア) $0<a\leqq\dfrac{4}{3}$ のとき，$f(2)-f(0)\geqq 0$　$\therefore$ $f(2)\geqq f(0)$

であるから，$x=2$ のとき　最大値　$f(2)=20-12a$

(イ) $\dfrac{4}{3}<a<2$ のとき，$f(2)<f(0)$ であるから，

$x=0$ のとき　最大値　$f(0)=4$

(iii) $a\geqq 2$ のとき　$0\leqq x\leqq 2$ で $f'(x)\leqq 0$　つまり，$f(x)$ は減少関数

よって，$x=0$ のとき　最大値　$f(0)=4$

$x=2$ のとき　最小値　$f(2)=20-12a$

以上より，

$$\begin{cases} a\leqq\dfrac{4}{3} \text{ のとき　最大値　} 20-12a \\ a>\dfrac{4}{3} \text{ のとき　最大値　} 4 \end{cases}$$

$$\begin{cases} a\leqq 0 \text{ のとき　最小値　} 4 \\ 0<a<2 \text{ のとき　最小値　} -a^3+4 \\ a\geqq 2 \text{ のとき　最小値　} 20-12a \end{cases}$$

**シェーマ**

**文字定数を含む関数の最大最小 ≫ 区間内に極値があるかどうかで場合分け**

**復習 | 071**

3 次関数 $y=x^3-3a^2x+a^2$ において，$-2\leqq x\leqq 2$ における最大値，最小値を求めよ．ただし，$a$ は正の定数とする．

**TRIAL** $a>0$ とする．関数 $f(x)=|x^3-3a^2x|$ の $-1\leqq x\leqq 1$ における最大値を $M(a)$ とするとき，次の問いに答えよ．

(1) $M(a)$ を $a$ を用いて表せ．　(2) $M(a)$ を最小にする $a$ の値を求めよ．

## 例題 072　3次方程式の解

3次方程式 $x^3+6x^2+a=0$ について考える．

(1)　異なる3つの実数解をもつ定数 $a$ の値の範囲を求めよ．

(2)　$-5<x<2$ の範囲で異なる3つの実数解をもつ定数 $a$ の値の範囲を求めよ．
　また，3つの解のうち最大のものを $\gamma$ とするとき，$\gamma$ の値の範囲を求めよ．

**解**　(1)　$x^3+6x^2+a=0 \Leftrightarrow a=-x^3-6x^2$

より，$f(x)=-x^3-6x^2$ とおくと，与えられた方程式の実数解は，$y=f(x)$ のグラフと $y=a$ のグラフの共有点の $x$ 座標である．したがって，題意をみたす条件は，この2つのグラフが異なる3つの共有点をもつことである．

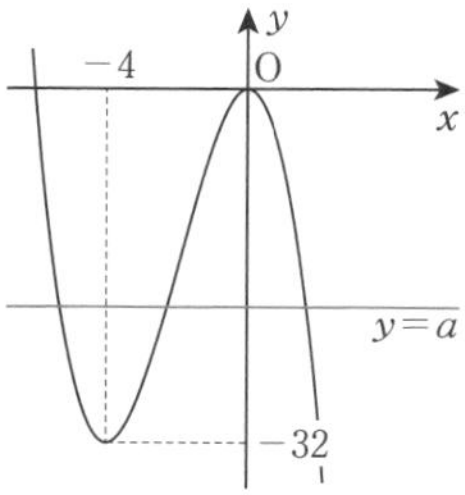


$$f'(x)=-3x^2-12x=-3x(x+4)$$

| $x$ | $\cdots$ | $-4$ | $\cdots$ | $0$ | $\cdots$ |
|---|---|---|---|---|---|
| $f'(x)$ | $-$ | $0$ | $+$ | $0$ | $-$ |
| $f(x)$ | ↘ | $-32$ | ↗ | $0$ | ↘ |

このグラフより **$-32<a<0$**

(2)　$-5<x<2$ の範囲で異なる3つの共有点をもつ条件を求める．

| $x$ | $-5$ | $\cdots$ | $-4$ | $\cdots$ | $0$ | $\cdots$ | $2$ |
|---|---|---|---|---|---|---|---|
| $f'(x)$ | | $-$ | $0$ | $+$ | $0$ | $-$ | |
| $f(x)$ | $-25$ | ↘ | $-32$ | ↗ | $0$ | ↘ | $-32$ |

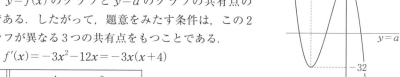

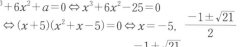

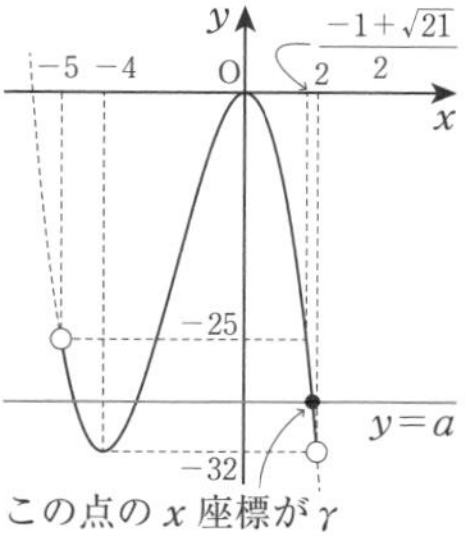


このグラフより　**$-32<a<-25$**

$\gamma$ は3つの共有点のうち，最も右側にある点の $x$ 座標である．

$a=-25$ のとき

$$x^3+6x^2+a=0 \Leftrightarrow x^3+6x^2-25=0$$
$$\Leftrightarrow (x+5)(x^2+x-5)=0 \Leftrightarrow x=-5,\ \frac{-1\pm\sqrt{21}}{2}$$

← このときグラフより $a=f(x)$ は $x=-5$ を解にもつことに注意．

より，最も右側にある点の $x$ 座標は $\dfrac{-1+\sqrt{21}}{2}$ であるから，

求める $\gamma$ の値の範囲は　$\boldsymbol{\dfrac{-1+\sqrt{21}}{2}<\gamma<2}$

**シェーマ**

**文字定数 $a$ を含む方程式** ⇒ **$f(x)=a$ の形にし，$y=f(x)$ と $y=a$ のグラフに着目(定数分離)**

**復習｜072**　3次方程式 $x^3-3x^2-24x+1-k=0$ について考える．

(1)　$-4 \leqq x \leqq 8$ で少なくとも1つの実数解をもつ定数 $k$ の値の範囲を求めよ．

(2)　$-4 \leqq x \leqq 8$ で異なる3つの実数解をもつとき，最も小さな解 $\gamma$ の値の範囲を求めよ．

**TRIAL**　実数 $a$ の値が変化するとき，3次関数 $y=x^3-4x^2+6x$ と直線 $y=x+a$ のグラフの交点の個数はどのように変化するか．$a$ の値によって分類せよ．

微分法と積分法

## 例題 073　3 次方程式の解の個数

3 次方程式 $2x^3+3(a+1)x^2+6ax+a-3=0$ が異なる 3 つの実数解をもつ定数 $a$ の値の範囲を求めよ．

**解**　$f(x)=2x^3+3(a+1)x^2+6ax+a-3$ とおくと，

$$f'(x)=6x^2+6(a+1)x+6a=6(x+1)(x+a)$$

より

$$f'(x)=0 \Leftrightarrow x=-1,\ -a$$

このとき，題意をみたす条件は，

(i)　$f'(x)$ が極大値と極小値をもつ

かつ

(ii)　(極大値) $>0$ かつ (極小値) $<0$

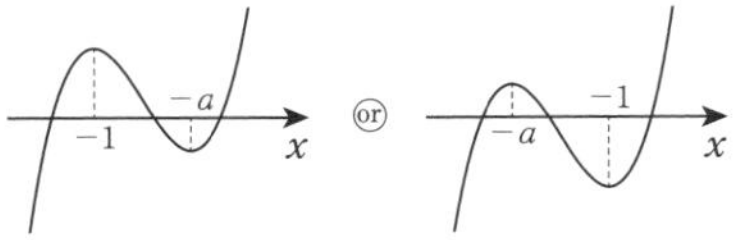


← $\begin{cases} f(-1)>0 \\ f(-a)<0 \end{cases}$ または $\begin{cases} f(-1)<0 \\ f(-a)>0 \end{cases}$

(i)は　$-a \neq -1$　$\therefore\ a\neq 1$ …①

(ii)は　$f(-1)\cdot f(-a)<0$

$\therefore\ (-2a-2)(a^3-3a^2+a-3)<0$

$\therefore\ (a+1)\{a^2(a-3)+(a-3)\}>0$

$\therefore\ (a+1)(a^2+1)(a-3)>0$

$a^2+1>0$ より

$(a+1)(a-3)>0$　$\therefore\ a<-1,\ 3<a$ …②

①，②より

$\boldsymbol{a<-1,\ 3<a}$

**Assist**　(3 次方程式 $f(x)=0$ の解の個数)

3 次関数 $f(x)$ が 2 つの極値をもつとき，つまり，$f'(x)=0$ が異なる 2 つの解 $\alpha$，$\beta$ をもつとき

(i)　解の個数が 1 個 $\Leftrightarrow f(\alpha)\cdot f(\beta)>0$

(ii)　解の個数が 2 個 $\Leftrightarrow f(\alpha)\cdot f(\beta)=0$

(iii)　解の個数が 3 個 $\Leftrightarrow f(\alpha)\cdot f(\beta)<0$

($y=f(x)$ のグラフ)

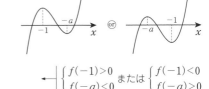

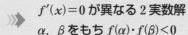

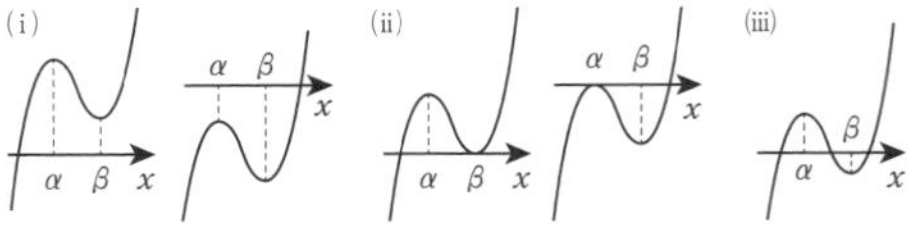


(3 次関数 $f(x)$ が 2 つの極値をもたないとき，つまり，$f'(x)=0$ が重解をもつか実数解をもたないときは，つねに解の個数は 1 個である．)

**シェーマ**

**3 次方程式 $f(x)=0$ が異なる 3 つの実数解をもつ** ⇛ **$f'(x)=0$ が異なる 2 実数解 $\alpha$，$\beta$ をもち $f(\alpha)\cdot f(\beta)<0$**

**復習｜073**

3 次方程式 $x^3+3ax^2-45a^2x-5=0$ がちょうど 2 つの実数解をもつ定数 $a$ の値を求めよ．

## 例題 074 接線が一致する

$x$ の 3 次式 $f(x)=x^3+2x^2+4x-3$ と 2 次式 $g(x)=x^2+5x+a$ において，$y=f(x)$ のグラフと $y=g(x)$ のグラフが接するような定数 $a$ の値を求めよ．ただし，2 曲線が接するとは，ある共有点における接線が一致することをいう．

**解** 共有点の $x$ 座標を $t$ とし，その共有点で接線が一致する条件は

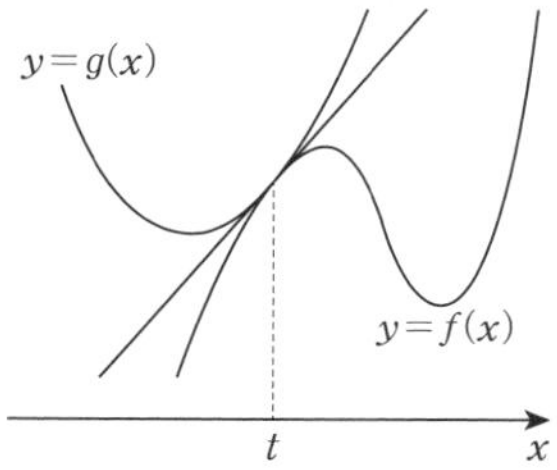


$$\begin{cases} f(t)=g(t) \\ f'(t)=g'(t) \end{cases} \cdots (*)$$

$$\therefore \begin{cases} t^3+2t^2+4t-3=t^2+5t+a \cdots ① \\ 3t^2+4t+4=2t+5 \cdots ② \end{cases}$$

よって，題意をみたすのは，ある実数 $t$ に対して①，②をみたすときである．②より

$$3t^2+2t-1=0 \quad \therefore (3t-1)(t+1)=0 \quad \therefore t=-1, \ \frac{1}{3}$$

ここで，①より，$a=t^3+t^2-t-3$ であるから

$$\boldsymbol{a=-2, \ -\frac{86}{27}}$$

### Assist

$y=f(x)$ のグラフと $y=g(x)$ のグラフにおいて，$x$ 座標が $t$ の点における接線が一致する条件は，$x$ 座標が $t$ の点が共有点であること ($f(t)=g(t)$)，かつ，$x$ 座標が $t$ の点における接線の傾きが一致すること ($f'(t)=g'(t)$) であるから (＊) と表せる．

2 つの接線を $y=f'(t)(x-t)+f(t)$ と $y=g'(t)(x-t)+g(t)$ と表して，傾きと $y$ 切片が等しいとするのは面倒である．

### シェーマ

**$y=f(x)$ と $y=g(x)$ が $x=t$ で接する** ⇒ $\begin{cases} f(t)=g(t) \\ f'(t)=g'(t) \end{cases}$

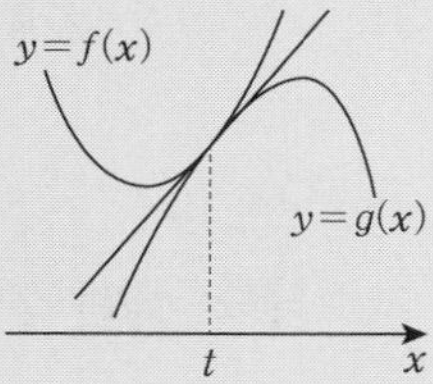


**復習 | 074**

$x$ の 3 次式 $f(x)=x^3+ax^2+bx+c$ と 2 次式 $g(x)=x^2+px+q$ において，関数 $y=f(x)$ が極値をもたず，$y=f(x)$ のグラフと $y=g(x)$ のグラフとがただ 1 点 A$(0, 1)$ を共有し，A において共通の接線をもつとする．

(1) 定数 $p$ の値の範囲を求めよ．

(2) 放物線 $y=g(x)$ の頂点はどのような図形を描くか．

# 例題 075　接線の本数

3 次関数 $y=x^3+6x^2+9x-1$ のグラフに点 $(0,\,a)$ を通る接線が 3 本引けるとき，定数 $a$ の値の範囲を求めよ．

**解**　$f(x)=x^3+6x^2+9x-1$ とする．曲線 $y=f(x)$ 上の点 $(t,\,f(t))$ における接線の式は，$f'(x)=3x^2+12x+9$ より

$$y=(3t^2+12t+9)(x-t)+t^3+6t^2+9t-1$$

$$\therefore\ y=(3t^2+12t+9)x-2t^3-6t^2-1$$

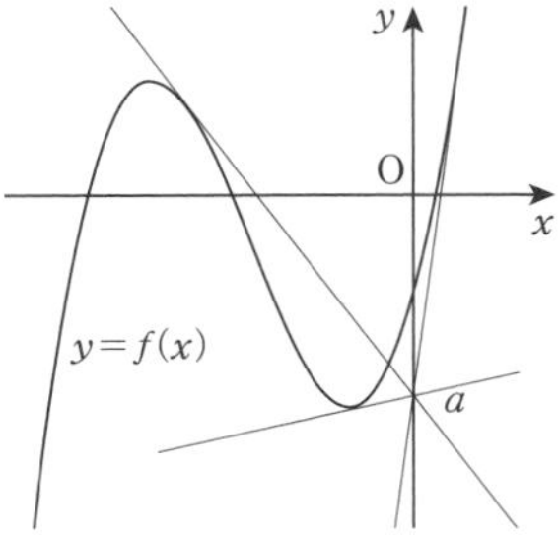


この接線が点 $(0,\,a)$ を通る条件は，上の式に代入して

$$a=-2t^3-6t^2-1\cdots①$$

接線が 3 本引ける条件は，①をみたす実数 $t$ が 3 個存在することである．

$g(t)=-2t^3-6t^2-1$ とおくと

$$g'(t)=-6t^2-12t=-6t(t+2)$$

| $t$ | $\cdots$ | $-2$ | $\cdots$ | $0$ | $\cdots$ |
|---|---|---|---|---|---|
| $g'(t)$ | $-$ | $0$ | $+$ | $0$ | $-$ |
| $g(t)$ | ↘ | $-9$ | ↗ | $-1$ | ↘ |

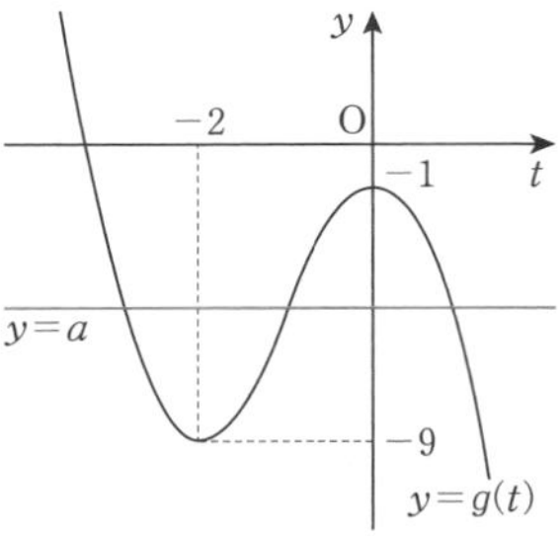


$y=g(t)$ のグラフと $y=a$ のグラフが 3 つの共有点をもつ条件を求めて

$$\boldsymbol{-9<a<-1}$$

## Assist

1°　**例題 067** の(2)と同様に，曲線上の接点の $x$ 座標を $t$ とおいて解答を始めていることに注意しよう．

2°　3 次関数のグラフにおいては，接点が異なれば接線が異なるので，接線が 3 本引けるためには，点 $(0,\,a)$ を通る接線の接点が 3 つとれればよい．それゆえ，上の条件でよいことがわかる．

## シェーマ

**3 次関数の接線の本数** ⋙ **接点の $x$ 座標を $t$ とおくと**
**接線の本数** ＝ **接点の個数** ＝ **実数 $t$ の個数**

## 復習 075

3 次関数 $y=x^3+x^2-3x-4$ のグラフに点 $(0,\,a)$ を通る接線が 1 本しか引けないとき，定数 $a$ の値の範囲を求めよ．

**TRIAL**　3 次関数 $y=x^3+3x^2$ のグラフに点 $(a,\,b)$ を通る接線が 3 本引けるとき，$a$，$b$ のみたすべき条件を求め，$ab$ 座標に図示せよ．

## 例題 076 不等式の証明

(1) $x \geqq 0$ のとき，$x^3+9x+1>6x^2$ が成り立つことを示せ．

(2) $x \leqq 0$ において，$3x^3+4x^2 \leqq x+a$ が成り立っているとき，定数 $a$ の値の範囲を求めよ．

解 (1) $f(x)=(x^3+9x+1)-6x^2$ とおくと

$$f(x)=x^3-6x^2+9x+1$$

$$\therefore\ f'(x)=3x^2-12x+9=3(x-1)(x-3)$$

よって，増減表は次の通り．

| $x$ | 0 | $\cdots$ | 1 | $\cdots$ | 3 | $\cdots$ |
|---|---|---|---|---|---|---|
| $f'(x)$ | | $+$ | 0 | $-$ | 0 | $+$ |
| $f(x)$ | 1 | ↗ | 5 | ↘ | 1 | ↗ |

したがって，$x \geqq 0$ のとき，$f(x)>0$ であり，題意が示された． 終

(2) $$3x^3+4x^2 \leqq x+a \Leftrightarrow 3x^3+4x^2-x \leqq a$$

ここで，$f(x)=3x^3+4x^2-x$ とおくと

$$f'(x)=9x^2+8x-1=(9x-1)(x+1)$$

| $x$ | $\cdots$ | $-1$ | $\cdots$ | 0 |
|---|---|---|---|---|
| $f'(x)$ | $+$ | 0 | $-$ | |
| $f(x)$ | ↗ | 2 | ↘ | 0 |

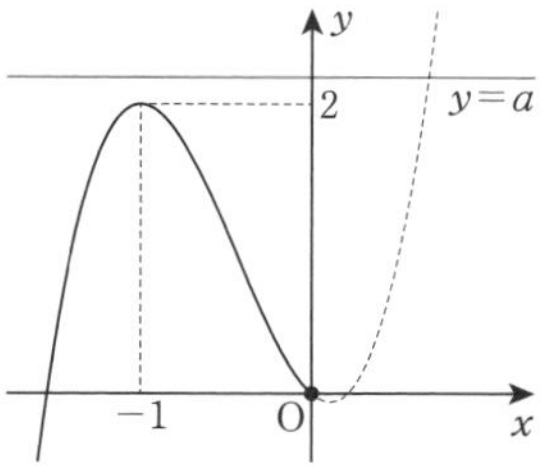


よって，$x \leqq 0$ において，$y=f(x)$ が $y=a$ の下側（共有点があってもよい）にある条件より

$$a \geqq 2$$

### シェーマ

**$P \geqq Q$ を示す ⋙ $f(x)=P-Q$ とおいて $f(x) \geqq 0$ を示す**

**文字定数 $a$ を含む不等式 ⋙ $a$ を分離し $f(x) \leqq a$（or $f(x) \geqq a$）と変形**

### 復習 | 076

(1) $x \leqq 0$ のとき，$x^3+4x^2 \leqq 3x+18$ が成り立つことを示せ．

(2) $x \geqq 0$ において，$x^3+32 \geqq px^2$ が成り立っているとき，正の定数 $p$ の値の範囲を求めよ．

TRIAL 任意の正の実数 $x$ に対して $x^5-1 \geqq k(x^4-1)$ が成り立つように定数 $k$ の値を定めよ．

## 例題 077 図形問題への微分の応用

半径 $R$ の球に内接する直円柱の体積を $V$ とするとき，$V$ の最大値は元の球の体積の何倍となるか．

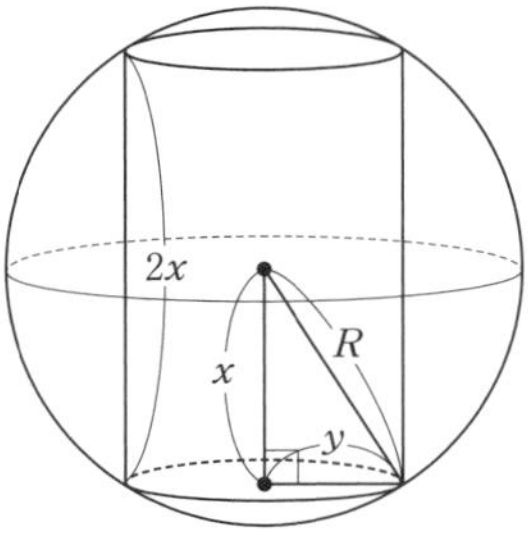


解 半径 $R$ の球に内接する直円柱の高さを $2x$，底面の円の半径を $y$ とすると，

$$V=\pi y^2\times 2x=2\pi xy^2$$

一方，この直円柱が半径 $R$ の球に内接するので

$$R^2=x^2+y^2 \quad \therefore\ y^2=R^2-x^2$$

上の式に代入して $y$ を消去すると

$$V=2\pi x(R^2-x^2)=2\pi(-x^3+R^2x)$$

また，$x$ の値の範囲は　$0<x<R$

ここで，$f(x)=-x^3+R^2x$ とおくと

$$f'(x)=-3x^2+R^2$$
$$=-3\left(x-\frac{R}{\sqrt{3}}\right)\left(x+\frac{R}{\sqrt{3}}\right)$$

| $x$ | $0$ | $\cdots$ | $\frac{R}{\sqrt{3}}$ | $\cdots$ | $R$ |
|---|---|---|---|---|---|
| $f'(x)$ | | $+$ | $0$ | $-$ | |
| $f(x)$ | | ↗ | | ↘ | |

よって，$x=\frac{R}{\sqrt{3}}$ のとき，$f(x)$ は最大となり，$V$ も最大である．

このとき

$$V\text{の最大値}\quad 2\pi\cdot f\left(\frac{R}{\sqrt{3}}\right)=\frac{4}{3\sqrt{3}}\pi R^3$$

一方，元の球の体積は $\frac{4}{3}\pi R^3$ なので

$V$ の最大値は元の球の体積の $\boldsymbol{\frac{1}{\sqrt{3}}}$ 倍

**シェーマ**

**図形の問題 ⟫ 「動くもの」を文字でおき，1変数の関数を作る（変域に注意）**

**復習 | 077**

半径 $R$ の球に内接する正四角錐の体積を $V$ とする．$V$ の最大値は元の球の体積の何倍か．ただし，正四角錐とは，底面が正方形で，この正方形の中心と頂点を結ぶ線分が底面に垂直な四角錐のことである．

## 例題 078　4 次関数のグラフ

次の 4 次関数のグラフをかけ．

(1)　$y=x^4-4x^3-8x^2+48x-1$　　(2)　$y=-3x^4-8x^3+5$

**解**　(1)　$y'=4x^3-12x^2-16x+48$

$=4x^2(x-3)-16(x-3)$

$=4(x-3)(x^2-4)$

$=4(x-3)(x-2)(x+2)$

| $x$ | $\cdots$ | $-2$ | $\cdots$ | $2$ | $\cdots$ | $3$ | $\cdots$ |
|---|---|---|---|---|---|---|---|
| $y'$ | $-$ | $0$ | $+$ | $0$ | $-$ | $0$ | $+$ |
| $y$ | ↘ | $-81$ | ↗ | $47$ | ↘ | $44$ | ↗ |

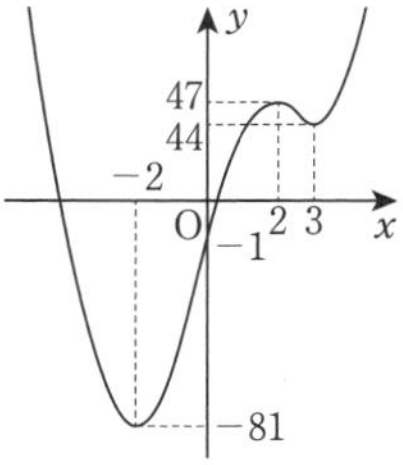


(2)　$y'=-12x^3-24x^2=-12x^2(x+2)$

| $x$ | $\cdots$ | $-2$ | $\cdots$ | $0$ | $\cdots$ |
|---|---|---|---|---|---|
| $y'$ | $+$ | $0$ | $-$ | $0$ | $-$ |
| $y$ | ↗ | $21$ | ↘ | $5$ | ↘ |

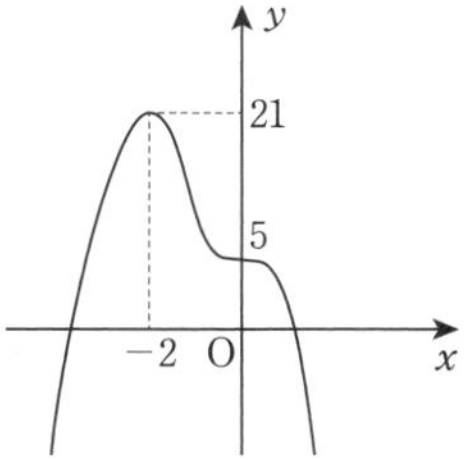


### Assist

4 次関数 $f(x)$ に対して，$f'(x)$ は次のように分類される（$\alpha$，$\beta$，$\gamma$ は異なる実数，$a\neq 0$）．

(i)　$f'(x)=a(x-\alpha)(x-\beta)(x-\gamma)$　　(ii)　$f'(x)=a(x-\alpha)^2(x-\beta)$

(iii)　$f'(x)=a(x-\alpha)^3$　　(iv)　$f'(x)=a(x-\alpha)(x^2+bx+c)$（$D=b^2-4c<0$）

おのおの $y=f(x)$ のグラフの概形は次の通り（$a>0$ としてある）である．

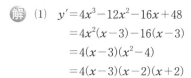

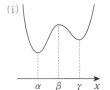

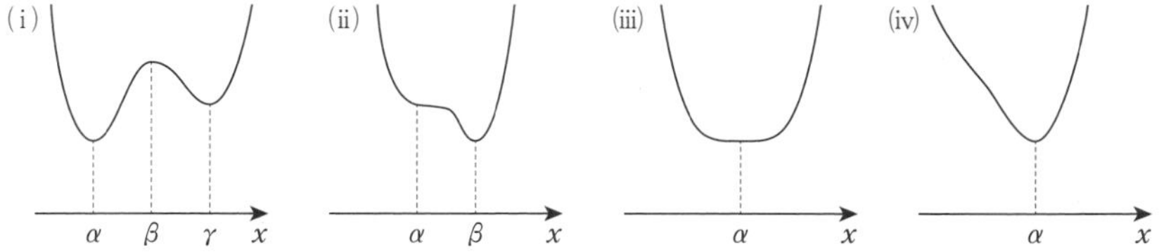


### シェーマ

**4 次関数 $y$ のグラフ** ⋙ **3 次式 $y'$ を 因数分解 し，極値 を調べ，増減表 を書く**

**復習 | 078**　次の 4 次関数のグラフをかけ．

(1)　$y=-x^4+\dfrac{4}{3}x^3+6x^2-12x-2$　　(2)　$y=x^4+4x^3+6x^2+4x-1$

## 例題 079 積分の計算①

次の積分を計算せよ．

(1) $\int x^2 dx$ (2) $\int (x^2+3x+4)dx$ (3) $\int_{-2}^{4}(2x^2-3x+1)dx$

**解** (1) $\int x^2 dx = \boldsymbol{\frac{1}{3}x^3+C}$ （$C$は積分定数）

← 正式にはこのように書くが，（ ）内は省略することがある．

(2) $\int (x^2+3x+4)dx = \int x^2dx + 3\int xdx + \int 4dx = \boldsymbol{\frac{1}{3}x^3+\frac{3}{2}x^2+4x+C}$ （$C$は積分定数）

(3) $\int_{-2}^{4}(2x^2-3x+1)dx = \left[\frac{2}{3}x^3-\frac{3}{2}x^2+x\right]_{-2}^{4}$

$= \left(\frac{2}{3}\cdot 4^3-\frac{3}{2}\cdot 4^2+4\right)-\left\{\frac{2}{3}(-2)^3-\frac{3}{2}(-2)^2+(-2)\right\}$

$= \left(\frac{128}{3}-24+4\right)-\left\{\left(-\frac{16}{3}\right)-6-2\right\} = \boldsymbol{36}$

**Assist**（積分の定義）

関数 $f(x)$ に対して，微分すると $f(x)$ となる関数，すなわち，$F'(x)=f(x)$ をみたす関数 $F(x)$ を，$f(x)$ の不定積分あるいは原始関数という．関数 $f(x)$ の不定積分を $\int f(x)dx$ と表す．関数 $f(x)$ の1つの不定積分を $F(x)$ とするとき，2つの実数 $a$，$b$ に対して，$F(b)-F(a)$ を，$f(x)$ の $a$ から $b$ までの定積分といい，$\int_a^b f(x)dx$ と表す．また $F(b)-F(a)$ を $\left[F(x)\right]_a^b$ と表す．

《積分の公式Ⅰ》

$F'(x)=f(x)$ のとき　$\int f(x)dx = F(x)+C$ （$C$は積分定数）

$\int x^n dx = \frac{1}{n+1}x^{n+1}+C$　　$\int_a^b x^n dx = \left[\frac{1}{n+1}x^{n+1}\right]_a^b = \frac{1}{n+1}(b^{n+1}-a^{n+1})$

（$n$は0または正の整数）

$\int \alpha f(x)dx = \alpha\int f(x)dx$　　$\int\{f(x)+g(x)\}dx = \int f(x)dx + \int g(x)dx$

**シェーマ**

**$\alpha f(x)+\beta g(x)$ の積分 ⋙ $\alpha\int f(x)dx+\beta\int g(x)dx$ を計算**

$\left(=\int\{\alpha f(x)+\beta g(x)\}dx\right)$

**復習 | 079** 次の積分を計算せよ．

(1) $\int\left(-\frac{1}{2}x^2+\frac{2}{3}x-5\right)dx$ (2) $\int_3^{-2}(5x^2-x-6)dx$

## 例題 080 積分の計算②

次の定積分を計算せよ.

(1) $\displaystyle\int_{\alpha}^{\beta}(x-\alpha)(x-\beta)dx$　(2) $\displaystyle\int_{-2}^{2}(x^3+x^2+3x-4)dx$

(3) $\displaystyle\int_{-3}^{1}(x^2+3x+1)dx-\int_{3}^{1}(x^2+3x+1)dx$

解 (1) $\displaystyle(\text{与式})=\int_{\alpha}^{\beta}\{x^2-(\alpha+\beta)x+\alpha\beta\}dx=\left[\frac{1}{3}x^3-(\alpha+\beta)\left(\frac{1}{2}x^2\right)+\alpha\beta x\right]_{\alpha}^{\beta}$

$\displaystyle=\frac{1}{3}(\beta^3-\alpha^3)-\frac{\alpha+\beta}{2}(\beta^2-\alpha^2)+\alpha\beta(\beta-\alpha)$

$\displaystyle=\frac{\beta-\alpha}{6}\{2(\beta^2+\beta\alpha+\alpha^2)-3(\beta+\alpha)^2+6\alpha\beta\}=\frac{\beta-\alpha}{6}(-1)(\beta^2-2\beta\alpha+\alpha^2)=\boldsymbol{-\frac{1}{6}(\beta-\alpha)^3}$

(2) $x^3+3x$ は奇数次の項の和なので $\displaystyle\int_{-2}^{2}(x^3+3x)dx=0$

$x^2-4$ は偶数次の項の和なので $\displaystyle\int_{-2}^{2}(x^2-4)dx=2\int_{0}^{2}(x^2-4)dx$

よって $\displaystyle(\text{与式})=2\int_{0}^{2}(x^2-4)dx=2\left[\frac{1}{3}x^3-4x\right]_{0}^{2}=2\cdot\left(-\frac{16}{3}\right)=\boldsymbol{-\frac{32}{3}}$

(3) $\displaystyle(\text{与式})=\int_{-3}^{1}(x^2+3x+1)dx+\int_{1}^{3}(x^2+3x+1)dx$ ← $\displaystyle-\int_{3}^{1}\square dx=\int_{1}^{3}\square dx$

$\displaystyle=\int_{-3}^{3}(x^2+3x+1)dx=2\int_{0}^{3}(x^2+1)dx=2\left[\frac{1}{3}x^3+x\right]_{0}^{3}=\boldsymbol{24}$ ← $x^2+1$ は偶数次, $3x$ は奇数次である.

《積分の公式Ⅱ》 $\displaystyle\int_{a}^{a}f(x)dx=0$　$\displaystyle\int_{a}^{b}f(x)dx=-\int_{b}^{a}f(x)dx$

$\displaystyle\int_{a}^{b}f(x)dx+\int_{b}^{c}f(x)dx=\int_{a}^{c}f(x)dx$

$\displaystyle\int_{-\alpha}^{\alpha}x^{2n-1}dx=0$　$\displaystyle\int_{-\alpha}^{\alpha}x^{2n}dx=2\int_{0}^{\alpha}x^{2n}dx\cdots(*)$　（$n$ は正の整数）

**Assist**

$(*)$の証明：$\displaystyle\int_{-\alpha}^{\alpha}x^{2n-1}dx=\left[\frac{1}{2n}x^{2n}\right]_{-\alpha}^{\alpha}=\frac{1}{2n}\{\alpha^{2n}-(-\alpha)^{2n}\}=\frac{1}{2n}(\alpha^{2n}-\alpha^{2n})=0$

$\displaystyle\int_{-\alpha}^{\alpha}x^{2n}dx=\left[\frac{1}{2n+1}x^{2n+1}\right]_{-\alpha}^{\alpha}=\frac{1}{2n+1}\{\alpha^{2n+1}-(-\alpha)^{2n+1}\}=\frac{1}{2n+1}(\alpha^{2n+1}+\alpha^{2n+1})$

$\displaystyle=2\left(\frac{1}{2n+1}\alpha^{2n+1}\right)=2\left[\frac{1}{2n+1}x^{2n+1}\right]_{0}^{\alpha}=2\int_{0}^{\alpha}x^{2n}dx$

**シェーマ**

$\displaystyle\int_{-\alpha}^{\alpha}f(x)dx$ ⟫ **$f(x)$ を偶数次の項と奇数次の項に分ける**

**復習 080** 次の定積分を計算せよ.

(1) $\displaystyle\int_{-2}^{2}(-3x^3-3x^2+6x-5)dx$　(2) $\displaystyle\int_{-2}^{1}(x^2-5x+2)dx-\int_{-2}^{0}(x^2-5x+2)dx$

## 例題 081 定積分で表された関数

(1) 関数 $f(x)$ が等式 $f(x)=2x+\int_0^2 f(t)dt$ をみたすとき，$f(x)$ を求めよ.

(2) 関数 $f(x)$ が等式 $\int_a^x f(t)dt=x^2-ax+a+9$ をみたすとき，$f(x)$ を求めよ.

解 (1) $\int_0^2 f(t)dt$ は定数であるから $\int_0^2 f(t)dt=A$ ($A$は定数)…①とおくと

$$f(x)=2x+A$$

ここで $x$ を $t$ に変えて①に代入すると

$$A=\int_0^2 f(t)dt=\int_0^2 (2t+A)dt=\left[t^2+At\right]_0^2=4+2A$$

$$\therefore\ A=4+2A \quad \therefore\ A=-4$$

よって **$f(x)=2x-4$**

(2) $$\int_a^x f(t)dt=x^2-ax+a+9 \cdots ①$$

①の両辺を $x$ で微分すると

$$f(x)=2x-a$$

また，①の両辺に $x=a$ を代入すると　$a+9=0$　$\therefore\ a=-9$　←｜$\int_a^a f(t)dt=0$ より.

よって **$f(x)=2x+9$**

《微分と積分の関係》 $\left\{\int_a^x f(t)dt\right\}'=f(x)$ (ただし，$f(t)$ は $x$ を含まない)

### Assist

(証明)　$f(x)$ の不定積分の1つを $F(x)$ とする．つまり　$F'(x)=f(x)$

このとき $\int_a^x f(t)dt=\left[F(t)\right]_a^x=F(x)-F(a)$ であるから

$$\left\{\int_a^x f(t)dt\right\}'=\{F(x)-F(a)\}'=F'(x)=f(x)$$

### シェーマ

$\int_a^b$ $\boxed{t\text{の式}}$ $dt$ を含む式 ⋙ この定積分は定数なので「$=A$」とおく

$\int_a^x$ $\boxed{t\text{の式}}$ $dt$ を含む式 ⋙ 式の両辺を $x$ で微分 (and) $x=a$ を代入

### 復習 081

(1) 関数 $f(x)$ が等式 $f(x)=4x+\int_{-2}^1 tf(t)dt$ をみたすとき，$f(x)$ を求めよ.

(2) 関数 $f(x)$ が等式 $\int_2^x f(t)dt=2x^3-a^2x^2-8x+4a-1$ をみたすとき，$f(x)$ を求めよ.

## 例題 082 面積①

次の曲線や直線で囲まれた図形の面積を求めよ．

(1) $y=x^2$，$x$ 軸，$x=2$

(2) $y=x^2$，$y=x$，$x=2$

解 (1) $(\text{面積})=\int_0^2 x^2dx=\left[\frac{1}{3}x^3\right]_0^2=\mathbf{\frac{8}{3}}$

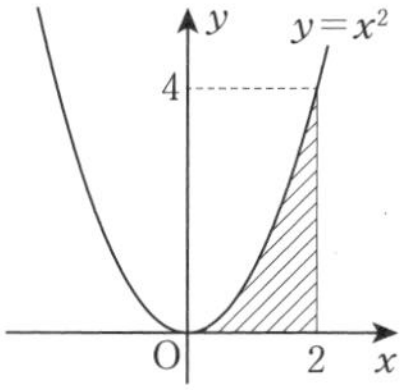


(2) 放物線 $y=x^2$ と直線 $y=x$ の交点は　(0, 0)，(1, 1)

よって，図より

$$(\text{面積})=\int_0^1(x-x^2)dx+\int_1^2(x^2-x)dx$$

$$=\left[\frac{1}{2}x^2-\frac{1}{3}x^3\right]_0^1+\left[\frac{1}{3}x^3-\frac{1}{2}x^2\right]_1^2$$

$$=\frac{1}{6}+\frac{5}{6}=\mathbf{1}$$

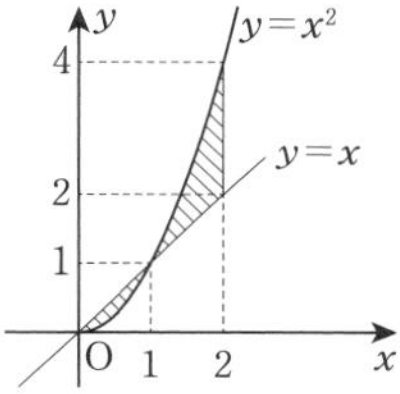


《面積の公式》

(i) **$a\leqq x\leqq b$ において $f(x)\geqq 0$ とする．曲線 $y=f(x)$ と $x$ 軸および 2 直線 $x=a$，$x=b$ で囲まれた図形の面積 $S$ は**

$$S=\int_a^b f(x)dx$$

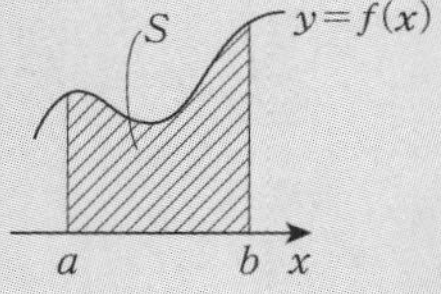


(ii) **$a\leqq x\leqq b$ において $f(x)\geqq g(x)$ とする．曲線 $y=f(x)$ と $y=g(x)$ および 2 直線 $x=a$，$x=b$ で囲まれた図形の面積 $S$ は**

$$S=\int_a^b\{f(x)-g(x)\}dx$$

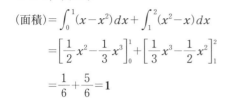

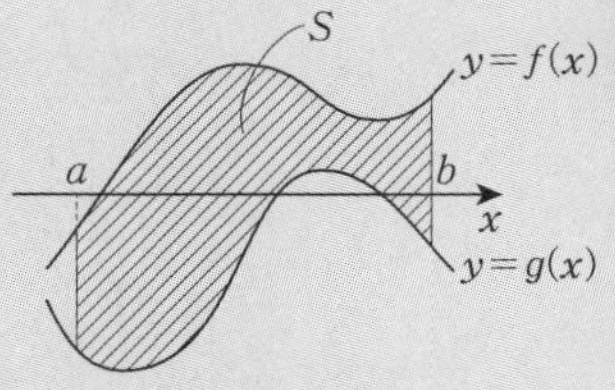


シェーマ

**囲まれた図形の面積 ⟫ 「上」から「下」を引いて，囲まれた区間で積分**

**復習 | 082**　次の曲線や直線で囲まれた図形の面積を求めよ．

(1) $y=-x^2+2x-1$，$x$ 軸，$x=-3$

(2) $y=x^2$ $(x\geqq 1)$，$y=-x^2+4x+6$，$x=1$，$x=4$

TRIAL 曲線 $y^2=9x$，$y$ 軸，直線 $y=3$ で囲まれた図形の面積を求めよ．

## 例題 083 絶対値を含む積分

次の定積分を計算せよ．ただし，$a$ は正の定数とする．

(1) $\displaystyle\int_0^3 |x-1|\,dx$　　(2) $\displaystyle\int_1^3 |x(x-2)|\,dx$　　(3) $\displaystyle\int_0^a |x-1|\,dx$

**解** (1) $\displaystyle\int_0^3 |x-1|\,dx=\int_0^1\{-(x-1)\}dx+\int_1^3(x-1)dx$

$$=-\left[\frac{1}{2}x^2-x\right]_0^1+\left[\frac{1}{2}x^2-x\right]_1^3=\boldsymbol{\frac{5}{2}}$$

← $|x-1|=\begin{cases}x-1\cdots x\geqq 1\\ -(x-1)\cdots x\leqq 1\end{cases}$

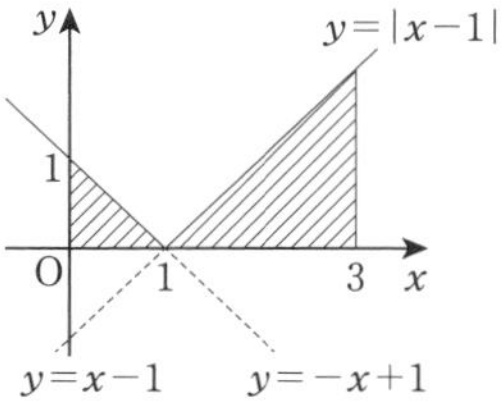


(2) 関数 $y=|x(x-2)|$ は $\begin{cases}x\leqq 0,\ 2\leqq x \text{ のとき } y=x(x-2)\\ 0\leqq x\leqq 2 \text{ のとき } y=-x(x-2)\end{cases}$

$$\int_1^3 |x(x-2)|\,dx=\int_1^2\{-x(x-2)\}dx+\int_2^3 x(x-2)dx$$

$$=\int_1^2(-x^2+2x)dx+\int_2^3(x^2-2x)dx$$

$$=\left[-\frac{1}{3}x^3+x^2\right]_1^2+\left[\frac{1}{3}x^3-x^2\right]_2^3=\boldsymbol{2}$$

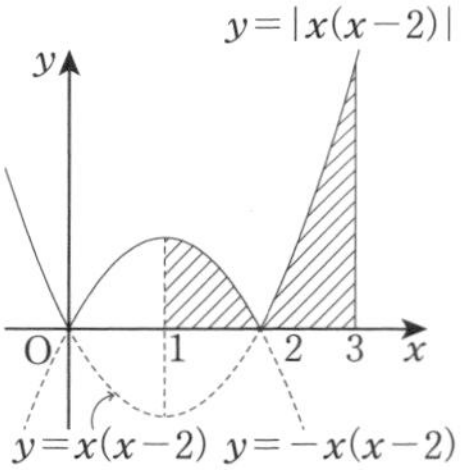


(3) (i) $0<a\leqq 1$ のとき

$$\int_0^a |x-1|\,dx=\int_0^a\{-(x-1)\}dx$$

$$=-\left[\frac{1}{2}x^2-x\right]_0^a=\boldsymbol{-\frac{1}{2}a^2+a}$$

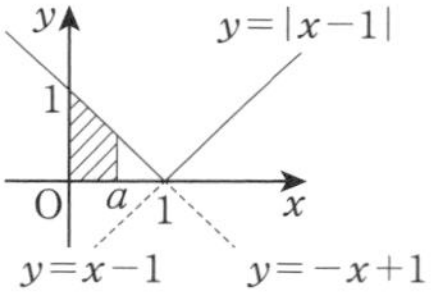


(ii) $a>1$ のとき

$$\int_0^a |x-1|\,dx=\int_0^1\{-(x-1)\}dx+\int_1^a(x-1)dx$$

$$=-\left[\frac{1}{2}x^2-x\right]_0^1+\left[\frac{1}{2}x^2-x\right]_1^a$$

$$=\boldsymbol{\frac{1}{2}a^2-a+1}$$

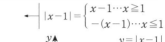

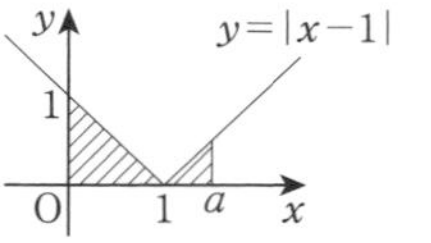


**Assist** 1° 問題の定積分はそれぞれ図の斜線部分の面積を表している．つまり，

$|f(x)|\geqq 0$ であるから，定積分 $\displaystyle\int_a^b |f(x)|\,dx$ $(a<b)$ は，曲線 $y=|f(x)|$ $(a\leqq x\leqq b)$，$x$ 軸，2 直線 $x=a$，$x=b$ で囲まれた部分の面積を表している．

**2°** (3)の(i)，(ii)の場合分けにおいて，(i)の方を $0<a<1$，(ii)の方を $a\geqq 1$，あるいは，(i)の方を $0<a\leqq 1$，(ii)の方を $a\geqq 1$ としてもよい．

**シェーマ**

**$\displaystyle\int_a^b |\quad|\,dx$ ⟫ $a\leqq x\leqq b$ で $|\quad|$ 内の符号が変われば積分を分ける**

**復習 | 083** 次の定積分を計算せよ．ただし，$a$ は実数の定数とする．

(1) $\displaystyle\int_{-3}^1 |x+2|\,dx$　　(2) $\displaystyle\int_0^2 |(x-1)(x-2)|\,dx$　　(3) $\displaystyle\int_0^3 |x-a|\,dx$

## 例題 084 面積②

次の曲線や直線で囲まれた図形の面積を求めよ．

(1) $y=x^2$，$y=x+2$

(2) $y=x^2+2$，$y=-x^2+x+3$

(3) 曲線 $y=x^3-x$ と，これを $x$ 軸方向に $+1$ だけ平行移動した曲線

**解** (1) $y=x^2$ と $y=x+2$ を連立して，$y$ を消去すると

$$x^2=x+2 \quad \therefore\ (x-2)(x+1)=0 \quad \therefore\ x=-1,\ 2$$

$$(\text{面積})=\int_{-1}^{2}\{(x+2)-x^2\}dx=\int_{-1}^{2}(-1)(x-2)(x+1)\,dx$$

$$=(-1)\left(-\frac{1}{6}\right)\{2-(-1)\}^3=\mathbf{\frac{9}{2}}$$

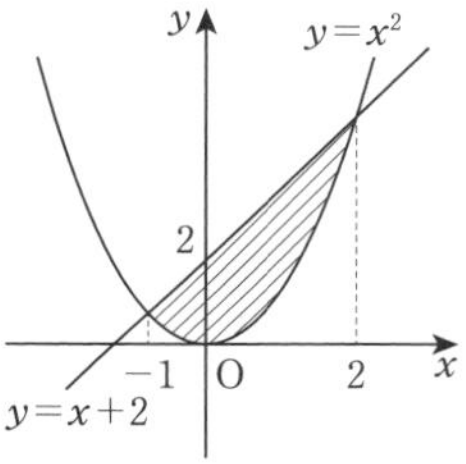


(2) $y=x^2+2$ と $y=-x^2+x+3$ を連立して，$y$ を消去すると

$$x^2+2=-x^2+x+3 \quad \therefore\ (2x+1)(x-1)=0 \quad \therefore\ x=-\frac{1}{2},\ 1$$

$$(\text{面積})=\int_{-\frac{1}{2}}^{1}\{(-x^2+x+3)-(x^2+2)\}dx$$

$$=\int_{-\frac{1}{2}}^{1}(-2)\left(x+\frac{1}{2}\right)(x-1)\,dx=(-2)\left(-\frac{1}{6}\right)\left\{1-\left(-\frac{1}{2}\right)\right\}^3=\mathbf{\frac{9}{8}}$$

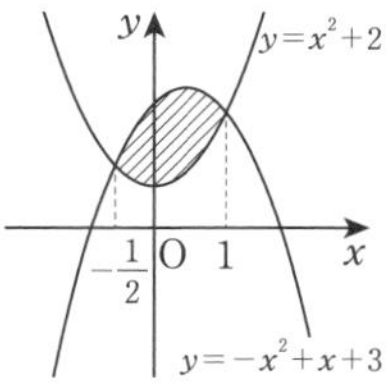


(3) 曲線 $y=x^3-x$ を $x$ 軸方向に $+1$ だけ平行移動した曲線は

$$y=(x-1)^3-(x-1) \quad \therefore\ y=x^3-3x^2+2x$$

$y=x^3-x$ と $y=x^3-3x^2+2x$ を連立して，$y$ を消去すると

$$x^3-x=x^3-3x^2+2x \quad \therefore\ 3x(x-1)=0 \quad \therefore\ x=0,\ 1$$

$$(\text{面積})=\int_{0}^{1}\{(x^3-3x^2+2x)-(x^3-x)\}dx$$

$$=\int_{0}^{1}(-3)x(x-1)\,dx=3\cdot\frac{(1-0)^3}{6}=\mathbf{\frac{1}{2}}$$

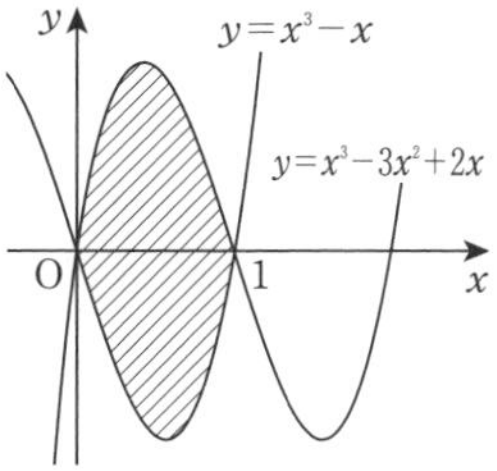


《積分の公式Ⅲ》 $\displaystyle\int_{\alpha}^{\beta}(x-\alpha)(x-\beta)\,dx=-\frac{(\beta-\alpha)^3}{6}$

### シェーマ

**放物線と直線（または放物線）で囲まれた部分の面積** ⋙ **$\displaystyle\int_{\alpha}^{\beta}(x-\alpha)(x-\beta)dx=-\frac{1}{6}(\beta-\alpha)^3$ を用いる**

**復習 | 084** 次の曲線や直線で囲まれた図形の面積を求めよ．

(1) $y=-x^2+2x-2$，$y=4x-5$　(2) $y=2x^2+x+4$，$y=-x^2+6x+6$

(3) 曲線 $y=x^3+x^2-x$ と，これを $x$ 軸方向に $-2$ だけ平行移動した曲線

# 例題 085 面積の変化

(1) 曲線 $y=x^2-x-1$ と点 $(0, 3)$ を通り，傾き $m$ の直線で囲まれた図形の面積 $S$ の最小値を求めよ.

(2) 放物線 $y=x^2+1$ の任意の接線と放物線 $y=x^2$ で囲まれた図形の面積 $S$ は一定であることを示せ.

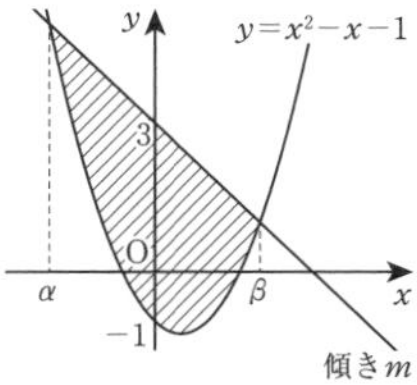


解 (1) 点 $(0, 3)$ を通り，傾き $m$ の直線は，$y=mx+3$ と表される．これと $y=x^2-x-1$ を連立して，$y$ を消去すると

$$x^2-x-1=mx+3 \quad \therefore\ x^2-(m+1)x-4=0 \cdots ①$$

①の判別式を $D$ とすると $D=(m+1)^2-4\cdot(-4)>0$ より，つねに異なる2点で交わる．①の2解を $\alpha$, $\beta\ (\alpha<\beta)$ とすると

$$S=\int_\alpha^\beta \{(mx+3)-(x^2-x-1)\}dx=\int_\alpha^\beta (-1)(x-\alpha)(x-\beta)dx=\frac{1}{6}(\beta-\alpha)^3$$

ここで，$\alpha$, $\beta$ は①の2解なので $\alpha=\dfrac{m+1-\sqrt{D}}{2}$，$\beta=\dfrac{m+1+\sqrt{D}}{2}$ $\therefore\ \beta-\alpha=\sqrt{D}$ であるから $S=\dfrac{1}{6}(\sqrt{D})^3=\dfrac{1}{6}\{(m+1)^2+16\}^{\frac{3}{2}}$

よって，$m=-1$ のとき　面積の最小値 $\dfrac{1}{6}\cdot 16^{\frac{3}{2}}=\mathbf{\dfrac{32}{3}}$

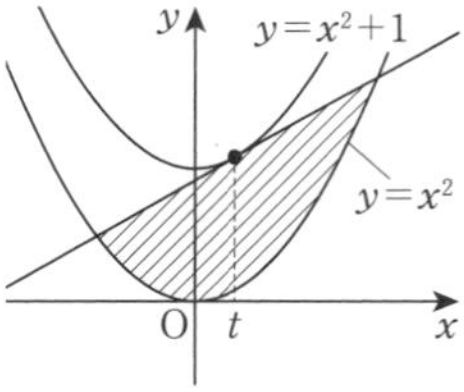


(2) 放物線 $y=x^2+1$ の任意の接線は，接点を $(t, t^2+1)$ とすると，

$$y=2t(x-t)+t^2+1 \quad \therefore\ y=2tx-t^2+1$$

と表せる．これと $y=x^2$ を連立して $y$ を消去すると

$$x^2=2tx-t^2+1 \quad \therefore\ x^2-2tx+t^2-1=0$$

この2解を $\alpha$, $\beta\ (\alpha<\beta)$ とすると

$$S=\int_\alpha^\beta \{(2tx-t^2+1)-x^2\}dx=\int_\alpha^\beta (-1)(x-\alpha)(x-\beta)dx=(-1)\left(-\frac{1}{6}\right)(\beta-\alpha)^3$$

$$=\frac{(\beta-\alpha)^3}{6}=\frac{1}{6}\{(\beta-\alpha)^2\}^{\frac{3}{2}}=\frac{1}{6}\{(\alpha+\beta)^2-4\alpha\beta\}^{\frac{3}{2}}$$

ここで，解と係数の関係を用いると，$\alpha+\beta=2t$，$\alpha\beta=t^2-1$ であるから

$$S=\frac{1}{6}\left\{(2t)^2-4(t^2-1)\right\}^{\frac{3}{2}}=\frac{1}{6}\cdot 4^{\frac{3}{2}}=\frac{4}{3} \quad (\text{一定})$$

終

**Assist**

(1)は(2)のように解と係数の関係を用いてもよいし，(2)は(1)のように解の公式を用いてもよい.

**シェーマ**

**放物線と直線(または放物線)で囲まれた部分の面積** ⇒ **2交点の $x$ 座標 $\alpha$，$\beta$ で $\int_\alpha^\beta a(x-\alpha)(x-\beta)dx$ の形で表す**

**復習 | 085** 放物線 $y=x^2$ 上に2点P，Qがある．PQ=1であるとき，線分PQと放物線 $y=x^2$ で囲まれる部分の面積の最大値を求めよ.

## 例題 086 面積③

2つの放物線$C_1$:$y=x^2$，$C_2$:$y=x^2-4x+8$に共通な接線を$l$とし，$C_1$，$C_2$との接点をそれぞれ$P_1$，$P_2$とする．

(1) $P_1$，$P_2$の座標を求めよ．

(2) 2つの放物線$C_1$，$C_2$と直線$l$で囲まれた図形の面積を求めよ．

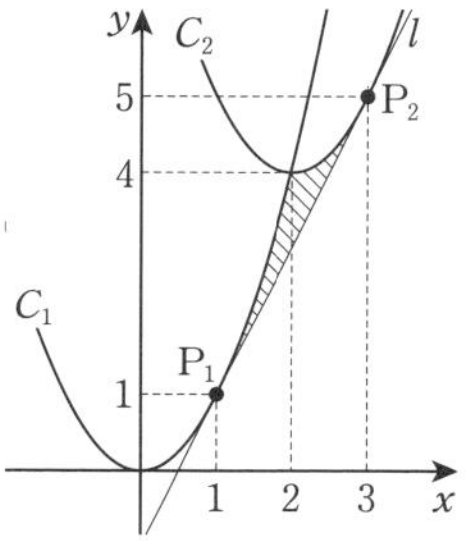


**解** (1) $f(x)=x^2$，$g(x)=x^2-4x+8$とおくと

$P_1(t, t^2)$における接線の方程式は，$f'(x)=2x$より

$$y=2t(x-t)+t^2 \quad \therefore \ y=2tx-t^2 \cdots ①$$

$P_2(u, u^2-4u+8)$における接線の方程式は，$g'(x)=2x-4$より

$$y=(2u-4)(x-u)+u^2-4u+8$$

$$\therefore \ y=(2u-4)x-u^2+8 \cdots ②$$

共通な接線をもつのは，①と②が一致するときで

$$\begin{cases} 2t=2u-4 \\ -t^2=-u^2+8 \end{cases} \quad \therefore \ \begin{cases} t=u-2 \\ t^2=u^2-8 \end{cases}$$

よって　$(u-2)^2=u^2-8$　$\therefore \ u=3$　$\therefore \ t=1$　　したがって　$\mathbf{P_1(1, 1)}$，$\mathbf{P_2(3, 5)}$

(2) 共通な接線$l$の方程式は，(1)より　$y=2x-1$

また，放物線$C_1$，$C_2$の交点の$x$座標は

$$f(x)=g(x) \quad \therefore \ x^2=x^2-4x+8 \quad \therefore \ x=2$$

$$(\text{面積})=\int_1^2\{x^2-(2x-1)\}dx+\int_2^3\{(x^2-4x+8)-(2x-1)\}dx$$

$$=\int_1^2(x-1)^2dx+\int_2^3(x-3)^2dx=\left[\frac{1}{3}(x-1)^3\right]_1^2+\left[\frac{1}{3}(x-3)^3\right]_2^3=\frac{1}{3}+\frac{1}{3}=\mathbf{\frac{2}{3}}$$

### Assist

$$\int(x+\alpha)^2dx=\int(x^2+2\alpha x+\alpha^2)dx=\frac{1}{3}x^3+\alpha x^2+\alpha^2x+C=\frac{1}{3}(x+\alpha)^3+D$$

($C$，$D$は積分定数）であるから，$\displaystyle\int_a^b(x+\alpha)^2dx=\left[\frac{1}{3}(x+\alpha)^3\right]_a^b=\frac{1}{3}(b+\alpha)^3-\frac{1}{3}(a+\alpha)^3$

と計算してよい．同様に，$\displaystyle\int(x+\alpha)^n dx=\frac{1}{n+1}(x+\alpha)^{n+1}+C$（$C$は積分定数）が成り立つ．

### シェーマ

**放物線と接線の間の面積$S$** ⋙ **$S=\displaystyle\int_{\triangle}^{\square}a(x-\alpha)^2dx$の形になる**

### 復習 | 086

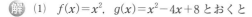

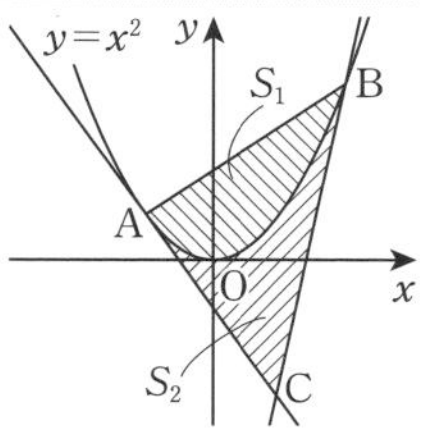


放物線$y=x^2$上の点$A(\alpha, \alpha^2)$，$B(\beta, \beta^2)$ $(\alpha<\beta)$における接線の交点を$C(\gamma, \delta)$とする．図のような領域の面積を$S_1$，$S_2$とする．

(1) $\gamma=\dfrac{\alpha+\beta}{2}$を示せ．　　(2) $S_1:S_2$を求めよ．

## 例題 087　3次関数のグラフと接線で囲まれた部分の面積

$f(x)=x^3-3x^2-9x+4$ とする.

(1)　$y=f(x)$ 上の点 $(2,\ -18)$ における接線の方程式を求め，この接線が $y=f(x)$ と交わる点の座標を求めよ.

(2)　$y=f(x)$ と(1)で求めた接線で囲まれた図形の面積を求めよ.

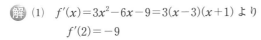

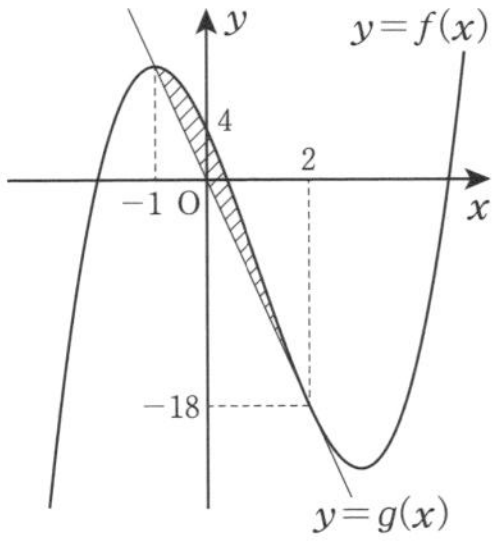


解 (1)　$f'(x)=3x^2-6x-9=3(x-3)(x+1)$ より

$$f'(2)=-9$$

よって，点 $(2,\ -18)$ における接線の方程式は

$$y=-9(x-2)-18 \quad \therefore\ \boldsymbol{y=-9x}$$

ここで，$g(x)=-9x$ とおくと

$$f(x)=g(x) \Leftrightarrow x^3-3x^2+4=0$$
$$\Leftrightarrow (x-2)(x^2-x-2)=0 \Leftrightarrow (x-2)^2(x+1)=0$$
$$\Leftrightarrow x=2,\ -1$$

よって，$y=f(x)$ と $y=g(x)$ は $x=2$ で接し，$x=-1$ で交わる.

したがって，交わる点は　$\boldsymbol{(-1,\ 9)}$

(2)　$-1\leqq x\leqq 2$ のとき，$f(x)\geqq g(x)$ であるから　←$f(x)-g(x)=(x+1)(x-2)^2$

$$(\text{面積})=\int_{-1}^{2}\{f(x)-g(x)\}dx=\int_{-1}^{2}(x^3-3x^2+4)dx=\left[\frac{1}{4}x^4-x^3+4x\right]_{-1}^{2}$$
$$=\left(\frac{1}{4}\cdot 2^4-2^3+4\cdot 2\right)-\left(\frac{1}{4}(-1)^4-(-1)^3+4(-1)\right)=\boldsymbol{\frac{27}{4}}$$

**Assist**　例題 086 Assist にある積分の方法を用いると整理されて計算できる.

$$(\text{面積})=\int_{-1}^{2}\{f(x)-g(x)\}dx=\int_{-1}^{2}(x+1)(x-2)^2dx$$
$$=\int_{-1}^{2}\{(x-2)+3\}(x-2)^2dx=\int_{-1}^{2}\{(x-2)^3+3(x-2)^2\}dx$$
$$=\left[\frac{1}{4}(x-2)^4+\frac{1}{3}\cdot 3(x-2)^3\right]_{-1}^{2}=-\frac{1}{4}(-3)^4-(-3)^3=\frac{27}{4}$$

**シェーマ**

**3次関数のグラフと接線で囲まれた図形の面積 $S$** ⇒ $S=\int_{\alpha}^{\beta}a(x-\alpha)(x-\beta)^2dx$ **の形になる**

$\left(\text{or}\ S=\int_{\alpha}^{\beta}a(x-\alpha)^2(x-\beta)dx\right)$

**復習 | 087**　$f(x)=x^3+ax$ ($a$ は定数) とする.

(1)　$y=f(x)$ 上の点 $(t,\ t^3+at)$ における接線の方程式を求め，この接線が $y=f(x)$ と交わる点の座標を $a$，$t$ で表せ. ただし，$t\neq 0$ とする.

(2)　$y=f(x)$ と(1)で求めた接線で囲まれた図形の面積を $t$ で表せ.

## 例題 088 等差数列

第 3 項が 31，第 12 項が $-5$ である等差数列 $\{a_n\}$ がある．

(1) この数列の一般項を求めよ．

(2) この数列の初項から第 $n$ 項までの和 $S_n$ の最大値とそのときの $n$ の値を求めよ．

**解** (1) $\{a_n\}$ の初項を $a$，公差を $d$ とおくと

$$\begin{cases} a_3 = a + 2d = 31 \\ a_{12} = a + 11d = -5 \end{cases} \quad \therefore\ a = 39,\ d = -4$$

よって　$\boldsymbol{a_n = 39 + (n-1)(-4) = -4n + 43}$

(2) $a_n > 0$ を解くと　$n < \dfrac{43}{4}\ (=10.75)$

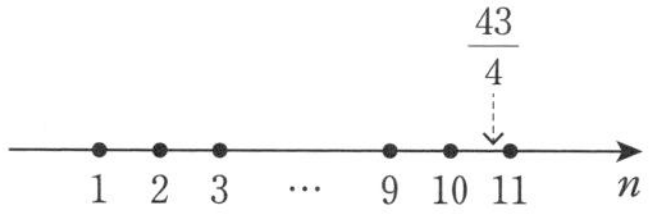


$n$ は自然数だから

$$a_n > 0 \Leftrightarrow n \leqq 10$$

同様にして

$$a_n < 0 \Leftrightarrow n \geqq 11$$

← $a_n = 0$ となる $n$ は存在しない．

以上より，$S_n$ は $\boldsymbol{n=10}$ のとき最大となり，最大値は

← 正の項をすべて足したときが最大．

$$S_{10} = \frac{1}{2}\cdot 10\{2\cdot 39 + (10-1)(-4)\} = \mathbf{210}$$

**Assist**

$S_n = \dfrac{n}{2}\{39 + (-4n+43)\} = -2n^2 + 41n = -2\left(n - \dfrac{41}{4}\right)^2 + \dfrac{41^2}{8}$ であるから，自然数 $n$ が $\dfrac{41}{4}$ に最も近い 10 のときに $S_n$ は最大になる，と考えてもよい．

《等差数列の一般項と和》

初項を $a$，公差を $d$，一般項を $a_n$，第 $n$ 項までの和を $S_n$ とすると

$$a_n = a + (n-1)d \qquad S_n = \frac{1}{2}n(a_1 + a_n) = \frac{1}{2}n\{2a + (n-1)d\}$$

**シェーマ**

**等差数列** ⟫ **初項を $a$，公差を $d$ とおく**

**等差数列 $\{a_n\}$ の和の最大・最小** ⟫ **$a_n > 0$，$(a_n = 0)$，$a_n < 0$ となる $n$ に着目**

**復習 088**　等差数列 $\{a_n\}$ が $a_2 + a_4 + a_6 = 453$，$a_3 + a_7 = 296$ をみたしているとき，次の問いに答えよ．

(1) 一般項 $a_n$ を求めよ．

(2) 初項から第 $n$ 項までの和を $S_n$ とする．$S_n$ の最大値とそのときの $n$ の値を求めよ．

**TRIAL**　**復習 088** において，$S_n$ の絶対値 $|S_n|$ の最小値とそのときの $n$ の値を求めよ．

## 例題 089 等比数列

(1) 初項が 3，公比が 2，末項が 768 の等比数列の和を求めよ．

(2) 等比数列 $\{a_n\}$ において初項から第 $n$ 項までの和を $S_n$ とする．$S_2=-10$, $S_6=-910$ であるとき，数列 $\{a_n\}$ の一般項を求めよ．ただし，$a_1>0$ とする．

**解** (1) 末項を第 $n$ 項とすると　$a_n=3\cdot 2^{n-1}=768$　$\therefore\ 2^{n-1}=256=2^8$　$\therefore\ n=9$

よって，求める和は第 9 項までの和で，これを $S_9$ とすると

$$S_9=\frac{3(2^9-1)}{2-1}=3\cdot 511=\mathbf{1533}$$

(2)　　$S_2=-10\cdots①$，$S_6=-910\cdots②$

$\{a_n\}$ の初項を $a$，公比を $r$ とする．$r=1$ とすると，$\{a_n\}$ の各項はすべて $a$ に等しく，$S_2=2a$，$S_6=6a$ となり，①，②をみたさない．よって，$r\neq 1$．このとき，①，②より

$$\frac{a(r^2-1)}{r-1}=-10\cdots③,\quad \frac{a(r^6-1)}{r-1}=-910\cdots④$$

ここで，④は $\dfrac{a(r^2-1)(r^4+r^2+1)}{r-1}=-910$ と変形できるので，③を代入すると

$$-10(r^4+r^2+1)=-910$$

$$\therefore\ (r^2)^2+r^2-90=0\quad \therefore\ (r^2+10)(r^2-9)=0$$

$r^2\geqq 0$ より　$r^2=9\cdots⑤$

③に代入して　$\dfrac{8a}{r-1}=-10$　$\therefore\ 4a=5(1-r)\cdots⑥$

ここで，$a=a_1>0$ であるから　$1-r>0$　$\therefore\ r<1$

⑤より　$r=-3$　　⑥より　$a=5$

よって　$\boldsymbol{a_n=5(-3)^{n-1}}$

《等比数列の一般項と和》

初項を $a$，公比を $r$，一般項を $a_n$，第 $n$ 項までの和を $S_n$ とすると

$$a_n=ar^{n-1}\qquad S_n=\begin{cases}\dfrac{a(1-r^n)}{1-r} & (r\neq 1)\\ na & (r=1)\end{cases}$$

シェーマ

**等比数列 ⋙ 初項を $a$，公比を $r$ とおく**

**復習 | 089**　初項から第 $n$ 項までの和が 240，初項から第 $2n$ 項までの和が 300 の等比数列において初項から第 $3n$ 項までの和を求めよ．

**TRIAL**　毎年度初めに $a$ 円ずつ積み立てると，$n$ 年度末には元利合計はいくらになるか．ただし，年利率を $r$，1 年ごとの複利で計算せよ．

## 例題 090 和の計算

次の和を求めよ.

(1) $\sum_{k=1}^{11}(3k+7)$　(2) $\sum_{k=1}^{n}3^{k+1}$　(3) $\sum_{k=0}^{n}(2k+1)(3k+1)$

(4) $2\cdot n+4\cdot(n-1)+6\cdot(n-2)+\cdots\cdots+2n\cdot 1$

解 (1) $\sum_{k=1}^{11}(3k+7)=\frac{1}{2}\cdot 11\{(3\cdot 1+7)+(3\cdot 11+7)\}=\mathbf{275}$　(2) $\sum_{k=1}^{n}3^{k+1}=\frac{3^2(3^n-1)}{3-1}=\mathbf{\frac{1}{2}(3^{n+2}-9)}$

(3) $\sum_{k=0}^{n}(2k+1)(3k+1)=\sum_{k=0}^{n}(6k^2+5k+1)=1+\sum_{k=1}^{n}(6k^2+5k+1)$　← $k=0$ のときを分ける.

$=6\sum_{k=1}^{n}k^2+5\sum_{k=1}^{n}k+\sum_{k=1}^{n}1+1=6\cdot\frac{1}{6}n(n+1)(2n+1)+5\cdot\frac{1}{2}n(n+1)+n+1$

$=\mathbf{\frac{1}{2}(n+1)(4n^2+7n+2)}$

(4) $2\cdot n+4\cdot(n-1)+6\cdot(n-2)+\cdots\cdots+2n\cdot 1=\sum_{k=1}^{n}2k(n-k+1)$　← $k$ 項目が $2k(n-k+1)$

$=\sum_{k=1}^{n}\{-2k^2+2(n+1)k\}=-2\cdot\frac{1}{6}n(n+1)(2n+1)+2(n+1)\cdot\frac{1}{2}n(n+1)$

$=\mathbf{\frac{1}{3}n(n+1)(n+2)}$

### Assist

《Σの定義》 数列 $\{a_n\}$ について第 $m$ 項から第 $n$ 項までの和を $\sum_{k=m}^{n}a_k$ と書く.

($m\leqq n$ とする) つまり $\sum_{k=m}^{n}a_k=a_m+a_{m+1}+a_{m+2}+\cdots\cdots+a_n$

《Σの性質》 $\sum_{k=1}^{n}(a_k+b_k)=\sum_{k=1}^{n}a_k+\sum_{k=1}^{n}b_k$, $\sum_{k=1}^{n}pa_k=p\sum_{k=1}^{n}a_k$ ($p$ は実数)

《Σの公式》

$\sum_{k=1}^{n}c=nc$ ($c$ は実数)　$\sum_{k=1}^{n}k=\frac{1}{2}n(n+1)$　$\sum_{k=1}^{n}k^2=\frac{1}{6}n(n+1)(2n+1)$　$\sum_{k=1}^{n}k^3=\left\{\frac{1}{2}n(n+1)\right\}^2$

### シェーマ

$\sum_{k=\square}^{\triangle}(ak+b)$ の形 ≫ **等差数列の和**

$\sum_{k=\square}^{\triangle}ar^k$ の形 ≫ **等比数列の和**

**復習 | 090** 次の和を求めよ. (1) $\sum_{k=5}^{24}(7k-40)$　(2) $\sum_{k=4}^{12}2^{k-2}$

(3) $\sum_{k=1}^{n}k(k+1)(k+2)$　(4) $1\cdot(n+1)$, $2\cdot(n+2)$, $3\cdot(n+3)$, ……, $n\cdot 2n$

**TRIAL** $50^2-49^2+48^2-47^2+\cdots\cdots+2^2-1^2$ を計算せよ.

## 例題 091 階差数列

(1) 次の数列 $\{a_n\}$ の一般項を求めよ．

1，3，7，13，21，31，43，……

(2) $a_n=pn^2+3n$ で表される数列 $\{a_n\}$ の階差数列が公差2の等差数列であるような定数 $p$ の値を求めよ．

解 (1) 数列 $\{a_n\}$ の階差数列を $\{b_n\}$ とすると，$\{b_n\}$ は

2，4，6，8，10，12，…… となり，$b_n=2n$ である．

| 1 | | 3 | | 7 | | 13 | | 21 | | 31 | | 43 |
|---|---|---|---|---|---|---|---|---|---|---|---|---|
| | 2 | | 4 | | 6 | | 8 | | 10 | | 12 | |

よって，$n \geqq 2$ のとき　$a_n=1+\sum_{k=1}^{n-1}2k=1+2\cdot\frac{1}{2}(n-1)n=n^2-n+1$　←$a_1=1$

これは $n=1$ のときも成り立つ．よって　$\boldsymbol{a_n=n^2-n+1}$

(2) $a_{n+1}-a_n=b_n$ とおくと　$b_n=p(n+1)^2+3(n+1)-(pn^2+3n)=2pn+p+3$ …①

$\{b_n\}$ は公差2の等差数列であるから　$b_{n+1}-b_n=2$

①を代入して　$\{2p(n+1)+p+3\}-(2pn+p+3)=2$　∴ $2p=2$　∴ $\boldsymbol{p=1}$

《階差数列と一般項》 数列 $\{a_n\}$ に対して

$\boldsymbol{a_{n+1}-a_n=b_n}$ $(\boldsymbol{n=1,2,3,\cdots\cdots})$ で定まる数列 $\{\boldsymbol{b_n}\}$ を数列 $\{\boldsymbol{a_n}\}$ の階差数列といい

$$a_n=a_1+\sum_{k=1}^{n-1}b_k \quad (n \geqq 2)$$

### Assist

$a_{k+1}-a_k=b_k$ に対して

$k$ を1，2，3，…，$n-1$ とした式の和をとると

$$a_n-a_1=\sum_{k=1}^{n-1}b_k$$

となる．$n-1 \geqq 1$ より，上の式は $n \geqq 2$ で成立する．

よって，$a_n=a_1+\sum_{k=1}^{n-1}b_k\ (n \geqq 2)$ である．

$a_2-a_1=b_1$
$a_3-a_2=b_2$
$a_4-a_3=b_3$
⋮
$a_n-a_{n-1}=b_{n-1}$

$a_n-a_1=b_1+b_2+b_3+\cdots\cdots+b_{n-1}$

### シェーマ

差に規則性あり ⋙ 階差数列を作る

**復習 | 091** 次の数列 $\{a_n\}$ の一般項を求めよ．

(1) 1，3，7，15，31，63，……

(2) 1，−1，−2，−6，−1，−23，36，……

TRIAL 次の3つの条件によって定まる数列 $\{a_n\}$，$\{b_n\}$ の一般項を求めよ．

(i) $a_1=3$，$b_1=1$

(ii) 数列 $\{a_n+b_n\}$ の階差数列が初項4，公比3の等比数列である．

(iii) 数列 $\{a_n-b_n\}$ の階差数列が初項6，公差4の等差数列である．

## 例題 092 和の計算の応用①

次の和を求めよ.

(1) $\displaystyle\sum_{k=1}^{n}\frac{1}{k(k+1)}$　(2) $\displaystyle\sum_{k=1}^{n}\frac{1}{k(k+2)}$　(3) $\displaystyle\sum_{k=11}^{42}\frac{1}{\sqrt{3k-1}+\sqrt{3k+2}}$

解 (1) $\displaystyle\sum_{k=1}^{n}\frac{1}{k(k+1)}=\sum_{k=1}^{n}\left(\frac{1}{k}-\frac{1}{k+1}\right)$

$\displaystyle=\left(\frac{1}{1}-\frac{1}{2}\right)+\left(\frac{1}{2}-\frac{1}{3}\right)+\left(\frac{1}{3}-\frac{1}{4}\right)+\cdots+\left(\frac{1}{n}-\frac{1}{n+1}\right)$

$\displaystyle=1-\frac{1}{n+1}=\boldsymbol{\frac{n}{n+1}}$

← 部分分数に分解する.
$\displaystyle\frac{1}{(k+a)(k+b)}=\frac{1}{b-a}\left(\frac{1}{k+a}-\frac{1}{k+b}\right)$

(2) $\displaystyle\sum_{k=1}^{n}\frac{1}{k(k+2)}=\frac{1}{2}\sum_{k=1}^{n}\left(\frac{1}{k}-\frac{1}{k+2}\right)$

← 部分分数に分解する.

$\displaystyle=\frac{1}{2}\left\{\left(\frac{1}{1}-\frac{1}{3}\right)+\left(\frac{1}{2}-\frac{1}{4}\right)+\left(\frac{1}{3}-\frac{1}{5}\right)+\left(\frac{1}{4}-\frac{1}{6}\right)+\cdots\cdots+\left(\frac{1}{n-1}-\frac{1}{n+1}\right)+\left(\frac{1}{n}-\frac{1}{n+2}\right)\right\}$

$\displaystyle=\frac{1}{2}\left(1+\frac{1}{2}-\frac{1}{n+1}-\frac{1}{n+2}\right)=\boldsymbol{\frac{n(3n+5)}{4(n+1)(n+2)}}$

(3) $\displaystyle\sum_{k=11}^{42}\frac{1}{\sqrt{3k-1}+\sqrt{3k+2}}=\sum_{k=11}^{42}\frac{\sqrt{3k-1}-\sqrt{3k+2}}{(\sqrt{3k-1}+\sqrt{3k+2})(\sqrt{3k-1}-\sqrt{3k+2})}$

$\displaystyle=-\frac{1}{3}\sum_{k=11}^{42}(\sqrt{3k-1}-\sqrt{3k+2})$

$\displaystyle=-\frac{1}{3}\{(\sqrt{32}-\sqrt{35})+(\sqrt{35}-\sqrt{38})+(\sqrt{38}-\sqrt{41})+\cdots\cdots+(\sqrt{125}-\sqrt{128})\}$

$\displaystyle=-\frac{1}{3}(\sqrt{32}-\sqrt{128})=-\frac{1}{3}(4\sqrt{2}-8\sqrt{2})=\boldsymbol{\frac{4\sqrt{2}}{3}}$

**Assist**

(1)は $a_k=\dfrac{1}{k}$，(3)は $a_k=\sqrt{3k-1}$ とおくと $\displaystyle\sum_{k=m}^{n}(a_k-a_{k+1})$ の形になり，たとえば，(1)では，

$\displaystyle\sum_{k=1}^{n}(a_k-a_{k+1})=(a_1-a_2)+(a_2-a_3)+(a_3-a_4)+\cdots\cdots+(a_n-a_{n+1})=a_1-a_{n+1}$ と計算できる.

**シェーマ**

**$a_{k+1}-a_k$ の和（階差数列の和）** ➡ **$\displaystyle\sum_{k=1}^{n}(a_{k+1}-a_k)=a_{n+1}-a_1$ を利用**

**復習 092**　次の和を求めよ.

(1) $\displaystyle\sum_{k=3}^{20}\frac{1}{(3k-1)(3k+2)}$　(2) $\displaystyle\sum_{k=1}^{n}\frac{1}{k(k+3)}$　(3) $\displaystyle\sum_{k=1}^{n}\frac{1}{\sqrt{k+2}+\sqrt{k}}$

**TRIAL** 次の和を求めよ.　(1) $\displaystyle\sum_{k=1}^{n}\frac{1}{k(k+1)(k+2)}$　(2) $\displaystyle\sum_{k=1}^{n}k(k+1)(k+2)(k+3)$

数列

## 例題 093 和の計算の応用②

次の和 $S$ を求めよ.

$$S=\sum_{k=1}^{n}(2k-1)\cdot 3^{k-1}$$

**解** $S=1\cdot 1+3\cdot 3+5\cdot 3^2+\cdots\cdots+(2n-3)\cdot 3^{n-2}+(2n-1)\cdot 3^{n-1}\cdots①$

より

$3S=\quad 1\cdot 3+3\cdot 3^2+5\cdot 3^3+\cdots\cdots\cdots\cdots\cdots\cdots+(2n-3)\cdot 3^{n-1}+(2n-1)\cdot 3^n\cdots②$

①−②より

$$\begin{aligned}-2S&=1+2\cdot 3+2\cdot 3^2+\cdots\cdots+2\cdot 3^{n-1}-(2n-1)\cdot 3^n\\&=2(1+3+3^2+\cdots\cdots+3^{n-1})-1-(2n-1)\cdot 3^n\\&=2\cdot\frac{3^n-1}{3-1}-1-(2n-1)\cdot 3^n\\&=3^n-2-(2n-1)\cdot 3^n=-2(n-1)\cdot 3^n-2\end{aligned}$$

← $S-3S$ を計算.

$\therefore$ $\boldsymbol{S=(n-1)\cdot 3^n+1}$

### Assist

$S=1\cdot 1+3\cdot 3+5\cdot 3^2+\cdots\cdots+(2n-3)\cdot 3^{n-2}+(2n-1)\cdot 3^{n-1}$ において

各項の前半が 1, 3, 5, ……, $2n-3$, $2n-1$ と等差数列

各項の後半が 1, 3, $3^2$, ……, $3^{n-2}$, $3^{n-1}$ と公比 3 の等比数列

であるから, $S$ は $\sum_{k=1}^{n}\{(\text{等差数列})\times(\text{等比数列})\}$ の形をしており, 3 をかけて差をとることによって $S$ が求まる.

### シェーマ

**$S$ が (等差数列)×(等比数列) の和 ⇒ $S-rS$ を計算**
**(ただし, $r$ は「等比数列」の公比)**

### 復習 | 093

$r$ は定数とする. 次の和 $S$ を求めよ.

$$S=\sum_{k=1}^{n}kr^{k-1}$$

**TRIAL** 1, 2, 3, ……, $n$ の中から異なる 2 数を取り出して, その積を作る. それらの積の総和 $S_n$ を求めよ.

## 例題 094 群数列

3で割って1余る自然数の列を次のように群に分ける．ただし，第 $n$ 群には $2^{n-1}$ 個の数が入るものとする．

$$1|4,\ 7|10,\ 13,\ 16,\ 19|22,\ 25,\ \cdots\cdots,\ 43|\cdots\cdots$$

(1) 第 $n$ 群の末項（最後の項）を求めよ．　(2) 第 $n$ 群の総和 $S$ を求めよ．

(3) 4000 は第何群の第何番目の数であるかを求めよ．

**解** (1) 第 $n$ 群の項数は $2^{n-1}$ だから，第 $n$ 群の末項は一番はじめから数えると

$1+2+2^2+2^3+\cdots\cdots+2^{n-1}=\dfrac{1(2^n-1)}{2-1}=2^n-1$ より，$2^n-1$ 番目である．

一方，もとの数列 1，4，7，10，13，$\cdots\cdots$ の $k$ 項目は $1+(k-1)\cdot3=3k-2$ であるから，第 $n$ 群の末項は，$k=2^n-1$ を代入して，$3(2^n-1)-2=\mathbf{3\cdot2^n-5}$ となる．

← $a_k=3k-2$ とおくと第 $n$ 群の末項は $a_{2^n-1}$

(2) 第 $n$ 群は，(1)より，初項が $(3\cdot2^{n-1}-5)+3=3\cdot2^{n-1}-2$（$n=1$ でも成り立つ），項数が $2^{n-1}$ の等差数列であるから　$S=\dfrac{2^{n-1}\{(3\cdot2^{n-1}-2)+(3\cdot2^n-5)\}}{2}=\mathbf{9\cdot2^{2n-3}-7\cdot2^{n-2}}$

(3) 4000 が第 $n$ 群にあるとすると，(1)より

$3\cdot2^{n-1}-5<4000\leqq3\cdot2^n-5$　$\therefore\ 3\cdot2^{n-1}<4005\leqq3\cdot2^n$

$\therefore\ 2^{n-1}<1335\leqq2^n\cdots$①　ここで，$2^{10}=1024$，$2^{11}=2048$

第 $n-1$ 群　第 $n$ 群
|$\cdots\cdots$□|$\cdots\cdots$ 4000 $\cdots\cdots$□|
↑ $3\cdot2^{n-1}-5$　↑ $3\cdot2^n-5$

であるから，①をみたす自然数 $n$ は 11．つまり 4000 は第 11 群．第 10 群の末項は

$3\cdot2^{10}-5=3067$ であり，$\dfrac{4000-3067}{3}=311$ より，4000 は**第 11 群の第 311 番目**である．

**Assist**　群数列においては，各群の末項までの（先頭から数えた）項数に着目する．

第1群 第2群　第3群　第4群　第 $n$ 群
[1] |4, [7] |10, 13, 16, [19] |22, 25, …, [43] |…… |………………[□]|
1個　$2^1$ 個　$2^2$ 個　$2^3$ 個　…　$2^{n-1}$ 個
$1+2+2^2=$ 7番目　$1+2+2^2+2^3=$ 15番目 $\cdots1+2+\cdots\cdots+2^{n-1}=$ $2^n-1$ 番目

**シェーマ**　群数列 ≫ 第 $n$ 群の末項までの項数に注目

**復習 | 094**　正の奇数の列を次のように群に分ける．ただし，第 $n$ 群には $2n$ 個の奇数が入るものとする．　1，3|5，7，9，11|13，15，17，19，21，23|25，27，$\cdots\cdots$

(1) 第 $n$ 群の総和を求めよ．　(2) 2017 は第何群の第何番目の数か．

**TRIAL** 数列 $\dfrac{1}{1}$，$\dfrac{1}{2}$，$\dfrac{2}{2}$，$\dfrac{1}{3}$，$\dfrac{2}{3}$，$\dfrac{3}{3}$，…，$\dfrac{1}{n}$，$\dfrac{2}{n}$，$\dfrac{3}{n}$，…，$\dfrac{n}{n}$，… について

(1) $\dfrac{99}{100}$ という値が初めて現れるのは第何項か．

(2) 第 2005 項の値を求めよ．

## 例題 095　2 項間漸化式 ①

$n$ は自然数とする．次の式で定義される数列 $\{a_n\}$ の一般項を求めよ．

(1)　$a_1=2$，$a_{n+1}=a_n+5$　　(2)　$a_1=3$，$a_{n+1}=4a_n$

(3)　$a_1=1$，$a_{n+1}=a_n+4n+3$

(4)　$a_1=8$，$a_{n+1}+4=-2(a_n+4)$　　(5)　$a_1=\dfrac{1}{5}$，$\dfrac{1}{a_{n+1}}=\dfrac{1}{a_n}+2^{n+1}$

**解**　(1)　$\boldsymbol{a_n}=2+(n-1)\cdot 5=\boldsymbol{5n-3}$　　←｜$\{a_n\}$ は公差 5 の等差数列．

(2)　$\boldsymbol{a_n=3\cdot 4^{n-1}}$　　←｜$\{a_n\}$ は公比 4 の等比数列．

(3)　$\{a_n\}$ の階差数列は $\{4n+3\}$ であるから，$n\geqq 2$ のとき

$$a_n=1+\sum_{k=1}^{n-1}(4k+3)=1+4\cdot\frac{1}{2}(n-1)n+3(n-1)=2n^2+n-2$$

これは $n=1$ のときも成り立つ．よって　$\boldsymbol{a_n=2n^2+n-2}$

(4)　$b_n=a_n+4\cdots①$ とおくと，与えられた漸化式は $b_{n+1}=-2b_n$ となる．
また，$b_1=a_1+4=8+4=12$ であるから　$b_n=12\cdot(-2)^{n-1}=3\cdot(-2)^{n+1}$
①より　$\boldsymbol{a_n=3(-2)^{n+1}-4}$

(5)　$b_n=\dfrac{1}{a_n}\cdots①$ とおくと，与えられた漸化式は
$b_{n+1}-b_n=2^{n+1}$ となる．　　←｜$\{b_n\}$ の階差数列は $\{2^{n+1}\}$
また，$b_1=\dfrac{1}{a_1}=5$ であるから，$n\geqq 2$ のとき

$$b_n=5+\sum_{k=1}^{n-1}2^{k+1}=5+\frac{2^2(2^{n-1}-1)}{2-1}=2^{n+1}+1$$

これは $n=1$ のときも成り立つ．よって　$b_n=2^{n+1}+1$

①より　$\boldsymbol{a_n=\dfrac{1}{2^{n+1}+1}}$

### シェーマ

**$n$ は自然数，$d$，$r$ は定数とする**

$\boldsymbol{a_{n+1}-a_n=d}$　⟹　$\boldsymbol{a_n=a_1+(n-1)d}$　**(等差数列)**

$\boldsymbol{a_{n+1}=ra_n}$　⟹　$\boldsymbol{a_n=a_1r^{n-1}}$　**(等比数列)**

$\boldsymbol{a_{n+1}-a_n=b_n}$　⟹　$\boldsymbol{a_n=a_1+\sum_{k=1}^{n-1}b_k\ (n\geqq 2)}$　**(階差数列)**

### 復習｜095

$n$ は自然数とする．次の式で定義される数列 $\{a_n\}$ の一般項を求めよ．

(1)　$a_1=5$，$a_{n+1}-a_n=4$　(2)　$a_1=6$，$a_{n+1}=2a_n$　(3)　$a_1=1$，$a_{n+1}-a_n=2^n-3$

## 例題 096　2項間漸化式 ②

$n$ は自然数とする．次の式で定義される数列 $\{a_n\}$ の一般項を求めよ．

(1)　$a_1=1$，$a_{n+1}=3a_n+4$　　　(2)　$a_1=1$，$a_{n+1}=\dfrac{a_n}{4a_n+3}$

解 (1)　$a_{n+1}=3a_n+4$ を変形すると

$$a_{n+1}+2=3(a_n+2)$$

← $a_{n+1}$，$a_n$ をともに $\alpha$ とおくと $\alpha=3\alpha+4$　∴ $\alpha=-2$（Assist 参照）

よって，数列 $\{a_n+2\}$ は初項 $a_1+2(=3)$，公比 3 の等比数列であるから

$$a_n+2=3\cdot3^{n-1}=3^n \qquad \therefore\ \boldsymbol{a_n=3^n-2}$$

← $c_n=a_n+2$ とおくと $c_{n+1}=3c_n$ であるから $c_n=c_1\cdot3^{n-1}$ となる．

(2)　$a_1=1(>0)$ と漸化式の形から，各項はすべて正である．$a_{n+1}=\dfrac{a_n}{4a_n+3}$ の両辺の逆数をとって

$$\frac{1}{a_{n+1}}=\frac{4a_n+3}{a_n}=3\cdot\frac{1}{a_n}+4$$

$b_n=\dfrac{1}{a_n}$ …① とおくと　$b_{n+1}=3b_n+4$

また，$b_1=\dfrac{1}{a_1}=\dfrac{1}{1}=1$ であるから

(1)より　$b_n=3^n-2$

①より　$\boldsymbol{a_n=\dfrac{1}{b_n}=\dfrac{1}{3^n-2}}$

### Assist

一般に，$a_{n+1}=pa_n+q$ …(＊)は，$p\neq1$ のとき，$a_n$ と $a_{n+1}$ をともに $\alpha$ とおいた式 $\alpha=p\alpha+q$ …(＊＊)をみたす $\alpha$ が存在し $\left(\alpha=\dfrac{q}{1-p}\text{ である}\right)$，(＊)−(＊＊)より $a_{n+1}-\alpha=p(a_n-\alpha)$ と変形でき，数列 $\{a_n-\alpha\}$ が公比 $p$ の等比数列であることがわかる．

### シェーマ

$a_{n+1}=pa_n+q$ $(p\neq1)$ ⋙ $a_{n+1}-\alpha=p(a_n-\alpha)$（ただし，$\alpha=p\alpha+q$）と変形

$a_{n+1}=\dfrac{pa_n}{qa_n+r}$ ⋙ 両辺の逆数をとる

### 復習 | 096

$n$ は自然数とする．次の式で定義される数列 $\{a_n\}$ の一般項を求めよ．

(1)　$a_1=2$，$a_{n+1}=\dfrac{1}{2}a_n+2$　　　(2)　$a_1=2$，$a_{n+1}+1=\dfrac{a_n+1}{5a_n+7}$

数列

## 例題 097　2 項間漸化式 ③

$n$ は自然数とする．次の式で定義される数列 $\{a_n\}$ の一般項を求めよ．

$$a_1=2,\ a_{n+1}=6a_n+2^{n+2}\cdots①$$

**解**　①の両辺を $2^{n+1}$ で割ると

$$\frac{a_{n+1}}{2^{n+1}}=\frac{6a_n}{2\cdot 2^n}+\frac{2^{n+2}}{2^{n+1}}\quad \therefore\ \frac{a_{n+1}}{2^{n+1}}=3\cdot\frac{a_n}{2^n}+2$$

$b_n=\dfrac{a_n}{2^n}\cdots②$ とおくと　$b_{n+1}=3b_n+2$

これを変形すると　$b_{n+1}+1=3(b_n+1)$

← $b_{n+1}$，$b_n$ をともに $\alpha$ とおくと　$\alpha=3\alpha+2$　$\therefore\ \alpha=-1$
（例題 096 参照）

よって，数列 $\{b_n+1\}$ は初項 $b_1+1$，公比 3 の等比数列だから

$$b_n+1=3^{n-1}(b_1+1)\quad \therefore\ b_n=2\cdot 3^{n-1}-1\qquad \left(b_1+1=\frac{a_1}{2^1}+1=\frac{2}{2}+1=2\right)$$

②より　$\boldsymbol{a_n=2^n\cdot b_n=2^n(2\cdot 3^{n-1}-1)=4\cdot 6^{n-1}-2^n}$

**別解 1**　①の両辺を $6^{n+1}$ で割って　$\dfrac{a_{n+1}}{6^{n+1}}-\dfrac{a_n}{6^n}=2\left(\dfrac{1}{3}\right)^{n+1}$

$n\geqq 2$ のとき

$$\frac{a_n}{6^n}=\frac{a_1}{6^1}+\sum_{k=1}^{n-1}2\left(\frac{1}{3}\right)^{k+1}=\frac{2}{6}+2\cdot\frac{\frac{1}{9}\left\{1-\left(\frac{1}{3}\right)^{n-1}\right\}}{1-\frac{1}{3}}$$

$$=\frac{1}{3}+\frac{1}{3}-\left(\frac{1}{3}\right)^n=\frac{2}{3}-\left(\frac{1}{3}\right)^n$$

← $c_n=\dfrac{a_n}{6^n}$ とおくと
$c_{n+1}-c_n=2\left(\dfrac{1}{3}\right)^{n+1}$ より
$c_n=c_1+\sum_{k=1}^{n-1}(c_{k+1}-c_k)$ となる．

これは $n=1$ のときも成り立つ．よって　$\boldsymbol{a_n=4\cdot 6^{n-1}-2^n}$

**別解 2**　まず，$a_{n+1}-\alpha\cdot 2^{n+1}=6(a_n-\alpha\cdot 2^n)\cdots③$

をみたす定数 $\alpha$ を求める．①−③より

← $\{a_n-\alpha\cdot 2^n\}$ が公比 6 の等比数列となる $\alpha$ を求める．

$$\alpha\cdot 2^{n+1}=6\alpha\cdot 2^n+2^{n+2}\quad \therefore\ 2^{n+2}(\alpha+1)=0\quad \therefore\ \alpha=-1$$

よって　$a_{n+1}+2^{n+1}=6(a_n+2^n)$　$(n\geqq 1)$

← $d_n=a_n+2^n$ とおくと $d_{n+1}=6d_n$ なので．

数列 $\{a_n+2^n\}$ は初項 $a_1+2^1(=2+2=4)$，公比 6 の等比数列だから

$$a_n+2^n=4\cdot 6^{n-1}\quad \therefore\ \boldsymbol{a_n=4\cdot 6^{n-1}-2^n}$$

**シェーマ**

$a_{n+1}=pa_n+qr^n$ ≫ 両辺を $r^{n+1}$ で割る　or　両辺を $p^{n+1}$ で割る　or　$a_{n+1}-\alpha\cdot r^{n+1}=p(a_n-\alpha\cdot r^n)$ $(p\neq r)$ の形に変形

**復習 | 097**

$n$ は自然数とする．次の式で定義される数列 $\{a_n\}$ の一般項を求めよ．

$$a_1=1,\ a_{n+1}=2a_n+3^n$$

## 例題 098　2 項間漸化式 ④

$a_1=1,\ a_{n+1}=2a_n+n-1\ (n=1, 2, 3, \cdots\cdots)$ で定義される数列 $\{a_n\}$ がある.

(1)　$a_{n+1}-\{\alpha(n+1)+\beta\}=2\{a_n-(\alpha n+\beta)\}$ をみたす実数の組 $(\alpha, \beta)$ を 1 つ求めよ.

(2)　$\{a_n\}$ の一般項を求めよ.

解 (1)　$a_{n+1}-\{\alpha(n+1)+\beta\}=2\{a_n-(\alpha n+\beta)\}$ より

$$a_{n+1}=2a_n-2(\alpha n+\beta)+\{\alpha(n+1)+\beta\}$$
$$=2a_n-\alpha n+\alpha-\beta$$

これと $a_{n+1}=2a_n+n-1$ の係数を比較して

$$-\alpha=1,\ \alpha-\beta=-1$$

$\therefore$ $\boldsymbol{\alpha=-1,\ \beta=0}$

(2)　(1)より, $a_{n+1}=2a_n+n-1$ は

$$a_{n+1}+(n+1)=2(a_n+n)$$

と変形できる. よって, 数列 $\{a_n+n\}$ は初項 $a_1+1(=1+1=2)$, 公比 2 の等比数列だから

$$a_n+n=2\cdot 2^{n-1}=2^n \quad \therefore\ \boldsymbol{a_n=2^n-n}$$

← $c_n=a_n+n$ とおくと $c_{n+1}=2c_n$ となり $c_n=c_1\cdot 2^{n-1}$

### Assist

**1°**　このように, $a_{n+1}=pa_n+qn+r$ という形の漸化式が与えられたとき, $\{a_n-(\alpha n+\beta)\}$ が公比 $p$ の等比数列となる定数 $\alpha$, $\beta$ を求めればよい.

**2°**　$a_{n+1}=2a_n+n-1\cdots$① の $n$ を $n+1$ に置き換えて　$a_{n+2}=2a_{n+1}+n\cdots$②

②−①より　$a_{n+2}-a_{n+1}=2(a_{n+1}-a_n)+1$

$a_{n+1}-a_n=b_n$ とおくと　$b_{n+1}=2b_n+1$

これより $b_n$ を求めてから, $a_n$ を求める方法もある.

### シェーマ

**$a_{n+1}=pa_n+qn+r\ (p\neq 1)$ ($n$ の 1 次式)** ⋙ **$a_{n+1}-\{\alpha(n+1)+\beta\}=p\{a_n-(\alpha n+\beta)\}$ の形に変形**

**復習 | 098**

$a_1=-2,\ a_{n+1}=3a_n+8n\ (n=1, 2, 3, \cdots\cdots)$ で定義される数列 $\{a_n\}$ の一般項を求めよ.

**TRIAL**　$a_1=0,\ a_{n+1}=2a_n+n^2\ (n=1, 2, 3, \cdots\cdots)$ で定義される数列 $\{a_n\}$ がある.

(1)　$a_{n+1}-\{\alpha(n+1)^2+\beta(n+1)+\gamma\}=2\{a_n-(\alpha n^2+\beta n+\gamma)\}$ をみたす実数の組 $(\alpha, \beta, \gamma)$ を求めよ.

(2)　$\{a_n\}$ の一般項を求めよ.

数列

## 例題 099　和と一般項

数列 $\{a_n\}$ の初項から第 $n$ 項までの和を $S_n$ とする.

(1)　$S_n=4^n$ をみたす数列 $\{a_n\}$ の一般項を求めよ.

(2)　$S_n=2a_n+5n-12$ $(n=1, 2, 3, \cdots\cdots)$ で定められる数列 $\{a_n\}$ の一般項を求めよ.

解 (1)　$n\geqq 2$ のとき　$a_n=S_n-S_{n-1}=4^n-4^{n-1}=3\cdot 4^{n-1}$　←$4^n=4\cdot 4^{n-1}$ より.

一方　$a_1=S_1=4^1=4$

よって　$\begin{cases} \boldsymbol{a_1=4} \\ \boldsymbol{a_n=3\cdot 4^{n-1}} \quad \boldsymbol{(n\geqq 2)} \end{cases}$

(2)　$S_n=2a_n+5n-12\cdots$① の $n$ を $n+1$ に置き換えて

$S_{n+1}=2a_{n+1}+5(n+1)-12\cdots$②

②−①より　$S_{n+1}-S_n=2a_{n+1}-2a_n+5$

$\therefore$ $a_{n+1}=2a_{n+1}-2a_n+5$　←$S_{n+1}-S_n=a_{n+1}$

$\therefore$ $a_{n+1}=2a_n-5\cdots$③

また, ①に $n=1$ を代入して　$S_1=2a_1+5-12$

$\therefore$ $a_1=2a_1+5-12$　$\therefore$ $a_1=7$　←$S_1=a_1$

③を変形すると　$a_{n+1}-5=2(a_n-5)$

よって, 数列 $\{a_n-5\}$ は初項 $a_1-5(=7-5=2)$, 公比 2 の等比数列だから

$a_n-5=2\cdot 2^{n-1}=2^n$　$\therefore$ $\boldsymbol{a_n=2^n+5}$

《和と一般項》

$S_n=a_1+a_2+a_3+\cdots\cdots+a_n$ のとき　$\begin{cases} a_n=S_n-S_{n-1} \quad (n\geqq 2) \\ a_1=S_1 \end{cases}$

**シェーマ**

**$S_n$ と $a_n$ の条件式** ⋙ **$a_n=S_n-S_{n-1}$ $(n\geqq 2)$ を利用**
**(または $a_{n+1}=S_{n+1}-S_n$ $(n\geqq 1)$)**

**復習 | 099**

数列 $\{a_n\}$ の初項から第 $n$ 項までの和を $S_n$ とする.

(1)　$S_n=n(n+1)(n+2)$ をみたす数列 $\{a_n\}$ の一般項を求めよ.

(2)　$2S_n=n+1-a_n$ $(n=1, 2, 3, \cdots\cdots)$ で定められる数列 $\{a_n\}$ の一般項を求めよ.

## 例題 100 3項間漸化式

$a_1=1$，$a_2=3$，$a_{n+2}-6a_{n+1}+8a_n=0$ ($n=1, 2, 3, \cdots\cdots$) で定められる数列 $\{a_n\}$ がある．

(1) $a_{n+2}-\alpha a_{n+1}=\beta(a_{n+1}-\alpha a_n)$ をみたす実数の組 $(\alpha,\ \beta)$ を2組求めよ．

(2) $\{a_n\}$ の一般項を求めよ．

**解** (1) $a_{n+2}-\alpha a_{n+1}=\beta(a_{n+1}-\alpha a_n)$ より　$a_{n+2}-(\alpha+\beta)a_{n+1}+\alpha\beta a_n=0$

$a_{n+2}-6a_{n+1}+8a_n=0$ と係数を比べて

$$\alpha+\beta=6,\ \alpha\beta=8$$

とすればよい．このとき $\alpha$，$\beta$ は

$$x^2-6x+8=0 \quad \therefore\ (x-2)(x-4)=0$$

← 解と係数の関係．

の2解であるから　$\boldsymbol{(\alpha, \beta)=(2, 4),\ (4, 2)}$

(2) (i) $(\alpha, \beta)=(2, 4)$ のとき　$a_{n+2}-2a_{n+1}=4(a_{n+1}-2a_n)$

← $b_n=a_{n+1}-2a_n$ とおくと $b_{n+1}=4b_n$ なので $b_n=b_1\cdot 4^{n-1}$

よって，数列 $\{a_{n+1}-2a_n\}$ は初項 $a_2-2a_1(=3-2\cdot 1=1)$，公比4の等比数列であるから

$$a_{n+1}-2a_n=1\cdot 4^{n-1}=4^{n-1} \cdots ①$$

(ii) $(\alpha, \beta)=(4, 2)$ のとき　$a_{n+2}-4a_{n+1}=2(a_{n+1}-4a_n)$

← $c_n=a_{n+1}-4a_n$ とおくと $c_{n+1}=2c_n$ なので $c_n=c_1\cdot 2^{n-1}$

よって，数列 $\{a_{n+1}-4a_n\}$ は初項 $a_2-4a_1(=3-4\cdot 1=-1)$，公比2の等比数列であるから

$$a_{n+1}-4a_n=-1\cdot 2^{n-1}=-2^{n-1} \cdots ②$$

①−②より　$2a_n=4^{n-1}+2^{n-1}$　$\therefore\ \boldsymbol{a_n=2^{2n-3}+2^{n-2}}$

### Assist

**1°** 一般に，$a_{n+2}+pa_{n+1}+qa_n=0 \cdots$(ア)は，$a_{n+2}-\alpha a_{n+1}=\beta(a_{n+1}-\alpha a_n) \cdots$(イ)のように変形して，(1)と同様に係数を比較すると，$\alpha+\beta=-p$，$\alpha\beta=q$ をみたすので，$\alpha$，$\beta$ を $x^2+px+q=0 \cdots$(ウ)の2解とすれば，(イ)のように変形できる．

(ウ)は(ア)において，$a_{n+2}$，$a_{n+1}$，$a_n$ をそれぞれ $x^2$，$x$，1に置き換えた式でもある．

**2°** ①，②は $a_{n+1}=pa_n+qr^n$ の形をしているので，いずれか一方だけでも $a_n$ は求まる．(**例題 097** 参照)

### シェーマ

**$a_{n+2}+pa_{n+1}+qa_n=0$ (3項間漸化式)** ⇒ **$a_{n+2}-\alpha a_{n+1}=\beta(a_{n+1}-\alpha a_n)$ の形に変形 ($\alpha$，$\beta$ は $x^2+px+q=0$ の2解)**

### 復習 | 100

$n$ は自然数とする．次の式で定義される数列 $\{a_n\}$ の一般項を求めよ．

(1) $a_1=1$，$a_2=2$，$5a_{n+2}=8a_{n+1}-3a_n$

(2) $a_1=1$，$a_2=3$，$a_{n+2}-4a_{n+1}+4a_n=0$

数列

## 例題 101 連立漸化式

$n$ は自然数とする．次の式で定義される数列 $\{a_n\}$，$\{b_n\}$ の一般項を求めよ．

(1) $a_1=4$，$b_1=3$

$$\begin{cases} a_{n+1}=5a_n+2b_n \cdots ① \\ b_{n+1}=2a_n+5b_n \cdots ② \end{cases}$$

(2) $a_1=12$，$b_1=-4$

$$\begin{cases} a_{n+1}=7a_n+b_n \cdots ① \\ b_{n+1}=3a_n+5b_n \cdots ② \end{cases}$$

**解** (1) ①＋②より　$a_{n+1}+b_{n+1}=7(a_n+b_n)$

よって，数列 $\{a_n+b_n\}$ は初項 $a_1+b_1(=4+3=7)$，公比 7 の等比数列なので

$$a_n+b_n=7\cdot 7^{n-1}=7^n \cdots ③$$

また，①－②より　$a_{n+1}-b_{n+1}=3(a_n-b_n)$

よって，数列 $\{a_n-b_n\}$ は初項 $a_1-b_1(=4-3=1)$，公比 3 の等比数列なので

$$a_n-b_n=1\cdot 3^{n-1}=3^{n-1} \cdots ④$$

$\dfrac{③+④}{2}$ より　$\boldsymbol{a_n=\dfrac{7^n+3^{n-1}}{2}}$，　$\dfrac{③-④}{2}$ より　$\boldsymbol{b_n=\dfrac{7^n-3^{n-1}}{2}}$

(2) ①－②より　$a_{n+1}-b_{n+1}=4(a_n-b_n)$

数列 $\{a_n-b_n\}$ は初項 $a_1-b_1(=12+4=16)$，公比 4 の等比数列なので

$$a_n-b_n=16\cdot 4^{n-1}=4^{n+1} \quad \therefore\ b_n=a_n-4^{n+1} \cdots ③$$

③を①に代入して　$a_{n+1}=7a_n+(a_n-4^{n+1})$　$\therefore\ a_{n+1}=8a_n-4^{n+1}$

両辺を $4^{n+1}$ で割ると　$\dfrac{a_{n+1}}{4^{n+1}}=\dfrac{8a_n}{4\cdot 4^n}-\dfrac{4^{n+1}}{4^{n+1}}$　$\therefore\ \dfrac{a_{n+1}}{4^{n+1}}=2\cdot\dfrac{a_n}{4^n}-1$

$c_n=\dfrac{a_n}{4^n} \cdots ④$ とおくと　$c_{n+1}=2c_n-1$　$\therefore\ c_{n+1}-1=2(c_n-1)$

よって　$c_n-1=2^{n-1}(c_1-1)$　$\therefore\ c_n=2^n+1$　$\left(c_1=\dfrac{12}{4^1}=3\right)$

④より　$\boldsymbol{a_n}=4^n\cdot c_n\boldsymbol{=8^n+4^n}$

③より　$\boldsymbol{b_n}=a_n-4^{n+1}\boldsymbol{=8^n-3\cdot 4^n}$

### シェーマ

$$\begin{cases} a_{n+1}=pa_n+qb_n \\ b_{n+1}=ra_n+sb_n \end{cases}$$ **(連立漸化式)** ⟫ **辺々，和と差をとってみる**

**復習 101**　$n$ は自然数とする．次の式で定義される数列 $\{a_n\}$，$\{b_n\}$ の一般項を求めよ．

(1) $a_1=2$，$b_1=1$，$a_{n+1}=-3a_n+b_n$，$b_{n+1}=a_n-3b_n$

(2) $a_1=1$，$b_1=-2$，$a_{n+1}=\dfrac{4a_n+b_n}{6}$，$b_{n+1}=\dfrac{-a_n+2b_n}{6}$

**TRIAL**　$n$ は自然数とする．$a_1=4$，$b_1=-1$，$a_{n+1}=-a_n-6b_n$，$b_{n+1}=a_n+4b_n$ で定められる数列 $\{a_n\}$，$\{b_n\}$ がある．$a_{n+1}+\alpha b_{n+1}=\beta(a_n+\alpha b_n)$ をみたす実数の組 $(\alpha,\ \beta)$ を 2 組求め，$\{a_n\}$，$\{b_n\}$ の一般項を求めよ．

## 例題 102 数学的帰納法

すべての自然数 $n$ に対して，次の等式が成り立つことを数学的帰納法で証明せよ．

$$\frac{1}{2}+\frac{2}{4}+\frac{3}{8}+\cdots\cdots+\frac{n}{2^n}=2-\frac{n+2}{2^n}\cdots①$$

**解** (i) $n=1$ のとき　(左辺) $=\frac{1}{2^1}=\frac{1}{2}$，(右辺) $=2-\frac{1+2}{2^1}=\frac{1}{2}$

よって，①は成り立つ．

(ii) $n=k$ のとき，①が成り立つと仮定すると

$$\frac{1}{2}+\frac{2}{4}+\frac{3}{8}+\cdots\cdots+\frac{k}{2^k}=2-\frac{k+2}{2^k}$$

←①に $n=k$ を代入した式．

両辺に $\frac{k+1}{2^{k+1}}$ を足すと　$\frac{1}{2}+\frac{2}{4}+\frac{3}{8}+\cdots\cdots+\frac{k}{2^k}+\frac{k+1}{2^{k+1}}=2-\frac{k+2}{2^k}+\frac{k+1}{2^{k+1}}\cdots②$

$$(②の右辺)=2-\left\{\frac{2(k+2)}{2^{k+1}}-\frac{k+1}{2^{k+1}}\right\}=2-\frac{k+3}{2^{k+1}}\cdots③$$

となり，②，③より

$$\frac{1}{2}+\frac{2}{4}+\frac{3}{8}+\cdots\cdots+\frac{k}{2^k}+\frac{k+1}{2^{k+1}}=2-\frac{k+3}{2^{k+1}}$$

←①に $n=k+1$ を代入した式．

よって，$n=k+1$ のときにも①が成り立つ．

(i)，(ii)から数学的帰納法により，すべての自然数 $n$ に対して①は成り立つ．　終

《数学的帰納法》 自然数 $n$ に関する事柄 $P$ がすべての自然数 $n$ について成り立つことを証明するには，次の(i)，(ii)を示せばよい．

(i) $n=1$ のとき，$P$ が成り立つ．

(ii) $n=k$ のとき，$P$ が成り立つと仮定すると，$n=k+1$ のときにも，$P$ が成り立つ．

**Assist**

$S=\frac{1}{2}+\frac{2}{4}+\frac{3}{8}+\cdots\cdots+\frac{n}{2^n}$ とおくと，$S$ は $\sum_{k=1}^{n}$ {(等差数列)×(等比数列)} の形なので，$S-\frac{1}{2}S$ を計算して $S$ を求めて①を示すこともできる．(**例題 093** 参照)

**シェーマ**

**自然数 $n$ に関する命題の証明 ≫ 数学的帰納法**

**復習 | 102**　数列 $\{a_n\}$ が，$a_1=\frac{2}{3}$，$a_{n+1}=\frac{2-a_n}{3-2a_n}$ $(n=1, 2, 3, \cdots\cdots)$ をみたしている．

(1) $a_2$，$a_3$ を求めよ．

(2) 一般項 $a_n$ を推定し，それが正しいことを数学的帰納法で証明せよ．

**TRIAL**　$n$ が 2 以上の自然数のとき，$\frac{1}{1^2}+\frac{1}{2^2}+\cdots\cdots+\frac{1}{n^2}<2-\frac{1}{n}$ が成り立つことを示せ．

数列

## 例題 103 格子点

$xy$ 平面上の領域 $D$ を

$$D:\begin{cases}0\leqq y\leqq x^2\\0\leqq x\leqq n\end{cases}\quad(n\text{ は自然数})$$

とするとき，$D$に含まれる格子点の個数 $S$ を求めよ．ただし，格子点とは，その点の $x$ 座標と $y$ 座標がともに整数であるような点のことである．

解 $x=k$ $(k=0, 1, 2, \cdots\cdots, n)$ のときの格子点の個数を $a_k$ とおくと，直線 $x=k$ 上の格子点は

$(k, 0)$，$(k, 1)$，$(k, 2)$，$\cdots\cdots$，$(k, k^2)$　←とりうる $y$ 座標の個数を数える．

であり，$k^2+1$ 個あるから

$a_k=k^2+1$

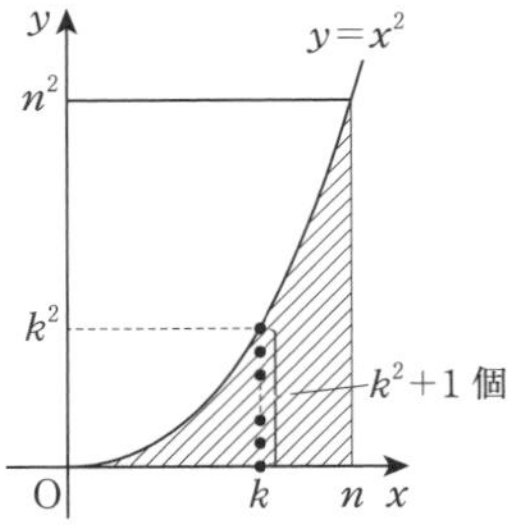


よって

$$S=\sum_{k=0}^{n}a_k=\sum_{k=0}^{n}(k^2+1)=1+\sum_{k=1}^{n}(k^2+1)$$

$$=1+\frac{1}{6}n(n+1)(2n+1)+n$$

$$=\frac{1}{6}(n+1)\{n(2n+1)+6\}$$

$$=\boldsymbol{\frac{1}{6}(n+1)(2n^2+n+6)}$$

### シェーマ

**格子点の個数** ⇒ **$x=k$ (or $y=k$) (固定) のときの格子点の個数を $a_k(\square\leqq k\leqq\triangle)$ として $\sum_{k=\square}^{\triangle}a_k$ を計算**

### 復習 103

$xy$ 平面上の領域 $D$ を

$$D:\begin{cases}x\leqq y\leqq x\cdot 2^x\\0\leqq x\leqq n\end{cases}\quad(n\text{ は自然数})$$

とするとき，$D$に含まれる格子点の個数 $S$ を求めよ．
ただし，格子点とは，その点の $x$ 座標と $y$ 座標がともに整数であるような点のことである．

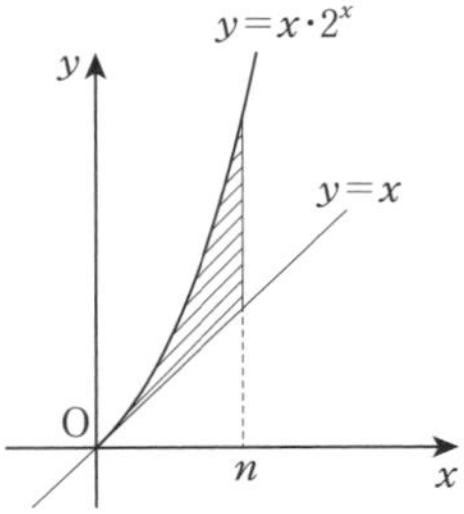

## 例題 104 確率漸化式

1個のサイコロを $n$ 回投げて，3の倍数が出る回数を数える．3の倍数が偶数回出る確率を $p_n$ とする．ただし，3の倍数がまったく出ないとき（0回のとき）は偶数回出たと考える．

(1) $p_1$ を求めよ．

(2) $p_{n+1}$ を $p_n$ で表せ．

(3) $p_n$ を $n$ で表せ．

**解** (1) $p_1$ はサイコロを1回投げて3の倍数が出ない確率だから

$$\boldsymbol{p_1=\frac{4}{6}=\frac{2}{3}}$$

←1か2か4か5.

(2) サイコロを $n+1$ 回投げて3の倍数が偶数回出るのは，

(i) $n$ 回目までに3の倍数が偶数回出て，$n+1$ 回目は3の倍数が出ないか

(ii) $n$ 回目までに3の倍数が奇数回出て，$n+1$ 回目は3の倍数が出るか

のいずれかである．よって

←(i)と(ii)は排反

$$p_{n+1}=p_n\cdot\frac{2}{3}+(1-p_n)\cdot\frac{1}{3}$$

←サイコロを $n$ 回投げて3の倍数が偶数回出る確率は $p_n$，奇数回出る確率は $1-p_n$（余事象）である．

$$\therefore\ \boldsymbol{p_{n+1}=\frac{1}{3}p_n+\frac{1}{3}}\cdots①$$

(3) ①を変形すると

$$p_{n+1}-\frac{1}{2}=\frac{1}{3}\left(p_n-\frac{1}{2}\right)$$

数列 $\left\{p_n-\frac{1}{2}\right\}$ は初項 $p_1-\frac{1}{2}\left(=\frac{2}{3}-\frac{1}{2}=\frac{1}{6}\right)$，公比 $\frac{1}{3}$ の等比数列だから

$$p_n-\frac{1}{2}=\frac{1}{6}\left(\frac{1}{3}\right)^{n-1}=\frac{1}{2}\left(\frac{1}{3}\right)^n$$

$$\therefore\ \boldsymbol{p_n=\frac{1}{2}\left\{1+\left(\frac{1}{3}\right)^n\right\}}$$

**シェーマ**

**$n+1$ 回目の事象を $n$ 回目の事象で説明できる** ⇒ **$n$ 回目にこの事象が起こる確率 $p_n$ の漸化式を作る**

**復習｜104** 1から10までの数字を書いた10枚のカードを小さい数字から大きい数字の順に並べてある．この中から任意に2枚のカードを抜き出し，その場所を入れ換えるという操作を考える．この操作を $n$ 回行ったとき，順に並べてある1枚目のカードの数字が1である確率を $p_n$ とする．

(1) $p_{n+1}$ を $p_n$ で表せ．　(2) $p_n$ を $n$ で表せ．

# 例題 105 確率分布と平均・分散

1，2，3，4の番号がついた4枚のカードから1枚取り出して元に戻す操作を2回繰り返すとき，取り出された2枚のカードに書かれた数字 $a$，$b$ のうち，小さくない方を $X$ とする．

(1) $X$ の確率分布を求めよ．　　(2) $X$ の期待値と分散を求めよ．

解 (1) $X=k$ であるとは，2つの数字が2つとも $k$ 以下であり，かつ，少なくとも1つは $k$ であるということである．これは，2つとも $k$ 以下である場合から，2つとも $k-1$ 以下である場合を除いたものであるから

$$P(X=k)=\frac{k^2-(k-1)^2}{4^2}=\frac{2k-1}{16}$$

確率分布は右の通りである．

| $X$ | 1 | 2 | 3 | 4 |
|---|---|---|---|---|
| $P$ | $\frac{1}{16}$ | $\frac{3}{16}$ | $\frac{5}{16}$ | $\frac{7}{16}$ |

(2) 期待値は　$E(X)=1\times\frac{1}{16}+2\times\frac{3}{16}+3\times\frac{5}{16}+4\times\frac{7}{16}=\mathbf{\frac{25}{8}}$

分散は　$V(X)=E(X^2)-\{E(X)\}^2$

$$=\left(1^2\times\frac{1}{16}+2^2\times\frac{3}{16}+3^2\times\frac{5}{16}+4^2\times\frac{7}{16}\right)-\left(\frac{25}{8}\right)^2=\mathbf{\frac{55}{64}}$$

| $a$＼$b$ | 1 | 2 | 3 | 4 |
|---|---|---|---|---|
| 1 | 1 | 2 | 3 | 4 |
| 2 | 2 | 2 | 3 | 4 |
| 3 | 3 | 3 | 3 | 4 |
| 4 | 4 | 4 | 4 | 4 |

(注) 期待値の値が分数なので，定義に従って計算せずに，以下の公式で計算した．

《確率変数の分散》 $X$ の期待値を $E(X)$，分散を $V(X)$ で表すとき

$$V(X)=E(X^2)-\{E(X)\}^2$$

## Assist

1° (確率変数，確率分布) 試行の結果によってその値が定まるような変数を確率変数という．確率変数 $X$ のとりうる値と，その値がとる確率との対応関係を，$X$ の確率分布という．

2° 確率変数 $X$ のとりうる値を $x_1$，$x_2$，……，$x_n$，$X$ がそれぞれの値をとる確率を $p_1$，$p_2$，……，$p_n$ とするとき，$X$ の期待値(または平均) $E(X)$ を $E(X)=\sum_{k=1}^{n}x_kp_k=x_1p_1+x_2p_2+\cdots\cdots+x_np_n$ と定義する．また，$X$ の期待値を $m$ で表すとき，確率変数 $(X-m)^2$ の期待値を分散といい，$V(X)$ で表し，$\sqrt{V(X)}$ を $X$ の標準偏差といい，$\sigma(X)$ で表す．標準偏差 $\sigma(X)$ は分布の平均を中心として，確率変数 $X$ のとる値の散らばる傾向の程度を表している．$\sigma(X)$ の値が小さいほど，$X$ のとる値は，期待値 $m$ の近くに集中する傾向にある．

3° (公式の証明) $V(X)=E((X-m)^2)=\sum_{k=1}^{n}(x_k-m)^2p_k=\sum_{k=1}^{n}x_k{}^2p_k-2m\sum_{k=1}^{n}x_kp_k+m^2\sum_{k=1}^{n}p_k$

$$=E(X^2)-2mE(X)+m^2=E(X^2)-\{E(X)\}^2$$

**シェーマ**

**$X$ の分散 ⇒ $(X-m)^2$ の期待値を求める or $E(X^2)-\{E(X)\}^2$ を計算**

**復習 105** 1から10までの番号が書かれた札が1枚ずつある．この10枚の札から無作為に5枚の札を取り出すとき，番号が5以下であるものの枚数を $X$ とおく．

(1) $X$ の確率分布を求めよ．　　(2) $X$ の期待値と分散を求めよ．

## 例題 106 確率変数の変換

確率変数 $X$ は，$n$ 個の値 1，2，……，$n$ を等しい確率でとるものとする．

(1) 確率変数 $X$ の期待値と標準偏差を求めよ．

(2) 確率変数 $Y=2X-1$ の期待値 $m$ と標準偏差 $\sigma$ を求めよ．

解 (1) 期待値は $E(X)=(1+2+\cdots\cdots+n)\times\frac{1}{n}=\frac{n(n+1)}{2}\cdot\frac{1}{n}=\boldsymbol{\frac{n+1}{2}}$

分散は

$$V(X)=E(X^2)-\{E(X)\}^2$$
$$=(1^2+2^2+\cdots\cdots+n^2)\times\frac{1}{n}-\{E(X)\}^2$$
$$=\frac{(n+1)(2n+1)}{6}-\left(\frac{n+1}{2}\right)^2=\frac{1}{12}(n^2-1)$$

標準偏差は $\sqrt{V(X)}=\boldsymbol{\sqrt{\frac{n^2-1}{12}}}$

(2) $\boldsymbol{m}=E(Y)=E(2X-1)=2E(X)-1=2\cdot\frac{n+1}{2}-1=\boldsymbol{n}$

$$V(Y)=V(2X-1)=2^2V(X)=4\cdot\frac{n^2-1}{12}=\frac{n^2-1}{3} \quad \therefore\ \boldsymbol{\sigma=\sqrt{\frac{n^2-1}{3}}}$$

《確率変数の変換による期待値と分散》 $Y=aX+b$ のとき

$E(Y)=aE(X)+b$　　$V(Y)=a^2V(X)$　　$\sigma(Y)=|a|\sigma(X)$

### Assist

**1°** 確率変数 $X$ に対して（とりうる値を $x_1$，$x_2$，……，$x_n$，$X$ がそれぞれの値をとる確率を $p_1$，$p_2$，……，$p_n$ とする）$Y=aX+b$ で定まる $Y$ も確率変数となる．$Y$ のとる値は $y_k=ax_k+b$ $(k=1,2,\cdots\cdots,n)$ である．

**2°** （公式の証明）

$$E(Y)=E(aX+b)=\sum_{k=1}^{n}(ax_k+b)p_k=a\sum_{k=1}^{n}x_kp_k+b\sum_{k=1}^{n}p_k=aE(X)+b$$

ここで，$E(X)=m$ とおくと，以上より $E(aX+b)=am+b$ であるから

$$V(Y)=E((aX+b-(am+b))^2)=E((aX-am)^2)$$
$$=E(a^2(X-m)^2)=a^2E((X-m)^2)=a^2V(X)$$

シェーマ

$\boldsymbol{Y=aX+b}$ ⋙ $\boldsymbol{E(Y)=aE(X)+b}$ **かつ** $\boldsymbol{V(Y)=a^2V(X)}$

**復習 | 106** 原点Oから出発して数直線上を動く点Pがある．硬貨を投げて表が出たら $+3$ だけ移動し，裏が出たら $-2$ だけ移動する．硬貨を3回投げ終わったときの表の出た回数を $X$，点Pの座標を $T$ とする．

(1) $T$ を $X$ で表せ．　　(2) $T$ の分散を求めよ．

統計的推測

## 例題 107 確率変数の性質

1から10までの数字を1つずつ記入したカード10枚の中から，同時に2枚を引き抜くとき，それらに記入されている数字のうち，大きい方を$X$，小さい方を$Y$とする．このとき，$X$，$Y$および$3X+6Y$の期待値を求めよ．

**解** $X=k$ $(k=2, 3, \cdots\cdots, 10)$ となるのは，同時に引いた2枚のうち，1枚は$k$であり，もう1枚は$k-1$以下のときであるから　$P(X=k)=\dfrac{{}_{k-1}C_1}{{}_{10}C_2}=\dfrac{k-1}{45}$

$Y=k$ $(k=1, 2, \cdots\cdots, 9)$ となるのは，同時に引いた2枚のうち，1枚は$k$であり，もう1枚は$k+1$以上のときであるから　$P(Y=k)=\dfrac{{}_{10-(k+1)+1}C_1}{{}_{10}C_2}=\dfrac{10-k}{45}$

期待値は　$E(X)=\displaystyle\sum_{k=2}^{10}\Big(\underline{k\times\frac{k-1}{45}}_{①}\Big)=\frac{1}{45}\Big(\sum_{k=1}^{10}k^2-\sum_{k=1}^{10}k\Big)=\frac{1}{45}\Big(\frac{10\cdot11\cdot21}{6}-\frac{10\cdot11}{2}\Big)=\mathbf{\frac{22}{3}}$

($k=1$ のとき ①$=0$ なので $\displaystyle\sum_{k=1}^{10}$ としてよい)

$E(Y)=\displaystyle\sum_{k=1}^{9}\Big(k\times\frac{10-k}{45}\Big)=\frac{1}{45}\Big(10\sum_{k=1}^{9}k-\sum_{k=1}^{9}k^2\Big)=\frac{1}{45}\Big(10\cdot\frac{9\cdot10}{2}-\frac{9\cdot10\cdot19}{6}\Big)=\mathbf{\frac{11}{3}}$

$3X+6Y$ の期待値は　$E(3X+6Y)=3E(X)+6E(Y)=3\cdot\dfrac{22}{3}+6\cdot\dfrac{11}{3}=\mathbf{44}$

**(期待値)　$X$，$Y$は確率変数，$a$，$b$は定数とする．$X$の期待値を$E(X)$で表すとき**
(i) $E(X+Y)=E(X)+E(Y)$　　(ii) $E(aX+bY)=aE(X)+bE(Y)$

### Assist

**1°** (確率変数の同時分布)　$X$，$Y$を確率変数とするとき，実数$a$，$b$に対し，$X=a$かつ$Y=b$となる確率を$P(X=a, Y=b)$と表す．2つの確率変数$X$，$Y$について，$X$のとる値が$x_1$，$x_2$，…，$x_n$，$Y$のとる値が$y_1$，$y_2$，…，$y_m$であるとし，$P(X=x_i, Y=y_j)=p_{ij}$ $(i=1, 2, \cdots, n, \ j=1, 2, \cdots, m)$とすると，すべての$i$と$j$の組合せについて$(x_i, y_j)$と$p_{ij}$の対応が得られる．この対応を$X$と$Y$の同時分布という．

| X＼Y | $y_1$ | $y_2$ | …… | $y_m$ | 計 |
|---|---|---|---|---|---|
| $x_1$ | $p_{11}$ | $p_{12}$ | …… | $p_{1m}$ | $p_1$ |
| $x_2$ | $p_{21}$ | $p_{22}$ | …… | $p_{2m}$ | $p_2$ |
| ⋮ | ………… | | | | ⋮ |
| $x_n$ | $p_{n1}$ | $p_{n2}$ | …… | $p_{nm}$ | $p_n$ |
| 計 | $q_1$ | $q_2$ | …… | $q_m$ | 1 |

**2°** (公式の証明)　右表のような，$i=1, 2$，$j=1, 2$の場合

| X＼Y | $y_1$ | $y_2$ | 計 |
|---|---|---|---|
| $x_1$ | $p_{11}$ | $p_{12}$ | $p_1$ |
| $x_2$ | $p_{21}$ | $p_{22}$ | $p_2$ |
| 計 | $q_1$ | $q_2$ | 1 |

$$\begin{aligned}E(X+Y)&=(x_1+y_1)p_{11}+(x_1+y_2)p_{12}+(x_2+y_1)p_{21}+(x_2+y_2)p_{22}\\&=\{x_1(p_{11}+p_{12})+x_2(p_{21}+p_{22})\}+\{y_1(p_{11}+p_{21})+y_2(p_{12}+p_{22})\}\\&=(x_1p_1+x_2p_2)+(y_1q_1+y_2q_2)=E(X)+E(Y)\end{aligned}$$

同様にして，公式(i)が成り立つ．(よって，**例題 106** より，(ii)も成り立つ．)

### シェーマ

$$Z=aX+bY \ggg E(Z)=aE(X)+bE(Y)$$

**復習 | 107**　袋の中に1と書かれたカードが3枚，2，3と書かれたカードが1枚ずつ，合計5枚のカードが入っている袋から2枚のカードを同時に取り出し，2枚のカードの書かれている数字の平均を$X$，差を$Y$とするとき，$2X-Y$の期待値を求めよ．

## 例題 108 確率変数の独立

袋Aの中に赤い玉3個，黒い玉2個，袋Bの中に白い玉3個，緑の玉2個が入っている．Aから玉を2個同時に取り出したときの赤い玉の個数を$X$，Bから玉を2個同時に取り出したときの緑の玉の個数を$Y$とする．このとき，$Z=X+3Y$とおく．$Z$の期待値$E(Z)$と分散$V(Z)$を求めよ．

解 Aから玉を2個同時に取り出す方法は全部で $_5C_2=\frac{5\cdot4}{2\cdot1}=10$(通り)

このうち，$X=0$は $_2C_2=1$(通り)　　$X=1$は $_3C_1\cdot{}_2C_1=6$(通り)

$X=2$となるのは $_3C_2=3$(通り)　$\therefore\ E(X)=0\times\frac{1}{10}+1\times\frac{6}{10}+2\times\frac{3}{10}=\frac{6}{5}$

$$V(X)=E(X^2)-\{E(X)\}^2=\left(1^2\times\frac{6}{10}+2^2\times\frac{3}{10}\right)-\left(\frac{6}{5}\right)^2=\frac{9}{25}$$

Aの赤と黒の玉の個数が，それぞれBの白と緑の玉の個数と等しいので，$Y$の確率分布は$X$と逆になる．よって　$E(Y)=0\times\frac{3}{10}+1\times\frac{6}{10}+2\times\frac{1}{10}=\frac{4}{5}$

$$V(Y)=E(Y^2)-\{E(Y)\}^2=\left(1^2\times\frac{6}{10}+2^2\times\frac{1}{10}\right)-\left(\frac{4}{5}\right)^2=\frac{9}{25}$$

$Z=X+3Y$より　$\boldsymbol{E(Z)}=E(X+3Y)=E(X)+3E(Y)=\frac{6}{5}+3\cdot\frac{4}{5}\boldsymbol{=\frac{18}{5}}$

$X$と$Y$は独立なので　$\boldsymbol{V(Z)}=V(X+3Y)=V(X)+3^2V(Y)=\frac{9}{25}+9\cdot\frac{9}{25}\boldsymbol{=\frac{18}{5}}$

**《独立な確率変数》** **$X$，$Y$が互いに独立な確率変数であり，$a$，$b$が定数であるとき**

$$E(XY)=E(X)E(Y)\qquad V(X+Y)=V(X)+V(Y)$$
$$V(aX+bY)=a^2V(X)+b^2V(Y)$$

**Assist**（確率変数の独立）

2つの確率変数$X$，$Y$があって，$X$のとる任意の値$a$と，$Y$のとる任意の値$b$について$P(X=a,Y=b)=P(X=a)P(Y=b)$が成り立つとき，確率変数$X$と$Y$は互いに独立であるという．(公式の証明については，教科書等を参照．)

**シェーマ**

**$X$，$Y$が互いに独立** ⋙ **$V(aX+bY)=a^2V(X)+b^2V(Y)$**

**復習 | 108** 袋の中に1と書かれたカードが2枚，2と書かれたカードが4枚，計6枚のカードが入っていて，そこから同時に2枚取り出し，そのカードに書かれた数字の和を$X$とする．その後，取り出したカードを袋に戻し，さらにそこから1枚取り出し，それを元に戻す操作を2回繰り返し，そのときの2枚のカードに書かれた数字の積を$Y$とする．$Z=2X+3Y$とおくとき，$Z$の期待値$E(Z)$と分散$V(Z)$を求めよ．

## 例題 109 二項分布

100 個の玉が入った袋がある．この中には赤玉が $r$ 個含まれている．この袋から無作為に 1 個の玉を取り出し，色を調べてから元に戻す操作を $n$ 回くり返す．このとき，赤玉を取り出した回数を $X$ とする．

(1) $X$ の期待値 $E(X)$ と標準偏差 $\sigma(X)$ を $n$ と $r$ を用いて表せ．

(2) $X$ の期待値が $\dfrac{16}{5}$，標準偏差が $\dfrac{8}{5}$ であるとき，$r$ と $n$ を求めよ．

**解** (1) 1 回の操作で赤玉を取り出す確率を $p$ とすると　$p=\dfrac{r}{100}$

確率変数 $X$ は二項分布 $B(n, p)$ に従うので　$\boldsymbol{E(X)=np=\dfrac{nr}{100}}$

$$V(X)=np(1-p)=n\cdot\frac{r}{100}\left(1-\frac{r}{100}\right)=\frac{nr(100-r)}{10000}\quad \therefore\ \boldsymbol{\sigma(X)}=\sqrt{V(X)}=\boldsymbol{\frac{\sqrt{nr(100-r)}}{100}}$$

(2) (1)より　$\dfrac{nr}{100}=\dfrac{16}{5}$ かつ $\dfrac{\sqrt{nr(100-r)}}{100}=\dfrac{8}{5}$

$\therefore\ nr=320$ かつ $nr(100-r)=160^2$　$\therefore\ \boldsymbol{r=20,\ n=16}$

《二項分布》 確率変数 $X$ が二項分布 $B(n, p)$ に従うとき，$q=1-p$ とすると

$$E(X)=np \qquad V(X)=npq \qquad \sigma(X)=\sqrt{npq}$$

### Assist

**1°** （二項分布の定義） 1 回の試行で事象 $A$ の起こる確率を $p$ とする．この試行を $n$ 回くり返し行うとき，事象 $A$ がちょうど $r$ 回起こる確率は ${}_n\mathrm{C}_r p^r q^{n-r}$（ただし，$q=1-p$）となる．事象 $A$ の起こる回数を $X$ とするとき，確率変数 $X$ の確率分布を二項分布といい，$B(n, p)$ で表す．

| $X$ | 0 | 1 | …… | $r$ | …… | $n$ | 計 |
|---|---|---|---|---|---|---|---|
| $P$ | ${}_n\mathrm{C}_0 q^n$ | ${}_n\mathrm{C}_1 pq^{n-1}$ | | ${}_n\mathrm{C}_r p^r q^{n-r}$ | | ${}_n\mathrm{C}_n p^n$ | 1 |

**2°** （公式の証明） 第 $k$ 回目 $(k=1, 2, \cdots\cdots, n)$ の試行で事象 $A$ が起これば 1，起こらなければ 0 をとる確率変数を $X_k$ とすると，$X=X_1+X_2+\cdots\cdots+X_n$ である．ここで

$$E(X_k)=1\times p+0\times q=p,\ E(X_k{}^2)=1^2\times p+0^2\times q=p,$$
$$V(X_k)=E(X_k{}^2)-\{E(X_k)\}^2=p-p^2=p(1-p)=pq$$

$X=X_1+X_2+\cdots\cdots+X_n$ であるから

$$E(X)=E(X_1+X_2+\cdots\cdots+X_n)=E(X_1)+E(X_2)+\cdots\cdots+E(X_n)=np$$

$X_1$，$X_2$，……，$X_n$ は互いに独立であるから

$$V(X)=V(X_1+X_2+\cdots\cdots+X_n)=V(X_1)+V(X_2)+\cdots\cdots+V(X_n)=npq$$

### シェーマ

**$n$ 回の反復試行で確率 $p$ の事象が $X$ 回起こる** ⋙ **$X$ は二項分布 $B(n, p)$ に従う**

**復習 | 109**　4 枚の硬貨を同時に投げる試行を 4 回くり返すとき，2 枚が表で 2 枚が裏となる回数 $X$ の確率分布の式，$X$ の期待値 $E(X)$，標準偏差 $\sigma(X)$ を求めよ．

## 例題 110　確率密度関数

確率変数 $X$ の確率密度関数 $f(x)$ が　$f(x)=\begin{cases} a(x-x^2) & (0 \leqq x \leqq 1 \text{ のとき}) \\ 0 & (x<0,\ 1<x \text{ のとき}) \end{cases}$

で与えられるとき，定数 $a$ の値を求めよ．また，$X$ の期待値 $E(X)$，分散 $V(X)$ を求めよ．

**解**　$x<0$，$1<x$ のとき $f(x)=0$ であるから，$\int_0^1 f(x)dx=1 \cdots$①である．

$f(x)$ の式より　$\int_0^1 f(x)dx=\int_0^1 a(x-x^2)dx=a\left[\frac{1}{2}x^2-\frac{1}{3}x^3\right]_0^1=\frac{1}{6}a$

であるから，①より　$\frac{1}{6}a=1$　$\therefore$ $\boldsymbol{a=6}$

よって　$E(X)=\int_0^1 xf(x)dx=\int_0^1 6x(x-x^2)dx=\left[2x^3-\frac{3}{2}x^4\right]_0^1=\boldsymbol{\frac{1}{2}}$

$V(X)=\int_0^1\left(x-\frac{1}{2}\right)^2 f(x)dx=\int_0^1 6\left(x-\frac{1}{2}\right)^2(x-x^2)dx$

$=6\int_0^1\left(-x^4+2x^3-\frac{5}{4}x^2+\frac{1}{4}x\right)dx=6\left[-\frac{1}{5}x^5+\frac{1}{2}x^4-\frac{5}{12}x^3+\frac{1}{8}x^2\right]_0^1=\boldsymbol{\frac{1}{20}}$

**《確率密度関数》**　連続型確率変数 $X$ のとる値の範囲を $\alpha \leqq X \leqq \beta$，$X$ の確率密度関数を $f(x)$ とすると，$X$ の期待値 $E(X)$，分散 $V(X)$ の定義は

$E(X)=\int_\alpha^\beta xf(x)dx$　　$V(X)=\int_\alpha^\beta (x-m)^2 f(x)dx$　（ただし，$m=E(X)$）

**Assist**　（確率密度関数の定義）　連続的な値をとる確率変数を連続型確率変数という．これに対して，とびとびの値をとる確率変数を離散型確率変数という．連続型確率変数 $X$ の確率分布を考えるには，$X$ に，ある曲線 $y=f(x)$ を対応させ，$a \leqq X \leqq b$ となる確率が $y=f(x)$ と $x$ 軸，$x=a$，$x=b$ で囲まれた部分の面積で表されるようにする．このような曲線を $X$ の分布曲線といい，分布曲線を表す関数 $f(x)$ を $X$ の確率密度関数という．このとき，(i) つねに $f(x) \geqq 0$ である　(ii) $X$ のとる値が $\alpha \leqq X \leqq \beta$ であるとき　$\int_\alpha^\beta f(x)dx=1$　(iii) $P(a \leqq x \leqq b)=\int_a^b f(x)dx$

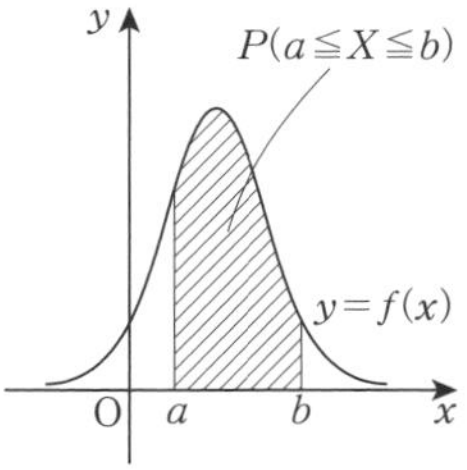


（注）　$V(X)=\int_\alpha^\beta x^2 f(x)dx-\{E(x)\}^2$ も成り立つ．（**復習 110** 解答の（注）を参照）

**シェーマ**

**確率密度関数が $f(x)$　⇒　（全面積）$\int_\alpha^\beta f(x)dx=1$　$(\alpha \leqq x \leqq \beta)$**

**復習 110**　確率変数 $X$ のとる値の範囲を $0 \leqq X \leqq a$ $(a>0)$，$X$ の確率密度関数を $f(x)=b(a-x)x$ とする．$X$ の期待値が 1 のとき，次の問いに答えよ．

(1)　定数 $a$，$b$ の値を求めよ．　(2)　$X$ の分散 $V(X)$ を求めよ．

## 例題 111　正規分布と標準正規分布

ある男子高校の生徒全体の身長は平均 169 cm，標準偏差 6 cm の正規分布に従うと仮定できるという．正規分布表(巻末)を用いて，次の問いに答えよ．

(1)　身長が 163 cm 以上 175 cm 以下である生徒は何%いるか．

(2)　無作為に 1 人の生徒を選んだとき，身長が 184 cm 以上である確率を求めよ．

**解**　(1)　$X$ を身長(cm)とし，$Z=\dfrac{X-169}{6}$ とおくと，$Z$ は標準正規分布 $N(0,1)$ に従う．

$$P(163 \leqq X \leqq 175)=P\left(\frac{163-169}{6} \leqq \frac{X-169}{6} \leqq \frac{175-169}{6}\right)$$
$$=P(-1 \leqq Z \leqq 1)=2P(0 \leqq Z \leqq 1)$$
$$=2\times p(1)=2\times 0.3413=0.6826$$

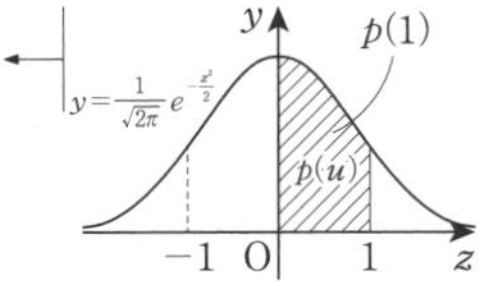


よって，**68.26%**である．

(2)　$P(X \geqq 184)=P\left(\dfrac{X-169}{6} \geqq \dfrac{184-169}{6}\right)=P(Z \geqq 2.5)$

$$=0.5-P(0 \leqq Z \leqq 2.5)=0.5-p(2.5)=0.5-0.4938=\mathbf{0.0062}$$

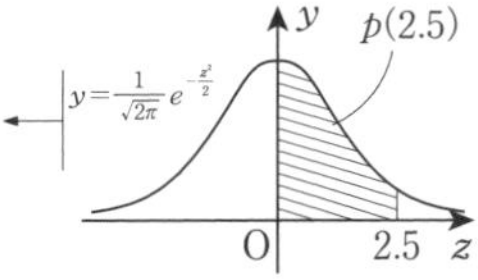


《正規分布》　正規分布 $N(m,\sigma^2)$ に従う $X$ について　$E(X)=m$　　$\sigma(X)=\sigma$

**Assist**　(正規分布)　$m$ を実数，$\sigma$ を正の実数とする．関数

$f(x)=\dfrac{1}{\sqrt{2\pi}\sigma}e^{-\frac{(x-m)^2}{2\sigma^2}}$ は，連続型確率変数 $X$ の確率密度関数になることが知られている．このとき，$X$ は正規分布 $N(m,\sigma^2)$ に従うという($e$ は無理数で $e=2.71828\cdots\cdots$)．この $y=f(x)$ で表される曲線を正規分布曲線といい，(i) 直線 $x=m$ に関して対称である，(ii) 標準偏差 $\sigma$ が大きくなると，曲線の山は低くなり，$\sigma$ が小さくなると，曲線の山は高くなる．

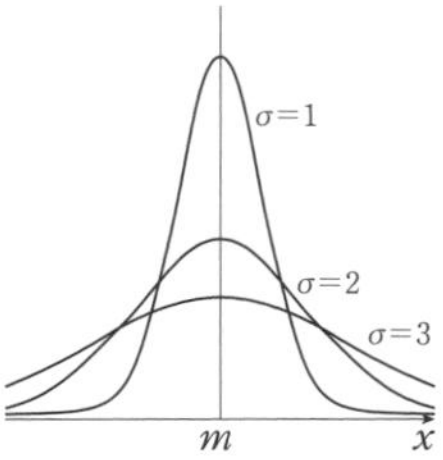


(標準正規分布)　確率変数 $X$ が正規分布 $N(m,\sigma^2)$ に従うとき，確率変数 $aX+b$ $(a \neq 0)$ は正規分布 $N(am+b,a^2\sigma^2)$ に従うことが知られている．特に，$Z=\dfrac{X-m}{\sigma}$ とおくと，確率変数 $Z$ は平均が 0，標準偏差が 1 の正規分布 $N(0,1)$ に従う．これを標準正規分布という．$N(0,1)$ に従う確率変数 $Z$ に対し，確率 $P(0 \leqq Z \leqq u)$ を $p(u)$ で表すとき，$p(u)$ の値の表が正規分布表である．今後，必要に応じて，巻末の正規分布表を使うものとする．

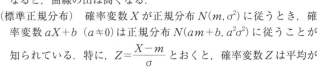

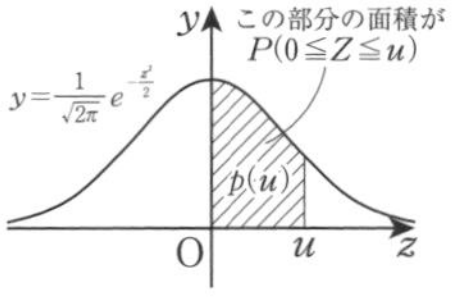


**シェーマ**

**確率変数 $X$ が正規分布 $N(m,\sigma^2)$ に従う　⋙　$Z=\dfrac{X-m}{\sigma}$ は $N(0,1)$ に従う**

**復習 | 111**　ある理科の実験でモーターを使用する．このモーターが故障せずに回転する稼働時間 $T$ は，平均値 1500 時間，標準偏差 450 時間の正規分布に従うものとする．このモーターが 852 時間以内に故障する確率を求めよ．

## 例題 112 二項分布の正規分布による近似

1枚のコインを400回投げて，表が出る合計回数を $X$ とする．ただし，コインの表と裏の出る確率は等しいとする．試行回数が大きいとき，$X$ の確率分布は正規分布で近似できることが知られており，試行回数400はこのような近似が成り立つのに十分大きいとみなせる．このことを利用して，$X$ の値が $190 \leqq X \leqq 210$ となる確率を求めよ．

**解** $X$ は二項分布 $B\left(400, \dfrac{1}{2}\right)$ に従うから

$$\text{期待値}\quad E(X)=400\cdot\frac{1}{2}=200 \qquad \text{標準偏差}\quad \sigma(X)=\sqrt{400\cdot\frac{1}{2}\cdot\frac{1}{2}}=10$$

であり，$X$ は正規分布 $N(200, 10^2)$ に従うとしてよい．

よって，$Z=\dfrac{X-200}{10}$ とおくと，$Z$ は標準正規分布 $N(0, 1)$ に従うから

$$\begin{aligned} P(190 \leqq X \leqq 210) &= P\left(\frac{190-200}{10} \leqq Z \leqq \frac{210-200}{10}\right) \\ &= P(-1 \leqq Z \leqq 1) = 2P(0 \leqq Z \leqq 1) = 2p(1) \\ &= 2\times 0.3413 = \mathbf{0.6826} \end{aligned}$$

《二項分布の近似》 一般に，次のことが成り立つ．
二項分布 $B(n, p)$ に従う確率変数 $X$ は，$n$ が大きいとき，近似的に正規分布 $N(np, npq)$ に従う（ただし，$q=1-p$）．

**シェーマ**

**$X$ が二項分布 $B(n, p)$ に従う ⟹ $X$ は近似的に $N(np, npq)$ に従う**

### 復習 | 112

「次の5つの文章のうち正しいもの2つに○をつけよ．」という問題がある．いま，解答者1600人が各人考えることなくでたらめに2つの文章を選んで○をつけたとする．

(1) 1600人中2つとも正しく○をつけたものが130人以上175人以下となる確率を式で表せ．

(2) (1)の確率を，小数第3位を四捨五入して小数第2位まで求めよ．

**TRIAL** **例題112** と同様に，1枚のコインを $n$ 回投げて，表が出る回数を $X$ とする．$\left|\dfrac{X}{n}-\dfrac{1}{2}\right| \leqq 0.05$ となる確率が0.95以上となるためには，$n$ をどのくらい大きくすればよいか．

統計的推測

## 例題 113　標本平均

平均が20，標準偏差が2の母集団から大きさ $n$ の無作為標本を復元抽出するとき，

(1)　標本平均 $\overline{X}$ の期待値 $E(\overline{X})$ と標準偏差 $\sigma(\overline{X})$ を求めよ．

(2)　標本平均 $\overline{X}$ の標準偏差が $\frac{1}{10}$ 以下になるような $n$ の最小値を求めよ．

**解** (1)　標本平均 $\overline{X}$ の期待値は，母平均と等しく　$\boldsymbol{E(\overline{X})=20}$

母標準偏差を $\sigma$ とすると，$\sigma=2$ であり　$\boldsymbol{\sigma(\overline{X})=\frac{\sigma}{\sqrt{n}}=\frac{2}{\sqrt{n}}}$

(2)　条件より　$\sigma(\overline{X})\leqq\frac{1}{10}$　$\therefore\ \frac{2}{\sqrt{n}}\leqq\frac{1}{10}$　$\therefore\ 20\leqq\sqrt{n}$　$\therefore\ 400\leqq n$

よって，求める $n$ の最小値は　**400**

**《標本平均の期待値と標準偏差》**　母平均 $m$，母標準偏差 $\sigma$ の母集団から大きさ $n$ の無作為標本を復元抽出するとき，標本平均 $\overline{X}$ の期待値，標準偏差はそれぞれ

$$E(\overline{X})=m \qquad \sigma(\overline{X})=\frac{\sigma}{\sqrt{n}}$$

**Assist** (標本)　標本調査では，調査の対象全体を母集団，母集団から抜き出された要素の集合を標本，母集団から標本を抜き出すことを標本の抽出という．母集団の各要素を等しい確率で抽出する方法を無作為抽出という．これによって抽出された標本を無作為標本という．また，標本を抽出するとき，毎回もとに戻しながら次のものを取り出すことを復元抽出，取り出したものをもとに戻さずに続けて抽出することを非復元抽出という．

(母集団分布)　母集団における変量 $x$ の分布を母集団分布といい，その平均値，分散，標準偏差を，それぞれ母平均，母分散，母標準偏差という．母集団(その各要素に変量 $x$ の値が定められている)から大きさ $n$ の無作為標本を抽出すれば，それらの変量 $x$ の値 $X_1$，$X_2$，……，$X_n$ は，標本の抽出を試行と考えたとき，試行の結果によって定まる確率変数である．このとき，$\overline{X}=\frac{X_1+X_2+\cdots\cdots+X_n}{n}$ を標本平均，$s=\sqrt{\frac{1}{n}\sum_{k=1}^{n}(x_k-\overline{X})^2}$ を標本標準偏差という．

(公式の証明は教科書等を参照)

(注)　非復元抽出による標本のときも，抽出の回数 $n$ に比べて母集団の大きさが十分大きいときは，前の抽出が後の抽出にほとんど影響を与えないので，復元抽出と同様に考えてよい．

**シェーマ**

**母標準偏差 $\sigma$，標本の大きさが $n$ ⟫ 標本平均の標準偏差は $\frac{\sigma}{\sqrt{n}}$**

**復習 | 113**　高等学校1年生男子の身長の母平均が167cm，標準偏差が6cmであるとする．大きさ $n$ の無作為標本を復元抽出するとき，

(1)　標本平均の期待値と標準偏差を求めよ．

(2)　標本平均の標準偏差が0.3cm以下であるためには，何人の平均をとれば十分か．

## 例題 114 標本平均の分布と正規分布

ある工場で生産した製品の寿命は，平均1600時間，標準偏差60時間の正規分布に従うものとする．この工場で生産した製品を無作為に100個選んだとき，その100個の製品の平均寿命が1588時間以上1612時間以下となる確率を求めよ．

解 母集団分布が正規分布であるから，母平均 $m$，母標準偏差 $\sigma$ の母集団から大きさ $n$ の無作為標本を抽出するとき，標本平均 $\overline{X}$ は正規分布 $N\left(m, \frac{\sigma^2}{n}\right)$ に従うとみなすことができる．

ここで，$m=1600$，$\sigma=60$，$n=100$ であるから $\frac{\sigma^2}{n}=\frac{60^2}{100}=36$

よって，標本平均 $\overline{X}$ は正規分布 $N(1600, 36)$ に従う．

$Z=\frac{\overline{X}-1600}{\sqrt{36}}=\frac{\overline{X}-1600}{6}$ とおくと，$Z$ は $N(0, 1)$ に従う．$1588 \leqq \overline{X} \leqq 1612$ より

$$\frac{1588-1600}{6} \leqq \frac{\overline{X}-1600}{6} \leqq \frac{1612-1600}{6} \quad \therefore \ -2 \leqq \frac{\overline{X}-1600}{6} \leqq 2 \quad \therefore \ |Z| \leqq 2$$

よって $P(1588 \leqq \overline{X} \leqq 1612)=P(|Z| \leqq 2)=2p(2)=2\times 0.4772=\mathbf{0.9544}$

《標本平均の近似》 母平均 $m$，母標準偏差 $\sigma$ の母集団から，大きさ $n$ の無作為標本を抽出するとき，標本平均 $\overline{X}$ は，$n$ が大きいとき，近似的に正規分布 $N\left(m, \frac{\sigma^2}{n}\right)$ に従うことが知られている．

（注） 母集団分布が正規分布のときは，$n$ の大きさによらずに，$\overline{X}$ はつねに正規分布 $N\left(m, \frac{\sigma^2}{n}\right)$ に（近似的にではなく）従うことが知られている．

**Assist** （大数の法則）

$\overline{X}$ を近似する正規分布 $N\left(m, \frac{\sigma^2}{n}\right)$ において，$n$ を限りなく大きくしていくと，標準偏差 $\frac{\sigma}{\sqrt{n}}$ は限りなく0に近づき，$\overline{X}$ は母平均 $m$ の近くに限りなく集中して分布する．よって，「母平均 $m$ の母集団から大きさ $n$ の無作為標本を抽出するとき，標本平均 $\overline{X}$ は $n$ が大きくなるにしたがって，母平均 $m$ に近づく」．これを大数の法則という．

**シェーマ**

**母平均 $m$，母標準偏差 $\sigma$ の母集団** ≫ **標本平均 $\overline{X}$ は $N\left(m, \frac{\sigma^2}{n}\right)$ に従うとみなす**

**復習 | 114** ある工業製品の長さは，平均20mm，標準偏差0.12mmの正規分布に従うものとする．この製品から大きさ25の標本を無作為抽出したときの標本平均が20.03mm以上になる確率を求めよ．

## 例題 115 母平均の推定

昨年実施した全国模試の英語の平均点は65点，標準偏差は10点であった．今年も同様の試験を実施して，無作為に抽出した100人の成績を集計したところ，平均点は63点であった．得点分布の標準偏差は昨年と同じであると仮定して，今年の英語の平均点に対する信頼度95%の信頼区間を求めよ．

解 母標準偏差を$\sigma$，標本平均を$\overline{X}$，標本の大きさを$n$とすると，$\sigma=10$，$\overline{X}=63$，$n=100$である．このとき，母平均$m$に対する信頼度95%の信頼区間は

$$\left[\underbrace{\overline{X}-1.96\cdot\frac{\sigma}{\sqrt{n}}}_{①},\ \underbrace{\overline{X}+1.96\cdot\frac{\sigma}{\sqrt{n}}}_{②}\right]$$ である．

$$①=63-1.96=61.04 \qquad ②=63+1.96=64.96$$

より，求める信頼区間は[**61.04**，**64.96**]である．ただし単位は点．

《母平均の推定》 母標準偏差が$\sigma$であり，標本の大きさ$n$が大きいとき（あるいは，母集団分布が正規分布に従うとき），母平均$m$に対する信頼度95%の信頼区間は

$$\left[\overline{X}-1.96\cdot\frac{\sigma}{\sqrt{n}},\ \overline{X}+1.96\cdot\frac{\sigma}{\sqrt{n}}\right]$$ である．

（注） 母平均$m$の推定には，母標準偏差$\sigma$を用いるが，標本の大きさ$n$が大きいときには，$\sigma$の代わりに，標本標準偏差$s$を用いてもよいことが知られている．

**Assist**（母平均と正規分布）

例題114の Assist より，母平均$m$，母標準偏差$\sigma$の母集団から抽出された大きさ$n$の無作為標本の標本平均$\overline{X}$に対して，$n$が大きいとき，$Z=\dfrac{\overline{X}-m}{\sigma'}$ $\left(\sigma'=\dfrac{\sigma}{\sqrt{n}}\right)$は近似的に標準正規分布$N(0,1)$に従う（母集団分布が正規分布のときは，$n$の大きさによらず，標準正規分布に従う）．
このとき，正規分布表より，$P(|Z|\leqq1.96)=2P(0\leqq Z\leqq1.96)\fallingdotseq0.95$であるから

$$P\left(m-1.96\cdot\frac{\sigma}{\sqrt{n}}\leqq\overline{X}\leqq m+1.96\cdot\frac{\sigma}{\sqrt{n}}\right)\fallingdotseq0.95 \quad \therefore\ P\left(\overline{X}-1.96\cdot\frac{\sigma}{\sqrt{n}}\leqq m\leqq\overline{X}+1.96\cdot\frac{\sigma}{\sqrt{n}}\right)\fallingdotseq0.95$$

同様に，信頼度99%の信頼区間は，正規分布表より，$P(|Z|\leqq2.58)=2P(0\leqq Z\leqq2.58)\fallingdotseq0.99$であるから，$\left[\overline{X}-2.58\cdot\dfrac{\sigma}{\sqrt{n}},\ \overline{X}+2.58\cdot\dfrac{\sigma}{\sqrt{n}}\right]$である．

（注） 信頼度95%の信頼区間を求めることを，「信頼度95%で推定する」という．

**シェーマ**

**母平均の推定** ⋙ **信頼度95%の信頼区間は** $\left[\overline{X}-1.96\cdot\dfrac{\sigma}{\sqrt{n}},\ \overline{X}+1.96\cdot\dfrac{\sigma}{\sqrt{n}}\right]$

**復習 | 115** ある会社ではパッケージ入りの食料品を製造している．81個のパッケージを無作為に取り出し，その正味重量を調べたところ，平均110.0g，標準偏差1.8gであった．このとき，1パッケージ当たりの平均正味重量の信頼区間を信頼度95%で求めよ．ただし，正味重量は正規分布に従うものとする．また，信頼度99%ならどうか．

## 例題 116 母比率の推定

ある原野には，A，B 2種の野ねずみが生息しているという．任意に300匹の野ねずみを捕らえたところ，A種が75匹いた．この原野全体におけるA種の野ねずみの割合を信頼度95%で推定せよ．

解 A種の野ねずみが$p$%(母比率)生息しているとする．標本の大きさ$n$が大きいとき，標本比率を$R$とすると，母比率$p$に対する信頼度95%の信頼区間は

$\left[R-1.96\sqrt{\dfrac{R(1-R)}{n}},\ R+1.96\sqrt{\dfrac{R(1-R)}{n}}\right]$である．$n=300$，$R=\dfrac{75}{300}=\dfrac{1}{4}$より

$$R-1.96\sqrt{\frac{R(1-R)}{n}}=\frac{1}{4}-1.96\times\frac{1}{40}=0.201$$

← $\dfrac{R(1-R)}{n}=\dfrac{1}{40^2}$

同様に，$R+1.96\sqrt{\dfrac{R(1-R)}{n}}=0.299$であるから，A種の野ねずみの割合に対する信頼度95%の信頼区間は$[\mathbf{0.201},\ \mathbf{0.299}]$である．

**《母比率の推定》 標本の大きさ$n$が大きいとき，標本比率を$R$とすると，母比率$p$に対する信頼度95%の信頼区間は $\left[R-1.96\sqrt{\dfrac{R(1-R)}{n}},\ R+1.96\sqrt{\dfrac{R(1-R)}{n}}\right]$**

**Assist** (母比率) 母集団において，ある特性Aをもつものの割合を，特性Aの母比率といい，抽出された標本の中での特性Aをもつものの割合を，特性Aの標本比率という．特性Aの母比率が$p$である母集団から大きさ$n$の無作為標本を抽出し，その$k$番目$(k=1, 2, \cdots\cdots, n)$の標本が特性Aをもつとき$X_k=1$，特性Aをもたないとき$X_k=0$とする．$S=X_1+X_2+\cdots\cdots+X_n$とすると，$S$は標本のなかで特性Aをもつものの個数を表す確率変数であり，二項分布$B(n, p)$に従う．$n$が大きいときには，$S$は近似的に正規分布$N(np, npq)$に従う(ただし$q=1-p$)．標本比率を$R$とすると，$R\left(=\dfrac{S}{n}\right)$は，$E(R)=\dfrac{1}{n}E(S)=p$，$\sigma(R)=\dfrac{1}{n}\sigma(S)=\sqrt{\dfrac{pq}{n}}$より，近似的に正規分布$N\left(p, \dfrac{pq}{n}\right)$に従う．$n$が十分大きいとき，大数の法則より，標本比率$R$は母比率$p$に近いと考えられ，$p$を$R$で置き換えてよいので，母平均の推定と同様にして，上の公式を得る．

**シェーマ**

**母比率の推定** ⋙ **信頼度95%の信頼区間は $\left[R-1.96\sqrt{\dfrac{R(1-R)}{n}},\ R+1.96\sqrt{\dfrac{R(1-R)}{n}}\right]$**

**復習 | 116** 世論調査において，無作為に400人の有権者を選び，ある政策に対する賛否を調べたところ，320人が賛成であった．有権者全体のうち，この政策の賛成者の母比率$p$に対する信頼度95%の信頼区間を求めよ．また，賛成率が約80%と予想されているとき，信頼度95%で信頼区間の幅が4%以下になるように推定したい．何人以上抽出して調べればよいか．

## 例題 117 仮説検定①

あるサイコロを500回投げたところ，1の目が100回出たという．このサイコロの1の目が出る確率は $\frac{1}{6}$ でないと判断してよいか．有意水準5%で検定せよ．

解 サイコロの1の目が出る確率は $\frac{1}{6}$ であるという仮説を立てる．このとき，サイコロを500回投げたときの1の目が出る回数を $X$ とすると，$X$ は二項分布 $B\left(500, \frac{1}{6}\right)$ に従い，近似的に正規分布 $N\left(500\cdot\frac{1}{6}, 500\cdot\frac{1}{6}\cdot\frac{5}{6}\right)$，つまり $N\left(\frac{250}{3}, \left(\frac{25}{3}\right)^2\right)$ に従う．よって，

$m=\frac{250}{3}$，$\sigma=\frac{25}{3}$ として，$Z=\frac{X-m}{\sigma}=\left(X-\frac{250}{3}\right)\cdot\frac{3}{25}=\frac{3X-250}{25}$ とおくと，$Z$ は標準正規分布 $N(0, 1)$ に従うとみなしてよい．有意水準は5%であり，正規分布表より，

$P(|Z|\leqq 1.96)=2P(0\leqq Z\leqq 1.96)\fallingdotseq 0.95$ であるから，棄却域は $|Z|\geqq 1.96$ である．

$X=100$ に対する $Z$ の値は $Z=2$ で，これは棄却域に入るので，仮説は棄却される．

よって，有意水準5%で，**このサイコロの1の目が出る確率は $\frac{1}{6}$ でないと判断してよい．**

### Assist

（仮説検定） 一般に，母集団分布に関する仮定を仮説といい，標本から得られた結果によって，仮説が正しいかどうかを判断する手法を仮説検定という．仮説検定では，基準となる確率をあらかじめ定めておき，それより確率が小さい事象が起こるときは，仮説が正しくないと判断し，仮説を棄却する．この基準となる確率 $\alpha$ を有意水準または危険率という．有意水準 $\alpha$ は，0.05(5%)や0.01(1%)とすることが多い．求めた確率が有意水準より大きければ，仮説を棄却するだけの根拠がこの標本から得られなかったと考え,「仮説は棄却できない」と判断する．仮説が棄却できないからといって，仮説が正しいと判断できるわけではない．立てた仮説のもとでは実現しにくい確率変数の値の範囲を，その範囲の確率が $\alpha$ となるように定める．この範囲を有意水準 $\alpha$ の棄却域という．実現した確率変数の値が棄却域に入れば，仮説を棄却する．

（注） 有意水準が1%のときは，正規分布表より $P(-2.58\leqq Z\leqq 2.58)\fallingdotseq 0.99$ であるから，棄却域は $|Z|\geqq 2.58$ となる．

（仮説検定の手順） (i) 仮説Aを立てる，(ii) 有意水準 $\alpha$ を定め，棄却域を求める，(iii) 検証する仮説A，または，それを否定する仮説B(帰無仮説という)のもとで，標本から得られた確率変数の値が棄却域に入るかどうかを調べる．

### シェーマ

**有意水準5%の両側検定 ⟫ 棄却域は $|Z|\geqq 1.96$**

**復習 117** あるところにきわめて多くの白球と黒球がある．400個の球を無作為に取り出したとき，白球が222個，黒球が178個あった．白球と黒球の割合は異なると判断してよいか．有意水準5%で検定せよ．

## 例題 118　仮説検定②

B型の薬の有効率(服用して効き目のある確率)は0.6であるといわれている．A型の薬を600人の患者に与えたところ，381人の患者に効き目があったという．A型の薬はB型の薬より，すぐれているといえるか．有意水準5%で検定せよ．ただし，$Z$が標準正規分布に従うとき，$P(0\leqq Z\leqq 1.64)=0.45$とする．

**解**　A型の薬の有効率を$p$とする．$p=0.6$という仮説を立てる．600人の患者のうち，効き目がある人数を確率変数$X$とすると，$X$は二項分布$B(600,\ 0.6)$に従うので，近似的に正規分布$N(600\times 0.6,\ 600\times 0.6\times 0.4)$，つまり$N(360,\ 12^2)$に従うとしてよい．よって，

$Z=\dfrac{X-360}{12}$とおくと，$Z$は標準正規分布$N(0,\ 1)$に従う．ここで$P(Z\leqq u)=0.95$となる$u$を求める．

$$P(Z\leqq u)=0.95\Leftrightarrow P(Z\geqq u)=0.05\Leftrightarrow P(Z\geqq 0)-P(0\leqq Z\leqq u)=0.05$$
$$\Leftrightarrow P(0\leqq Z\leqq u)=0.5-0.05(=0.45)$$

であるから，$P(0\leqq Z\leqq 1.64)=0.45$より　$u=1.64$　$\therefore\ P(Z\leqq 1.64)=0.95$

したがって，棄却域は　$Z\geqq 1.64$

$X=381$に対する$Z$の値は$Z=\dfrac{7}{4}=1.75$で，これは棄却域に含まれるので，$p=0.6$という仮説は棄却される．

よって，A型の薬はB型の薬より，すぐれていると判断してよい．

(注)　A型の薬を与えて効き目があった患者は600人中381人で比率は0.6より大きく，B型の薬より「すぐれているといえるか」と問われているので，$p\geqq 0.6$を前提としてよい．

**Assist**　(両側検定と片側検定)

**例題117**では，1の目が出る回数が多いときも少ないときも，仮説が棄却されるように，棄却域が両側にとってある．このような検定を両側検定という．

一方，上の例題では，$p\geqq 0.6$であることを前提としてよい．このようなときは$p=0.6$という仮定のもとで，効き目がある人数が多い方だけに棄却域がある．このような検定を片側検定という．

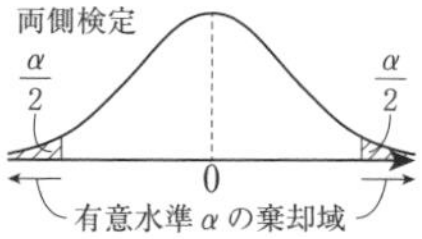


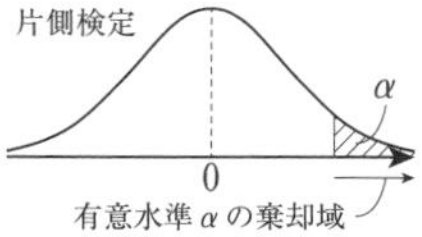


**シェーマ**

**有意水準5%の片側検定 ⟫ 棄却域は$Z\geqq 1.64$(棄却域が正の場合)**

**復習｜118**　ある新しい薬を無作為に抽出した400人の患者に用いたら，35人に副作用が発生した．従来から用いていた薬の副作用の発生する割合が10%とするとき，この新しい薬は従来から用いていた薬に比べて，副作用の発生する割合が低いといえるか．二項分布の計算には正規分布を用い，有意水準5%で検定せよ．ただし，$Z$が標準正規分布に従うとき，$P(0\leqq Z\leqq 1.64)=0.45$とする．

## 例題 119 ベクトルの演算

図の正六角形ABCDEFにおいて

(1) $\overrightarrow{AC}$ を $\overrightarrow{AB}$ と $\overrightarrow{AF}$ で表せ.

(2) $\overrightarrow{AD}$ を $\overrightarrow{AB}$ と $\overrightarrow{AF}$ で表せ.

(3) $\overrightarrow{DB}$ を $\overrightarrow{AB}$ と $\overrightarrow{AF}$ で表せ.

(4) $\overrightarrow{AB}$ を $\overrightarrow{AC}$ と $\overrightarrow{DB}$ で表せ.

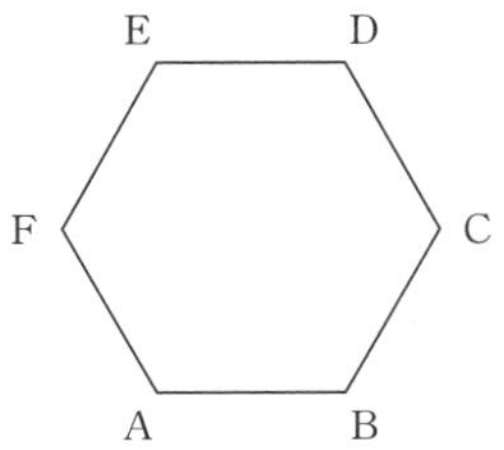


解 (1) 正六角形ABCDEFの中心をOとすると

$\overrightarrow{AO}=\overrightarrow{AB}+\overrightarrow{AF}$

よって $\overrightarrow{AC}=\overrightarrow{AB}+\overrightarrow{AO}=\overrightarrow{AB}+(\overrightarrow{AB}+\overrightarrow{AF})=\mathbf{2\overrightarrow{AB}+\overrightarrow{AF}}$

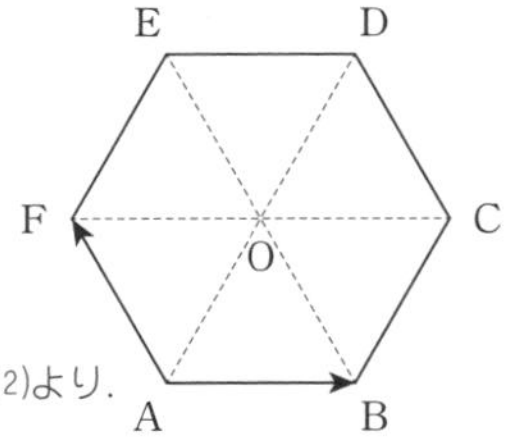


(2) $\overrightarrow{AD}=2\overrightarrow{AO}=2(\overrightarrow{AB}+\overrightarrow{AF})=\mathbf{2\overrightarrow{AB}+2\overrightarrow{AF}}$

(3) $\overrightarrow{DB}=\overrightarrow{AB}-\overrightarrow{AD}=\overrightarrow{AB}-(2\overrightarrow{AB}+2\overrightarrow{AF})=\mathbf{-\overrightarrow{AB}-2\overrightarrow{AF}}$ ←(2)より.

(4) (1)より $\overrightarrow{AC}=2\overrightarrow{AB}+\overrightarrow{AF}$ …①

(3)より $\overrightarrow{DB}=-\overrightarrow{AB}-2\overrightarrow{AF}$ …②

$\dfrac{1}{3}$(2×①+②) より $\dfrac{1}{3}(2\overrightarrow{AC}+\overrightarrow{DB})=\overrightarrow{AB}$ ∴ $\mathbf{\overrightarrow{AB}=\dfrac{2}{3}\overrightarrow{AC}+\dfrac{1}{3}\overrightarrow{DB}}$

《ベクトルの演算》

(和) $\overrightarrow{OB}=\overrightarrow{OA}+\overrightarrow{AB}$ (差) $\overrightarrow{AB}=\overrightarrow{OB}-\overrightarrow{OA}$

$\overrightarrow{OB}=\overrightarrow{OA}+\overrightarrow{OC}$ (実数倍) $\overrightarrow{OB}=m\overrightarrow{OA}$

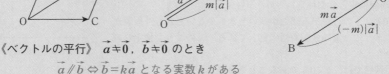

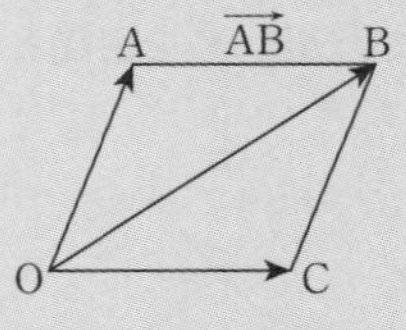


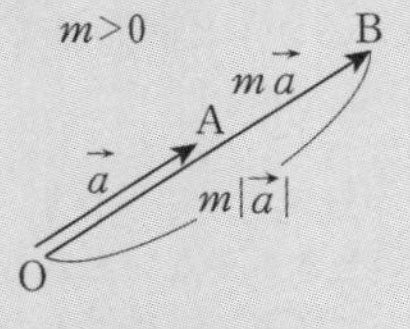


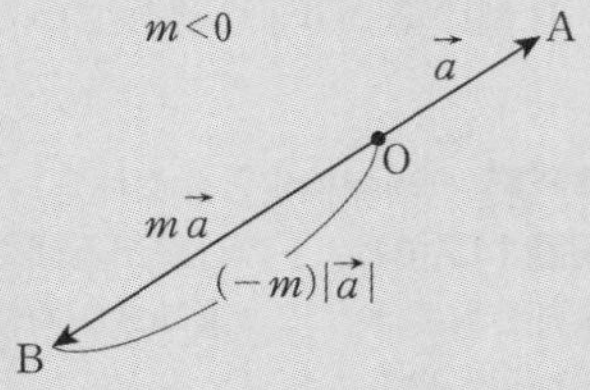


《ベクトルの平行》 $\vec{a}\neq\vec{0}$, $\vec{b}\neq\vec{0}$ のとき

$\vec{a}\parallel\vec{b} \Leftrightarrow \vec{b}=k\vec{a}$ となる実数 $k$ がある

**シェーマ**

**2つのベクトルの和 ⟫ 始点をそろえて平行四辺形を作る**

**or 始点と終点を一致させる**

### 復習 119

半径1の円に内接する正八角形ABCDEFGHにおいて, $\overrightarrow{AB}=\vec{a}$, $\overrightarrow{AH}=\vec{b}$ とおく.

(1) ベクトル $\vec{a}-\vec{b}$, $\vec{a}+\vec{b}$ の大きさを求めよ.

(2) ベクトル $\overrightarrow{AE}$, $\overrightarrow{AD}$ を $\vec{a}$, $\vec{b}$ を用いて表せ.

(3) $\vec{a}$ を $\overrightarrow{AE}$, $\overrightarrow{AD}$ を用いて表せ.

## 例題 120　一直線上にある 3 点

△OABにおいて，辺OAを3:2に内分する点をP，辺ABを1:3に内分する点をQ，辺BOを2:1に外分する点をRとする．

(1) $\overrightarrow{PQ}$ を $\overrightarrow{OA}$，$\overrightarrow{OB}$ を用いて表せ．

(2) 3点P，Q，Rは一直線上にあることを示せ．

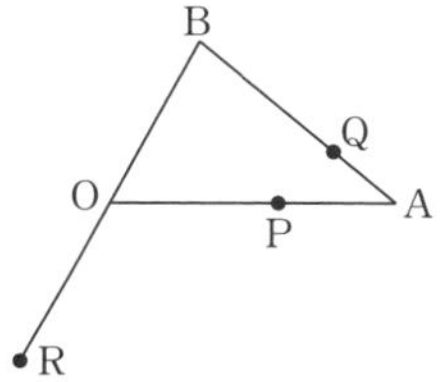


**解** (1) 点Pは辺OAを3:2に内分する点であるから

$$\overrightarrow{OP}=\frac{3}{3+2}\overrightarrow{OA}=\frac{3}{5}\overrightarrow{OA}$$

点Qは辺ABを1:3に内分する点であるから

$$\overrightarrow{OQ}=\frac{3\overrightarrow{OA}+\overrightarrow{OB}}{1+3}=\frac{1}{4}(3\overrightarrow{OA}+\overrightarrow{OB})$$

よって　$\overrightarrow{PQ}=\overrightarrow{OQ}-\overrightarrow{OP}=\left(\frac{3}{4}\overrightarrow{OA}+\frac{1}{4}\overrightarrow{OB}\right)-\frac{3}{5}\overrightarrow{OA}=\boldsymbol{\frac{3}{20}\overrightarrow{OA}+\frac{1}{4}\overrightarrow{OB}}$ …①

(2) 点Rは辺BOを2:1に外分する点であるから　$\overrightarrow{OR}=-\overrightarrow{OB}$

よって　$\overrightarrow{PR}=\overrightarrow{OR}-\overrightarrow{OP}=-\overrightarrow{OB}-\frac{3}{5}\overrightarrow{OA}=\frac{-1}{5}(3\overrightarrow{OA}+5\overrightarrow{OB})$ …②　← $\overrightarrow{PR}$ を $\overrightarrow{OA}$，$\overrightarrow{OB}$ で表す．

また，①より　$\overrightarrow{PQ}=\frac{1}{20}(3\overrightarrow{OA}+5\overrightarrow{OB})$

これと②より，$\overrightarrow{PR}=-4\overrightarrow{PQ}$ と表せるから，3点P，Q，Rは一直線上にある．　終

《内分点の位置ベクトル》　ABを $m:n$ に内分する点をPとすると

$$\overrightarrow{OP}=\frac{n\overrightarrow{OA}+m\overrightarrow{OB}}{m+n}$$

**シェーマ**

**3点P，Q，Rは同一直線上　⟫　$\overrightarrow{PR}/\!/\overrightarrow{PQ}$ より $\overrightarrow{PR}=t\overrightarrow{PQ}$ と表せる**

ベクトル

### 復習 120

△ABCにおいて，辺BCを1:2に内分する点をP，辺ACを3:1に内分する点をQ，辺ABを6:1に外分する点をRとする．

(1) ベクトル $\overrightarrow{AP}$，$\overrightarrow{AQ}$，$\overrightarrow{AR}$ を $\overrightarrow{AB}$，$\overrightarrow{AC}$ で表せ．

(2) 3点P，Q，Rは一直線上にあることを示せ．

## 例題 121 重心のベクトル

平面上の3点A，B，Cを頂点とする三角形を考え，その重心をGとする．さらに線分AG，BG，CGを5:3に外分する点をそれぞれD，E，Fとする．△DEFは△ABCと相似であることを証明せよ．

解 $\overrightarrow{AB}=\vec{b}$，$\overrightarrow{AC}=\vec{c}$ とおくと，点Gは△ABCの重心であるから

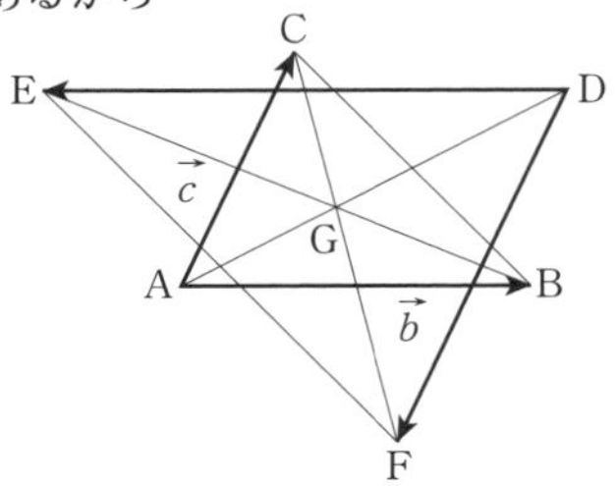


$$\overrightarrow{AG}=\frac{\overrightarrow{AA}+\overrightarrow{AB}+\overrightarrow{AC}}{3}=\frac{1}{3}(\vec{b}+\vec{c})$$

線分AGを5:3に外分する点がDであるから

$$\overrightarrow{AD}=\frac{5}{2}\overrightarrow{AG}=\frac{5}{6}(\vec{b}+\vec{c})$$

線分BGを5:3に外分する点がEであるから

$$\overrightarrow{AE}=\frac{(-3)\overrightarrow{AB}+5\overrightarrow{AG}}{5-3}=-\frac{3}{2}\vec{b}+\frac{5}{2}\cdot\frac{1}{3}(\vec{b}+\vec{c})=-\frac{2}{3}\vec{b}+\frac{5}{6}\vec{c}$$

線分CGを5:3に外分する点がFであるから

$$\overrightarrow{AF}=\frac{(-3)\overrightarrow{AC}+5\overrightarrow{AG}}{5-3}=-\frac{3}{2}\vec{c}+\frac{5}{2}\cdot\frac{1}{3}(\vec{b}+\vec{c})=\frac{5}{6}\vec{b}-\frac{2}{3}\vec{c}$$

よって

$$\overrightarrow{DE}=\overrightarrow{AE}-\overrightarrow{AD}=\left(-\frac{2}{3}\vec{b}+\frac{5}{6}\vec{c}\right)-\frac{5}{6}(\vec{b}+\vec{c})=-\frac{3}{2}\vec{b}=-\frac{3}{2}\overrightarrow{AB}$$

$$\overrightarrow{DF}=\overrightarrow{AF}-\overrightarrow{AD}=\left(\frac{5}{6}\vec{b}-\frac{2}{3}\vec{c}\right)-\frac{5}{6}(\vec{b}+\vec{c})=-\frac{3}{2}\vec{c}=-\frac{3}{2}\overrightarrow{AC}$$

したがって　∠BAC=∠EDF かつ
DE:AB=DF:AC (=3:2) より　△ABC∽△DEF　終

← 2組の辺の比とその間の角がそれぞれ等しいので相似．

《重心の公式》 △ABCの重心をGとすると

$$\overrightarrow{OG}=\frac{\overrightarrow{OA}+\overrightarrow{OB}+\overrightarrow{OC}}{3}$$

《外分点の位置ベクトル》 ABを $m:n$ に外分する点をQとすると

$$\overrightarrow{OQ}=\frac{(-n)\overrightarrow{OA}+m\overrightarrow{OB}}{m-n}$$

シェーマ

**平面ベクトル ⟫ 始点をそろえた平行でない2つのベクトルで表す**

**復習 121** △ABCの重心をG，△ABGの重心をD，△BCGの重心をE，△CAGの重心をFとする．△ABCと△EFDが相似であることを示し，面積比を求めよ．

## 例題 122 内心のベクトル

AB=3, BC=5, CA=6 とし，△ABC の内心を I とする．O を定点とし，$\overrightarrow{OI}$ を $\overrightarrow{OA}$，$\overrightarrow{OB}$，$\overrightarrow{OC}$ を用いて表せ．

**解** ∠A の二等分線と辺 BC の交点を D とすると

$$BD:DC=AB:AC=3:6=1:2$$

← 角の二等分線の公式 BD:DC=AB:AC

よって，点 D は線分 BC を 1:2 に内分する点であるから

$$\overrightarrow{OD}=\frac{2\overrightarrow{OB}+\overrightarrow{OC}}{3}$$

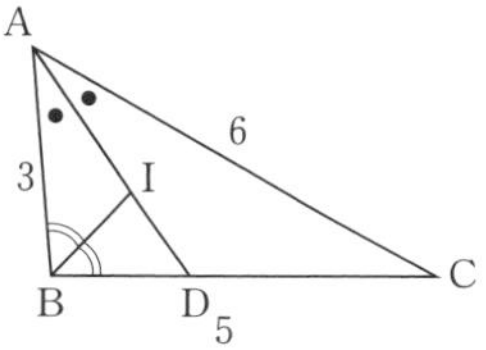


また　$BD=\frac{1}{3}BC=\frac{5}{3}$

内心 I は，∠B の二等分線と線分 AD の交点であるから

$$AI:ID=BA:BD=3:\frac{5}{3}=9:5$$

よって，点 I は，AD を 9:5 に内分する点なので

$$\boldsymbol{\overrightarrow{OI}}=\frac{5\overrightarrow{OA}+9\overrightarrow{OD}}{14}$$

$$=\frac{1}{14}\{5\overrightarrow{OA}+3(2\overrightarrow{OB}+\overrightarrow{OC})\}$$

$$=\boldsymbol{\frac{5}{14}\overrightarrow{OA}+\frac{3}{7}\overrightarrow{OB}+\frac{3}{14}\overrightarrow{OC}}$$

**Assist**

一般に，BC=$a$，CA=$b$，AB=$c$ のとき，$\overrightarrow{OI}=\frac{a\overrightarrow{OA}+b\overrightarrow{OB}+c\overrightarrow{OC}}{a+b+c}$ …(＊)が成り立つ．

**シェーマ**

**内心 ⋙ 2 つの内角の二等分線の交点に着目し，内分点の公式を利用**

**復習 | 122**　**Assist** (＊)を証明せよ．

**TRIAL**　一般に $\overrightarrow{OA}\neq\vec{0}$，$\overrightarrow{OB}\neq\vec{0}$，$\overrightarrow{OA}\not\parallel\overrightarrow{OB}$ である $\overrightarrow{OA}$，$\overrightarrow{OB}$ に対して，$\overrightarrow{OA'}=\frac{1}{OA}\overrightarrow{OA}$，$\overrightarrow{OB'}=\frac{1}{OB}\overrightarrow{OB}$ とすると，$\overrightarrow{OA'}$，$\overrightarrow{OB'}$ は大きさ 1 のベクトルである．よって，$\overrightarrow{OC}=\overrightarrow{OA'}+\overrightarrow{OB'}$ とすると，平行四辺形 OA′CB′ はひし形となるから，∠AOB の二等分線上の任意の点 X は，$\overrightarrow{OX}=t\overrightarrow{OC}=t\left(\frac{1}{OA}\overrightarrow{OA}+\frac{1}{OB}\overrightarrow{OB}\right)$ ($t$ は実数) と表される．このことを用いて，△OAB の内心を I とするとき，$\overrightarrow{OI}$ を $\overrightarrow{OA}$ と $\overrightarrow{OB}$ で表せ．ただし，OA=2，OB=4，AB=3 とする．

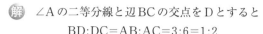

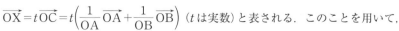

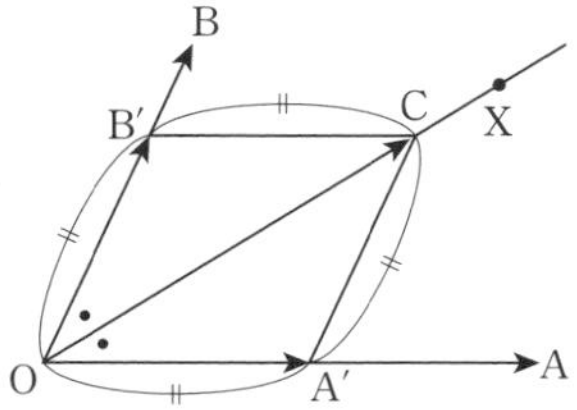

## 例題 123　三角形 ABC に対する点 P の位置

平面上の異なる 4 点 A, B, C, P は $2\overrightarrow{PA}+4\overrightarrow{PB}+5\overrightarrow{PC}=\vec{0}$ をみたしている．次の問いに答えよ．

(1) $\overrightarrow{AP}$ を $\overrightarrow{AB}$ と $\overrightarrow{AC}$ を用いて表せ．

(2) △ABC と △PBC の面積の比を求めよ．

**解** (1)　$2\overrightarrow{PA}+4\overrightarrow{PB}+5\overrightarrow{PC}=\vec{0}$ …①

①より

$$2(-\overrightarrow{AP})+4(\overrightarrow{AB}-\overrightarrow{AP})+5(\overrightarrow{AC}-\overrightarrow{AP})=\vec{0}$$

$$\therefore\ \boldsymbol{\overrightarrow{AP}=\frac{4\overrightarrow{AB}+5\overrightarrow{AC}}{11}}$$

(2) (1)より

$$\overrightarrow{AP}=\frac{9}{11}\cdot\frac{4\overrightarrow{AB}+5\overrightarrow{AC}}{9}$$

←分点公式の形を作る．

ここで，線分 BC を 5:4 に内分する点を D とすると

$$\overrightarrow{AD}=\frac{4\overrightarrow{AB}+5\overrightarrow{AC}}{9},\quad \overrightarrow{AP}=\frac{9}{11}\overrightarrow{AD}$$

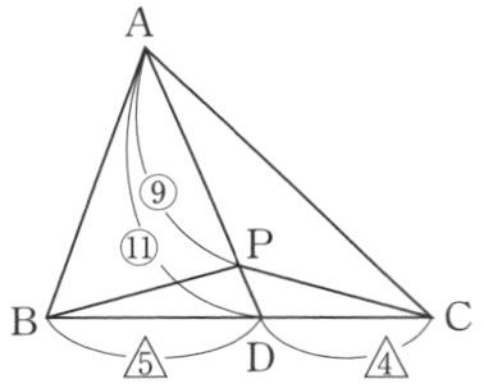


よって，AP:AD=9:11 より，点 P は AD を 9:2 に内分する点である．

したがって　AD:PD=11:2

∴ **△ABC:△PBC**=AD:PD=**11:2**

**Assist**

同様に計算すると，一般に，$\alpha\overrightarrow{PA}+\beta\overrightarrow{PB}+\gamma\overrightarrow{PC}=\vec{0}$ $(\alpha>0,\ \beta>0,\ \gamma>0)$ のとき，△PBC:△PCA:△PAB=$\alpha:\beta:\gamma$ が成り立つことがわかる．

**シェーマ**

**△ABC に対する点 P の位置** ⋙ $\overrightarrow{AP}=s\overrightarrow{AB}+t\overrightarrow{AC}$ と表し

$\overrightarrow{AP}=(s+t)\dfrac{s\overrightarrow{AB}+t\overrightarrow{AC}}{s+t}$ と変形

**復習 123**　$k$ を正の実数とする．点 P は △ABC の内部にあり，$k\overrightarrow{AP}+5\overrightarrow{BP}+3\overrightarrow{CP}=\vec{0}$ をみたしている．また，辺 BC を 3:5 に内分する点を D とする．

(1) $\overrightarrow{AP}$ を $\overrightarrow{AB}$，$\overrightarrow{AC}$，$k$ を用いて表せ．

(2) 3 点 A，P，D は一直線上にあることを示せ．

(3) △ABP の面積を $S_1$，△BDP の面積を $S_2$ とするとき，$S_1:S_2$ を $k$ を用いて表せ．

(4) △ABP の面積が △CDP の面積の $\dfrac{6}{5}$ 倍に等しいとき，$k$ の値を求めよ．

## 例題 124 交点の位置ベクトル

△ABCがある．辺CAを1:2に内分する点をD，辺ABを2:3に内分する点をE，線分BDとCEの交点をP，直線APと辺BCの交点をQとする．

(1) $\overrightarrow{AP}$ を $\overrightarrow{AB}$ と $\overrightarrow{AC}$ で表せ．　　(2) $\overrightarrow{AQ}$ を $\overrightarrow{AB}$ と $\overrightarrow{AC}$ で表せ．

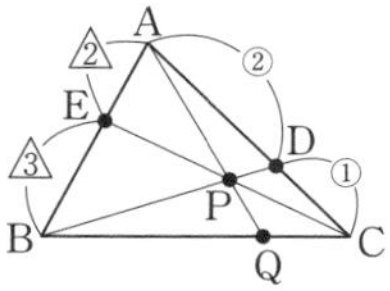


**解** (1) 点Pは線分BD上にあるから，

$$\overrightarrow{AP}=(1-t)\overrightarrow{AB}+t\overrightarrow{AD}=(1-t)\overrightarrow{AB}+t\left(\frac{2}{3}\overrightarrow{AC}\right)\cdots①$$

($t$ は実数)と表される．また，点Pは線分CE上にあるから，

$$\overrightarrow{AP}=(1-u)\overrightarrow{AC}+u\overrightarrow{AE}=u\left(\frac{2}{5}\overrightarrow{AB}\right)+(1-u)\overrightarrow{AC}\cdots② \quad (u \text{ は実数})$$

と表される．いま，$\overrightarrow{AB}\neq\vec{0}$，$\overrightarrow{AC}\neq\vec{0}$，$\overrightarrow{AB}\not\parallel\overrightarrow{AC}$ であるから，①，②より

$$\begin{cases}1-t=\dfrac{2}{5}u\\ \dfrac{2}{3}t=1-u\end{cases} \quad \therefore\ t=\frac{9}{11},\ u=\frac{5}{11} \quad \therefore\ \boldsymbol{\overrightarrow{AP}=\frac{2}{11}\overrightarrow{AB}+\frac{6}{11}\overrightarrow{AC}}$$

(2) 点Qは直線AP上より，$\overrightarrow{AQ}=k\overrightarrow{AP}$ ($k$ は実数)と表され

$$\overrightarrow{AQ}=k\left(\frac{2}{11}\overrightarrow{AB}+\frac{6}{11}\overrightarrow{AC}\right)=\frac{2}{11}k\overrightarrow{AB}+\frac{6}{11}k\overrightarrow{AC}$$

また，点QはBC上より　$\dfrac{2}{11}k+\dfrac{6}{11}k=1$　$\therefore\ k=\dfrac{11}{8}$　　よって　$\boldsymbol{\overrightarrow{AQ}=\frac{1}{4}\overrightarrow{AB}+\frac{3}{4}\overrightarrow{AC}}$

**《Pが直線AB上にある条件》** 異なる2点A，B，実数 $t$，$\alpha$，$\beta$ に対して

Pが直線AB上 ⇔ 3点P，A，Bが一直線上 ⇔ $\overrightarrow{AP}=t\overrightarrow{AB}$ ⇔ $\overrightarrow{OP}-\overrightarrow{OA}=t(\overrightarrow{OB}-\overrightarrow{OA})$

⇔ $\overrightarrow{OP}=(1-t)\overrightarrow{OA}+t\overrightarrow{OB}$ ⇔ $\overrightarrow{OP}=\alpha\overrightarrow{OA}+\beta\overrightarrow{OB}$ $(\alpha+\beta=1)$

**《係数の条件》** $\overrightarrow{OA}\neq\vec{0}$，$\overrightarrow{OB}\neq\vec{0}$，$\overrightarrow{OA}\not\parallel\overrightarrow{OB}$ ($\overrightarrow{OA}$ と $\overrightarrow{OB}$ は1次独立)のとき

(i) $\alpha\overrightarrow{OA}+\beta\overrightarrow{OB}=\vec{0}$　ならば　$\alpha=\beta=0$

(ii) $\alpha\overrightarrow{OA}+\beta\overrightarrow{OB}=\alpha'\overrightarrow{OA}+\beta'\overrightarrow{OB}$　ならば　$\alpha=\alpha'$，$\beta=\beta'$

**Assist**　公式(i)の証明：$\alpha\overrightarrow{OA}+\beta\overrightarrow{OB}=\vec{0}$ ならば，$\alpha\neq0$ と仮定すると　$\overrightarrow{OA}=-\dfrac{\beta}{\alpha}\overrightarrow{OB}$

このとき，$\overrightarrow{OA}\parallel\overrightarrow{OB}$ または $\overrightarrow{OA}=\vec{0}$ となり $\overrightarrow{OA}\neq\vec{0}$，$\overrightarrow{OB}\neq\vec{0}$，$\overrightarrow{OA}\not\parallel\overrightarrow{OB}$ に反する．

よって，$\alpha=0$ であり　$\beta\overrightarrow{OB}=\vec{0}$　　ここで $\overrightarrow{OB}\neq\vec{0}$ より　$\beta=0$

**シェーマ**

**交点Pの位置ベクトルを $\overrightarrow{OA}$，$\overrightarrow{OB}$ で表す ⟫ $\overrightarrow{OP}$ を2通りに表して係数比較**

**復習 124**　△ABCがある．辺ABを3:2に内分する点をD，辺ACを3:4に内分する点をE，線分BEとCDの交点をP，直線APと辺BCの交点をQとする．

(1) $\overrightarrow{AP}$ を $\overrightarrow{AB}$ と $\overrightarrow{AC}$ で表せ．　　(2) $\overrightarrow{AQ}$ を $\overrightarrow{AB}$ と $\overrightarrow{AC}$ で表せ．

ベクトル

## 例題 125 ベクトルの内積

OA=2，OB=3，∠AOB=60°，ABの中点をMとするとき

(1) $\overrightarrow{OA}\cdot\overrightarrow{OB}$ の値を求めよ．

(2) $(2\overrightarrow{OA}+3\overrightarrow{OB})\cdot(\overrightarrow{OA}-2\overrightarrow{OB})$ の値を求めよ．

(3) 線分OMの長さを求めよ．

(4) ∠AOM=$\theta$ とおくとき，$\cos\theta$ を求めよ．

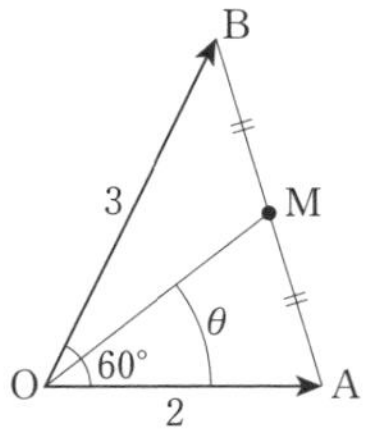


解 (1) $\overrightarrow{\mathbf{OA}}\cdot\overrightarrow{\mathbf{OB}}=|\overrightarrow{OA}||\overrightarrow{OB}|\cos\angle AOB=2\cdot3\cdot\cos60^\circ=\mathbf{3}$

(2) 条件と(1)より

$$(\mathbf{2}\overrightarrow{\mathbf{OA}}+\mathbf{3}\overrightarrow{\mathbf{OB}})\cdot(\overrightarrow{\mathbf{OA}}-\mathbf{2}\overrightarrow{\mathbf{OB}})=2|\overrightarrow{OA}|^2-\overrightarrow{OA}\cdot\overrightarrow{OB}-6|\overrightarrow{OB}|^2$$
$$=2\cdot2^2-3-6\cdot3^2=\mathbf{-49}$$

(3) 点MはABの中点であるから　$\overrightarrow{OM}=\dfrac{\overrightarrow{OA}+\overrightarrow{OB}}{2}$

$$|\overrightarrow{OM}|^2=\left|\frac{1}{2}(\overrightarrow{OA}+\overrightarrow{OB})\right|^2=\frac{1}{4}(|\overrightarrow{OA}|^2+2\overrightarrow{OA}\cdot\overrightarrow{OB}+|\overrightarrow{OB}|^2)$$
$$=\frac{1}{4}(2^2+2\cdot3+3^2)=\frac{19}{4}$$

よって，線分OMの長さは　$\boldsymbol{\dfrac{\sqrt{19}}{2}}$

(4)
$$\overrightarrow{OA}\cdot\overrightarrow{OM}=\overrightarrow{OA}\cdot\frac{1}{2}(\overrightarrow{OA}+\overrightarrow{OB})=\frac{1}{2}(|\overrightarrow{OA}|^2+\overrightarrow{OA}\cdot\overrightarrow{OB})=\frac{1}{2}(2^2+3)=\frac{7}{2}$$

よって　$\boldsymbol{\cos\theta}=\dfrac{\overrightarrow{OA}\cdot\overrightarrow{OM}}{|\overrightarrow{OA}||\overrightarrow{OM}|}=\dfrac{\frac{7}{2}}{2\cdot\frac{\sqrt{19}}{2}}=\boldsymbol{\dfrac{7\sqrt{19}}{38}}$

《内積の定義》 $\vec{a}\cdot\vec{b}=|\vec{a}||\vec{b}|\cos\theta$ （ただし，$\theta$ は $\vec{a}$ と $\vec{b}$ のなす角）

$$\cos\angle ABC=\frac{\overrightarrow{BA}\cdot\overrightarrow{BC}}{|\overrightarrow{BA}||\overrightarrow{BC}|}$$

《内積の性質》 $|\vec{a}|^2=\vec{a}\cdot\vec{a}$　　$(p\vec{a}+q\vec{b})\cdot(\alpha\vec{a}+\beta\vec{b})=p\alpha|\vec{a}|^2+(p\beta+q\alpha)\vec{a}\cdot\vec{b}+q\beta|\vec{b}|^2$

**シェーマ**

∠ABC ⋙ **$\cos\angle ABC$ を内積の定義より計算**

ABの長さ ⋙ **$|\overrightarrow{AB}|^2\ (=\overrightarrow{AB}\cdot\overrightarrow{AB})$ を内積として計算**

**復習 125**　OA=2，OB=5，$\overrightarrow{OA}\cdot\overrightarrow{OB}=4$ のとき

(1) $\cos\angle AOB$ を求めよ．

(2) 線分ABを2:1に内分する点をCとするとき，線分OCの長さと $\cos\angle AOC$ を求めよ．

## 例題 126 内積の計算

$|\vec{a}|=5$, $|\vec{b}|=3$, $|\vec{a}-\vec{b}|=6$ とする.

(1) $\vec{a}\cdot\vec{b}$ を求めよ.

(2) $\vec{a}+\vec{b}$ と $2\vec{a}+k\vec{b}$ が垂直となるとき，実数 $k$ の値を求めよ.

(3) $|\vec{a}+t\vec{b}|$ の最小値と，そのときの実数 $t$ の値を求めよ.

**解** (1) $|\vec{a}-\vec{b}|=6$ より

$$|\vec{a}-\vec{b}|^2=6^2 \quad \therefore\ |\vec{a}|^2-2\vec{a}\cdot\vec{b}+|\vec{b}|^2=36 \quad \therefore\ 5^2-2\vec{a}\cdot\vec{b}+3^2=36$$

$\therefore\ \boldsymbol{\vec{a}\cdot\vec{b}=-1}$

(2) $\vec{a}+\vec{b}$ と $2\vec{a}+k\vec{b}$ が垂直となる条件は

$$(\vec{a}+\vec{b})\cdot(2\vec{a}+k\vec{b})=0 \quad \therefore\ 2|\vec{a}|^2+(k+2)\vec{a}\cdot\vec{b}+k|\vec{b}|^2=0$$

$\therefore\ 2\cdot5^2+(-1)(k+2)+3^2\cdot k=0$

$\therefore\ \boldsymbol{k=-6}$

(3) $L=|\vec{a}+t\vec{b}|$ とおくと

$$L^2=|\vec{a}+t\vec{b}|^2=|\vec{a}|^2+2t\vec{a}\cdot\vec{b}+t^2|\vec{b}|^2$$
$$=5^2+(-1)\cdot2t+3^2\cdot t^2=9t^2-2t+25$$
$$=9\left(t-\frac{1}{9}\right)^2+\frac{224}{9}$$

$\boldsymbol{t=\frac{1}{9}}$ のとき $L$ の最小値 $\sqrt{\frac{224}{9}}=\boldsymbol{\frac{4\sqrt{14}}{3}}$

《垂直条件》 $\vec{a}\neq\vec{0}$, $\vec{b}\neq\vec{0}$ のとき $\vec{a}\perp\vec{b} \Leftrightarrow \vec{a}\cdot\vec{b}=0$

### シェーマ

$\vec{a}\perp\vec{b}$ ⟫ $\vec{a}\cdot\vec{b}=0$

ベクトルの大きさ $|s\vec{a}+t\vec{b}|$ ⟫ 2乗して計算

ベクトル

### 復習 126

$|\vec{a}|=2$, $|\vec{b}|=1$, $|\vec{a}+3\vec{b}|=3$ とする.

(1) $\vec{a}\cdot\vec{b}$ を求めよ.

(2) $k\vec{a}-\vec{b}$ と $\vec{a}+k\vec{b}$ が垂直となるとき，実数 $k$ の値を求めよ.

(3) $|x\vec{a}+(1-x)\vec{b}|$ が最小となるとき，実数 $x$ の値を求めよ.

## 例題 127 成分の平行条件・垂直条件，内積計算

2つのベクトル $\vec{a}=(1, x)$，$\vec{b}=(2, -1)$ について次の問いに答えよ．

(1) $\vec{a}+\vec{b}$ と $2\vec{a}-3\vec{b}$ が平行であるとき，$x$ の値を求めよ．

(2) $\vec{a}+\vec{b}$ と $2\vec{a}-3\vec{b}$ が垂直であるとき，$x$ の値を求めよ．

(3) $\vec{a}$ と $\vec{b}$ のなす角が $\dfrac{\pi}{3}$ であるとき，$x$ の値を求めよ．

解 (1) $\vec{a}+\vec{b}=(1, x)+(2, -1)=(3, x-1)$，$2\vec{a}-3\vec{b}=2(1, x)-3(2, -1)=(-4, 2x+3)$

$\vec{a}+\vec{b}$ と $2\vec{a}-3\vec{b}$ が平行である条件は，

$2\vec{a}-3\vec{b}=t(\vec{a}+\vec{b})$ $\therefore$ $(-4, 2x+3)=t(3, x-1)$ ($t$ は実数) と表せることである．

よって　$-4=3t$ かつ $2x+3=t(x-1)$　$\therefore$ $t=-\dfrac{4}{3}$，$\boldsymbol{x=-\dfrac{1}{2}}$

(2) 条件より　$(\vec{a}+\vec{b})\cdot(2\vec{a}-3\vec{b})=0$

$\therefore$ $3(-4)+(x-1)(2x+3)=0$　$\therefore$ $(x+3)(2x-5)=0$　$\therefore$ $\boldsymbol{x=-3,\ \dfrac{5}{2}}$

(3) 条件より　$\vec{a}\cdot\vec{b}=|\vec{a}||\vec{b}|\cos\dfrac{\pi}{3}$　$\therefore$ $2-x=\sqrt{1+x^2}\sqrt{4+1}\cdot\dfrac{1}{2}$

よって，$2-x>0$ ($\therefore$ $x<2$) が必要であり，このとき　$(2-x)^2=\dfrac{5}{4}(1+x^2)$

$\therefore$ $x^2+16x-11=0$　$\therefore$ $\boldsymbol{x=-8\pm5\sqrt{3}}$ ($x<2$ をみたす)

**Assist** (成分表示)

$x$ 軸，$y$ 軸の正の向きと同じ向きの単位ベクトルを $\vec{e_1}$，$\vec{e_2}$ で表す．
$\vec{a}=a_1\vec{e_1}+a_2\vec{e_2}$ と表されるとき，$(a_1, a_2)$ を $\vec{a}$ の成分表示といい，$\vec{a}=(a_1, a_2)$ と表す．
よって，$\overrightarrow{\mathrm{OA}}=(a_1, a_2)$ と表せるとき，終点Aの座標は $(a_1, a_2)$ である．

《成分計算》 $\vec{a}=(a_1, a_2)$，$\vec{b}=(b_1, b_2)$ のとき　$\alpha\vec{a}+\beta\vec{b}=(\alpha a_1+\beta b_1,\ \alpha a_2+\beta b_2)$

《内積の成分計算》 $\vec{a}=(a_1, a_2)$，$\vec{b}=(b_1, b_2)$ のとき

$\vec{a}\cdot\vec{b}=a_1b_1+a_2b_2$　　$|\vec{a}|^2={a_1}^2+{a_2}^2$

**シェーマ**

$\vec{x}/\!/\vec{y}$ ⟹ $\vec{y}=k\vec{x}$ ($k$:実数)　$\vec{x}\perp\vec{y}$ ⟹ $\vec{x}\cdot\vec{y}=0$　$\vec{x}$ と $\vec{y}$ のなす角 ⟹ $\dfrac{\vec{x}\cdot\vec{y}}{|\vec{x}||\vec{y}|}$ を計算

**復習 127**　ベクトル $\vec{a}=(-1, -1)$，$\vec{b}=(1, -2)$ に対して $\vec{c}=\vec{a}-\vec{b}$，$\vec{d}=\vec{a}+t\vec{b}$ とする．ただし，$t$ は実数の定数とする．

(1) $\vec{d}$ がベクトル $\vec{e}=(3, 4)$ と平行となるとき，実数 $t$ の値を求めよ．

(2) $\vec{c}$ と $\vec{d}$ が垂直となるとき，実数 $t$ の値を求めよ．

(3) $\vec{c}$ と $\vec{d}$ のなす角が $\dfrac{\pi}{4}$ となるとき，実数 $t$ の値を求めよ．

## 例題 128 三角形の外心の位置ベクトル

△ABCの3辺の長さをAB=2, BC=4, CA=3とする．この三角形の外心をOとおく．

(1) ベクトル$\overrightarrow{AB}$と$\overrightarrow{AC}$の内積$\overrightarrow{AB}\cdot\overrightarrow{AC}$を求めよ．

(2) $\overrightarrow{AO}=a\overrightarrow{AB}+b\overrightarrow{AC}$をみたす実数$a$, $b$を求めよ．

解 (1) 余弦定理より　$\cos\angle BAC=\dfrac{2^2+3^2-4^2}{2\cdot2\cdot3}=-\dfrac{1}{4}$

よって　$\overrightarrow{AB}\cdot\overrightarrow{AC}=|\overrightarrow{AB}||\overrightarrow{AC}|\cos\angle BAC=2\cdot3\cdot\left(-\dfrac{1}{4}\right)=\boldsymbol{-\dfrac{3}{2}}$

(2) AB, ACの中点をそれぞれM, Nとすると，MO⊥AB, NO⊥ACである．

$$\overrightarrow{MO}=\overrightarrow{AO}-\overrightarrow{AM}=(a\overrightarrow{AB}+b\overrightarrow{AC})-\frac{1}{2}\overrightarrow{AB}=\left(a-\frac{1}{2}\right)\overrightarrow{AB}+b\overrightarrow{AC}$$

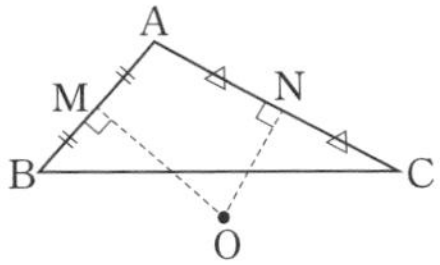


よって　$\overrightarrow{MO}\cdot\overrightarrow{AB}=\left\{\left(a-\dfrac{1}{2}\right)\overrightarrow{AB}+b\overrightarrow{AC}\right\}\cdot\overrightarrow{AB}=0$

$\therefore\ \left(a-\dfrac{1}{2}\right)|\overrightarrow{AB}|^2+b(\overrightarrow{AC}\cdot\overrightarrow{AB})=0$　$\therefore\ 4\left(a-\dfrac{1}{2}\right)-\dfrac{3}{2}b=0$　$\therefore\ 8a-3b=4\cdots①$

同様に　$\overrightarrow{NO}\cdot\overrightarrow{AC}=\left\{a\overrightarrow{AB}+\left(b-\dfrac{1}{2}\right)\overrightarrow{AC}\right\}\cdot\overrightarrow{AC}=0$　←$\overrightarrow{NO}=\overrightarrow{AO}-\overrightarrow{AN}$

$\therefore\ -\dfrac{3}{2}a+9\left(b-\dfrac{1}{2}\right)=0$　$\therefore\ -a+6b=3\cdots②$　①, ②より　$\boldsymbol{a=\dfrac{11}{15}}$, $\boldsymbol{b=\dfrac{28}{45}}$

**Assist**

**1°** 《外心》 外心とは外接円の中心であり，点Oが△ABCの外心のときOA=OB=OCである．

**2°** (2)は次のようにしてもよい．$\overrightarrow{AO}=a\overrightarrow{AB}+b\overrightarrow{AC}$とすると

$\overrightarrow{BO}=\overrightarrow{BA}+\overrightarrow{AO}=(a-1)\overrightarrow{AB}+b\overrightarrow{AC}$, $\overrightarrow{CO}=\overrightarrow{CA}+\overrightarrow{AO}=a\overrightarrow{AB}+(b-1)\overrightarrow{AC}$

OA=OB=OCより　$|\overrightarrow{AO}|^2=|\overrightarrow{BO}|^2=|\overrightarrow{CO}|^2$

$\therefore\ |a\overrightarrow{AB}+b\overrightarrow{AC}|^2=|(a-1)\overrightarrow{AB}+b\overrightarrow{AC}|^2=|a\overrightarrow{AB}+(b-1)\overrightarrow{AC}|^2$

(1)を用いると　$4a^2-3ab+9b^2=4(a-1)^2-3(a-1)b+9b^2=4a^2-3a(b-1)+9(b-1)^2$

$\therefore\ 8a-3b-4=0$ かつ $a-6b+3=0$　$\therefore\ a=\dfrac{11}{15}$, $b=\dfrac{28}{45}$

**シェーマ**

**点Oが△ABCの外心 ⇒ 2辺の垂直二等分線の交点として2つの垂直条件を考える**

**復習 | 128**　∠BAC=60°, AB=5, AC=3の△ABCがあり，その外心をO，垂心をHとする．

(1) 内積$\overrightarrow{AB}\cdot\overrightarrow{AC}$の値を求めよ．　(2) ベクトル$\overrightarrow{AO}$を$\overrightarrow{AB}$と$\overrightarrow{AC}$を用いて表せ．

(3) ベクトル$\overrightarrow{AH}$を$\overrightarrow{AB}$と$\overrightarrow{AC}$を用いて表せ．

ベクトル

## 例題 129 平面上の点の存在範囲

平面上に △OAB があり，$\overrightarrow{OP}=s\overrightarrow{OA}+t\overrightarrow{OB}$ で定まる点 P を考える．
$s$ と $t$ が以下のような条件をみたして動くとき，点 P の存在範囲を図示せよ．
(1) $s+t=1$　(2) $s+t=1$，$s\geqq 0$，$t\geqq 0$　(3) $s+t\leqq 1$，$s\geqq 0$，$t\geqq 0$

解　$\overrightarrow{OP}=s\overrightarrow{OA}+t\overrightarrow{OB}$ …①

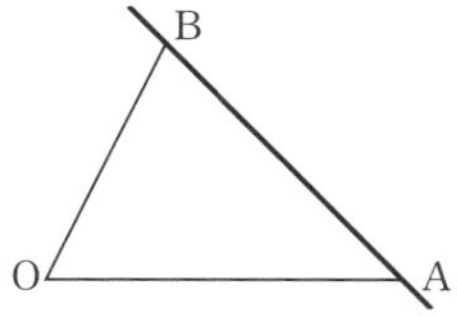


(1) $s=1-t$ より，①は $\overrightarrow{OP}=(1-t)\overrightarrow{OA}+t\overrightarrow{OB}$

$\therefore\ \overrightarrow{OP}-\overrightarrow{OA}=t(\overrightarrow{OB}-\overrightarrow{OA})$　$\therefore\ \overrightarrow{AP}=t\overrightarrow{AB}$ …②

よって，点 P の存在範囲は**直線 AB** である．

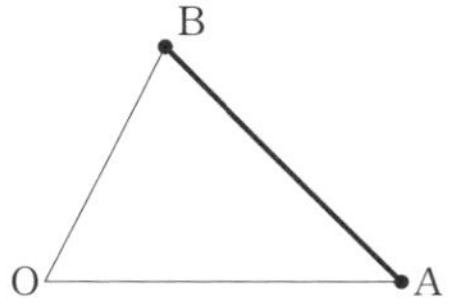


(2) $s+t=1$，$s\geqq 0$，$t\geqq 0$ より，$0\leqq t\leqq 1$ であるから，②より，
点 P の存在範囲は**線分 AB(端点 A，B を含む)** である．

(3) $s+t=k$ …③として $k$ $(0\leqq k\leqq 1)$ を固定すると

(i) $k=0$ のとき　$s=t=0$　$\therefore$ P＝O

(ii) $0<k\leqq 1$ のとき③より　$\dfrac{s}{k}+\dfrac{t}{k}=1$ …④

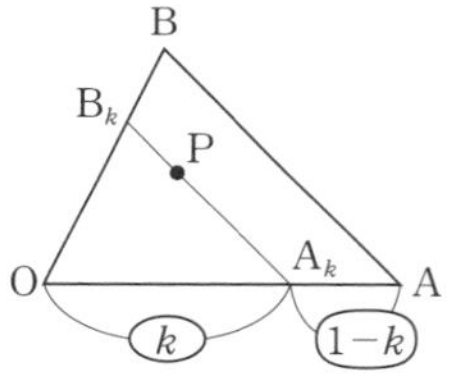


$s\geqq 0$，$t\geqq 0$ より　$\dfrac{s}{k}\geqq 0$，$\dfrac{t}{k}\geqq 0$ …⑤

①より　$\overrightarrow{OP}=\dfrac{s}{k}(k\overrightarrow{OA})+\dfrac{t}{k}(k\overrightarrow{OB})$

$\overrightarrow{OA_k}=k\overrightarrow{OA}$，$\overrightarrow{OB_k}=k\overrightarrow{OB}$ をみたす点 $A_k$，$B_k$ をとると

$$\overrightarrow{OP}=\frac{s}{k}(\overrightarrow{OA_k})+\frac{t}{k}(\overrightarrow{OB_k})\ \cdots⑥$$

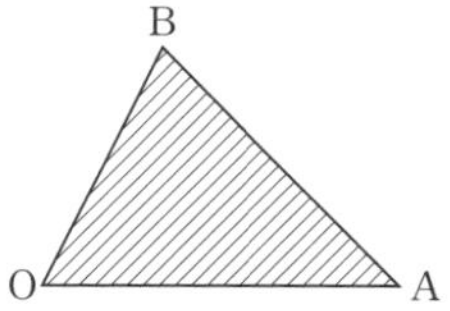


④，⑤，⑥に(1)を利用すると，点 P の存在範囲は線分 $A_kB_k$ (端点を含む) である．

次に，$k$ を動かすとき，$0<k\leqq 1$ において線分 $A_kB_k$ が通過する領域に原点を加えたものが求める点 P の存在範囲である．つまり，**△OAB の周および内部**である．

**Assist**

$\overrightarrow{OA}=(1,0)$，$\overrightarrow{OB}=(0,1)$，$\overrightarrow{OP}=(x,y)$ とすると，①より，$x=s$，$y=t$ となり，
(3)は $x+y\leqq 1$，$x\geqq 0$，$y\geqq 0$ と表せ，存在範囲は △OAB の周および内部とわかる．

**シェーマ**

**$\overrightarrow{OP}=s\overrightarrow{OA}+t\overrightarrow{OB}$ における点 P の範囲 ⇒ 「$s+t=1$ のとき直線 AB」が基本**

**復習 129**　平面上に △OAB があり，$\overrightarrow{OP}=s\overrightarrow{OA}+t\overrightarrow{OB}$ で定まる点 P を考える．

(1) $2s+t=1$ をみたすとき，点 P の存在範囲を図示せよ．

(2) $2s+t=3$ をみたすとき，点 P の存在範囲を図示せよ．

(3) △OAB の面積を 1 とする．$2s+t\leqq 3$，$s\geqq 0$，$t\geqq 0$ をみたすとき，点 P の存在範囲の面積を求めよ．ただし，例題の結果を用いてもよい．

# 例題 130　直線のベクトル方程式 ①

点 A(3, 1) を通り，$\vec{u}=(-1, 2)$ に平行な直線を $l$，点 B(1, 0) を通り，$\vec{v}=(3a, a-1)$ に平行な直線を $m$ とするとき，次の問いに答えよ．

(1)　直線 $l$ の方程式を求めよ．

(2)　直線 $l$ と直線 $m$ が垂直となるとき，実数 $a$ の値を求めよ．

(3)　$a=-1$ とするとき，点 A から直線 $m$ におろした垂線を AH とするとき，点 H の座標を求めよ．

**解** (1)　直線 $l$ は，$\vec{u}=(-1, 2)$ に平行な直線であることから，傾きが $-2$ である．
また，点 (3, 1) を通るので

$$y=-2(x-3)+1 \quad \therefore\ \boldsymbol{y=-2x+7}$$

(2)　$l$ と $m$ が垂直である条件は，$\vec{u}$ と $\vec{v}$ が垂直であることより

$$\vec{u}\cdot\vec{v}=(-1)\cdot 3a+2\cdot(a-1)=-a-2=0 \quad \therefore\ \boldsymbol{a=-2}$$

(3)　$a=-1$ とするとき $\vec{v}=(-3, -2)$．直線 $m$ のベクトル方程式は
$\vec{p}=\overrightarrow{\mathrm{OB}}+t\vec{v}$ ($t$ は実数) である．
$m$ 上の点を P$(x, y)$ とすると，$\vec{p}=(x, y)$ であり　$(x, y)=(1, 0)+t(-3, -2)$
いま，H が直線 $m$ 上より，$\overrightarrow{\mathrm{OH}}=(1, 0)+t(-3, -2)=(-3t+1, -2t)$ …① と表される．
このとき　$\overrightarrow{\mathrm{AH}}=\overrightarrow{\mathrm{OH}}-\overrightarrow{\mathrm{OA}}=(-3t+1, -2t)-(3, 1)=(-3t-2, -2t-1)$
AH⊥$m$ より，$\overrightarrow{\mathrm{AH}}\perp\vec{v}$ であるから　$\overrightarrow{\mathrm{AH}}\cdot\vec{v}=0$

$$\therefore\ (-3)(-3t-2)+(-2)(-2t-1)=0 \quad \therefore\ 13t=-8 \quad \therefore\ t=-\frac{8}{13}$$

①に代入して　$\overrightarrow{\mathrm{OH}}=\left(\frac{37}{13}, \frac{16}{13}\right)$　$\therefore\ \mathbf{H}\left(\boldsymbol{\frac{37}{13}}, \boldsymbol{\frac{16}{13}}\right)$

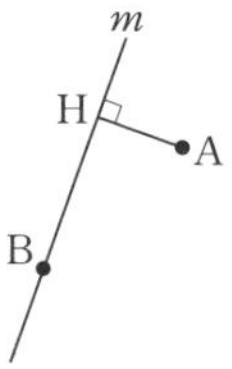


《直線のベクトル方程式 I》
点 A $(\vec{a})$ を通り，$\vec{u}$ に平行な直線のベクトル方程式は

$$\vec{p}=\vec{a}+t\vec{u}$$

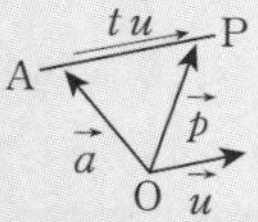


**Assist**　(1)の直線 $l$ のベクトル方程式は $(x, y)=(3, 1)+t(-1, 2)$ ($t$ は実数) これより，$x=3-t$，$y=1+2t$．$t$ を消去すると $2x+y=7$．これは直線 $l$ の方程式である．

**シェーマ**

**方向ベクトルが与えられた直線上の点 P　»»　$\overrightarrow{\mathrm{OP}}=\vec{a}+t\vec{u}$ の形で表す**

**復習 | 130**　点 A$(-4, -1)$ と点 B(0, 2) を通る直線を $l$，点 C(1, 0) と点 D$(a, -a+2)$ を通る直線を $m$ とする．

(1)　$l$ と $m$ が平行，垂直となるような，実数 $a$ の値をそれぞれ求めよ．

(2)　点 C から $l$ におろした垂線を CH とするとき，点 H の座標を求めよ．

ベクトル

## 例題 131 円のベクトル方程式

平面上に △OAB と点 P がある．次の式をみたす点 P が描く図形を図示せよ．

(1) $|\overrightarrow{OP}-\overrightarrow{OA}|=OB$　　(2) $|3\overrightarrow{OP}-2\overrightarrow{OA}-\overrightarrow{OB}|=AB$

(3) $(\overrightarrow{OP}-\overrightarrow{OA})\cdot(\overrightarrow{OP}-\overrightarrow{OB})=0$

**解** (1) $|\overrightarrow{OP}-\overrightarrow{OA}|=OB$ より　$|\overrightarrow{AP}|=OB$　$\therefore$ AP$=$OB

よって，点 P が描く図形は，点 A を中心とする半径 OB の円．

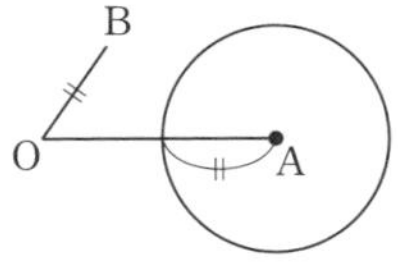


(2) $|3\overrightarrow{OP}-2\overrightarrow{OA}-\overrightarrow{OB}|=AB$ より

$$\left|\overrightarrow{OP}-\frac{2\overrightarrow{OA}+\overrightarrow{OB}}{3}\right|=\frac{1}{3}AB$$

ここで，AB を 1:2 に内分する点を C とすると

$$|\overrightarrow{OP}-\overrightarrow{OC}|=\frac{1}{3}AB$$

よって，(1)と同様に，点 P が描く図形は，

点 C (AB を 1:2 に内分する点) を中心とする半径 $\frac{1}{3}$AB の円．

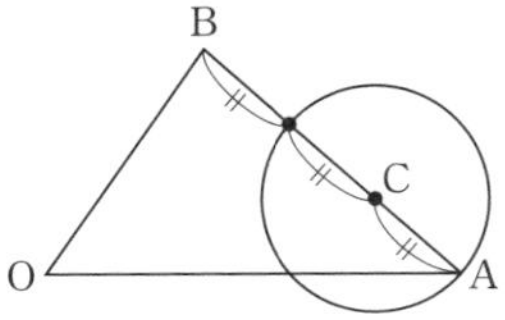


(3) $(\overrightarrow{OP}-\overrightarrow{OA})\cdot(\overrightarrow{OP}-\overrightarrow{OB})=0$ より　$\overrightarrow{AP}\cdot\overrightarrow{BP}=0$

$\therefore$ $\overrightarrow{AP}\perp\overrightarrow{BP}$ または $\overrightarrow{AP}=\vec{0}$ または $\overrightarrow{BP}=\vec{0}$

$\therefore$ AP$\perp$BP または P$=$A または P$=$B

よって，点 P が描く図形は，2 点 A，B を直径の両端とする円．

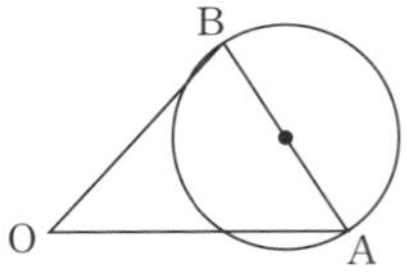


《円のベクトル方程式》

**中心 A($\vec{a}$)，半径 $r$ の円を $C$ とする．**

「点 P($\vec{p}$) が円 $C$ 上」$\Leftrightarrow$ AP$=r$

$\Leftrightarrow |\overrightarrow{AP}|=r \Leftrightarrow |\vec{p}-\vec{a}|=r$

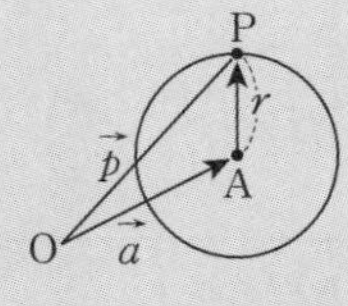


**2 点 A，B を直径の両端とする円を $D$ とする．**

「点 P($\vec{p}$) が円 $D$ 上」$\Leftrightarrow (\vec{p}-\vec{a})\cdot(\vec{p}-\vec{b})=0$

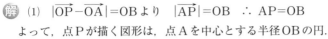

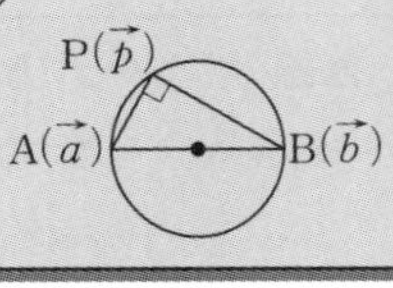


シェーマ

**動点 P($\vec{p}$) の条件式**
**$\vec{p}\cdot\vec{p}+\vec{c}\cdot\vec{p}+k=0$**　⇒　**$|\vec{p}-\vec{a}|=r$ または**
**$(\vec{p}-\vec{a})\cdot(\vec{p}-\vec{b})=0$ の形にする**

**復習 131**

平面上に △OAB と点 P がある．次の式をみたす点 P が描く図形を図示せよ．

(1) $|3\overrightarrow{OP}+\overrightarrow{OA}|=OA$　　(2) $|3\overrightarrow{PA}+2\overrightarrow{PB}|=AB$

(3) $(\overrightarrow{AP}+\overrightarrow{BP})\cdot(2\overrightarrow{AP}+\overrightarrow{BP})=0$

## 例題 132 図形の応用

原点Oを中心とする半径2の円周上に3点A, B, Cがあり, ベクトル $\overrightarrow{OA}$, $\overrightarrow{OB}$, $\overrightarrow{OC}$ は

$$4\overrightarrow{OA}-5\overrightarrow{OB}+3\overrightarrow{OC}=\vec{0}\ \cdots①$$

をみたすとする.

(1) ABの長さを求めよ.

(2) 点Pがこの円周上を動くとき, △PABの面積の最大値を求めよ.

**解** (1) 3点A, B, Cは原点Oを中心とする半径2の円周上にあるから

$$|\overrightarrow{OA}|=|\overrightarrow{OB}|=|\overrightarrow{OC}|=2\ \cdots②$$

①より $|4\overrightarrow{OA}-5\overrightarrow{OB}|^2=|-3\overrightarrow{OC}|^2$ $\therefore\ 16|\overrightarrow{OA}|^2-40\overrightarrow{OA}\cdot\overrightarrow{OB}+25|\overrightarrow{OB}|^2=9|\overrightarrow{OC}|^2$

②を代入して $\overrightarrow{OA}\cdot\overrightarrow{OB}=\dfrac{16}{5}$

よって $|\overrightarrow{AB}|^2=|\overrightarrow{OB}-\overrightarrow{OA}|^2=|\overrightarrow{OB}|^2-2\overrightarrow{OA}\cdot\overrightarrow{OB}+|\overrightarrow{OA}|^2=4-2\cdot\dfrac{16}{5}+4=\dfrac{8}{5}$

$$\therefore\ |\overrightarrow{AB}|=\sqrt{\frac{8}{5}}=\boldsymbol{\frac{2\sqrt{10}}{5}}$$

(2) △OABは二等辺三角形であるから, 点Pが原点Oを中心とする半径2の円周上を動くとき, △PABの面積が最大となるのは, 点PがOP⊥ABかつ「Pが直線ABに関してOと同じ側にある」ときである. このときの点Pを $P_0$ とし, ABの中点をMとすると, $P_0$, O, Mは一直線上にある. また, OM⊥ABより

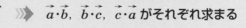

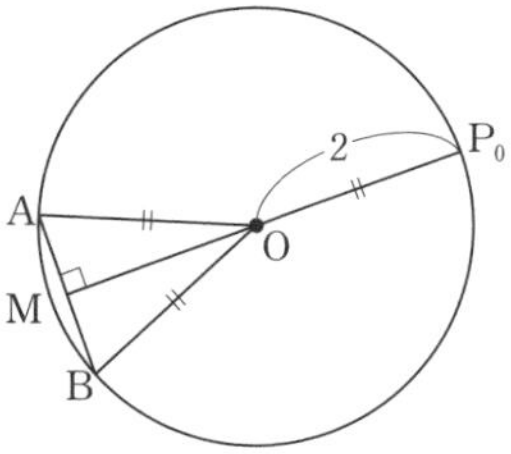


$$OM^2=OA^2-AM^2$$

$$\therefore\ OM=\sqrt{OA^2-AM^2}=\sqrt{2^2-\left(\frac{\sqrt{10}}{5}\right)^2}=\sqrt{\frac{90}{25}}=\frac{3\sqrt{10}}{5}$$

△PABの面積の最大値は

$$\frac{1}{2}\times AB\times P_0M=\frac{1}{2}\times AB\times(P_0O+OM)$$

$$=\frac{1}{2}\cdot\frac{2\sqrt{10}}{5}\cdot\left(2+\frac{3\sqrt{10}}{5}\right)=\boldsymbol{\frac{2(\sqrt{10}+3)}{5}}$$

**シェーマ**

**$|\vec{a}|$, $|\vec{b}|$, $|\vec{c}|$ の値が与えられ $p\vec{a}+q\vec{b}+r\vec{c}=\vec{0}$ をみたす** ⇒ **$\vec{a}\cdot\vec{b}$, $\vec{b}\cdot\vec{c}$, $\vec{c}\cdot\vec{a}$ がそれぞれ求まる**

**復習 | 132** 原点Oを中心とする半径1の円周上に3点A, B, Cがあり, ベクトル $\overrightarrow{OA}$, $\overrightarrow{OB}$, $\overrightarrow{OC}$ は $3\overrightarrow{OA}+4\overrightarrow{OB}+5\overrightarrow{OC}=\vec{0}$ をみたすとする.

(1) ∠AOBの大きさを求めよ. (2) ∠ACBの大きさを求めよ.

ベクトル

## 例題 133 空間のベクトル・同一直線上にある条件

(1) 図の立方体 OAPB−CRSQ において $\overrightarrow{OA}$ を $\overrightarrow{OP}$ と $\overrightarrow{OQ}$ と $\overrightarrow{OR}$ で表せ.

(2) 空間に 3 点 A$(a, 5, 8)$, B$(10, b, -3)$, C$(3, 1, 4)$ がある. A, B, C が同一直線上にあるとき, $a$, $b$ の値を求めよ.

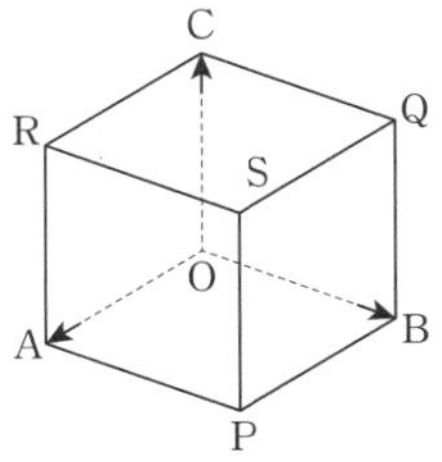


**解** (1) $\overrightarrow{OP}=\overrightarrow{OA}+\overrightarrow{OB}$, $\overrightarrow{OQ}=\overrightarrow{OB}+\overrightarrow{OC}$ …①, $\overrightarrow{OR}=\overrightarrow{OC}+\overrightarrow{OA}$

辺々足して 2 で割ると

$$\frac{1}{2}(\overrightarrow{OP}+\overrightarrow{OQ}+\overrightarrow{OR})=\overrightarrow{OA}+\overrightarrow{OB}+\overrightarrow{OC} \cdots ②$$

②−①より $\boldsymbol{\overrightarrow{OA}=\frac{1}{2}(\overrightarrow{OP}-\overrightarrow{OQ}+\overrightarrow{OR})}$

(2) $\overrightarrow{CA}=\overrightarrow{OA}-\overrightarrow{OC}=(a, 5, 8)-(3, 1, 4)=(a-3, 4, 4)$

$\overrightarrow{CB}=\overrightarrow{OB}-\overrightarrow{OC}=(10, b, -3)-(3, 1, 4)=(7, b-1, -7)$

よって, 3 点 A, B, C が同一直線上にある条件は

$\overrightarrow{CA} /\!/ \overrightarrow{CB}$

つまり, $\overrightarrow{CB}=t\overrightarrow{CA}$ ∴ $(7, b-1, -7)=t(a-3, 4, 4)$

をみたす実数 $t$ が存在することである. このとき

$7=(a-3)t$ …①, $b-1=4t$ …②, $-7=4t$ …③

③より $t=-\frac{7}{4}$

①, ②に代入して $\boldsymbol{a=-1}$, $\boldsymbol{b=-6}$

**シェーマ**

空間の 3 点 A, B, C が同一直線上 ⋙ 条件は $\overrightarrow{AC}=k\overrightarrow{AB}$ (平面のときと同様)

### 復習 133

(1) 空間に図のような六角柱 ABCDEF−GHIJKL がある. この六角柱の底面は共に正六角形であり, 6 つの側面はすべて正方形である. また, $\overrightarrow{AB}=\vec{a}$, $\overrightarrow{AF}=\vec{b}$, $\overrightarrow{AG}=\vec{c}$ とする. $\overrightarrow{AC}$, $\overrightarrow{AI}$, $\overrightarrow{AJ}$ を $\vec{a}$, $\vec{b}$, $\vec{c}$ で表し, $\vec{a}$ を $\overrightarrow{AC}$, $\overrightarrow{AI}$, $\overrightarrow{AJ}$ で表せ.

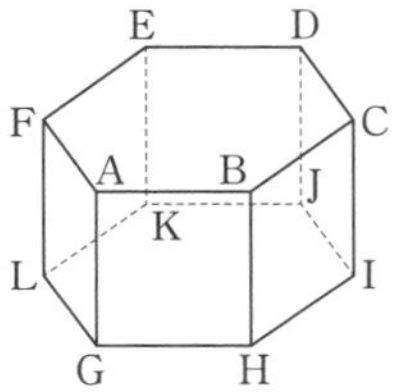


(2) A$(1, 2, 3)$, B$(2, -1, 3)$, C$(1, -3, 1)$, D$(1, 1, 1)$, $\overrightarrow{OE}=t\overrightarrow{OA}$, $\overrightarrow{OF}=\overrightarrow{OB}+u\overrightarrow{OC}$ ($t$, $u$ は実数)とする. 3 点 D, E, F が同一直線上にあるとき, $t$, $u$ の値を求めよ.

## 例題 134 直線のベクトル方程式 ②

点A(1, 2, 3)を通り，$\vec{u}=(1,\ -1,\ 2)$ に平行な直線を $l$ とする．点B(1, 0, 0)を通り，$\vec{v}=(1,\ 0,\ a)$ に平行な直線を $m$ とする．

(1) 原点Oから直線 $l$ におろした垂線をOHとするとき，点Hの座標を求めよ．

(2) 2直線 $l$ と $m$ が垂直であるとき，$a$ の値を求めよ．

(3) 2直線 $l$ と $m$ が交点をもつとき，$a$ の値を求めよ．

**解** (1) 直線 $l$ の方程式は $(x,\ y,\ z)=(1,\ 2,\ 3)+t(1,\ -1,\ 2)$ （$t$ は実数）

点Hは $l$ 上の点であるから，$H(1+t,\ 2-t,\ 3+2t)$ と表され，

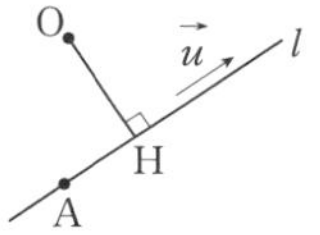


$OH \perp l$ より $\overrightarrow{OH}\cdot\vec{u}=0$

$\therefore\ (1+t)-(2-t)+2(3+2t)=0 \quad \therefore\ t=-\dfrac{5}{6} \quad \therefore\ \mathbf{H\left(\dfrac{1}{6},\ \dfrac{17}{6},\ \dfrac{4}{3}\right)}$

(2) 2直線 $l$ と $m$ が垂直である条件は，$\vec{u}=(1,\ -1,\ 2)$ と $\vec{v}=(1,\ 0,\ a)$ が垂直であることより

$\vec{u}\cdot\vec{v}=1+0+2a=0 \quad \therefore\ \boldsymbol{a=-\dfrac{1}{2}}$

(3) 直線 $l$ 上の点 $(x,\ y,\ z)$ は，(1)より，$(x,\ y,\ z)=(1+t,\ 2-t,\ 3+2t)$ …①と表され，直線 $m$ 上の点 $(x,\ y,\ z)$ は

$(x,\ y,\ z)=(1,\ 0,\ 0)+s(1,\ 0,\ a)=(1+s,\ 0,\ as)$ …② （$s$ は実数）

と表される．①，②より，2直線 $l$ と $m$ が交点をもつ条件は

$(1+t,\ 2-t,\ 3+2t)=(1+s,\ 0,\ as)$

$\therefore\ 1+t=1+s$ …③ かつ $2-t=0$ …④ かつ $3+2t=as$ …⑤

をみたす実数 $t$，$s$ が存在することである．③，④より $t=s=2$

⑤に代入して $2a=7 \quad \therefore\ \boldsymbol{a=\dfrac{7}{2}}$

**《直線のベクトル方程式Ⅱ》** 異なる2点A，B，実数 $t$ に対して

Pが直線AB上 ⇔ 3点P，A，Bが一直線上 ⇔ $\overrightarrow{AP}=t\overrightarrow{AB}$

⇔ $\overrightarrow{OP}-\overrightarrow{OA}=t\overrightarrow{AB}$ ⇔ $\overrightarrow{OP}=\overrightarrow{OA}+t\overrightarrow{AB}$

(点Pは点Aを通り，$\overrightarrow{AB}$ に平行な直線上)

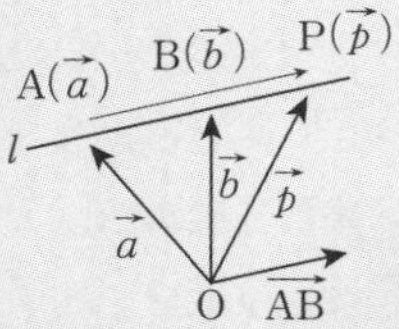


**シェーマ**

**方向ベクトルがわかっている直線上の点X ⟫ $\overrightarrow{OX}=\vec{a}+t\vec{u}$ と表せる**

**復習 | 134** 点O(0, 0, 0)と点A(1, 1, 1)を通る直線を $l$，点B(0, 1, 2)と点C$(a,\ a+2,\ 2a)$ を通る直線を $m$ とする．

(1) 点Bから直線 $l$ におろした垂線をBHとするとき，点Hの座標を求めよ．

(2) 2直線 $l$ と $m$ が垂直であるとき，$a$ の値を求めよ．

(3) 2直線 $l$ と $m$ が交点をもつとき，$a$ の値を求めよ．

## 例題 135 平面と直線の交点

四面体OABCにおいて，OA，OB，OC，BCをそれぞれ1：1，2：1，3：1，4：1に内分する点をD，E，F，Gとする．このとき，平面AEFと直線DGの交点をPとする．$\overrightarrow{OP}$ を $\overrightarrow{OA}$，$\overrightarrow{OB}$，$\overrightarrow{OC}$ で表せ．

解 条件より $\overrightarrow{OD}=\frac{1}{2}\overrightarrow{OA}$，$\overrightarrow{OE}=\frac{2}{3}\overrightarrow{OB}$，$\overrightarrow{OF}=\frac{3}{4}\overrightarrow{OC}$，$\overrightarrow{OG}=\frac{\overrightarrow{OB}+4\overrightarrow{OC}}{5}$

点Pは平面AEF上より $\overrightarrow{OP}=\alpha\overrightarrow{OA}+\beta\overrightarrow{OE}+\gamma\overrightarrow{OF}=\alpha\overrightarrow{OA}+\beta\left(\frac{2}{3}\overrightarrow{OB}\right)+\gamma\left(\frac{3}{4}\overrightarrow{OC}\right)\cdots①$

$(\alpha+\beta+\gamma=1\cdots②)$ と表せる．また，点Pは直線DG上にあるので，

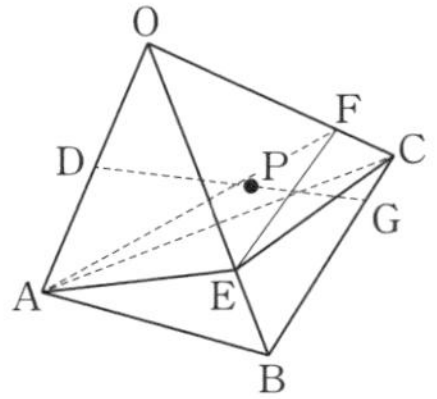


$$\overrightarrow{OP}=(1-t)\overrightarrow{OD}+t\overrightarrow{OG}=(1-t)\left(\frac{1}{2}\overrightarrow{OA}\right)+t\left(\frac{\overrightarrow{OB}+4\overrightarrow{OC}}{5}\right)$$

$$=\frac{1-t}{2}\overrightarrow{OA}+\frac{t}{5}\overrightarrow{OB}+\frac{4t}{5}\overrightarrow{OC}\cdots③ \quad (t \text{ は実数})$$

と表せる．ここで，OABCは四面体をなすので，①，③より

$$\alpha=\frac{1}{2}(1-t) \text{ かつ } \frac{2}{3}\beta=\frac{1}{5}t \text{ かつ } \frac{3}{4}\gamma=\frac{4}{5}t \quad \therefore\ \beta=\frac{3}{10}t,\ \gamma=\frac{16}{15}t$$

②に代入し $\frac{1}{2}(1-t)+\frac{3}{10}t+\frac{16}{15}t=1 \quad \therefore\ t=\frac{15}{26} \quad \therefore\ \alpha=\frac{11}{52},\ \beta=\frac{9}{52},\ \gamma=\frac{8}{13}$

よって $\boldsymbol{\overrightarrow{OP}=\frac{11}{52}\overrightarrow{OA}+\frac{3}{26}\overrightarrow{OB}+\frac{6}{13}\overrightarrow{OC}}$

**《4点が同一平面上にある条件》 A，B，Cを同一直線上にない3点とする．**

「点Pが平面ABC上」⇔「点P，A，B，Cが同一平面上」

⇔「$\overrightarrow{AP}=s\overrightarrow{AB}+t\overrightarrow{AC}$ ($s$，$t$ は実数)と表せる」

⇔「$\overrightarrow{OP}=\overrightarrow{OA}+s\overrightarrow{AB}+t\overrightarrow{AC}$ と表せる」

⇔「$\overrightarrow{OP}=(1-s-t)\overrightarrow{OA}+s\overrightarrow{OB}+t\overrightarrow{OC}$ と表せる」

⇔「$\overrightarrow{OP}=\alpha\overrightarrow{OA}+\beta\overrightarrow{OB}+\gamma\overrightarrow{OC}$ $(\alpha+\beta+\gamma=1)$ と表される」

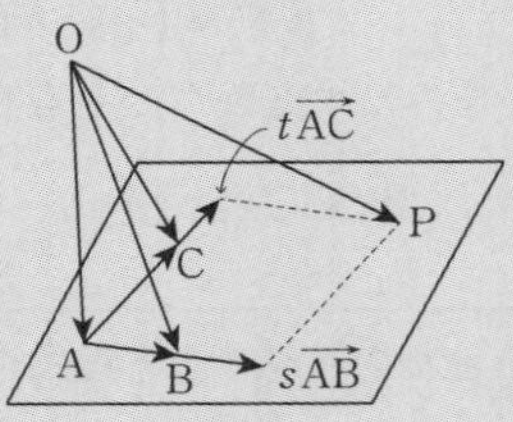


**《係数比較の公式》 O，A$(\vec{a})$，B$(\vec{b})$，C$(\vec{c})$ が四面体をなす($\vec{a}$，$\vec{b}$，$\vec{c}$ は1次独立である)とき**

$$\alpha\vec{a}+\beta\vec{b}+\gamma\vec{c}=\alpha'\vec{a}+\beta'\vec{b}+\gamma'\vec{c} \Rightarrow \alpha=\alpha' \text{ かつ } \beta=\beta' \text{ かつ } \gamma=\gamma'$$

**シェーマ**

**平面と直線の交点Pの位置ベクトル ≫ $\overrightarrow{OP}$ を2通りに表して係数比較**

**復習 | 135** OA，OB，OCを3辺とする平行六面体OADB−CEGFにおいて，点P，点Qを $\overrightarrow{OP}=\frac{1}{6}\overrightarrow{OC}$，$\overrightarrow{DQ}=\frac{1}{4}\overrightarrow{DG}$ となるようにとる．線分PQと平面ABCの交点をRとするとき，$\overrightarrow{OR}$ を $\vec{a}$，$\vec{b}$，$\vec{c}$ で表せ．ただし，$\overrightarrow{OA}=\vec{a}$，$\overrightarrow{OB}=\vec{b}$，$\overrightarrow{OC}=\vec{c}$ とする．

## 例題 136 空間ベクトルの位置ベクトルによる内積計算

1辺の長さが1の正四面体OABCにおいて，次の問いに答えよ．

(1) $\overrightarrow{OA}\cdot\overrightarrow{OB}$ の値を求めよ．

(2) $OA\perp BC$ を証明せよ．

(3) 線分BCを2:1に内分する点をPとし，$\angle AOP=\theta$ とするとき，$\cos\theta$ を求めよ．

**解** (1) △OABは1辺の長さが1の正三角形であるから

$$\overrightarrow{OA}\cdot\overrightarrow{OB}=|\overrightarrow{OA}||\overrightarrow{OB}|\cos\angle AOB=1\cdot1\cdot\cos60^\circ=\mathbf{\frac{1}{2}}$$

(2) (1)と同様に $\overrightarrow{OB}\cdot\overrightarrow{OC}=\overrightarrow{OC}\cdot\overrightarrow{OA}=\frac{1}{2}$

よって $\overrightarrow{OA}\cdot\overrightarrow{BC}=\overrightarrow{OA}\cdot(\overrightarrow{OC}-\overrightarrow{OB})=\overrightarrow{OA}\cdot\overrightarrow{OC}-\overrightarrow{OA}\cdot\overrightarrow{OB}$

$$=\frac{1}{2}-\frac{1}{2}=0$$

$\overrightarrow{OA}\neq\vec{0}$，$\overrightarrow{BC}\neq\vec{0}$ であるから　$OA\perp BC$　終

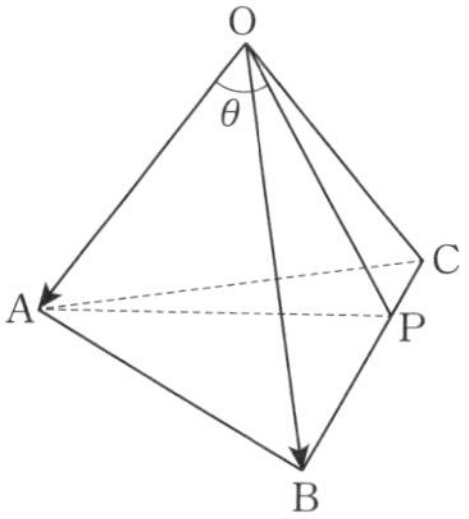


(3) $\overrightarrow{OP}=\frac{\overrightarrow{OB}+2\overrightarrow{OC}}{3}$ より

$$\overrightarrow{OA}\cdot\overrightarrow{OP}=\overrightarrow{OA}\cdot\frac{1}{3}(\overrightarrow{OB}+2\overrightarrow{OC})=\frac{1}{3}(\overrightarrow{OA}\cdot\overrightarrow{OB}+2\overrightarrow{OA}\cdot\overrightarrow{OC})=\frac{1}{3}\left(\frac{1}{2}+2\cdot\frac{1}{2}\right)=\frac{1}{2}$$

$$|\overrightarrow{OP}|^2=\left|\frac{1}{3}(\overrightarrow{OB}+2\overrightarrow{OC})\right|^2=\frac{1}{3^2}(|\overrightarrow{OB}|^2+4\overrightarrow{OB}\cdot\overrightarrow{OC}+4|\overrightarrow{OC}|^2)$$

$$=\frac{1}{9}\left(1+4\cdot\frac{1}{2}+4\cdot1\right)=\frac{7}{9}$$

よって　$$\cos\theta=\frac{\overrightarrow{OA}\cdot\overrightarrow{OP}}{|\overrightarrow{OA}||\overrightarrow{OP}|}=\frac{\frac{1}{2}}{1\cdot\frac{\sqrt{7}}{3}}=\mathbf{\frac{3\sqrt{7}}{14}}$$

**シェーマ**

$\alpha\vec{a}+\beta\vec{b}+\gamma\vec{c}$ の形で表された内積の計算 ⇒ $\begin{cases}|\vec{a}|,\ |\vec{b}|,\ |\vec{c}| \\ \vec{a}\cdot\vec{b},\ \vec{b}\cdot\vec{c},\ \vec{c}\cdot\vec{a}\end{cases}$ で表せる

**復習 | 136** 四面体OABCにおいて，$OA=OB=OC=2$，$\angle AOB=\angle AOC=\frac{\pi}{3}$，$\angle BOC=\frac{\pi}{2}$ が成り立つとする．辺ABの中点をM，辺OCを1:2に内分する点をPとし，$\overrightarrow{OA}=\vec{a}$，$\overrightarrow{OB}=\vec{b}$，$\overrightarrow{OC}=\vec{c}$ とするとき，次の問いに答えよ．

(1) $\overrightarrow{MP}$ を $\vec{a}$，$\vec{b}$，$\vec{c}$ を用いて表せ．

(2) $\overrightarrow{AB}$ と $\overrightarrow{MP}$ の内積を求めよ．

(3) $\overrightarrow{AB}$ と $\overrightarrow{MP}$ のなす角を $\theta$ とするとき，$\cos\theta$ を求めよ．

ベクトル

## 例題 137 空間ベクトルの成分による内積計算

3点 A(0, 2, 0), B(1, 0, 1), C(2, 1, 1) がある．このとき，次のものを求めよ．

(1) $\overrightarrow{AB}\cdot\overrightarrow{AC}$　(2) $\cos\angle BAC$　(3) △ABC の面積 $S$

(4) △ABC の重心の座標　(5) $\overrightarrow{AB}$ と $\overrightarrow{AC}$ に垂直な大きさ1のベクトル

**解** (1) $\overrightarrow{AB}=\overrightarrow{OB}-\overrightarrow{OA}=(1, 0, 1)-(0, 2, 0)=(1, -2, 1)$　同様に $\overrightarrow{AC}=(2, -1, 1)$

$\overrightarrow{AB}\cdot\overrightarrow{AC}=1\cdot2+(-2)(-1)+1\cdot1=\mathbf{5}$

(2) $|\overrightarrow{AB}|^2=1^2+(-2)^2+1^2=6$, $|\overrightarrow{AC}|^2=2^2+(-1)^2+1^2=6$

より $\cos\angle BAC=\dfrac{\overrightarrow{AB}\cdot\overrightarrow{AC}}{|\overrightarrow{AB}||\overrightarrow{AC}|}=\dfrac{5}{\sqrt{6}\cdot\sqrt{6}}=\mathbf{\dfrac{5}{6}}$

(3) $S=\dfrac{1}{2}\sqrt{|\overrightarrow{AB}|^2|\overrightarrow{AC}|^2-(\overrightarrow{AB}\cdot\overrightarrow{AC})^2}=\dfrac{1}{2}\sqrt{6\cdot6-5^2}=\mathbf{\dfrac{\sqrt{11}}{2}}$

(4) △ABC の重心を G とすると

$\overrightarrow{OG}=\dfrac{\overrightarrow{OA}+\overrightarrow{OB}+\overrightarrow{OC}}{3}=\dfrac{1}{3}\{(0, 2, 0)+(1, 0, 1)+(2, 1, 1)\}=\left(1, 1, \dfrac{2}{3}\right)$　∴ $\mathrm{G}\left(\mathbf{1, 1, \dfrac{2}{3}}\right)$

(5) $\overrightarrow{AB}$, $\overrightarrow{AC}$ の2つのベクトルと垂直なベクトルを $\vec{p}=(x, y, z)$ とすると，

$\vec{p}\perp\overrightarrow{AB}$ より $\vec{p}\cdot\overrightarrow{AB}=1\cdot x+(-2)y+1\cdot z=0$　∴ $x-2y+z=0$

$\vec{p}\perp\overrightarrow{AC}$ より $\vec{p}\cdot\overrightarrow{AC}=2\cdot x+(-1)y+1\cdot z=0$　∴ $2x-y+z=0$

よって $y=-x$ かつ $z=-3x$　ここで，$x=1$ とおくと $\vec{p}=(1, -1, -3)$

求めるベクトルは $\pm\dfrac{1}{|\vec{p}|}\vec{p}=\dfrac{\pm1}{\sqrt{1^2+(-1)^2+(-3)^2}}(1, -1, -3)=\pm\mathbf{\dfrac{\sqrt{11}}{11}(1, -1, -3)}$

### Assist

《成分計算》 $\vec{a}=(a_1, a_2, a_3)$, $\vec{b}=(b_1, b_2, b_3)$ のとき

$\alpha\vec{a}+\beta\vec{b}=(\alpha a_1+\beta b_1, \alpha a_2+\beta b_2, \alpha a_3+\beta b_3)$

(内積の成分計算) $\vec{a}\cdot\vec{b}=a_1b_1+a_2b_2+a_3b_3$　$|\vec{a}|^2={a_1}^2+{a_2}^2+{a_3}^2$

《面積の公式》　$\triangle ABC=\dfrac{1}{2}\sqrt{|\overrightarrow{AB}|^2|\overrightarrow{AC}|^2-(\overrightarrow{AB}\cdot\overrightarrow{AC})^2}$

### シェーマ

$\overrightarrow{AB}$ の成分表示 ⋙ 座標の「差」をとる

**復習 | 137**　3点 A(1, 2, −2), B(−4, $t$+1, 2), C(1, −2, 3) がある．

(1) $\overrightarrow{OA}$ と $\overrightarrow{OB}$ が垂直であるとき，$t$ の値と △OAB の面積を求めよ．

(2) $\overrightarrow{OA}$ と $\overrightarrow{OC}$ のなす角を $\theta$ とするとき，$\cos\theta$ を求めよ．また，$\overrightarrow{OA}$ と $\overrightarrow{OB}$ のなす角と $\overrightarrow{OB}$ と $\overrightarrow{OC}$ のなす角が等しいとき，$t$ の値を求めよ．

(3) $\overrightarrow{OA}$ と $\overrightarrow{OC}$ に垂直な大きさ1のベクトルを求めよ．

## 例題 138 成分による四面体の体積

空間の3点 A$(2, 0, -1)$, B$(-1, 1, 0)$, C$(0, 1, -1)$ を通る平面を$\pi$とし，原点Oから平面$\pi$におろした垂線をOPとする．

(1) ベクトル$\overrightarrow{OP}$の成分を求めよ．　(2) △ABCの面積を求めよ．

(3) 四面体OABCの体積を求めよ．

**解** (1) 点Pは平面$\pi$上にあるから，$\overrightarrow{AB}=(-3, 1, 1)$，$\overrightarrow{AC}=(-2, 1, 0)$ より

$$\overrightarrow{OP}=\overrightarrow{OA}+s\overrightarrow{AB}+t\overrightarrow{AC}=(2, 0, -1)+s(-3, 1, 1)+t(-2, 1, 0)$$

$$=(2-3s-2t, s+t, -1+s) \quad (s,\ t \text{ は実数}) \cdots ①$$

と表される．また，OP⊥$\pi$より，OP⊥AB，OP⊥ACであるから

$$\overrightarrow{OP}\cdot\overrightarrow{AB}=-3(2-3s-2t)+1(s+t)+1(-1+s)=0$$

$$\overrightarrow{OP}\cdot\overrightarrow{AC}=-2(2-3s-2t)+1(s+t)+0(-1+s)=0$$

$$\therefore\ 11s+7t=7 \text{ かつ } 7s+5t=4 \quad \therefore\ s=\frac{7}{6},\ t=-\frac{5}{6}$$

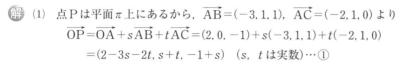

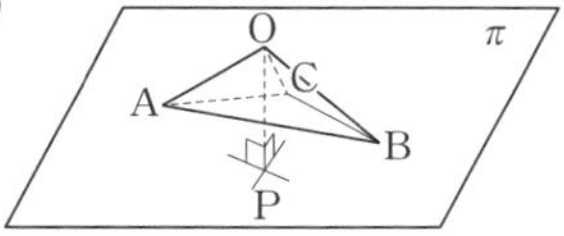


①に代入して　$\boldsymbol{\overrightarrow{OP}=\left(\frac{1}{6}, \frac{1}{3}, \frac{1}{6}\right)}$

(2) △ABCの面積を$S$とすると

$$S=\frac{1}{2}\sqrt{|\overrightarrow{AB}|^2|\overrightarrow{AC}|^2-(\overrightarrow{AB}\cdot\overrightarrow{AC})^2}$$

←$\overrightarrow{AB}=(-3, 1, 1)$
$\overrightarrow{AC}=(-2, 1, 0)$

$$=\frac{1}{2}\sqrt{(9+1+1)(4+1+0)-(6+1+0)^2}=\boldsymbol{\frac{\sqrt{6}}{2}}$$

(3) $\overrightarrow{OP}=\frac{1}{6}(1, 2, 1)$ より　$|\overrightarrow{OP}|^2=\frac{1}{36}(1^2+2^2+1^2)=\frac{1}{6}$

四面体OABCの底面を△ABCとすると，高さはOPなので，その体積は

$$\frac{1}{3}\times S\times|\overrightarrow{OP}|=\frac{1}{3}\times\frac{\sqrt{6}}{2}\times\frac{1}{\sqrt{6}}=\boldsymbol{\frac{1}{6}}$$

$\vec{a}\perp$ 平面ABC　⇒　$\vec{a}\perp\overrightarrow{AB}$ かつ $\vec{a}\perp\overrightarrow{AC}$

**シェーマ**

**Oから平面ABCにおろした垂線OH　⇒　Hは平面ABC上 かつ AB⊥OH かつ AC⊥OH**

**復習 | 138**　空間に4点 A$(3, 0, 4)$, B$(-3, 0, -4)$, C$(0, 10, 0)$, D$(-8, 5, 6)$ をとる．

(1) △ABCの面積を求めよ．

(2) 点Dから△ABCを含む平面におろした垂線をDHとするとき，点Hの座標を求めよ．

(3) 四面体ABCDの体積$V$を求めよ．

## 例題 139　2直線上の2点の距離

座標空間で点 $(-3,\ -1,\ -1)$ を通り，ベクトル $\vec{a}=(-1,1,2)$ に平行な直線を $l$，点 $(-1,1,-4)$ を通り，ベクトル $\vec{b}=(-2,2,1)$ に平行な直線を $m$ とする．
点Pは直線 $l$ 上を，点Qは直線 $m$ 上をそれぞれ独立に動くとき，線分PQの長さの最小値を求めよ．

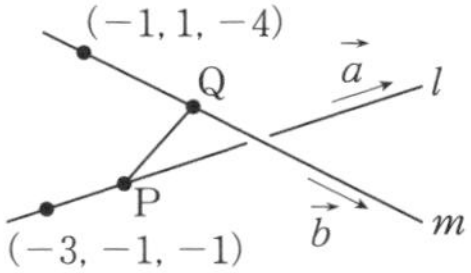


**解**　直線 $l$ のベクトル方程式は

$$(x,y,z)=(-3,-1,-1)+t(-1,1,2)\quad (t\text{ は実数})$$

直線 $m$ のベクトル方程式は

$$(x,y,z)=(-1,1,-4)+u(-2,2,1)\quad (u\text{ は実数})$$

と表せるので，直線 $l$ 上の点P，直線 $m$ 上の点Qは

$$\mathrm{P}(-3-t,\ -1+t,\ -1+2t),\ \mathrm{Q}(-1-2u,\ 1+2u,\ -4+u)$$

と表せる．このとき，$\overrightarrow{\mathrm{PQ}}=\overrightarrow{\mathrm{OQ}}-\overrightarrow{\mathrm{OP}}=(2-2u+t,\ 2+2u-t,\ -3+u-2t)$ より

$$\begin{aligned}\mathrm{PQ}^2=|\overrightarrow{\mathrm{PQ}}|^2&=(2-2u+t)^2+(2+2u-t)^2+(-3+u-2t)^2\\&=6t^2-12tu+9u^2+12t-6u+17=6t^2-12(u-1)t+9u^2-6u+17\\&=6\{t-(u-1)\}^2-6(u-1)^2+9u^2-6u+17\\&=6\{t-(u-1)\}^2+3u^2+6u+11=6\{t-(u-1)\}^2+3(u+1)^2+8\end{aligned}$$

←まず $t$ で平方完成．

よって，$t-(u-1)=0$ かつ $u+1=0$　$\therefore\ t=-2,\ u=-1$ のとき，PQは最小となり，求める最小値は　$\sqrt{8}=\mathbf{2\sqrt{2}}$

**Assist**

PQが最小となるのは，$\mathrm{PQ}\perp l$ かつ $\mathrm{PQ}\perp m$ のときである．
よって，$\overrightarrow{\mathrm{PQ}}\cdot(-1,1,2)=0\cdots①$ かつ $\overrightarrow{\mathrm{PQ}}\cdot(-2,2,1)=0\cdots②$より，$t,\ u$ を求めてもよい．
つまり，$\overrightarrow{\mathrm{PQ}}=(2-2u+t,\ 2+2u-t,\ -3+u-2t)$ であるから，①，②より

$$-(2-2u+t)+(2+2u-t)+2(-3+u-2t)=0$$
$$\therefore\ t-u=-1$$
$$-2(2-2u+t)+2(2+2u-t)+(-3+u-2t)=0$$
$$\therefore\ 2t-3u=-1$$

よって　$t=-2,\ u=-1$

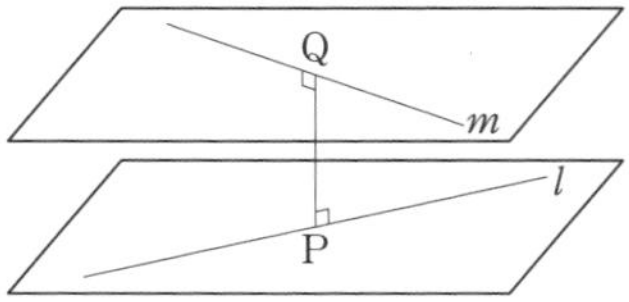


**シェーマ**

**2直線上の点P，Qの距離** ⇒ $\begin{cases}\overrightarrow{\mathrm{OP}}=\vec{a}+t\vec{b}\\ \overrightarrow{\mathrm{OQ}}=\vec{c}+u\vec{d}\end{cases}$ **の形で表し，$|\overrightarrow{\mathrm{PQ}}|^2$ を計算する**

**復習 | 139**　2点 $\mathrm{A}(1,0,0)$，$\mathrm{B}(0,1,2)$ を通る直線を $l$，2点 $\mathrm{C}(0,0,1)$，$\mathrm{D}(1,1,0)$ を通る直線を $m$ とする．
(1)　2直線 $l$ と $m$ は共有点をもたないことを証明せよ．
(2)　点Pは直線 $l$ 上，点Qは直線 $m$ 上をそれぞれ動くとき，線分PQの長さの最小値を求めよ．

## 例題 140 球面と平面の交わりの円

点 A(1, 2, 3) を中心とする半径 2 の球面 $S$ と $z=2$ で表される平面 $\pi$ がある．

(1) 球面 $S$ と平面 $\pi$ の交わりの円 $C$ の中心と半径を求めよ．

(2) 円 $C$ 上の動点 P と点 B(3, 4, 5) の距離 BP の最大値と最小値を求めよ．

**解** (1) 中心 A(1, 2, 3) から平面 $\pi$ におろした垂線を AH とすると，点 H が交わりの円 $C$ の中心であり，平面 $\pi$ が $z=2$ で表されるので，中心 H は **(1, 2, 2)**

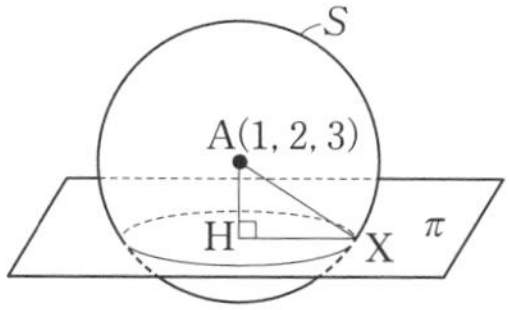


このとき，交わりの円上の任意の点を X とすると，$AX^2=AH^2+HX^2$ であり，AX は球面 $S$ の半径，HX が交わりの円の半径なので，$C$ の半径は $HX=\sqrt{AX^2-AH^2}=\sqrt{2^2-1^2}=\boldsymbol{\sqrt{3}}$

（注）「球面 $S$ の方程式 $(x-1)^2+(y-2)^2+(z-3)^2=2^2$ に $z=2$ を代入すると，$(x-1)^2+(y-2)^2=3$ であるから，円 $C$ は平面 $z=2$ 上の，中心 (1, 2, 2)，半径 $\sqrt{3}$ の円である」としてもよい．

(2) 点 B から平面 $\pi$ におろした垂線を BI とすると，I(3, 4, 2) である．$BP^2=BI^2+IP^2=3^2+IP^2$ であるから，BP が最大になるのは，IP の長さが最大になるときである．これは，点 P が直線 IH と円 $C$ の交点で，

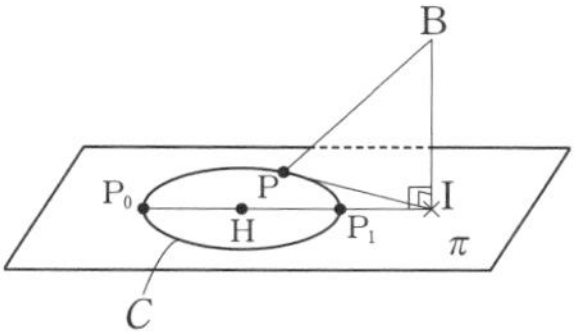


中心 H に関して I と反対側のときである（これを $P_0$ とする）．このとき，BP の**最大値**は

$$\sqrt{9+IP_0{}^2}=\sqrt{9+(IH+HP_0)^2}=\sqrt{9+(2\sqrt{2}+\sqrt{3})^2}=\boldsymbol{2\sqrt{5+\sqrt{6}}}$$

BP が最小になるのは，IP の長さが最小になるときで，これは点 P が直線 IH と円 $C$ の交点で，中心 H に関して I と同じ側のときである（これを $P_1$ とする）．このとき，BP の**最小値**は $\sqrt{9+IP_1{}^2}=\sqrt{9+(IH-HP_1)^2}=\sqrt{9+(2\sqrt{2}-\sqrt{3})^2}=\boldsymbol{2\sqrt{5-\sqrt{6}}}$

**《球面の方程式》** 中心が C($a$, $b$, $c$)，半径 $r$ の球面 $S$ の方程式は

$$S:(x-a)^2+(y-b)^2+(z-c)^2=r^2$$

**シェーマ**

**球と平面が交わる** ⇒ **(球の半径)$^2$＝(交円の半径)$^2$ ＋(中心と平面の距離)$^2$**

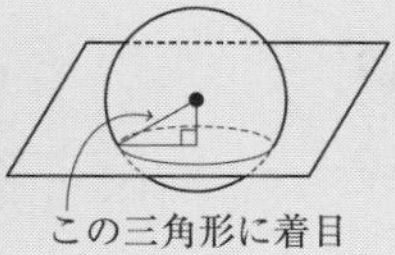


**復習 140** 座標空間内の 3 点 O(0, 0, 0)，A(2, 0, 1)，B(0, 3, −1) によって定まる平面を $\alpha$ とし，$\alpha$ 上にない点 C(0, 7, 14) をとる．

(1) ベクトル $\overrightarrow{OA}$，$\overrightarrow{OB}$ の両方と垂直なベクトルを 1 つ求めよ．

(2) 中心 C，半径 $10\sqrt{2}$ の球面と平面 $\alpha$ とが交わってできる交円の中心と半径を求めよ．

# 復 習 の 答（結果のみ）

## 001

(1) $27x^9-108x^6+144x^3-64$

(2) $8x^3+27y^3$

(3) $(a^2-4b^3)(a^4+4a^2b^3+16b^6)$

(4) $(x-2)(x^2+2x+4)(x+1)(x^2-x+1)$

## 002

(1) $-108864$　(2) $15120$　(3) $7393$

## 003

(1) 略　(2) $3^n$　(3) 略

## 004

(1) $125x-69$

(2) $181-125\sqrt{2}$

TRIAL $45x^2-80x+36$

## 005

(1) $\dfrac{-(11x+5)}{(x-1)(x+4)(x^2+x+1)}$

(2) (i) $11$　(ii) $\pm\sqrt{13}$　(iii) $36$

(iv) $119$

## 006

(1) $a=\dfrac{1}{2}$, $b=\dfrac{11}{6}$, $c=\dfrac{2}{3}$

(2) $a=1$, $b=1$, $c=-17$, $d=32$, $e=-14$

(3) 略

## 007

(1) 略　(2) $-1$, $8$

## 008

(1) (i) 略

(ii) 略

(2) 略

TRIAL $\dfrac{1}{3}$

## 009

(1) 略　(2) $\dfrac{4\sqrt{3}}{3}$

TRIAL $\dfrac{1}{2}$

## 010

$k=-5$, $-\dfrac{20}{3}$

## 011

(1) $a=0$, $-2$

(2) $z=\pm\dfrac{1}{\sqrt{2}}\pm\dfrac{1}{\sqrt{2}}i$ （複号同順）

(3) $x=\dfrac{1\pm\sqrt{14}\,i}{3}$

## 012

(1) $\alpha+\beta=\dfrac{3}{2}$, $\alpha^2+\beta^2=\dfrac{5}{4}$, $\alpha^3+\beta^3=\dfrac{9}{8}$

$8x^2-6x+1=0$

(2) $(x, y)=\left(\dfrac{\sqrt{7}+i}{2}, \dfrac{\sqrt{7}-i}{2}\right)$,

$\left(\dfrac{\sqrt{7}-i}{2}, \dfrac{\sqrt{7}+i}{2}\right)$,

$\left(\dfrac{-\sqrt{7}+i}{2}, \dfrac{-\sqrt{7}-i}{2}\right)$,

$\left(\dfrac{-\sqrt{7}-i}{2}, \dfrac{-\sqrt{7}+i}{2}\right)$

## 013

(1) $\dfrac{4^n-(-1)^n}{5}x+\dfrac{4^n+4(-1)^n}{5}$

(2) $2x-62$

(3) $-18x^2+74x-76$

## 014

(1) 略　(2) $a=3$, $b=1$

## 015

(1) 略　(2) $0$　(3) $a=-\dfrac{1}{3}$, $b=-\dfrac{2}{3}$

TRIAL $-3x-1$

## 016

(1) $x=-3$, $\dfrac{5\pm\sqrt{17}}{2}$

(2) $x=-\dfrac{1}{3}$, $1\pm\sqrt{2}$

TRIAL $p<-\dfrac{5}{2}$, $-\dfrac{5}{2}<p<2-2\sqrt{2}$, $2+2\sqrt{2}<p$

## 017

(1) $\dfrac{33}{14}$

(2) $(x, y, z)=(-1, 2, 2)$, $(2, -1, 2)$,

$(2, 2, -1)$

## 018

$p=-2\pm\sqrt{2}$, $-\dfrac{17}{4}$

## 019

(1) $2t^2-t+4$

(2) $x=\pm1$, $\dfrac{1\pm\sqrt{17}}{4}$

TRIAL $x=-1$, $2\pm\sqrt{3}$, $\dfrac{-1\pm\sqrt{3}i}{2}$

**020**

(1) $\sqrt{34}$

(2) $(0, 2)$ または $(0, 3)$

(3) $D(1, -3)$，$E\left(\frac{11}{3}, -\frac{17}{3}\right)$，

$G\left(\frac{20}{9}, -\frac{17}{9}\right)$

TRIAL 外接円の中心は $(-1, 0)$，半径は5

**021**

(1) $l$ に平行な直線の方程式 $5x-2y=-13$

$l$ に垂直な直線の方程式 $2x+5y=-11$

(2) ACに平行な直線の方程式 $y=-\frac{1}{3}x$

B，Dを通る直線の方程式 $y=3x-8$

TRIAL

(1) 略

(2) 平行となる条件　$a=2\pm\sqrt{10}$

垂直となる条件　$a=-2\pm\sqrt{6}$

**022**

(1) $C(3, 0)$　(2) $P(4, 3)$

TRIAL $y=\frac{1}{3}x+2$

**023**

(1) $a \neq -25$，$\frac{75}{7}$，$\frac{15}{2}$

(2) $a=\frac{50}{3}$，100

**024**

(1) $\frac{|x_1y_2-x_2y_1|}{\sqrt{{x_2}^2+{y_2}^2}}$　(2) 略

TRIAL 直線 $2x-4y+1=0$

または直線 $6x+3y-1=0$

**025**

(1) $(x+3)^2+(y-4)^2=26$

(2) $x^2+y^2+4x-2y-8=0$

(3) $(x+5)^2+(y+5)^2=25$

$(x+13)^2+(y+13)^2=169$

(4) $(x-5)^2+(y-1)^2=25$

$(x-1)^2+(y-5)^2=1$

TRIAL 略

**026**

(1) 円の中心は $\left(0, \frac{1}{2}\right)$，半径は $\frac{1}{2}$

(2) $0<a<\frac{4}{3}$　(3) $a=\frac{1}{7}$，1

**027**

(1) $x-\sqrt{2}y=3\sqrt{2}$

(2) $7x-y=-10$，$x+y=2$

TRIAL $x=0$，$3x+4y=12$

$C$ と異なるもの $(x-6)^2+(y-6)^2=36$

**028**

$10<k<40$　$k=10$ のとき $(-1, -3)$

$k=40$ のとき $(2, 6)$

TRIAL $(x+8)^2+(y+13)^2=196$，

$(x-4)^2+(y+1)^2=4$

**029**

(1) $x+y-7=0$

(2) $x^2+y^2-4x-6y+3=0$

(3) $x^2+y^2+x-y-32=0$

TRIAL $(2, -1)$，$(3, 2)$

**030**

(1)

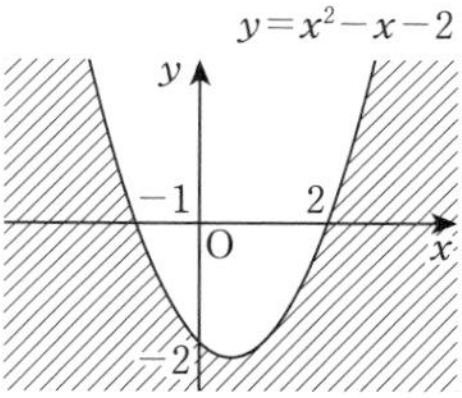


（境界を含む）

(2)

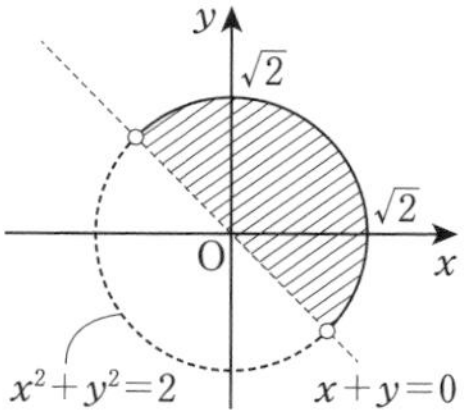


（境界は実線部分のみを含む）

(3)

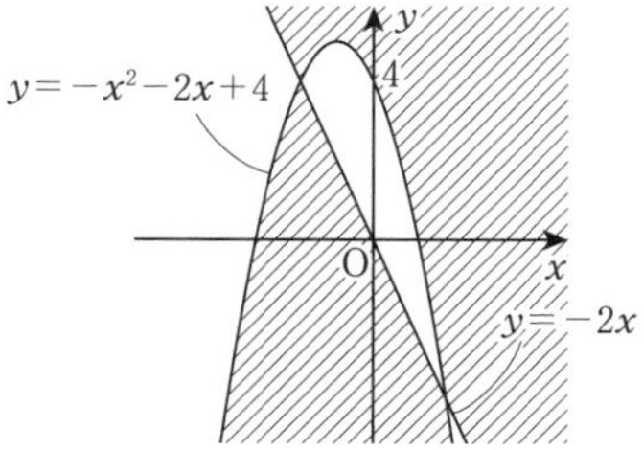


（境界を含む）

**031**

$\frac{3-\sqrt{33}}{2} \leqq m \leqq \frac{3+\sqrt{33}}{2}$

**032**

(1) 19　(2) 5　(3) $-1$　(4) 41

## 033

(1) 直線 $x=0$

(2) 円 $\left(x-\dfrac{13}{5}a\right)^2+y^2=\left(\dfrac{12}{5}a\right)^2$

TRIAL $x-8y+6=0$, $8x+y-17=0$

## 034

(1) 放物線 $y=x^2+x$ のうち $x \geqq 0$ の部分

(2) 放物線 $y=2x^2-7x+3$ のうち
$2 \leqq x \leqq 4$ の部分

TRIAL 円 $(x-1)^2+(y-3)^2=4$

## 035

(1) $-\dfrac{\sqrt{3}}{3}<p<\dfrac{\sqrt{3}}{3}$

(2) 円 $(x-2)^2+y^2=4$ のうち $3<x \leqq 4$ の部分

## 036

(1) 円 $\left(x+\dfrac{1}{2}\right)^2+\left(y-\dfrac{1}{2}\right)^2=\dfrac{1}{2}$

（ただし，点$(0, 0)$を除く）

(2) 円 $\left(x+\dfrac{1}{2}\right)^2+\left(y-\dfrac{1}{2}\right)^2=\dfrac{1}{2}$ のうち
$x \leqq 0$ の部分（ただし，点$(0, 0)$は除く）

## 037

(1)

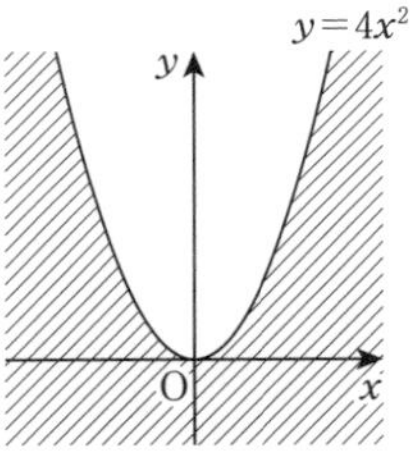


（境界を含む）

(2)

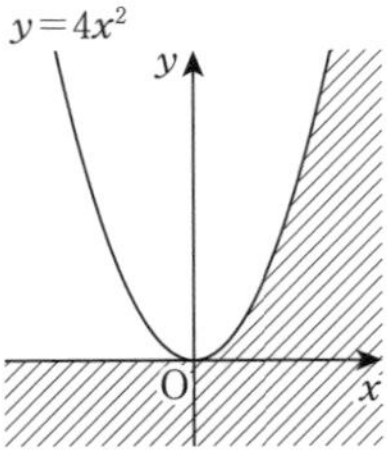


（境界を含む）

TRIAL

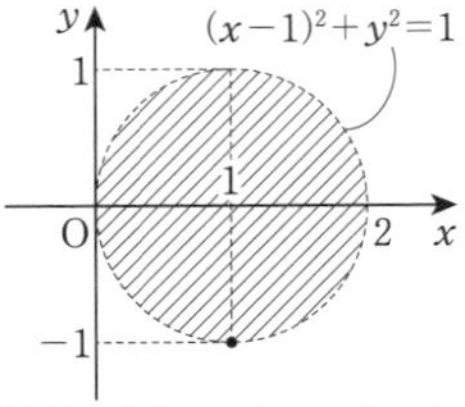


（境界は点$(1, -1)$のみを含む）

## 038

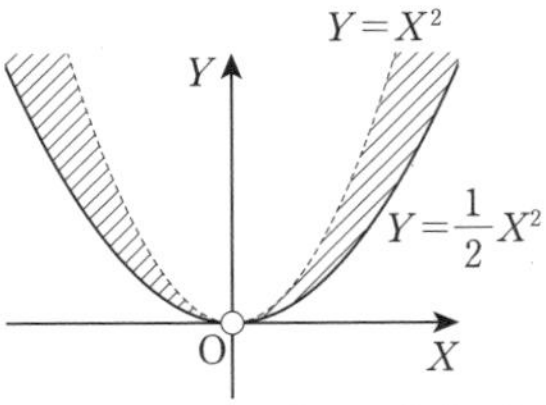


（境界は実線部分のみを含み，点$(0, 0)$を除く）

## 039

(1) $\theta=\dfrac{2\pi}{3}$, $\dfrac{5\pi}{3}$

(2) $\theta=\dfrac{1}{24}\pi$, $\dfrac{17}{24}\pi$, $\dfrac{25}{24}\pi$, $\dfrac{41}{24}\pi$

(3) $\dfrac{5}{6}\pi \leqq \theta \leqq \dfrac{7}{6}\pi$

## 040

(1) $\sin x\cos x=\dfrac{4}{9}$

$\sin x+\cos x=\dfrac{\sqrt{17}}{3}$

$\sin^3 x-\cos^3 x=\dfrac{13}{27}$

(2) $\cos\theta=\pm\dfrac{2\sqrt{2}}{3}$, $\tan\theta=\pm\dfrac{\sqrt{2}}{4}$

（複号同順）

## 041

(1) $4\pi$

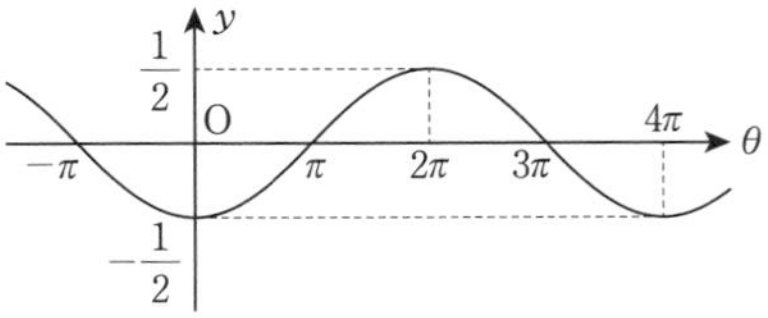

(2)　$2\pi$

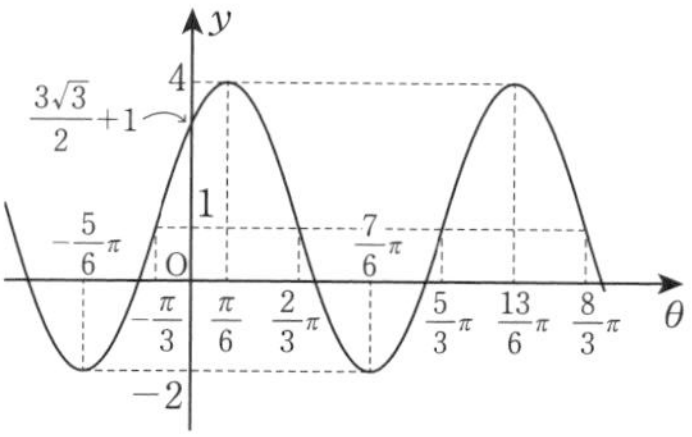


(3)　$\pi$

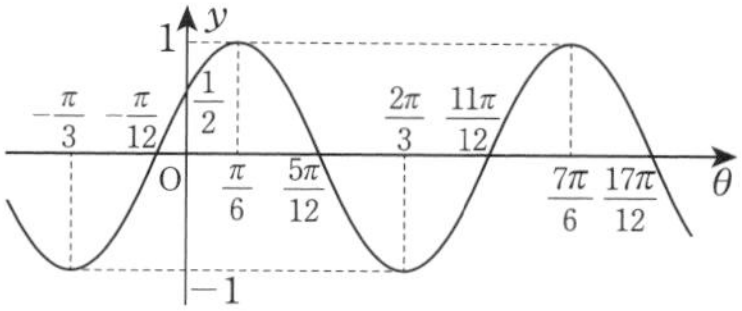


## 042

(1)　$\theta=\frac{\pi}{10},\ \frac{\pi}{6},\ \frac{\pi}{2}$

(2)　$(x, y)=\left(\frac{7}{6}\pi, \frac{5}{3}\pi\right)$

(3)　略

## 043

(1)　$\theta=0,\ \frac{\pi}{3},\ \frac{2}{3}\pi,\ \pi$

(2)　$\theta=\frac{\pi}{6},\ \frac{11}{6}\pi$ のとき 最大値 $\frac{11}{4}$

$\theta=\pi$ のとき 最小値 $1-\sqrt{3}$

(3)　(i)　$0\leqq\theta<\frac{\pi}{4},\ \frac{\pi}{2}<\theta<\pi$

(ii)　$\frac{\pi}{4}<\theta<\pi$

## 044

(1)　$-\frac{\sqrt{6}+\sqrt{2}}{4}$　　(2)　$\sin(A-B)=-\frac{84}{85}$

TRIAL　$\cos(\alpha+\beta)=\frac{9}{16}$

## 045

$\sin\alpha=-\frac{4}{5},\ \sin\left(\frac{\pi}{2}-\alpha\right)=\frac{3}{5}$

$\cos\frac{\alpha}{2}=-\frac{2\sqrt{5}}{5}$

TRIAL　略

## 046

(1)　$\sin 18^\circ=\frac{-1+\sqrt{5}}{4}$

$\cos 18^\circ=\frac{\sqrt{10+2\sqrt{5}}}{4}$

(2)　$x=45^\circ,\ 120^\circ,\ 135^\circ$

## 047

(1)

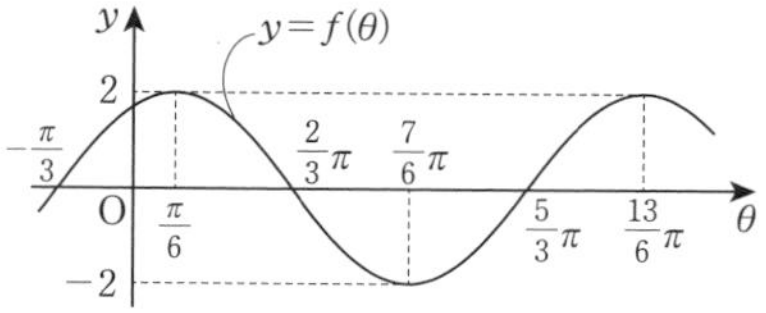


(2)　$\theta=-\frac{\pi}{6},\ \frac{\pi}{2}$

(3)　$0<\theta<\frac{\pi}{3}$

TRIAL　最大値 $\sqrt{5}$，最小値 2

## 048

$\theta=\frac{5}{12}\pi$ のとき 最大値 $3-\frac{\sqrt{3}}{2}$

$\theta=\frac{11}{12}\pi$ のとき 最小値 $-3-\frac{\sqrt{3}}{2}$

TRIAL　$\frac{5-\sqrt{13}}{2}$

## 049

最大値 $3\sqrt{2}-1$，最小値 $-3$

TRIAL

(1)　$-1\leqq t\leqq 2$

(2)　最小値 $-1$，$\theta=-\frac{\pi}{6},\ \frac{\pi}{2}$

## 050

(1)　2 個

(2)　略

TRIAL　略

## 051

(1)　$\sin\theta-\cos\theta=0$

(2)　$k=-6,\ \frac{2}{3}$

## 052

(1)　$2\cos 20^\circ\cos 50^\circ+\cos 110^\circ=\frac{\sqrt{3}}{2}$

$\cos 50^\circ+\cos 70^\circ-\sin 80^\circ=0$

(2)　略

TRIAL

(1)　$\frac{1}{8}$　　(2)　$x=\frac{7}{10}\pi,\ \frac{17}{10}\pi$

## 053

(1)　(i)　$0\leqq\cos A\leqq\frac{3}{4}$

(ii)　最大値 $\sqrt{2}$，最小値 1

(2)　最大値 $2\sqrt{10}+12$，最小値 $-2\sqrt{10}+12$

**054**

(1) (i) $-2\sqrt[3]{3}$ (ii) 6

(2) $\dfrac{5}{31}$

TRIAL $\sqrt[4]{7}<\sqrt[6]{19}<\sqrt[3]{5}<\sqrt{3}$, $3^{60}<5^{45}<2^{105}$

**055**

(1) $x=1,\ -3$ (2) $x>3$

(3) $-2<x<1$

**056**

(1) 1 (2) 12 (3) 3

TRIAL $\log_{125}9<\log_5\sqrt[4]{27}<\dfrac{1}{2}\log_5 27$

**057**

(1) $x=3^{\frac{-5\pm\sqrt{31}}{3}}$

(2) $x=1+\sqrt{5}$

(3) $x=10^{100}$

(4) $x=1,\ 2,\ \dfrac{3+\sqrt{17}}{2}$

TRIAL $x=1,\ y=4$

**058**

(1) $6<x<\dfrac{9+\sqrt{21}}{2}$

(2) $0<a<1$ のとき $1<x\leqq 5$
$a>1$ のとき $5\leqq x$

(3) $\dfrac{1}{27}\leqq x\leqq 243$

(4) $x<-1,\ -1<x<-\dfrac{1}{2}$

**059**

(1) 65桁 (2) 5

TRIAL 小数第42位

**060**

$(x, y)=(10\sqrt{10}, 10\sqrt{10})$ のとき
最大値 $\dfrac{9}{4}$

$(x, y)=(10, 100)$, $(100, 10)$ のとき
最小値 2

**061**

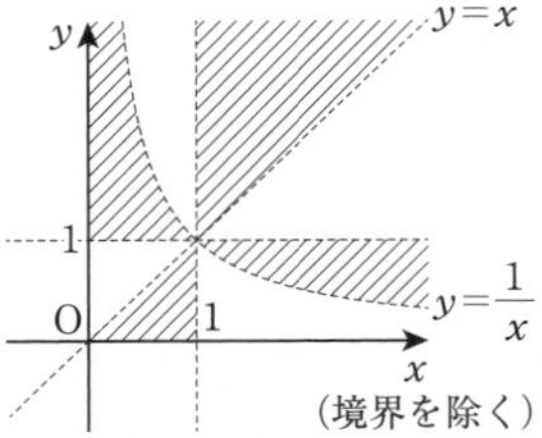


(境界を除く)

TRIAL

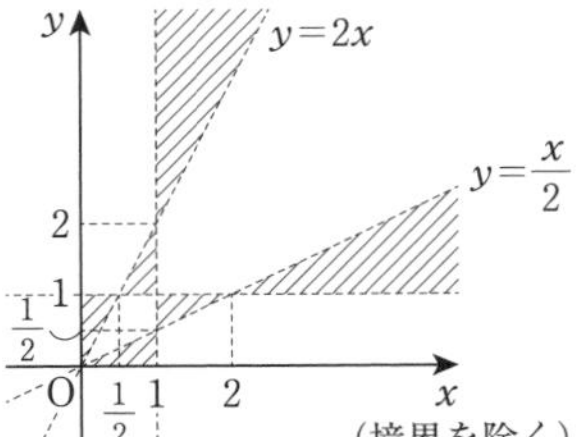


(境界を除く)

**062**

$-15<a<-11$

**063**

(1) 略, $9^x+9^{-x}=t^2-2$

(2) $x=\log_3\dfrac{9\pm\sqrt{65}}{4}$ のとき 最小値 $-\dfrac{81}{4}$

**064**

(1) 略 (2) 0.3

**065**

(1) (i) $-2$ (ii) 27 (2) $4x^3$

**066**

(1) $f'(x)=9x^2-2x$
$f'(-1)=11$

(2) $f'(x)=-4x^3+15x^2+12x-1$
$f'(0)=-1$

**067**

(1) $y=13x-8$

(2) $y=-3x+1$, $y=\dfrac{15}{4}x-\dfrac{23}{4}$

**068**

(1)

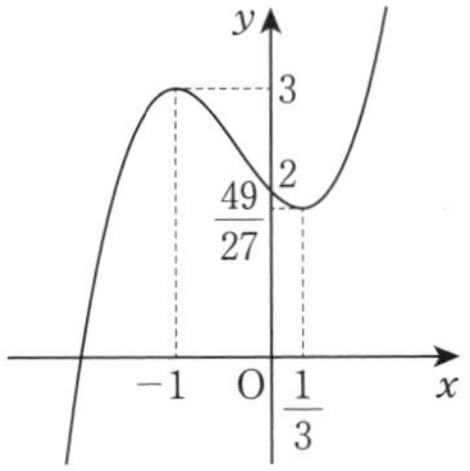


(2)

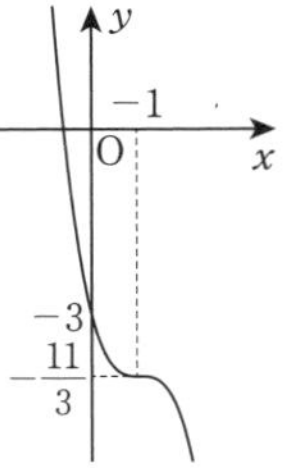

(3)

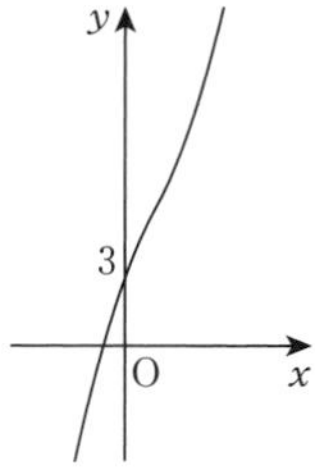


## 069

(1) $\dfrac{17}{27}$　(2) $a<-\sqrt{6}$, $\sqrt{6}<a$

(3) $a=16$, 極大値 16, 極小値 $\dfrac{428}{27}$

TRIAL $\dfrac{-2(8+13\sqrt{13})}{27}$

## 070

(1) $x=6$ のとき 最大値 13

$x=4$ のとき 最小値 $-\dfrac{13}{3}$

(2) $x=1$ のとき 最大値 $\dfrac{14}{3}$

$x=-1$ のとき 最小値 $-\dfrac{38}{3}$

## 071

$$\begin{cases} 0<a\leqq 1 \text{ のとき 最大値 } -5a^2+8 \\ 1<a<2 \text{ のとき 最大値 } 2a^3+a^2 \\ a\geqq 2 \text{ のとき 最大値 } 7a^2-8 \end{cases}$$

$$\begin{cases} 0<a\leqq 1 \text{ のとき 最小値 } 7a^2-8 \\ 1<a<2 \text{ のとき 最小値 } -2a^3+a^2 \\ a\geqq 2 \text{ のとき 最小値 } -5a^2+8 \end{cases}$$

TRIAL

(1) $0<a\leqq\dfrac{1}{2}$ のとき　$1-3a^2$

$\dfrac{1}{2}\leqq a\leqq 1$ のとき　$2a^3$

$a\geqq 1$ のとき　$3a^2-1$

(2) $a=\dfrac{1}{2}$

## 072

(1) $-79\leqq k\leqq 129$

(2) $-4\leqq\gamma<-2$

TRIAL $a<\dfrac{50}{27}$, $2<a$ のとき　1個

$a=\dfrac{50}{27}$, 2 のとき　2個

$\dfrac{50}{27}<a<2$ のとき　3個

## 073

$a=\dfrac{1}{\sqrt[3]{35}}$, $-\dfrac{1}{3}\sqrt[3]{\dfrac{5}{3}}$

## 074

(1) $p\geqq\dfrac{1}{3}$　(2) $y=1-x^2\ \left(x\leqq-\dfrac{1}{6}\right)$

## 075

$a<-\dfrac{109}{27}$, $-4<a$

TRIAL $(-a^3-3a^2+b)(3a+b+1)<0$

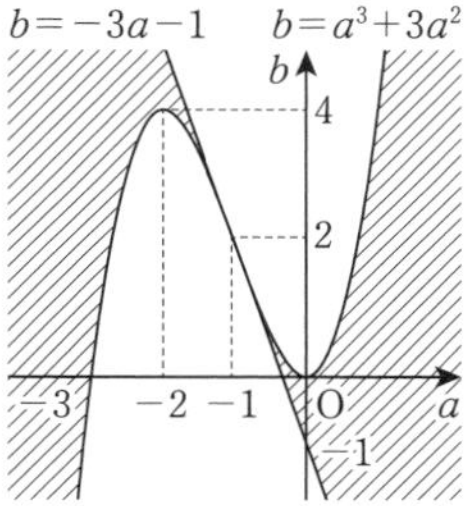


(境界を除く)

## 076

(1) 略　(2) $0<p\leqq 6$

TRIAL $k=\dfrac{5}{4}$

## 077

$\dfrac{16}{27\pi}$ 倍

## 078

(1)

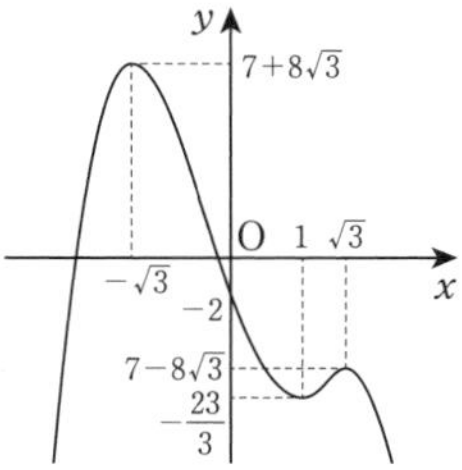


(2)

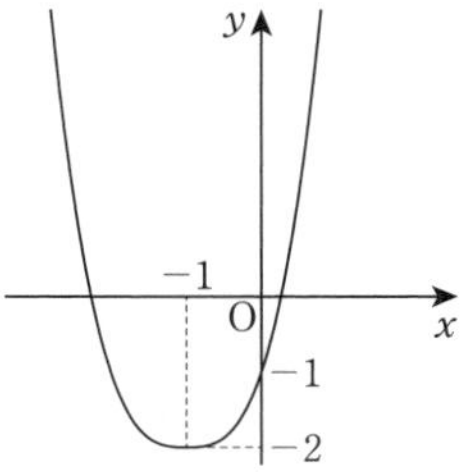

**079**

(1) $-\frac{1}{6}x^3+\frac{1}{3}x^2-5x+C$ （$C$は積分定数）

(2) $-\frac{155}{6}$

**080**

(1) $-36$ (2) $-\frac{1}{6}$

**081**

(1) $f(x)=4x+\frac{24}{5}$

(2) $f(x)=6x^2-\frac{1}{2}x-8$

**082**

(1) $\frac{64}{3}$ (2) $\frac{46}{3}$

TRIAL 1

**083**

(1) 5 (2) 1

(3) $a\leqq 0$ のとき $-3a+\frac{9}{2}$

$0\leqq a\leqq 3$ のとき $a^2-3a+\frac{9}{2}$

$a\geqq 3$ のとき $3a-\frac{9}{2}$

**084**

(1) $\frac{32}{3}$ (2) $\frac{343}{54}$ (3) $\frac{8}{27}$

**085**

$\frac{1}{6}$

**086**

(1) 略 (2) $S_1:S_2=2:1$

**087**

(1) $y=(3t^2+a)x-2t^3$

$(-2t,\ -8t^3-2at)$

(2) $\frac{27}{4}t^4$

**088**

(1) $a_n=-3n+163$

(2) $n=54$，最大値 4347

TRIAL $n=108$，最小値 54

**089**

315

TRIAL $\frac{a(1+r)\{(1+r)^n-1\}}{r}$ (円)

**090**

(1) 1230 (2) 2044

(3) $\frac{1}{4}n(n+1)(n+2)(n+3)$

(4) $\frac{1}{6}n(n+1)(5n+1)$

TRIAL 1275

**091**

(1) $a_n=2^n-1$

(2) $a_n=\frac{43}{16}-\frac{7}{4}n+\frac{1}{16}(-3)^{n-1}$

TRIAL $a_n=3^{n-1}+n^2+1$，$b_n=3^{n-1}-n^2+1$

**092**

(1) $\frac{9}{248}$

(2) $\frac{1}{3}\left(\frac{11}{6}-\frac{1}{n+1}-\frac{1}{n+2}-\frac{1}{n+3}\right)$

(3) $\frac{1}{2}(\sqrt{n+1}+\sqrt{n+2}-1-\sqrt{2})$

TRIAL

(1) $\frac{n(n+3)}{4(n+1)(n+2)}$

(2) $\frac{1}{5}n(n+1)(n+2)(n+3)(n+4)$

**093**

$$S=\begin{cases}\dfrac{1-(1+n)r^n+nr^{n+1}}{(1-r)^2} & (r\neq 1)\\[2ex] \dfrac{1}{2}n(n+1) & (r=1)\end{cases}$$

TRIAL $S_n=\frac{1}{24}(n-1)n(n+1)(3n+2)$

**094**

(1) $4n^3$

(2) 第32群の第17番目

TRIAL

(1) 第5049項 (2) $\frac{52}{63}$

**095**

(1) $a_n=4n+1$

(2) $a_n=3\cdot 2^n$

(3) $a_n=2^n-3n+2$

**096**

(1) $a_n=4-\left(\frac{1}{2}\right)^{n-2}$

(2) $a_n=\frac{3}{2^{n+3}-15}-1$

**097**

$a_n=3^n-2^n$

**098**

$a_n=4\cdot3^{n-1}-4n-2$

TRIAL

(1) $\alpha=-1$, $\beta=-2$, $\gamma=-3$

(2) $a_n=3\cdot2^n-n^2-2n-3$

**099**

(1) $a_n=3n(n+1)$

(2) $a_n=\frac{1}{2}\left\{1+\left(\frac{1}{3}\right)^n\right\}$

**100**

(1) $a_n=\frac{7}{2}-\frac{5}{2}\left(\frac{3}{5}\right)^{n-1}$

(2) $a_n=(n+1)\cdot2^{n-2}$

**101**

(1) $a_n=\frac{1}{2}\{3(-2)^{n-1}+(-4)^{n-1}\}$

$b_n=\frac{1}{2}\{3(-2)^{n-1}-(-4)^{n-1}\}$

(2) $a_n=\frac{-n+4}{3\cdot2^{n-1}}$

$b_n=\frac{n-7}{3\cdot2^{n-1}}$

TRIAL $(\alpha, \beta)=(2, 1)$, $(3, 2)$

$a_n=6-2^n$, $b_n=2^{n-1}-2$

**102**

(1) $a_2=\frac{4}{5}$, $a_3=\frac{6}{7}$

(2) 略

TRIAL 略

**103**

$S=(n-1)2^{n+1}-\frac{1}{2}n^2+\frac{1}{2}n+3$

**104**

(1) $p_{n+1}=\frac{7}{9}p_n+\frac{1}{45}$

(2) $p_n=\frac{9}{10}\left(\frac{7}{9}\right)^n+\frac{1}{10}$

**105**

(1) 略

(2) 期待値 $\frac{5}{2}$, 分散 $\frac{25}{36}$

**106**

(1) $T=5X-6$

(2) $\frac{75}{4}$

**107**

$\frac{11}{5}$

**108**

$E(Z)=15$, $V(Z)=\frac{584}{45}$

**109**

${}_4C_x\left(\frac{3}{8}\right)^x\left(\frac{5}{8}\right)^{4-x}$

$E(X)=\frac{3}{2}$, $\sigma(X)=\frac{\sqrt{15}}{4}$

**110**

(1) $a=2$, $b=\frac{3}{4}$

(2) $V(X)=\frac{1}{5}$

**111**

0.0749

**112**

(1) $P(130\leqq X\leqq175)=\sum_{k=130}^{175}{}_{1600}C_k\left(\frac{1}{10}\right)^k\left(\frac{9}{10}\right)^{1600-k}$

(2) 0.89

TRIAL 385 回以上

**113**

(1) 標本平均の期待値　167 cm

標本平均の標準偏差　$\frac{6}{\sqrt{n}}$

(2) 400 人

**114**

0.1056

**115**

信頼度 95%　[109.608, 110.392]

信頼度 99%　[109.484, 110.516]

**116**

[0.7608, 0.8392], 1537 人以上

**117**

白球と黒球の割合は異なると判断してよい.

**118**

新しい薬は副作用の発生する割合が低いとは判断できない.

**119**

(1) $|\vec{a}-\vec{b}|=\sqrt{2}$

$|\vec{a}+\vec{b}|=2-\sqrt{2}$

(2) $\overrightarrow{AE}=(2+\sqrt{2})(\vec{a}+\vec{b})$

$\overrightarrow{AD}=(2+\sqrt{2})\vec{a}+(1+\sqrt{2})\vec{b}$

(3) $\vec{a}=\overrightarrow{\mathrm{AD}}-\frac{\sqrt{2}}{2}\overrightarrow{\mathrm{AE}}$

**120**

(1) $\overrightarrow{\mathrm{AP}}=\frac{2\overrightarrow{\mathrm{AB}}+\overrightarrow{\mathrm{AC}}}{3}$

$\overrightarrow{\mathrm{AQ}}=\frac{3}{4}\overrightarrow{\mathrm{AC}}$

$\overrightarrow{\mathrm{AR}}=\frac{6}{5}\overrightarrow{\mathrm{AB}}$

(2) 略

**121** 略，9：1

**122** 略

**TRIAL** $\overrightarrow{\mathrm{OI}}=\frac{4}{9}\overrightarrow{\mathrm{OA}}+\frac{2}{9}\overrightarrow{\mathrm{OB}}$

**123**

(1) $\overrightarrow{\mathrm{AP}}=\frac{5}{k+8}\overrightarrow{\mathrm{AB}}+\frac{3}{k+8}\overrightarrow{\mathrm{AC}}$

(2) 略　(3) $S_1:S_2=8:k$

(4) $k=4$

**124**

(1) $\overrightarrow{\mathrm{AP}}=\frac{6}{13}\overrightarrow{\mathrm{AB}}+\frac{3}{13}\overrightarrow{\mathrm{AC}}$

(2) $\overrightarrow{\mathrm{AQ}}=\frac{2}{3}\overrightarrow{\mathrm{AB}}+\frac{1}{3}\overrightarrow{\mathrm{AC}}$

**125**

(1) $\cos\angle\mathrm{AOB}=\frac{2}{5}$

(2) $\mathrm{OC}=\frac{2\sqrt{30}}{3}$，$\cos\angle\mathrm{AOC}=\frac{\sqrt{30}}{10}$

**126**

(1) $\vec{a}\cdot\vec{b}=-\frac{2}{3}$

(2) $k=\frac{9\pm\sqrt{97}}{4}$　(3) $x=\frac{5}{19}$

**127**

(1) $t=\frac{1}{10}$　(2) $t=\frac{1}{4}$　(3) $t=-\frac{2}{7}$

**128**

(1) $\overrightarrow{\mathrm{AB}}\cdot\overrightarrow{\mathrm{AC}}=\frac{15}{2}$

(2) $\overrightarrow{\mathrm{AO}}=\frac{7}{15}\overrightarrow{\mathrm{AB}}+\frac{1}{9}\overrightarrow{\mathrm{AC}}$

(3) $\overrightarrow{\mathrm{AH}}=\frac{1}{15}\overrightarrow{\mathrm{AB}}+\frac{7}{9}\overrightarrow{\mathrm{AC}}$

**129**

(1)

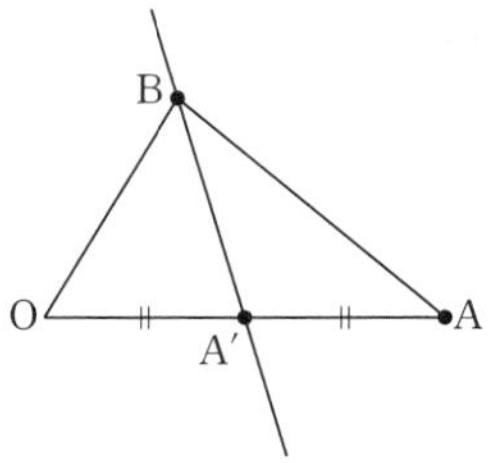


(図の直線 A′B)

(2)

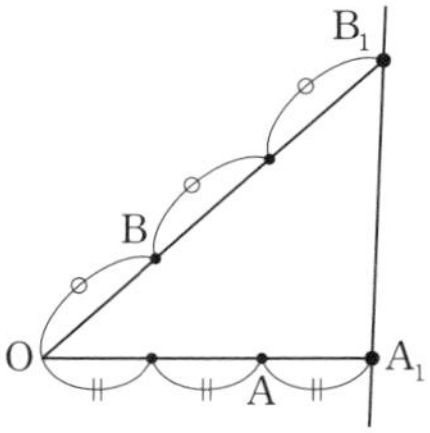


(図の直線 $\mathrm{A_1B_1}$)

(3) $\frac{9}{2}$

**130**

(1) 直線 $l$ と $m$ が平行　$a=\frac{11}{7}$

直線 $l$ と $m$ が垂直　$a=-2$

(2) $\mathrm{H}\left(-\frac{8}{25},\ \frac{44}{25}\right)$

**131**

(1)

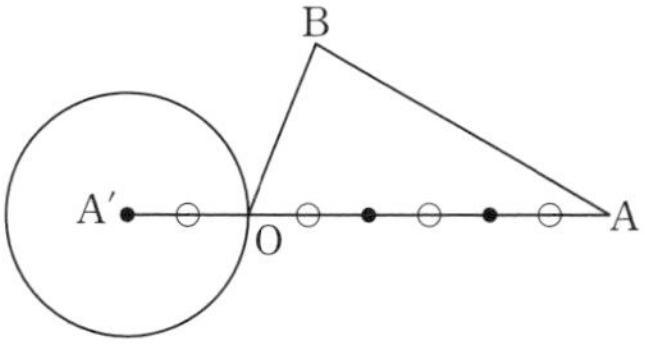


$\left(\text{図の点 A′ を中心とする半径 }\frac{1}{3}\text{OA の円}\right)$

(2)

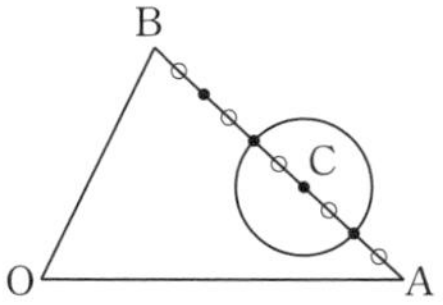


$\left(\text{図の点 C を中心とする半径 }\frac{1}{5}\text{AB の円}\right)$

(3)

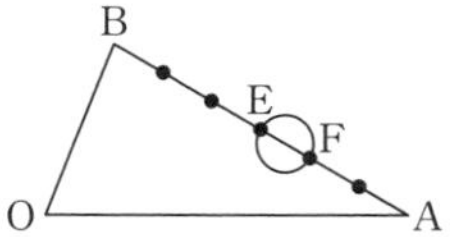


(図の点 E，F を直径の両端とする円)

## 132

(1) $\angle AOB=\frac{\pi}{2}$　(2) $\angle ACB=\frac{\pi}{4}$

## 133

(1) $\overrightarrow{AC}=\vec{b}+2\vec{a}$

$\overrightarrow{AI}=2\vec{a}+\vec{b}+\vec{c}$

$\overrightarrow{AJ}=2\vec{a}+2\vec{b}+\vec{c}$

$\vec{a}=\frac{1}{2}\overrightarrow{AC}+\frac{1}{2}\overrightarrow{AI}-\frac{1}{2}\overrightarrow{AJ}$

(2) $t=\frac{4}{3}$, $u=-\frac{7}{8}$

## 134

(1) H(1, 1, 1)　(2) $a=\frac{1}{4}$　(3) $a=4$

## 135

$\overrightarrow{OR}=\frac{2}{5}\vec{a}+\frac{2}{5}\vec{b}+\frac{1}{5}\vec{c}$

## 136

(1) $\overrightarrow{MP}=-\frac{1}{2}\vec{a}-\frac{1}{2}\vec{b}+\frac{1}{3}\vec{c}$

(2) $\overrightarrow{AB}\cdot\overrightarrow{MP}=-\frac{2}{3}$

(3) $\cos\theta=-\frac{1}{5}$

## 137

(1) $t=3$, $\triangle OAB=9$

(2) $\cos\theta=-\frac{3\sqrt{14}}{14}$, $t=\frac{3(14-3\sqrt{14})}{5}$

(3) $\pm\frac{\sqrt{5}}{15}(2, -5, -4)$

## 138

(1) $\triangle ABC=50$

(2) H(0, 5, 0)　(3) $\frac{500}{3}$

## 139

(1) 略　(2) $\frac{\sqrt{14}}{14}$

## 140

(1) (3, −2, −6)

(2) 中心 (6, 3, 2), 半径 2

# 自己チェック表

| 問題 | 1回目 | 2回目 | 3回目 | 問題 | 1回目 | 2回目 | 3回目 |
|---|---|---|---|---|---|---|---|
| 001 | | | | 026 | | | |
| 002 | | | | 027 | | | |
| 003 | | | | 028 | | | |
| 004 | | | | 029 | | | |
| 005 | | | | 030 | | | |
| 006 | | | | 031 | | | |
| 007 | | | | 032 | | | |
| 008 | | | | 033 | | | |
| 009 | | | | 034 | | | |
| 010 | | | | 035 | | | |
| 011 | | | | 036 | | | |
| 012 | | | | 037 | | | |
| 013 | | | | 038 | | | |
| 014 | | | | 039 | | | |
| 015 | | | | 040 | | | |
| 016 | | | | 041 | | | |
| 017 | | | | 042 | | | |
| 018 | | | | 043 | | | |
| 019 | | | | 044 | | | |
| 020 | | | | 045 | | | |
| 021 | | | | 046 | | | |
| 022 | | | | 047 | | | |
| 023 | | | | 048 | | | |
| 024 | | | | 049 | | | |
| 025 | | | | 050 | | | |

| 問題 | 1回目 | 2回目 | 3回目 | 問題 | 1回目 | 2回目 | 3回目 |
|---|---|---|---|---|---|---|---|
| 051 | | | | 076 | | | |
| 052 | | | | 077 | | | |
| 053 | | | | 078 | | | |
| 054 | | | | 079 | | | |
| 055 | | | | 080 | | | |
| 056 | | | | 081 | | | |
| 057 | | | | 082 | | | |
| 058 | | | | 083 | | | |
| 059 | | | | 084 | | | |
| 060 | | | | 085 | | | |
| 061 | | | | 086 | | | |
| 062 | | | | 087 | | | |
| 063 | | | | 088 | | | |
| 064 | | | | 089 | | | |
| 065 | | | | 090 | | | |
| 066 | | | | 091 | | | |
| 067 | | | | 092 | | | |
| 068 | | | | 093 | | | |
| 069 | | | | 094 | | | |
| 070 | | | | 095 | | | |
| 071 | | | | 096 | | | |
| 072 | | | | 097 | | | |
| 073 | | | | 098 | | | |
| 074 | | | | 099 | | | |
| 075 | | | | 100 | | | |

| 問題 | 1回目 | 2回目 | 3回目 | 問題 | 1回目 | 2回目 | 3回目 |
|---|---|---|---|---|---|---|---|
| 101 | | | | 121 | | | |
| 102 | | | | 122 | | | |
| 103 | | | | 123 | | | |
| 104 | | | | 124 | | | |
| 105 | | | | 125 | | | |
| 106 | | | | 126 | | | |
| 107 | | | | 127 | | | |
| 108 | | | | 128 | | | |
| 109 | | | | 129 | | | |
| 110 | | | | 130 | | | |
| 111 | | | | 131 | | | |
| 112 | | | | 132 | | | |
| 113 | | | | 133 | | | |
| 114 | | | | 134 | | | |
| 115 | | | | 135 | | | |
| 116 | | | | 136 | | | |
| 117 | | | | 137 | | | |
| 118 | | | | 138 | | | |
| 119 | | | | 139 | | | |
| 120 | | | | 140 | | | |

— MEMO —

— MEMO —

# 正 規 分 布 表

下表は，標準正規分布の分布曲線における右図の斜線部分の面積の値をまとめたものである．

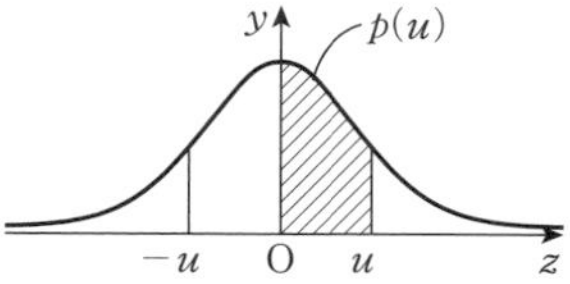


| $u$ | .00 | .01 | .02 | .03 | .04 | .05 | .06 | .07 | .08 | .09 |
|---|---|---|---|---|---|---|---|---|---|---|
| 0.0 | 0.0000 | 0.0040 | 0.0080 | 0.0120 | 0.0160 | 0.0199 | 0.0239 | 0.0279 | 0.0319 | 0.0359 |
| 0.1 | 0.0398 | 0.0438 | 0.0478 | 0.0517 | 0.0557 | 0.0596 | 0.0636 | 0.0675 | 0.0714 | 0.0753 |
| 0.2 | 0.0793 | 0.0832 | 0.0871 | 0.0910 | 0.0948 | 0.0987 | 0.1026 | 0.1064 | 0.1103 | 0.1141 |
| 0.3 | 0.1179 | 0.1217 | 0.1255 | 0.1293 | 0.1331 | 0.1368 | 0.1406 | 0.1443 | 0.1480 | 0.1517 |
| 0.4 | 0.1554 | 0.1591 | 0.1628 | 0.1664 | 0.1700 | 0.1736 | 0.1772 | 0.1808 | 0.1844 | 0.1879 |
| 0.5 | 0.1915 | 0.1950 | 0.1985 | 0.2019 | 0.2054 | 0.2088 | 0.2123 | 0.2157 | 0.2190 | 0.2224 |
| 0.6 | 0.2257 | 0.2291 | 0.2324 | 0.2357 | 0.2389 | 0.2422 | 0.2454 | 0.2486 | 0.2517 | 0.2549 |
| 0.7 | 0.2580 | 0.2611 | 0.2642 | 0.2673 | 0.2704 | 0.2734 | 0.2764 | 0.2794 | 0.2823 | 0.2852 |
| 0.8 | 0.2881 | 0.2910 | 0.2939 | 0.2967 | 0.2995 | 0.3023 | 0.3051 | 0.3078 | 0.3106 | 0.3133 |
| 0.9 | 0.3159 | 0.3186 | 0.3212 | 0.3238 | 0.3264 | 0.3289 | 0.3315 | 0.3340 | 0.3365 | 0.3389 |
| 1.0 | 0.3413 | 0.3438 | 0.3461 | 0.3485 | 0.3508 | 0.3531 | 0.3554 | 0.3577 | 0.3599 | 0.3621 |
| 1.1 | 0.3643 | 0.3665 | 0.3686 | 0.3708 | 0.3729 | 0.3749 | 0.3770 | 0.3790 | 0.3810 | 0.3830 |
| 1.2 | 0.3849 | 0.3869 | 0.3888 | 0.3907 | 0.3925 | 0.3944 | 0.3962 | 0.3980 | 0.3997 | 0.4015 |
| 1.3 | 0.4032 | 0.4049 | 0.4066 | 0.4082 | 0.4099 | 0.4115 | 0.4131 | 0.4147 | 0.4162 | 0.4177 |
| 1.4 | 0.4192 | 0.4207 | 0.4222 | 0.4236 | 0.4251 | 0.4265 | 0.4279 | 0.4292 | 0.4306 | 0.4319 |
| 1.5 | 0.4332 | 0.4345 | 0.4357 | 0.4370 | 0.4382 | 0.4394 | 0.4406 | 0.4418 | 0.4429 | 0.4441 |
| 1.6 | 0.4452 | 0.4463 | 0.4474 | 0.4484 | 0.4495 | 0.4505 | 0.4515 | 0.4525 | 0.4535 | 0.4545 |
| 1.7 | 0.4554 | 0.4564 | 0.4573 | 0.4582 | 0.4591 | 0.4599 | 0.4608 | 0.4616 | 0.4625 | 0.4633 |
| 1.8 | 0.4641 | 0.4649 | 0.4656 | 0.4664 | 0.4671 | 0.4678 | 0.4686 | 0.4693 | 0.4699 | 0.4706 |
| 1.9 | 0.4713 | 0.4719 | 0.4726 | 0.4732 | 0.4738 | 0.4744 | 0.4750 | 0.4756 | 0.4761 | 0.4767 |
| 2.0 | 0.4772 | 0.4778 | 0.4783 | 0.4788 | 0.4793 | 0.4798 | 0.4803 | 0.4808 | 0.4812 | 0.4817 |
| 2.1 | 0.4821 | 0.4826 | 0.4830 | 0.4834 | 0.4838 | 0.4842 | 0.4846 | 0.4850 | 0.4854 | 0.4857 |
| 2.2 | 0.4861 | 0.4864 | 0.4868 | 0.4871 | 0.4875 | 0.4878 | 0.4881 | 0.4884 | 0.4887 | 0.4890 |
| 2.3 | 0.4893 | 0.4896 | 0.4898 | 0.4901 | 0.4904 | 0.4906 | 0.4909 | 0.4911 | 0.4913 | 0.4916 |
| 2.4 | 0.4918 | 0.4920 | 0.4922 | 0.4925 | 0.4927 | 0.4929 | 0.4931 | 0.4932 | 0.4934 | 0.4936 |
| 2.5 | 0.4938 | 0.4940 | 0.4941 | 0.4943 | 0.4945 | 0.4946 | 0.4948 | 0.4949 | 0.4951 | 0.4952 |
| 2.6 | 0.49534 | 0.49547 | 0.49560 | 0.49573 | 0.49585 | 0.49598 | 0.49609 | 0.49621 | 0.49632 | 0.49643 |
| 2.7 | 0.49653 | 0.49664 | 0.49674 | 0.49683 | 0.49693 | 0.49702 | 0.49711 | 0.49720 | 0.49728 | 0.49736 |
| 2.8 | 0.49744 | 0.49752 | 0.49760 | 0.49767 | 0.49774 | 0.49781 | 0.49788 | 0.49795 | 0.49801 | 0.49807 |
| 2.9 | 0.49813 | 0.49819 | 0.49825 | 0.49831 | 0.49836 | 0.49841 | 0.49846 | 0.49851 | 0.49856 | 0.49861 |
| 3.0 | 0.49865 | 0.49869 | 0.49874 | 0.49878 | 0.49882 | 0.49886 | 0.49889 | 0.49893 | 0.49897 | 0.49900 |

数学Ⅱ・B・C［ベクトル］BASIC 140〈改訂版〉

| | |
|---|---|
| 著者 | 桐山宣雄<br>小寺智也<br>小松﨑和子 |
| 発行者 | 山﨑良子 |
| 印刷・製本 | 株式会社ワコー |
| 発行所 | 駿台文庫株式会社 |

〒101-0062 東京都千代田区神田駿河台1-7-4
小畑ビル内
TEL. 編集 03(5259)3302
販売 03(5259)3301
《改①－244pp.》



落丁・乱丁がございましたら，送料小社負担にてお取替えいたします。

ISBN978-4-7961-1356-4　Printed in Japan

駿台文庫 Webサイト
https://www.sundaibunko.jp

駿台受験シリーズ

# 数学Ⅱ・B・C
## [ベクトル]
## BASIC 140

改訂版

復習の答

駿台文庫

## §1 複素数と方程式・式と証明

### 001

(1) $(3x^3-4)^3$

$=(3x^3)^3-3(3x^3)^2\cdot 4+3(3x^3)\cdot 4^2-4^3$

$=\mathbf{27x^9-108x^6+144x^3-64}$

(2) $(2x+3y)(4x^2-6xy+9y^2)$

$=(2x+3y)\{(2x)^2-(2x)(3y)+(3y)^2\}$

$=(2x)^3+(3y)^3=\mathbf{8x^3+27y^3}$

(3) $a^6-64b^9=(a^2)^3-(4b^3)^3$

$=(a^2-4b^3)\{(a^2)^2+(a^2)(4b^3)+(4b^3)^2\}$

$=\mathbf{(a^2-4b^3)(a^4+4a^2b^3+16b^6)}$

(4) $x^6-7x^3-8=(x^3-8)(x^3+1)$

$=(x^3-2^3)(x^3+1^3)$

$=\mathbf{(x-2)(x^2+2x+4)(x+1)(x^2-x+1)}$

### 002

(1) $(2x^2-3)^8$ の展開式の一般項は

$${}_8C_r(2x^2)^{8-r}(-3)^r \quad (r=0, 1, 2, \cdots, 8)$$

つまり　${}_8C_r 2^{8-r}(-3)^r x^{16-2r}$

と表せる．このうち $x^6$ の項となる $r$ は

$16-2r=6 \quad \therefore\ r=5$

よって，$x^6$ の係数は

$${}_8C_5 2^{8-5}(-3)^5=-{}_8C_3 2^3\cdot 3^5$$

$$=-\frac{8\cdot 7\cdot 6}{3\cdot 2\cdot 1}\cdot 2^3\cdot 3^5=\mathbf{-108864}$$

(2) $\left(3x^3-\dfrac{2}{x^2}\right)^7$ の展開式の一般項は

$${}_7C_r(3x^3)^{7-r}\left(-\frac{2}{x^2}\right)^r \quad (r=0, 1, 2, \cdots, 7)$$

つまり，

${}_7C_r 3^{7-r}(-2)^r x^{21-5r}$

と表せるので，$x$ の項となる $r$ は

$21-5r=1 \quad \therefore\ r=4$

よって，$x$ の係数は

$${}_7C_4 3^{7-4}(-2)^4=\frac{7\cdot 6\cdot 5}{3\cdot 2\cdot 1}\cdot 3^3\cdot 2^4=\mathbf{15120}$$

(3) $\left(1+\dfrac{2}{x}+x^2\right)^8=\left\{1+\left(\dfrac{2}{x}+x^2\right)\right\}^8$ の展開式

の一般項は

$${}_8C_r 1^{8-r}\left(\frac{2}{x}+x^2\right)^r \quad (r=0, 1, 2, \cdots, 8)$$

さらに，$\left(\dfrac{2}{x}+x^2\right)^r$ の展開式の一般項は

$${}_rC_k\left(\frac{2}{x}\right)^{r-k}(x^2)^k={}_rC_k 2^{r-k}\cdot\frac{x^{2k}}{x^{r-k}}$$

$$={}_rC_k 2^{r-k}x^{3k-r}$$

$(k=0, 1, 2, \cdots, r)$

であるから　${}_8C_r\cdot{}_rC_k\cdot 2^{r-k}x^{3k-r}$

このうち定数項となるのは

$3k-r=0 \quad \therefore\ 3k=r$

$r=0, 1, 2, \cdots, 8$ より　$r=0, 3, 6$

$\therefore\ (r, k)=(0, 0),\ (3, 1),\ (6, 2)$

係数はそれぞれ ${}_8C_r\cdot{}_rC_k\cdot 2^{r-k}$ で与えられるので，定数項は

$${}_8C_0+{}_8C_3\cdot{}_3C_1\cdot 2^{3-1}+{}_8C_6\cdot{}_6C_2\cdot 2^{6-2}$$

$$=1+\frac{8\cdot 7\cdot 6}{3\cdot 2\cdot 1}\cdot 3\cdot 2^2+\frac{8\cdot 7}{2\cdot 1}\cdot\frac{6\cdot 5}{2\cdot 1}\cdot 2^4$$

$$=1+672+6720=\mathbf{7393}$$

### 003

二項定理より

$$(1+x)^n={}_nC_0\cdot 1^n+{}_nC_1\cdot 1^{n-1}\cdot x+{}_nC_2\cdot 1^{n-2}\cdot x^2+\cdots+{}_nC_{n-2}\cdot 1^2\cdot x^{n-2}+{}_nC_{n-1}\cdot 1^1\cdot x^{n-1}+{}_nC_n\cdot x^n \cdots ①$$

(1) ①に $x=-1$ を代入すると

${}_nC_0-{}_nC_1+{}_nC_2-\cdots+(-1)^n{}_nC_n=0$　終

(2) ①に $x=2$ を代入すると

${}_nC_0+{}_nC_1\cdot 2+{}_nC_2\cdot 2^2+\cdots+{}_nC_n\cdot 2^n=\mathbf{3^n}$

(3) $${}_nC_r=\frac{n!}{r!(n-r)!}$$

$${}_{n-1}C_r+{}_{n-1}C_{r-1}$$

$$=\frac{(n-1)!}{r!(n-1-r)!}+\frac{(n-1)!}{(r-1)!(n-r)!}$$

$$=\frac{(n-1)!}{(r-1)!(n-1-r)!}\left(\frac{1}{r}+\frac{1}{n-r}\right)$$

$$=\frac{(n-1)!}{(r-1)!(n-1-r)!}\cdot\frac{n}{r(n-r)}$$

$$=\frac{n!}{r!(n-r)!}$$

よって　${}_nC_r={}_{n-1}C_r+{}_{n-1}C_{r-1}$　終

別解　異なる $n$ 個のものから $r$ 個をとり出して作る組（総数は ${}_nC_r$）は，次のように作ることもできる．まず，$n$ 個のものから特定の1個（これをAとする）をとり出す．$r$ 個の組がAを含むとき，A以外の $n-1$ 個から $r-1$ 個をとり出し，Aを含まないとき，A以外の $n-1$ 個から $r$ 個をとり出す．このようにすれば，題意をみたす $r$ 個の組が過不足なく作れる．よって　${}_nC_r={}_{n-1}C_r+{}_{n-1}C_{r-1}$　終

## 004

(1) $x^5-x^4+2x^2+x+3$

$=(x^2-4x+2)(x^3+3x^2+10x+36)$

$+125x-69$ …①

よって，余りは　$\mathbf{125x-69}$

(2) $x=2-\sqrt{2}$ より

$(x-2)^2=(-\sqrt{2})^2$　∴ $x^2-4x+4=2$

∴ $x^2-4x+2=0$ …②

よって，①に $x=2-\sqrt{2}$ を代入すると，②より，$x^5-x^4+2x^2+x+3$ の値は

$125(2-\sqrt{2})-69=\mathbf{181-125\sqrt{2}}$

**TRIAL** $x^{10}=(t+1)^{10}$

$={}_{10}C_0t^{10}+{}_{10}C_1t^9\cdot1^1+{}_{10}C_2t^8\cdot1^2+\cdots$

$+{}_{10}C_7t^3\cdot1^7+{}_{10}C_8t^2\cdot1^8+{}_{10}C_9t\cdot1^9+{}_{10}C_{10}1^{10}$

$=(x-1)^{10}+{}_{10}C_1(x-1)^9+{}_{10}C_2(x-1)^8+\cdots$

$+{}_{10}C_7(x-1)^3+{}_{10}C_8(x-1)^2+{}_{10}C_9(x-1)+1$

$=(x-1)^3(x\text{の整式})+{}_{10}C_2(x-1)^2$

$+{}_{10}C_1(x-1)+1$

$=(x-1)^3(x\text{の整式})+45(x^2-2x+1)$

$+10(x-1)+1$

$=(x-1)^3(x\text{の整式})+45x^2-80x+36$

よって，$x^{10}$ を $(x-1)^3$ で割った余りは

$\mathbf{45x^2-80x+36}$

## 005

(1) $(\text{与式})=\dfrac{-3x-2}{(x-1)(x^2+x+1)}+\dfrac{3}{(x-1)(x+4)}$

$=\dfrac{-(3x+2)(x+4)+3(x^2+x+1)}{(x-1)(x^2+x+1)(x+4)}$

$=\mathbf{\dfrac{-(11x+5)}{(x-1)(x+4)(x^2+x+1)}}$

(2) (i) $x-\dfrac{1}{x}=3$ の両辺を2乗して

$x^2-2x\cdot\dfrac{1}{x}+\dfrac{1}{x^2}=9$　∴ $x^2+\dfrac{1}{x^2}=\mathbf{11}$

(ii) $\left(x+\dfrac{1}{x}\right)^2=x^2+2x\cdot\dfrac{1}{x}+\dfrac{1}{x^2}=11+2=13$

∴ $x+\dfrac{1}{x}=\pm\mathbf{\sqrt{13}}$

(iii) $x^3-\dfrac{1}{x^3}=x^3-\left(\dfrac{1}{x}\right)^3$

$=\left(x-\dfrac{1}{x}\right)\left\{x^2+x\left(\dfrac{1}{x}\right)+\left(\dfrac{1}{x}\right)^2\right\}$

$=\left(x-\dfrac{1}{x}\right)\left\{\left(x^2+\dfrac{1}{x^2}\right)+1\right\}$

$=3(11+1)=\mathbf{36}$

(iv) $x^4+\dfrac{1}{x^4}=\left(x^2+\dfrac{1}{x^2}\right)^2-2x^2\cdot\dfrac{1}{x^2}$

$=11^2-2=\mathbf{119}$

## 006

(1) $x^3-x^2-2x=x(x-2)(x+1)$ に注意して分母を払うと

$3x^2-1=a(x-2)(x+1)$

$+bx(x+1)+cx(x-2)$

∴ $3x^2-1=(a+b+c)x^2-(a-b+2c)x-2a$

$x\neq-1$，0，2のとき，つねにこの式が成り立つ条件は，この式が恒等式であることで，両辺の係数を比較して

$3=a+b+c$，$0=a-b+2c$，$-1=-2a$

∴ $a=\dfrac{1}{2}$，$b+c=\dfrac{5}{2}$，$-b+2c=-\dfrac{1}{2}$

∴ $\mathbf{a=\dfrac{1}{2}}$，$\mathbf{b=\dfrac{11}{6}}$，$\mathbf{c=\dfrac{2}{3}}$

(2) まず両辺の $x^4$ の係数を比較して

$1=a$　∴ $a=1$

このとき，与式は

$x^4+7x^3-3x^2+23x-14$

$=x(x+1)(x+2)(x+3)$

$+bx(x+1)(x+2)+cx(x+1)+dx+e$

ここで，$x=0$，$-1$，$-2$，$-3$ を代入すると

$-14=e$，$-46=-d+e$，

$-112=2c-2d+e$，

$-218=-6b+6c-3d+e$

∴ $e=-14$，$d=32$，$c=-17$，$b=1$

このとき，計算すると，与式の左辺と一致するので，たしかに恒等式になる．したがって

$\mathbf{a=1}$，$\mathbf{b=1}$，$\mathbf{c=-17}$，$\mathbf{d=32}$，

$\mathbf{e=-14}$

(3) (左辺)

$=a^2x^2+a^2y^2+a^2z^2+b^2x^2+b^2y^2+b^2z^2$

$+c^2x^2+c^2y^2+c^2z^2$

$=(ax+by+cz)^2+a^2y^2+a^2z^2+b^2x^2$

$+b^2z^2+c^2x^2+c^2y^2$

$-2(abxy+bcyz+cazx)$

$=(ax+by+cz)^2+(bx-ay)^2$

$+(cy-bz)^2+(az-cx)^2$

=(右辺)　終

## 007

(1)　$c=-(a+b)$ を代入すると

$$(\text{左辺})=\frac{1}{5}\left[a^5+b^5+\{-(a+b)\}^5\right]$$
$$=\frac{1}{5}\{a^5+b^5-(a^5+{}_5C_1a^4b+{}_5C_2a^3b^2+{}_5C_3a^2b^3+{}_5C_4ab^4+b^5)\}$$
$$=-\frac{1}{5}(5a^4b+10a^3b^2+10a^2b^3+5ab^4)$$
$$=-ab(a^3+2a^2b+2ab^2+b^3)$$
$$(\text{右辺})=\frac{1}{2}\left[a^2+b^2+\{-(a+b)\}^2\right]\cdot\frac{1}{3}\left[a^3+b^3+\{-(a+b)\}^3\right]$$
$$=\frac{1}{6}\{a^2+b^2+(a^2+2ab+b^2)\}\{a^3+b^3-(a^3+3a^2b+3ab^2+b^3)\}$$
$$=\frac{1}{6}\cdot2(a^2+ab+b^2)\{-3ab(a+b)\}$$
$$=-ab(a^3+2a^2b+2ab^2+b^3)$$

よって，(左辺)＝(右辺) となり，題意をみたす．　終

(2)　$\dfrac{(a+b)c}{ab}=\dfrac{(b+c)a}{bc}=\dfrac{(c+a)b}{ca}=k$

とおくと

$$\begin{cases}(a+b)c=abk\\(b+c)a=bck\\(c+a)b=cak\end{cases}\quad\cdots①$$

辺々足して

$2(ab+bc+ca)=k(ab+bc+ca)$

$\therefore\ (ab+bc+ca)(k-2)=0$

$\therefore\ ab+bc+ca=0\cdots②$　または　$k=2\cdots③$

①より

$$\frac{(b+c)(c+a)(a+b)}{abc}=\frac{\dfrac{bck}{a}\cdot\dfrac{cak}{b}\cdot\dfrac{abk}{c}}{abc}=k^3\cdots④$$

ここで，②のとき

$$\frac{(a+b)c}{ab}=\frac{ac+bc}{ab}=\frac{-ab}{ab}=-1$$

同様に，$\dfrac{(b+c)a}{bc}=\dfrac{(c+a)b}{ca}=-1$ であるから

$k=-1$

よって，②，③より　$k=-1,\ 2$

したがって，④より

$$\frac{(b+c)(c+a)(a+b)}{abc}=k^3=\mathbf{-1,\ 8}$$

## 008

(1)　(i)　$(\text{右辺})-(\text{左辺})=(a^2+b^2)(x^2+y^2)-(ax+by)^2$
$$=a^2y^2+b^2x^2-2abxy$$
$$=(ay-bx)^2\cdots①$$

①の右辺は 0 以上なので

$(ax+by)^2\leqq(a^2+b^2)(x^2+y^2)$　終

等号が成り立つのは①の右辺が 0 となるときで

$\boldsymbol{ay-bx=0}$ のとき

(ii)　$(\text{右辺})-(\text{左辺})=(a^2+b^2+c^2)(x^2+y^2+z^2)-(ax+by+cz)^2$
$$=a^2y^2+a^2z^2+b^2x^2+b^2z^2+c^2x^2+c^2y^2-2(abxy+bcyz+cazx)$$
$$=(ay-bx)^2+(bz-cy)^2+(cx-az)^2\cdots②$$

よって，②の右辺は 0 以上なので

$(ax+by+cz)^2$
$\leqq(a^2+b^2+c^2)(x^2+y^2+z^2)$　終

等号が成り立つのは，②の右辺が 0 となるときで

$\boldsymbol{ay=bx,\ bz=cy,\ cx=az}$ のとき

(2)　$a+b+c=0$ より　$b=-a-c$

これを代入すると

$(\text{右辺})-(\text{左辺})=2(c-a)^2-3(a^2+b^2+c^2)$
$$=2(c-a)^2-3\{a^2+(-a-c)^2+c^2\}$$
$$=-4a^2-4c^2-10ac$$
$$=-2(2a+c)(a+2c)\cdots①$$

$a<b<c$ と $b=-a-c$ より

$a<-a-c<c$　$\therefore\ 2a<-c,\ -a<2c$

$\therefore\ 2a+c<0,\ a+2c>0\cdots②$

ここで，②より，①の右辺は正であるから

$3(a^2+b^2+c^2)<2(c-a)^2$　終

TRIAL　(1)の(ii)の式において $a=b=c=1$ とおくと

$(x+y+z)^2\leqq(1^2+1^2+1^2)(x^2+y^2+z^2)$

$\therefore\ (x+y+z)^2\leqq3(x^2+y^2+z^2)$

ここで，$x+y+z=1$ より

$1\leqq3(x^2+y^2+z^2)$　$\therefore\ x^2+y^2+z^2\geqq\dfrac{1}{3}$

等号が成り立つのは，(1)の答えより

$y=x,\ z=y,\ x=z$　$\therefore\ x=y=z$

のときである．$x+y+z=1$ より

$x=y=z=\dfrac{1}{3}$

このとき $x^2+y^2+z^2$ は最小となり

最小値 $\mathbf{\dfrac{1}{3}}$

## 009

(1) 相加・相乗平均の関係より

$$b+c \geqq 2\sqrt{bc} \cdots ①$$

よって，$a>0$ より両辺を $a$ で割って

$$\frac{b+c}{a} \geqq \frac{2\sqrt{bc}}{a} \cdots ②$$

ここで，等号が成り立つのは，①で等号が成り立つときである．つまり

$$b=c$$

のときである．同様に

$$\frac{c+a}{b} \geqq \frac{2\sqrt{ca}}{b} \cdots ③$$

（等号が成り立つのは $c=a$ のとき）

$$\frac{a+b}{c} \geqq \frac{2\sqrt{ab}}{c} \cdots ④$$

（等号が成り立つのは $a=b$ のとき）

②，③，④を辺々かけて

$$\left(\frac{b+c}{a}\right)\left(\frac{c+a}{b}\right)\left(\frac{a+b}{c}\right)$$
$$\geqq \frac{2\sqrt{bc}}{a}\cdot\frac{2\sqrt{ca}}{b}\cdot\frac{2\sqrt{ab}}{c}$$

ここで

$$\frac{2\sqrt{bc}}{a}\cdot\frac{2\sqrt{ca}}{b}\cdot\frac{2\sqrt{ab}}{c}=\frac{8abc}{abc}=8$$

となり，与式が成り立つ． 終

等号が成り立つのは②，③，④で等号が成り立つときで

$\boldsymbol{a=b=c}$

のときである．

(2) $y=\dfrac{1}{3}x+\dfrac{4}{x}$

相加・相乗平均の関係より

$$\frac{1}{3}x+\frac{4}{x} \geqq 2\sqrt{\frac{x}{3}\cdot\frac{4}{x}} \quad \therefore\ y \geqq \frac{4\sqrt{3}}{3}$$

等号が成り立つのは

$$\frac{1}{3}x=\frac{4}{x} \quad \therefore\ x^2=12 \quad \therefore\ x=2\sqrt{3}$$

のときである．よって，このとき

$y$ の最小値 $\mathbf{\dfrac{4\sqrt{3}}{3}}$

**TRIAL** $x+2=t$ とおくと，$t>0$ であり

$$y=\frac{t}{(t-2)^2+5}=\frac{t}{t^2-4t+9}=\frac{1}{t-4+\dfrac{9}{t}}$$

相加・相乗平均の関係より

$$t+\frac{9}{t} \geqq 2\sqrt{t\cdot\frac{9}{t}}=6$$

$$\therefore\ t-4+\frac{9}{t} \geqq 2 \quad \therefore\ y \leqq \frac{1}{2}$$

等号が成り立つのは

$$t=\frac{9}{t} \quad \therefore\ t^2=9 \quad \therefore\ t=3$$

のときである．よって

$y$ の最大値 $\mathbf{\dfrac{1}{2}}$

## 010

$3x^2+5x+2=(x+1)(3x+2)$ より

$$3x^2-7xy+2y^2+5x+ky+2$$
$$=(x+ay+1)(3x+by+2) \cdots ①$$

が $x$，$y$ の恒等式となるような $a$，$b$ の値を求めればよい．

（①の右辺）

$$=3x^2+(3a+b)xy+aby^2+5x+(2a+b)y+2$$

これと①の左辺を比べて

$$\begin{cases} 3a+b=-7 \\ ab=2 \\ 2a+b=k \end{cases}$$

$$\therefore\ (a,\ b)=\left(-\frac{1}{3},\ -6\right),\ (-2,\ -1)$$

よって $\boldsymbol{k=-\dfrac{20}{3},\ -5}$

別解 $3x^2-7xy+2y^2+5x+ky+2=0$ とおくと

$$3x^2+(-7y+5)x+2y^2+ky+2=0 \cdots ②$$

②を $x$ の2次方程式とみて，判別式を

$D_1=(-7y+5)^2-4\cdot3(2y^2+ky+2)$ とおくと

$x=\dfrac{7y-5\pm\sqrt{D_1}}{6}$ であるから

（②の左辺）

$$=3\left(x-\frac{7y-5+\sqrt{D_1}}{6}\right)\left(x-\frac{7y-5-\sqrt{D_1}}{6}\right)$$

これが1次式の積の形になるのは

$D_1=25y^2-2(35+6k)y+1$ が $y$ についての完全平方式になることだから，$D_1=0$ の判別式を $D_2$ とおくと

$$D_2/4=(35+6k)^2-25=0$$

$\therefore\ 6k+35=\pm 5$

$\therefore\ \boldsymbol{k=-5,\ -\dfrac{20}{3}}$

## 011

(1) 与式より

$$x^2-x+(x^2+x+a)i=0$$

$x$ を実数とすると

$$x^2-x=0\cdots① \text{ かつ } x^2+x+a=0\cdots②$$

①より　$x=0,\ 1$

これを②に代入して　$\boldsymbol{a=0,\ -2}$

(2) $z=x+yi$ ($x, y$ は実数) と表すと $z^2=i$ より

$$(x+yi)^2=i \quad \therefore\ x^2-y^2+2xyi=i$$

よって，$x$ と $y$ が実数なので

$$x^2-y^2=0\cdots① \text{ かつ } 2xy=1\cdots②$$

①より　$y=\pm x$

②より，$y=-x$ の方は不適で

$$y=x \text{ かつ } x=\pm\frac{1}{\sqrt{2}}$$

$$\therefore\ (x, y)=\left(\pm\frac{1}{\sqrt{2}},\ \pm\frac{1}{\sqrt{2}}\right) \quad (\text{複号同順})$$

よって　$\boldsymbol{z=\pm\dfrac{1}{\sqrt{2}}\pm\dfrac{1}{\sqrt{2}}i}$　(複号同順)

(3) $3x^2-2x+5=0$ に解の公式を適用すると

$$x=\frac{1\pm\sqrt{(-1)^2-3\cdot 5}}{3}$$

$$=\frac{1\pm\sqrt{-14}}{3}=\boldsymbol{\frac{1\pm\sqrt{14}\,i}{3}}$$

## 012

(1) 解と係数の関係より

$$\alpha+\beta=\frac{3}{2},\quad \alpha\beta=\frac{1}{2}$$

よって

$$\alpha^2+\beta^2=(\alpha+\beta)^2-2\alpha\beta$$

$$=\left(\frac{3}{2}\right)^2-2\cdot\frac{1}{2}=\boldsymbol{\frac{5}{4}}$$

また

$$\alpha^3+\beta^3=(\alpha+\beta)^3-3\alpha\beta(\alpha+\beta)$$

$$=\left(\frac{3}{2}\right)^3-3\cdot\frac{1}{2}\cdot\frac{3}{2}=\boldsymbol{\frac{9}{8}}$$

次に

$$\alpha^2\beta+\alpha\beta^2=\alpha\beta(\alpha+\beta)=\frac{1}{2}\cdot\frac{3}{2}=\frac{3}{4}$$

$$(\alpha^2\beta)(\alpha\beta^2)=(\alpha\beta)^3=\left(\frac{1}{2}\right)^3=\frac{1}{8}$$

より，$\alpha^2\beta$ と $\alpha\beta^2$ を2解にもつ2次方程式の1つは

$$x^2-\frac{3}{4}x+\frac{1}{8}=0 \quad \therefore\ \boldsymbol{8x^2-6x+1=0}$$

(注) 係数は分数のままでもよいが，最も簡単な整数比にしておくとよい．

(2) $x^2+y^2=3\cdots①,\ x^2+y^2+xy=5\cdots②$

②−①より

$$xy=2\cdots③$$

よって，①，③より

$$(x+y)^2=(x^2+y^2)+2xy=3+2\cdot 2=7$$

$\therefore\ x+y=\pm\sqrt{7}\cdots④$

③，④より，$x$ と $y$ は $X$ の方程式

$$X^2\mp\sqrt{7}X+2=0\cdots⑤$$

の2解である．

$$⑤ \Leftrightarrow X=\frac{\sqrt{7}\pm i}{2} \text{ または } \frac{-\sqrt{7}\pm i}{2}$$

より

$$\boldsymbol{(x, y)=\left(\frac{\sqrt{7}+i}{2},\ \frac{\sqrt{7}-i}{2}\right),\ \left(\frac{\sqrt{7}-i}{2},\ \frac{\sqrt{7}+i}{2}\right),\ \left(\frac{-\sqrt{7}+i}{2},\ \frac{-\sqrt{7}-i}{2}\right),\ \left(\frac{-\sqrt{7}-i}{2},\ \frac{-\sqrt{7}+i}{2}\right)}$$

## 013

(1) 求める余りを $ax+b$，商を $P(x)$ とすると，割り算の式は

$$x^n=(x^2-3x-4)P(x)+ax+b\cdots①$$

と表される．

ここで，$x^2-3x-4=(x+1)(x-4)$ より，①に $x=-1,\ 4$ を代入すると

$$\begin{cases}(-1)^n=-a+b\\ 4^n=4a+b\end{cases}$$

$$\therefore\ a=\frac{4^n-(-1)^n}{5},\quad b=\frac{4^n+4(-1)^n}{5}$$

よって，求める余りは

$$\boldsymbol{\frac{4^n-(-1)^n}{5}x+\frac{4^n+4(-1)^n}{5}}$$

(2) 求める余りを $ax+b$，商を $P(x)$ とすると，割り算の式は

$$x^{12}-x^4+x^2=(x^2-2x+2)P(x)+ax+b$$

($a$，$b$ は実数)$\cdots①$

と表せる．ここで，$x^2-2x+2=0$ とおくと，$x=1\pm i$ なので，①において，$x=1+i$ を代入すると（$x^2-2x+2=0$ となり）

$$(1+i)^{12}-(1+i)^4+(1+i)^2=a(1+i)+b \cdots ②$$

$(1+i)^2=1+2i+i^2=2i$ に注意すると

$$(1+i)^4=\{(1+i)^2\}^2=(2i)^2=-4$$

$$\therefore\ (1+i)^{12}=\{(1+i)^4\}^3=(-4)^3=-64$$

であるから，②の左辺は

$$-64-(-4)+2i=-60+2i$$

したがって，②は

$$-60+2i=a+b+ai$$

$a$，$b$ は実数であるから

$$a+b=-60,\ a=2$$

$$\therefore\ b=-62$$

よって，求める余りは

$$\boldsymbol{2x-62}$$

(3) $f(x)$ を $(x-2)^2(x-3)$ で割ったときの商を $P(x)$，余りを $ax^2+bx+c$ とすると

$$f(x)=(x-2)^2(x-3)P(x)+ax^2+bx+c$$

$f(x)$ を $(x-2)^2$ で割ったときの余りが $2x-4$ であるから，$ax^2+bx+c$ を $(x-2)^2$ で割った余りも $2x-4$ である．よって，商は $a$ であり

$$ax^2+bx+c=a(x-2)^2+2x-4$$

と表せるので

$$f(x)=(x-2)^2(x-3)P(x)+a(x-2)^2+2x-4 \cdots ①$$

ここで，$x=3$ を代入すると $f(3)=a+2$ である．また，条件より

$$f(x)=(x-3)^2Q(x)-4x-4 \quad (Q(x) \text{ は商})$$

と表せ，$f(3)=-16$ であるから

$$a+2=-16 \quad \therefore\ a=-18$$

よって，求める余りは，①より

$$-18(x-2)^2+2x-4=\boldsymbol{-18x^2+74x-76}$$

## 014

(1) 整式 $f(x)$ に対して $f(\alpha)=0$（$\alpha$ は定数）をみたすとする．$f(x)$ を $x-\alpha$ で割った余りを $a$ とすると

$$f(x)=(x-\alpha)P(x)+a \quad (P(x) \text{ は商})$$

と表せる．$x=\alpha$ を代入すると

$$f(\alpha)=a$$

ここで，$f(\alpha)=0$ であるから　$a=0$

つまり，$f(x)$ は $x-\alpha$ で割り切れる．　終

(2) 整式 $f(x)$ を $x+2$ で割ると $-5$ 余り，$x-1$ で割ると 4 余るので，剰余の定理より

$$f(-2)=-5,\ f(1)=4 \cdots ①$$

一方，$f(x)$ を $(x+2)(x-1)$ で割った余りを $ax+b$ とすると

$$f(x)=(x+2)(x-1)P(x)+ax+b$$

（$P(x)$ は商）

と表せる．ここで，$x=-2$，1 を代入すると

$$f(-2)=-2a+b,\ f(1)=a+b$$

これと①より

$$-2a+b=-5,\ a+b=4$$

$$\therefore\ \boldsymbol{a=3,\ b=1}$$

## 015

(1) 条件より

$$\omega^2+\omega+1=0 \cdots ①$$

両辺を $\omega-1$ 倍すると

$$(\omega-1)(\omega^2+\omega+1)=0$$

$$\therefore\ \omega^3-1=0 \quad \therefore\ \omega^3=1 \cdots ②$$ 終

(2) ②より

$$\omega^{100}=(\omega^3)^{33}\cdot\omega=1^{33}\cdot\omega=\omega$$

$$\omega^{200}=(\omega^3)^{66}\cdot\omega^2=1^{66}\cdot\omega^2=\omega^2$$

$$\omega^{300}=(\omega^3)^{100}=1^{100}=1$$

よって

$$\omega^{100}+\omega^{200}+\omega^{300}=\omega+\omega^2+1$$

これと①より

$$\omega^{100}+\omega^{200}+\omega^{300}=\boldsymbol{0}$$

(3) ①より，$\omega^2=-\omega-1$ であるから

$$\begin{aligned}(1+2\omega)(a+b\omega)&=a+(2a+b)\omega+2b\omega^2\\&=a+(2a+b)\omega+2b(-\omega-1)\\&=a-2b+(2a-b)\omega\end{aligned}$$

よって

$(1+2\omega)(a+b\omega)=1 \Leftrightarrow a-2b+(2a-b)\omega=1$

ここで，$a$，$b$ が実数なので，$a-2b$，$2a-b$ は実数である．また，$\omega$ は虚数なので

$$a-2b=1 \text{ かつ } 2a-b=0$$

$$\therefore\ \boldsymbol{a=-\frac{1}{3},\ b=-\frac{2}{3}}$$

**TRIAL** 商を $P(x)$，余りを $ax+b$ として

$$x^{11}-2x^{10}=(x^2+x+1)P(x)+ax+b \cdots ①$$

（$a$，$b$ は実数）

と表す．$x^2+x+1=0$ の解は

$$x=\frac{-1\pm\sqrt{3}i}{2}$$

このうち，一方を $\omega$ とおくと

$$\omega^2+\omega+1=0 \cdots ②$$

両辺を$\omega-1$倍すると

$$(\omega-1)(\omega^2+\omega+1)=0$$

$\therefore\ \omega^3-1=0\quad\therefore\ \omega^3=1\cdots③$

ここで，①に$x=\omega$を代入すると

$$\omega^{11}-2\omega^{10}=(\omega^2+\omega+1)P(\omega)+a\omega+b$$

$\therefore\ \omega^{11}-2\omega^{10}=a\omega+b\cdots④$

②，③より

$$\omega^{11}-2\omega^{10}=(\omega^3)^3\omega^2-2(\omega^3)^3\omega=\omega^2-2\omega$$
$$=(-\omega-1)-2\omega=-3\omega-1$$

であるから，④は

$$-3\omega-1=a\omega+b$$

$a$，$b$は実数，$\omega$は虚数なので

$$a=-3,\ b=-1$$

$x^{11}-2x^{10}$を$x^2+x+1$で割った余りは

$\boldsymbol{-3x-1}$

## 016

(1)　$x^3-2x^2-13x+6=0$の整数解$x$は，存在するならば，6の約数である．よって，$x=\pm1$，$\pm2$，$\pm3$，$\pm6$を順に代入すると，$x=-3$を代入したとき左辺は0である．よって，与式の右辺は$x+3$で割り切れ，割り算をすると

$$x^3-2x^2-13x+6=(x+3)(x^2-5x+2)$$

と因数分解される．したがって

$$(\text{与式})\Leftrightarrow(x+3)(x^2-5x+2)=0$$

$\therefore\ \boldsymbol{x=-3,\ \dfrac{5\pm\sqrt{17}}{2}}$

(2)　定数項が$-1$，最高次の係数が3であるから，$x=\pm1$，$\pm\dfrac{1}{3}$を順に代入すると，$x=-\dfrac{1}{3}$を代入したとき左辺は0である．よって，与式の左辺は$3x+1$で割り切れ

$$(\text{与式})\Leftrightarrow(3x+1)(x^2-2x-1)=0$$

$$\Leftrightarrow \boldsymbol{x=-\frac{1}{3},\ 1\pm\sqrt{2}}$$

**TRIAL**　$x=1$を代入すると成り立つので，因数定理より$2x^3+px^2-x-p-1$は$x-1$で割り切れ

$$(\text{与式})\Leftrightarrow(x-1)\{2x^2+(p+2)x+p+1\}=0$$
$$\Leftrightarrow x=1,\ 2x^2+(p+2)x+p+1=0$$

ここで，$f(x)=2x^2+(p+2)x+p+1$とおくと，題意をみたす条件は，$f(x)=0$が異なる2実数解をもち，1を解にもたないことである．よって，$f(x)=0$の判別式を$D$とおくと

$$D=(p+2)^2-8(p+1)>0\ \text{かつ}$$
$$f(1)=2p+5\neq0$$

$\therefore\ p^2-4p-4>0$ かつ $p\neq-\dfrac{5}{2}$

$$\boldsymbol{p<-\frac{5}{2},\ -\frac{5}{2}<p<2-2\sqrt{2},\ 2+2\sqrt{2}<p}$$

## 017

(1)　解と係数の関係より

$$\alpha+\beta+\gamma=\frac{3}{2},\ \alpha\beta+\beta\gamma+\gamma\alpha=1,\ \alpha\beta\gamma=2$$

よって

$$\frac{3}{\dfrac{1}{1+\alpha}+\dfrac{1}{1+\beta}+\dfrac{1}{1+\gamma}}$$

$$=\frac{3}{\dfrac{(1+\beta)(1+\gamma)+(1+\gamma)(1+\alpha)+(1+\alpha)(1+\beta)}{(1+\alpha)(1+\beta)(1+\gamma)}}$$

$$=3\cdot\frac{1+(\alpha+\beta+\gamma)+(\alpha\beta+\beta\gamma+\gamma\alpha)+\alpha\beta\gamma}{3+2(\alpha+\beta+\gamma)+(\alpha\beta+\beta\gamma+\gamma\alpha)}$$

$$=3\cdot\frac{1+\dfrac{3}{2}+1+2}{3+2\cdot\dfrac{3}{2}+1}=\boldsymbol{\frac{33}{14}}$$

(2)　$x+y+z=3\cdots①$，$x^2+y^2+z^2=9\cdots②$

$xyz=-4\cdots③$

①，②より

$$xy+yz+zx$$
$$=\frac{1}{2}\{(x+y+z)^2-(x^2+y^2+z^2)\}$$
$$=\frac{1}{2}(3^2-9)=0\cdots④$$

①，③，④より，解と係数の関係から，$x$，$y$，$z$は$X$の方程式

$$X^3-3X^2+4=0\cdots⑤$$

の3つの解である．⑤は，$X=-1$を代入すると成り立つので，因数定理より，⑤の左辺は$X+1$で割り切れ，⑤は

$$(X+1)(X^2-4X+4)=0$$

$\therefore\ (X+1)(X-2)^2=0$

と変形される．求める解は

$$\boldsymbol{(x,y,z)=(-1,2,2),\ (2,-1,2),\ (2,2,-1)}$$

## 018

$x=-2$を代入すると成り立つので

$$f(-2)=-4p-2q-7=0$$

$\therefore\ q=-2p-\dfrac{7}{2}$

よって　$f(x)=x^3-px^2-\left(2p+\dfrac{7}{2}\right)x+1$

因数定理より，$f(x)$ が $x+2$ で割り切れることに注意すると

$$f(x)=(x+2)\left\{x^2-(p+2)x+\frac{1}{2}\right\}$$

したがって

$$f(x)=0 \Leftrightarrow (x+2)\left\{x^2-(p+2)x+\frac{1}{2}\right\}=0$$

$$\Leftrightarrow x=-2 \text{ または }$$

$$x^2-(p+2)x+\frac{1}{2}=0 \cdots ①$$

よって，与式が重解をもつ条件は，①が重解をもつか $-2$ を解にもつことである．

$g(x)=x^2-(p+2)x+\dfrac{1}{2}$ とおき，$g(x)=0$ の判別式を $D$ とすると

$$D=(p+2)^2-4\cdot\frac{1}{2}=p^2+4p+2=0$$

$\therefore\ p=-2\pm\sqrt{2}$

または

$$g(-2)=4+2(p+2)+\frac{1}{2}=0$$

$\therefore\ p=-\dfrac{17}{4}$

よって　$\boldsymbol{p=-2\pm\sqrt{2},\ -\dfrac{17}{4}}$

## 019

(1)　$t=x-\dfrac{1}{x}\cdots$①より

$$t^2=x^2-2+\frac{1}{x^2}\quad \therefore\ x^2+\frac{1}{x^2}=t^2+2$$

よって

$$2x^2-x+\frac{1}{x}+\frac{2}{x^2}=2\left(x^2+\frac{1}{x^2}\right)-\left(x-\frac{1}{x}\right)$$

$$=2(t^2+2)-t=\boldsymbol{2t^2-t+4}\cdots②$$

(2)　$2x^4-x^3-4x^2+x+2=0\cdots$③

③に $x=0$ を代入すると $x=0$ が解でないことがわかるので，$x\neq 0$ としてよい．このとき，③の両辺を $x^2$ で割ると

$$2x^2-x-4+\frac{1}{x}+\frac{2}{x^2}=0\cdots④$$

よって，②より

$$(2t^2-t+4)-4=0$$

$\therefore\ t(2t-1)=0\quad \therefore\ t=0,\ \dfrac{1}{2}$

①より

$$x-\frac{1}{x}=0,\ \frac{1}{2}$$

$\therefore\ x^2-1=0,\ 2x^2-x-2=0$

$\therefore\ \boldsymbol{x=\pm 1,\ \dfrac{1\pm\sqrt{17}}{4}}$

**TRIAL**　$x^5-2x^4-5x^3-5x^2-2x+1=0$ は $x=-1$ を解にもつので，因数定理より，$x^5-2x^4-5x^3-5x^2-2x+1$ は $x+1$ で割り切れ，割り算をすると

$$x^5-2x^4-5x^3-5x^2-2x+1$$
$$=(x+1)(x^4-3x^3-2x^2-3x+1)$$

よって

$$x^5-2x^4-5x^3-5x^2-2x+1=0$$
$$\Leftrightarrow x=-1,\ x^4-3x^3-2x^2-3x+1=0\cdots①$$

ここで，①に代入すると，$x=0$ が解でないことがわかるので，$x\neq 0$ としてよい．このとき，①の両辺を $x^2$ で割ると

$$x^2-3x-2-\frac{3}{x}+\frac{1}{x^2}=0\cdots②$$

ここで，$t=x+\dfrac{1}{x}\cdots$③とおくと

$$t^2=x^2+2+\frac{1}{x^2}\quad \therefore\ x^2+\frac{1}{x^2}=t^2-2$$

したがって

$$x^2-3x-2-\frac{3}{x}+\frac{1}{x^2}$$
$$=\left(x^2+\frac{1}{x^2}\right)-3\left(x+\frac{1}{x}\right)-2$$
$$=(t^2-2)-3t-2=t^2-3t-4$$

よって，②より

$t^2-3t-4=0$

$\therefore\ (t+1)(t-4)=0$

$\therefore\ t=-1,\ 4$

③より

$$x+\frac{1}{x}=-1,\ 4$$

$\therefore\ x^2+x+1=0,\ x^2-4x+1=0$

$\therefore\ x=\dfrac{-1\pm\sqrt{3}i}{2},\ 2\pm\sqrt{3}$

よって，与式の解は

$$\boldsymbol{x=-1,\ 2\pm\sqrt{3},\ \frac{-1\pm\sqrt{3}i}{2}}$$

## §2 図形と方程式

### 020

(1) $AB=\sqrt{\{-4-(-1)\}^2+(-3-2)^2}$

$=\sqrt{9+25}=\sqrt{34}$

(2) $P(0, y)$ ($y$ は実数) と表され，$\angle APB=90°$ の直角三角形であることから，

$AP^2+BP^2=AB^2$ が成り立ち，これより

$\{(0-1)^2+(y-1)^2\}+\{(0-2)^2+(y-4)^2\}$

$=(2-1)^2+(4-1)^2$

$\therefore\ (y^2-2y+2)+(y^2-8y+20)=10$

$\therefore\ y^2-5y+6=0$

$\therefore\ (y-2)(y-3)=0$

$\therefore\ y=2,\ 3$

よって，点Pの座標は **(0, 2)** または **(0, 3)**

(3) 点DはABを4:1に内分するので

$D\left(\dfrac{1\cdot(-3)+4\cdot 2}{4+1}, \dfrac{1\cdot 1+4\cdot(-4)}{4+1}\right)$

$\therefore\ \mathbf{D(1, -3)}$

点EはABを4:1に外分するので

$E\left(\dfrac{(-1)\cdot(-3)+4\cdot 2}{4-1}, \dfrac{(-1)\cdot 1+4\cdot(-4)}{4-1}\right)$

$\therefore\ \mathbf{E\left(\dfrac{11}{3}, -\dfrac{17}{3}\right)}$

よって，△CDEの重心Gの座標は

$G\left(\dfrac{2+1+\frac{11}{3}}{3}, \dfrac{3+(-3)+\left(-\frac{17}{3}\right)}{3}\right)$

$\therefore\ \mathbf{G\left(\dfrac{20}{9}, -\dfrac{17}{9}\right)}$

**TRIAL** 外接円の中心を$P(x, y)$とすると

$AP=BP=CP$

$AP^2=BP^2$ より

$(x-3)^2+(y-3)^2=\{x-(-4)\}^2+(y-4)^2$

$\therefore\ x^2+y^2-6x-6y+18=x^2+y^2+8x-8y+32$

$\therefore\ 14x-2y=-14$

$\therefore\ 7x-y=-7\cdots①$

また，$BP^2=CP^2$ より

$\{x-(-4)\}^2+(y-4)^2=\{x-(-1)\}^2+(y-5)^2$

$x^2+y^2+8x-8y+32=x^2+y^2+2x-10y+26$

$\therefore\ 6x+2y=-6\quad\therefore\ 3x+y=-3\cdots②$

①，②より

$x=-1,\ y=0\quad\therefore\ P(-1, 0)$

$AP^2=(-1-3)^2+(0-3)^2=25$

よって，外接円の中心は **(−1, 0)**，半径は **5**

### 021

(1) 直線$l$の傾きは $\dfrac{5}{2}$ であるから，Aを通り，$l$に平行な直線の方程式は

$y=\dfrac{5}{2}(x+3)-1\quad\therefore\ y=\dfrac{5}{2}x+\dfrac{13}{2}$

$\therefore\ \mathbf{5x-2y=-13}$

点Aを通り，$l$に垂直な直線の方程式は

$y=\left(-\dfrac{2}{5}\right)(x+3)-1$

$\therefore\ y=-\dfrac{2}{5}x-\dfrac{11}{5}$

$\therefore\ \mathbf{2x+5y=-11}$

(2) ACの傾きは $\dfrac{3-5}{7-1}=-\dfrac{1}{3}$

よって，原点を通り，ACに平行な直線の方程式は

$\mathbf{y=-\dfrac{1}{3}x}$

2点B，Dを通る直線は，ACの中点 $\left(\dfrac{1+7}{2}, \dfrac{5+3}{2}\right)$ つまり，(4, 4) を通り，ACに垂直な直線である．よって，B，Dを通る直線の方程式は

$y=3(x-4)+4\quad\therefore\ \mathbf{y=3x-8}$

**TRIAL**

(1) (i) 2直線 $ax+by+c=0\cdots①$

$a'x+b'y+c'=0\cdots②$

の傾きは $b\neq 0$，$b'\neq 0$ のときそれぞれ

$-\dfrac{a}{b}$ と $-\dfrac{a'}{b'}$ である．

よって，このとき，2直線が平行となる条件は

$-\dfrac{a}{b}=-\dfrac{a'}{b'}\quad\therefore\ ab'=a'b$

$\therefore\ ab'-a'b=0\cdots③$

$b=0$（このとき $a\neq 0$ である）のとき，①は$y$軸に平行な直線となり，平行となる条件は②より，$b'=0$ である．③において $b=0$（$a\neq 0$ として）とおくと，$b'=0$ を得るので，$b=0$ のときも③が平行となる条件である（$b'=0$ のときも同様）．

(ii) (i)と同様に $b\neq 0$，$b'\neq 0$ のとき

2直線が垂直となる条件は

$\left(-\dfrac{a}{b}\right)\left(-\dfrac{a'}{b'}\right)=-1\quad\therefore\ aa'=-bb'$

$\therefore\ aa'+bb'=0\cdots④$

$b=0$（このとき $a\neq0$ である）のとき，①は $y$ 軸に平行な直線となり，垂直となる条件は $a'=0$ である．④において $b=0$（$a\neq0$ として）とおくと，$a'=0$ を得るので，$b=0$ のときも④が垂直となる条件である（$b'=0$ のときも同様）．

(i)，(ii)より（＊）が成り立つ． 終

(2) 2直線 $l$ と $m$ が平行となる条件は，Assist の（＊）より

$$(a+2)(-3)-(a-1)(-a)=0$$

$\therefore\ a^2-4a-6=0$

$\therefore\ \boldsymbol{a=2\pm\sqrt{10}}$

2直線 $l$ と $m$ が垂直となる条件は，同様に

$$(a+2)(a-1)+(-a)(-3)=0$$

$\therefore\ a^2+4a-2=0$

$\therefore\ \boldsymbol{a=-2\pm\sqrt{6}}$

## 022

(1) C$(a,b)$ とすると，線分ACの中点 $\left(\dfrac{1+a}{2},\dfrac{4+b}{2}\right)$ が $l$ 上にあることより

$$\frac{4+b}{2}=\frac{1}{2}\cdot\frac{1+a}{2}+1 \quad \therefore\ a-2b=3\cdots①$$

また，ACと $l$ が垂直なので，（$l$ の傾き）$=\dfrac{1}{2}$ より

$$\frac{b-4}{a-1}\times\frac{1}{2}=-1 \quad \therefore\ b-4=-2(a-1)$$

$\therefore\ 2a+b=6\cdots②$

①，②より　$a=3$，$b=0$　$\therefore$ **C(3, 0)**

(2) AとCは $l$ に関して対称なので

AP+PB=CP+PB

よって，AP+PBが最小となるのは，CP+PBが最小となるときで，これは3点C，P，Bが一直線上にあるとき，つまり点PがCBと $l$ の交点のときである．

直線CBの方程式は　$y=\dfrac{6-0}{5-3}(x-3)$

$\therefore\ y=3x-9$

これと $l$ の式を連立して　$x=4$，$y=3$

$\therefore$ **P(4, 3)**

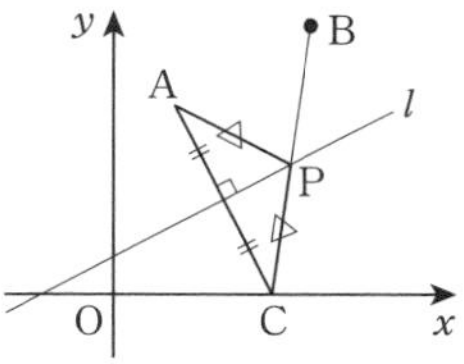


TRIAL　まず直線 $l:y=2x+3$ と直線 $3x+y=0$ …①の交点Pは，2式を連立して

$$\mathrm{P}\left(-\frac{3}{5},\frac{9}{5}\right)$$

次に，直線 $l$ に関して，①上の点Oと対称な点O′を求める．O′$(a,b)$ とすると，線分OO′の中点 $\left(\dfrac{a}{2},\dfrac{b}{2}\right)$ が $l$ 上にあることより

$$\frac{b}{2}=2\cdot\frac{a}{2}+3 \quad \therefore\ 2a-b=-6\cdots②$$

また，OO′と $l$ が垂直なので，（$l$ の傾き）$=2$ より

$$\frac{b}{a}\times2=-1 \quad \therefore\ 2b=-a\cdots③$$

②，③より

$$a=-\frac{12}{5},\ b=\frac{6}{5} \quad \therefore\ \mathrm{O}'\left(-\frac{12}{5},\frac{6}{5}\right)$$

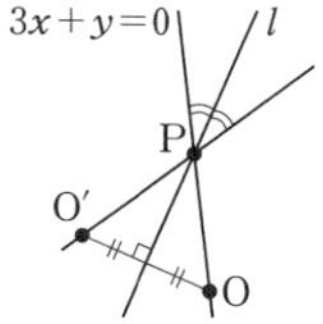


$l$ に関して直線 $3x+y=0$ と対称な直線は，この直線上にPとO′があるので，直線PO′である．

$$\text{PO}'\text{の傾き}=\frac{\frac{9}{5}-\frac{6}{5}}{-\frac{3}{5}-\left(-\frac{12}{5}\right)}=\frac{1}{3}$$

であるから

$$y=\frac{1}{3}\left(x+\frac{3}{5}\right)+\frac{9}{5} \quad \therefore\ \boldsymbol{y=\frac{1}{3}x+2}$$

## 023

(1)　$x+2y=1\cdots①$，$3x-4y=1\cdots②$

$ax+(a-25)y=1\cdots③$

この3直線が三角形を作るのは，次の(i)，(ii)のいずれでもないときである．

(i) ①，②，③のうちいずれか2つが平行である

(ii) ①，②，③が1点で交わる

(i)のとき

①の傾きは $-\dfrac{1}{2}$，②の傾きは $\dfrac{3}{4}$ であるから，①と②は平行ではない．

③は $a=25$ のとき，$x=\frac{1}{25}$ となり，①，②のいずれとも平行ではない．

$a\neq 25$ とすると，③の傾きは $-\frac{a}{a-25}$ である．よって，③が①または②と平行になる条件は

$$-\frac{a}{a-25}=-\frac{1}{2},\ \frac{3}{4}$$

$\therefore\ 2a=a-25$ または $-4a=3(a-25)$

$\therefore\ a=-25,\ \frac{75}{7}$

(ii)のとき

①と②の交点は $\left(\frac{3}{5}, \frac{1}{5}\right)$

1点で交わる条件は，これが③上にあることで

$$\frac{3}{5}a+\frac{1}{5}(a-25)=1$$

$\therefore\ 4a-25=5\quad \therefore\ a=\frac{15}{2}$

以上より，求める条件は

$$\boldsymbol{a\neq -25,\ \frac{75}{7},\ \frac{15}{2}}\cdots④$$

(2) 題意をみたすのは，④のもとで，①，②，③のいずれか2直線が垂直なときである．$a=25$ のとき，③は $y$ 軸に平行な直線となり，このとき，他の2直線のどちらとも垂直とはならない．よって，$a\neq 25$ としてもよい．

このとき，③の傾きは $-\frac{a}{a-25}$ である．

①と②は垂直ではないので，題意をみたす条件は，①と③が垂直であるか，②と③が垂直であることである．

よって $\left(-\frac{a}{a-25}\right)\times\left(-\frac{1}{2}\right)=-1$

または $\left(-\frac{a}{a-25}\right)\times\frac{3}{4}=-1$

$\therefore\ a=-2(a-25)$ または $3a=4(a-25)$

$\therefore\ \boldsymbol{a=\frac{50}{3},\ 100}$

## 024

(1) 直線OBの方程式は，$x_2\neq 0$ のとき

$$y=\frac{y_2}{x_2}x\quad \therefore\ y_2x-x_2y=0\cdots①$$

①は，$x_2=0$ のときも（このとき $y_2\neq 0$ であるから）成り立つ．よって，点Aから直線OBにおろした垂線の長さ $d$ は，点と直線の距離の公式より

$$\boldsymbol{d}=\frac{|y_2x_1-x_2y_1|}{\sqrt{y_2^2+(-x_2)^2}}=\boldsymbol{\frac{|x_1y_2-x_2y_1|}{\sqrt{x_2^2+y_2^2}}}$$

(2) (1)より

$$S=\frac{1}{2}\text{OB}\times d$$

$$=\frac{1}{2}\sqrt{x_2^2+y_2^2}\times\frac{|x_1y_2-x_2y_1|}{\sqrt{x_2^2+y_2^2}}$$

$$=\frac{1}{2}|x_1y_2-x_2y_1|$$

終

TRIAL 2直線 $8x-y=0$ と $4x+7y-2=0$ からの距離が等しい点をP$(a, b)$とすると，点と直線の距離の公式より

$$\frac{|8a-b|}{\sqrt{8^2+(-1)^2}}=\frac{|4a+7b-2|}{\sqrt{4^2+7^2}}$$

$\therefore\ |8a-b|=|4a+7b-2|$

よって　$8a-b=4a+7b-2$

　　または $8a-b=-(4a+7b-2)$

$\therefore\ 4a-8b+2=0$ または $12a+6b-2=0$

$\therefore\ 2a-4b+1=0$ または $6a+3b-1=0$

$a$，$b$ を $x$，$y$ に直して

**直線 $2x-4y+1=0$**

**または直線 $6x+3y-1=0$**

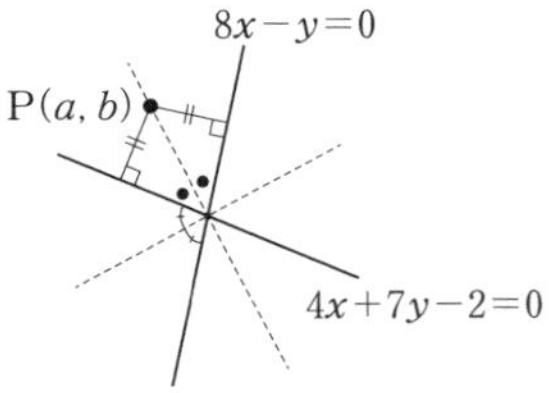


## 025

(1) A(2, 3)，B(−8, 5) とすると，円の中心はABの中点で

$$\left(\frac{2+(-8)}{2}, \frac{3+5}{2}\right)\quad \therefore\ (-3, 4)$$

半径は $\frac{1}{2}$AB であり，

AB$=\sqrt{(-8-2)^2+(5-3)^2}=2\sqrt{26}$ より　$\sqrt{26}$

よって　$\boldsymbol{(x+3)^2+(y-4)^2=26}$

(2) 円の方程式を $x^2+y^2+ax+by+c=0$ とおくと，3点 (−5, 3), (0, 4), (1, −1) を通るので

$-5a+3b+c=-34\cdots①$

かつ　$4b+c=-16\cdots②$

かつ　$a-b+c=-2 \cdots ③$

②より　$c=-4b-16$

①，③に代入して

$-5a-b=-18,\ a-5b=14$

$\therefore\ a=4,\ b=-2\quad \therefore\ c=-8$

よって　$\boldsymbol{x^2+y^2+4x-2y-8=0}$

(3)　円の半径を $r$ とすると，条件より，円の中心は第3象限にあり，$(-r, -r)$ である．

よって，円の方程式は $(x+r)^2+(y+r)^2=r^2$ と表され，この円上に点 $(-1, -8)$ があるので

$(-1+r)^2+(-8+r)^2=r^2$

$\therefore\ r^2-18r+65=0$

$\therefore\ (r-5)(r-13)=0$

$\therefore\ r=5,\ 13$

よって

$\boldsymbol{(x+5)^2+(y+5)^2=25}$

$\boldsymbol{(x+13)^2+(y+13)^2=169}$

(4)　円の半径を $r$ とすると，$y$ 軸に接し，$(1, 4)$ を通るので

(中心の $x$ 座標)$=r$

よって，中心は $(r, a)$ と表せ，円の方程式は

$(x-r)^2+(y-a)^2=r^2$

$(1, 4)$，$(2, 5)$ を通るので

$$\begin{cases}(1-r)^2+(4-a)^2=r^2\\(2-r)^2+(5-a)^2=r^2\end{cases}$$

$$\therefore\ \begin{cases}-2r+a^2-8a+17=0 \cdots ①\\-4r+a^2-10a+29=0 \cdots ②\end{cases}$$

$2\times①-②$ より

$a^2-6a+5=0$

$\therefore\ (a-1)(a-5)=0$

$\therefore\ a=1,\ 5$

$\therefore\ (a, r)=(1, 5),\ (5, 1)$

よって，求める円の方程式は

$\boldsymbol{(x-5)^2+(y-1)^2=25}$

$\boldsymbol{(x-1)^2+(y-5)^2=1}$

**TRIAL**　2点 $A(x_1, y_1)$，$B(x_2, y_2)$ を直径の両端とする円上の点を $P(x, y)$ とすると，P がこの円上にある条件は

AP⊥BP または P=A または P=B

(i)　$x \neq x_1,\ x_2$ のとき

(APの傾き)$=\dfrac{y-y_1}{x-x_1}$

(BPの傾き)$=\dfrac{y-y_2}{x-x_2}$

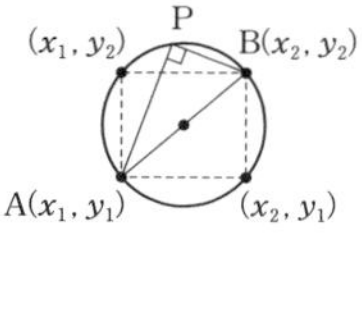


より，AP⊥BP となるのは

$$\frac{y-y_1}{x-x_1}\cdot\frac{y-y_2}{x-x_2}=-1$$

$\therefore\ (y-y_1)(y-y_2)=-(x-x_1)(x-x_2)$

$\therefore\ (x-x_1)(x-x_2)+(y-y_1)(y-y_2)=0$

$\cdots(*)$

(ii)　$x=x_1$ または $x=x_2$ のとき，2点 $A(x_1, y_1)$，$B(x_2, y_2)$ を直径の両端とする円上にある点は

$A(x_1, y_1)$，$(x_1, y_2)$，$(x_2, y_1)$，$B(x_2, y_2)$

のいずれかであり，このときも $(*)$ で表される．よって，$(*)$ が A，B を直径の両端とする円の方程式である．　終

## 026

$ax+y-a=0 \cdots ①,\ x^2+y^2-y=0 \cdots ②$

(1)　$② \Leftrightarrow x^2+\left(y-\dfrac{1}{2}\right)^2=\dfrac{1}{4}$

より，円②の中心は $\boldsymbol{\left(0, \dfrac{1}{2}\right)}$，半径は $\boldsymbol{\dfrac{1}{2}}$

(2)　①と②が異なる2点で交わる条件は，②の中心から直線①までの距離が②の半径未満のときで

$$\frac{\left|a\cdot 0+\frac{1}{2}-a\right|}{\sqrt{a^2+1^2}}<\frac{1}{2}$$

$\therefore\ |1-2a|<\sqrt{a^2+1^2}\quad \therefore\ (1-2a)^2<a^2+1$

$\therefore\ a(3a-4)<0\quad \therefore\ \boldsymbol{0<a<\dfrac{4}{3}}$

(3)　円②の中心を A とする．A から直線①におろした垂線を AH とすると

$$AH=\frac{\left|a\cdot 0+\frac{1}{2}-a\right|}{\sqrt{a^2+1^2}}=\frac{|1-2a|}{2\sqrt{a^2+1^2}} \cdots ③$$

$PQ=2PH=2\sqrt{AP^2-AH^2}$ より，線分 PQ の長さが $\dfrac{1}{\sqrt{2}}$ となる条件は

$2\sqrt{AP^2-AH^2}=\dfrac{1}{\sqrt{2}}$

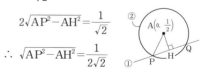

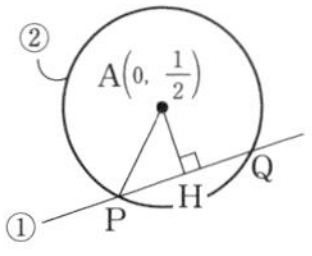


$\therefore\ \sqrt{AP^2-AH^2}=\dfrac{1}{2\sqrt{2}}$

$\therefore\ AP^2-AH^2=\dfrac{1}{8}$

よって　$AH^2=AP^2-\dfrac{1}{8}=\left(\dfrac{1}{2}\right)^2-\dfrac{1}{8}=\dfrac{1}{8}$

③より

$$\frac{(1-2a)^2}{4(a^2+1)}=\frac{1}{8}$$

$\therefore\ 2(1-2a)^2=a^2+1$

$\therefore\ 7a^2-8a+1=0$

$\therefore\ (7a-1)(a-1)=0$

$\therefore\ \boldsymbol{a=\frac{1}{7},\ 1}$

## 027

(1) 接線の方程式は公式より

$\sqrt{2}\cdot x+(-2)\cdot y=6\quad\therefore\ \sqrt{2}x-2y=6$

$\therefore\ \boldsymbol{x-\sqrt{2}y=3\sqrt{2}}$

(2) 円上の接点を$\mathrm{P}(a,b)$とすると，点Pにおける接線の方程式は

$ax+by=2\cdots①$

これが点$(-1,3)$を通るので

$-a+3b=2\quad\therefore\ a=3b-2\cdots②$

一方，点Pは円上にある点なので

$a^2+b^2=2\cdots③$

②，③を連立して

$(3b-2)^2+b^2=2\quad\therefore\ 5b^2-6b+1=0$

$\therefore\ (5b-1)(b-1)=0\quad\therefore\ b=\frac{1}{5},\ 1$

$\therefore\ (a,b)=\left(-\frac{7}{5},\frac{1}{5}\right),\ (1,1)$

①に代入して　$\boldsymbol{7x-y=-10,\ x+y=2}$

**TRIAL**

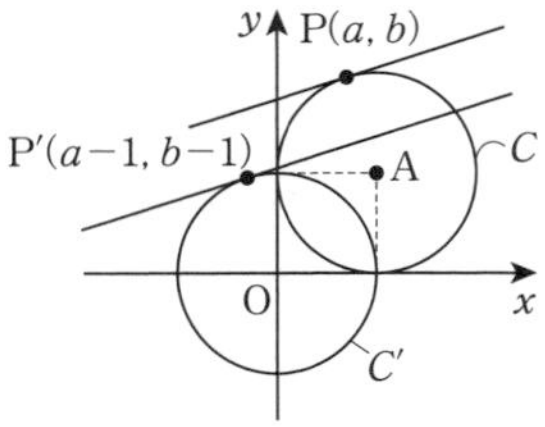


$C$は中心が$\mathrm{A}(1,1)$，半径が1の円である．接点を$\mathrm{P}(a,b)$とすると，Pは円$C$上にある点なので

$(a-1)^2+(b-1)^2=1\cdots①$

いま，$x$軸方向に$-1$，$y$軸方向に$-1$だけ平行移動すると，円$C$は

円$C':x^2+y^2=1$

に移り，点Pは

点$\mathrm{P}'(a-1,b-1)$

に移る．ここで点P′における円$C'$の接線の方程式は

$(a-1)x+(b-1)y=1$

これを$x$軸方向に1，$y$軸方向に1だけ平行移動したものが点Pにおける円$C$の接線で

$(a-1)(x-1)+(b-1)(y-1)=1\cdots②$

これが$(0,3)$を通るので

$-(a-1)+2(b-1)=1\cdots③$

①，③より

$\{2(b-1)-1\}^2+(b-1)^2=1$

$\therefore\ 5(b-1)^2-4(b-1)=0$

$\therefore\ (b-1)\{5(b-1)-4\}=0$

$\therefore\ b-1=0,\ \frac{4}{5}$

よって　$(a-1,b-1)=(-1,0),\ \left(\frac{3}{5},\frac{4}{5}\right)$

②に代入して，求める接線の方程式は

$-(x-1)=1,\ \frac{3}{5}(x-1)+\frac{4}{5}(y-1)=1$

$\therefore\ \boldsymbol{x=0,\ 3x+4y=12}$

次に，$x$軸，$y$軸に接する円で第1象限にあるものは，その半径を$r$とすると，中心が$(r,r)$と表せる．これが上の接線$3x+4y=12$と接する条件は

$\frac{|3r+4r-12|}{\sqrt{3^2+4^2}}=r\quad\therefore\ (7r-12)^2=(5r)^2$

$\therefore\ 24r^2-168r+144=0$

$\therefore\ 24(r-1)(r-6)=0$

$\therefore\ r=1,\ 6$

$C$と異なるものは$r=6$．よって，題意をみたす円の方程式は

$\boldsymbol{(x-6)^2+(y-6)^2=36}$

## 028

$x^2+y^2=k\cdots①$

$x^2+y^2-x-3y-20=0\cdots②$

円①の中心はO，半径は$\sqrt{k}$

$②\Leftrightarrow\left(x-\frac{1}{2}\right)^2+\left(y-\frac{3}{2}\right)^2=\frac{45}{2}$

円②の中心は$\mathrm{A}\left(\frac{1}{2},\frac{3}{2}\right)$，

半径は$\sqrt{\frac{45}{2}}=\frac{3}{2}\sqrt{10}$.

(i) ①と②が外接するとき

$\mathrm{OA}=\sqrt{k}+\frac{3}{2}\sqrt{10}$

$\mathrm{OA}=\sqrt{\left(\frac{1}{2}\right)^2+\left(\frac{3}{2}\right)^2}=\frac{1}{2}\sqrt{10}$ より

$\sqrt{k}=-\sqrt{10}$ となり，不適である．

(ii)　①と②が内接するとき

$$\mathrm{OA}=\left|\sqrt{k}-\frac{3}{2}\sqrt{10}\right|$$

$$\therefore\ \sqrt{k}-\frac{3}{2}\sqrt{10}=\pm\frac{1}{2}\sqrt{10}\quad\therefore\ k=10,\ 40$$

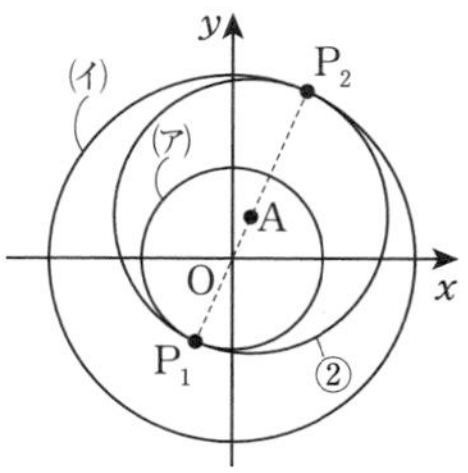


よって，2円が交わる条件は，円①が原点中心で半径 $\sqrt{k}$ であり，円②が定円で，原点はその内部にあるので

**$10<k<40$**

また，接する条件は

**$k=10,\ 40$**

いま，接点をPとする．

(ア)　$k=10$ のとき，円①が円②に内接している．このとき，A，O，Pがこの順に一直線上にあり（図の$\mathrm{P}_1$）

$$\mathrm{OP}=\sqrt{k}=\sqrt{10},\ \mathrm{AP}=\frac{3}{2}\sqrt{10}$$

よって，接点Pは，OAを2:3に外分する点であり

$$\left(\frac{-3\cdot0+2\cdot\frac{1}{2}}{2-3},\ \frac{-3\cdot0+2\cdot\frac{3}{2}}{2-3}\right)$$

$\therefore$ **$(-1,\ -3)$**

(イ)　$k=40$ のとき，円②が円①に内接している．このとき，O，A，Pがこの順に一直線上にあり（図の$\mathrm{P}_2$）

$$\mathrm{OP}=\sqrt{k}=2\sqrt{10},\ \mathrm{AP}=\frac{3}{2}\sqrt{10}$$

よって，接点Pは，OAを4:3に外分する点であり

$$\left(\frac{-3\cdot0+4\cdot\frac{1}{2}}{4-3},\ \frac{-3\cdot0+4\cdot\frac{3}{2}}{4-3}\right)$$

$\therefore$ **$(2,\ 6)$**

**TRIAL**　$x^2+(y-2)^2=9\cdots$①

$(x-4)^2+(y+4)^2=1\cdots$②

円①の中心はA(0, 2)，半径は3である．

円②の中心はB(4, −4)，半径は1である．

求める円の中心を$\mathrm{P}(x,y)$とすると，円の半径$r$は，①，②と外接することと，$x=6$に接することから，Pは直線$x=6$の左側で

$r=6-x\ (x<6)$

①，②と外接することより

$\mathrm{AP}=3+r,\ \mathrm{BP}=1+r$

$\therefore\ \sqrt{x^2+(y-2)^2}=9-x$

かつ $\sqrt{(x-4)^2+(y+4)^2}=7-x$

$\therefore\ x^2+(y-2)^2=(9-x)^2$

かつ $(x-4)^2+(y+4)^2=(7-x)^2$

$\therefore\ 18x+y^2-4y-77=0\cdots$③

かつ $6x+y^2+8y-17=0\cdots$④

④×3−③より

$2y^2+28y+26=0$

$\therefore\ 2(y+13)(y+1)=0$

$\therefore\ y=-13,\ -1$

$\therefore\ (x,y)=(-8,\ -13),\ r=14$

$(x,y)=(4,\ -1),\ r=2$

よって，求める円の方程式は

**$(x+8)^2+(y+13)^2=196,$**

**$(x-4)^2+(y+1)^2=4$**

## 029

$x^2+y^2-2x-4y-11=0\cdots$①

$x^2+y^2-3x-5y-4=0\cdots$②

(1)　①−②より　**$x+y-7=0$**$\cdots$③

③は，2円①，②の2交点を通る直線の方程式である．

(2)　①$+k\times$②より

$x^2+y^2-2x-4y-11$

$+k(x^2+y^2-3x-5y-4)=0\cdots$④

（$k$は定数）

は，2円①，②の2交点を通る図形の方程式である．これが(1, 0)を通る条件は，代入して

$-12-6k=0\quad\therefore\ k=-2$

よって，求める円の方程式は

$x^2+y^2-2x-4y-11$

$-2(x^2+y^2-3x-5y-4)=0$

$\therefore$ **$x^2+y^2-4x-6y+3=0$**

(3)　$k=-1$ のとき，④は直線なので　$k\neq-1$

このとき

④ $\Leftrightarrow (k+1)x^2+(k+1)y^2$

$-(3k+2)x-(5k+4)y-4k-11=0$

$\Leftrightarrow x^2+y^2-\dfrac{3k+2}{k+1}x-\dfrac{5k+4}{k+1}y$

$$-\frac{4k+11}{k+1}=0$$

$$\Leftrightarrow \left\{x-\frac{3k+2}{2(k+1)}\right\}^2+\left\{y-\frac{5k+4}{2(k+1)}\right\}^2$$

$$=(k\text{の式})$$

よって，④の中心は $\left(\frac{3k+2}{2(k+1)},\frac{5k+4}{2(k+1)}\right)$

したがって，中心が $x+y=0$ 上にある条件は

$$\frac{3k+2}{2(k+1)}+\frac{5k+4}{2(k+1)}=0$$

$\therefore\ 8k+6=0\quad \therefore\ k=-\frac{3}{4}$

よって，求める円の方程式は

$$x^2+y^2-2x-4y-11$$
$$-\frac{3}{4}(x^2+y^2-3x-5y-4)=0$$

$\therefore\ \boldsymbol{x^2+y^2+x-y-32=0}$

**TRIAL** $x^2+y^2+(3a+1)x-(a+3)y-7a-10=0$

$\Leftrightarrow x^2+y^2+x-3y-10+(3x-y-7)a=0$

任意の $a$ で成り立つ条件は

$x^2+y^2+x-3y-10=0$

かつ $3x-y-7=0$

$y$ を消去すると

$x^2-5x+6=0\quad \therefore\ (x-2)(x-3)=0$

$\therefore\ x=2,\ 3$

$\therefore\ (x,y)=(2,-1),\ (3,2)$

よって，この円はつねに，点 $\boldsymbol{(2,-1)}$，$\boldsymbol{(3,2)}$ を通る．

## 030

(1) $y\leqq x^2-x-2$ で表される領域は，放物線 $y=x^2-x-2$ およびその下側であり，下図の斜線部分である．ただし，境界を含む．

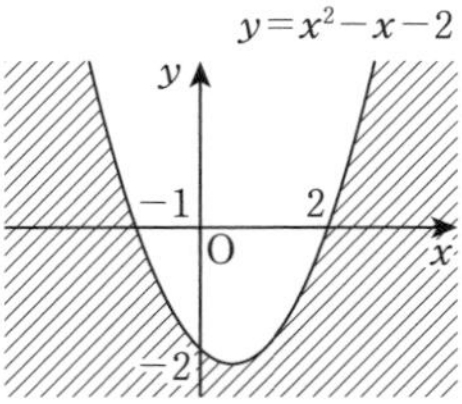


(2) $x+y>0$ で表される領域は

直線 $y=-x$ の上側

$x^2+y^2\leqq 2$ で表される領域は

中心O，半径 $\sqrt{2}$ の円周および円の内部

この2つの領域の共通部分が求めるものであり，下図の斜線部分である．ただし，境界は実線部分のみを含む．

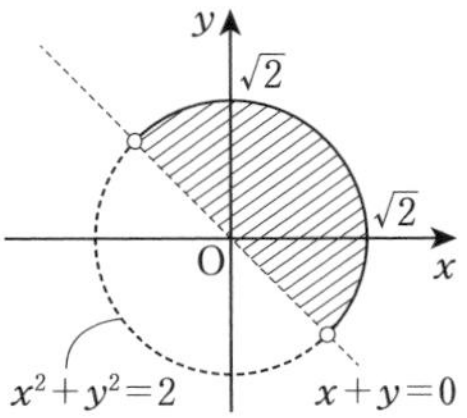


(3) 与式より

$\begin{cases}x^2+2x+y-4\geqq 0\\ y+2x\geqq 0\end{cases}$ または $\begin{cases}x^2+2x+y-4\leqq 0\\ y+2x\leqq 0\end{cases}$

より

$\begin{cases}y\geqq -x^2-2x+4\\ y\geqq -2x\end{cases}$ または $\begin{cases}y\leqq -x^2-2x+4\\ y\leqq -2x\end{cases}$

よって，求める領域は下図の斜線部分である．ただし，境界を含む．

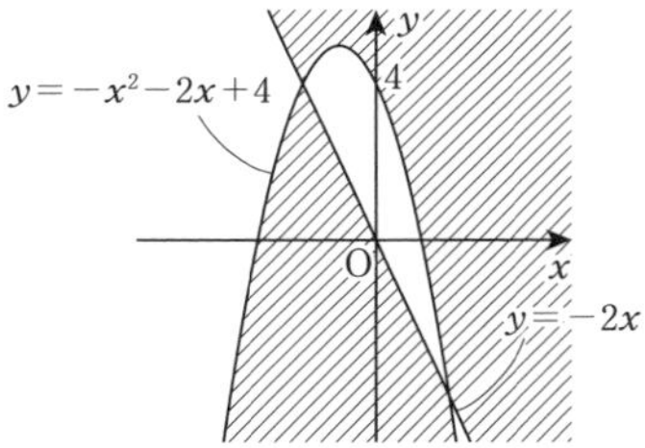


## 031

$$mx+y-m^2+2=0\cdots①$$

直線①が線分ABと共有点をもつ条件は（線分の端点も含むので）端点A，Bの少なくとも一方が直線①上にあるか，2点AとBのうち一方が直線①の上側にあり，もう一方が下側にあるときである．

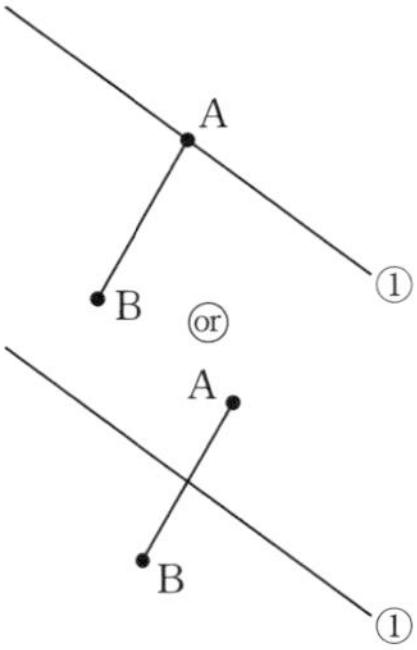


よって

$$f(x,y)=mx+y-m^2+2$$

とおくと

$f(3, 4) \cdot f(2, -4) \leqq 0$

$\therefore \ (-m^2+3m+6)(-m^2+2m-2) \leqq 0$

$\therefore \ (m^2-3m-6)(m^2-2m+2) \leqq 0 \cdots$②

ここで

$m^2-2m+2=(m-1)^2+1$

より，つねに

$m^2-2m+2>0$

であるから，②は

$m^2-3m-6 \leqq 0$

$\therefore \ \boldsymbol{\dfrac{3-\sqrt{33}}{2} \leqq m \leqq \dfrac{3+\sqrt{33}}{2}}$

## 032

(1) 4つの不等式 $y \leqq \dfrac{1}{2}x+3$，$y \leqq -5x+25$，$x \geqq 0$，$y \geqq 0$ で表される領域を $D$ とする．これは3点A(5, 0)，B(4, 5)，C(0, 3)をとると，四角形OABCの周および内部である．

$x+3y=k$ ($k$ は実数)…①とおくと，実数 $k$ のとりうる値の範囲は，座標平面上で領域 $D$ と直線①が共有点をもつような実数 $k$ の集合である．

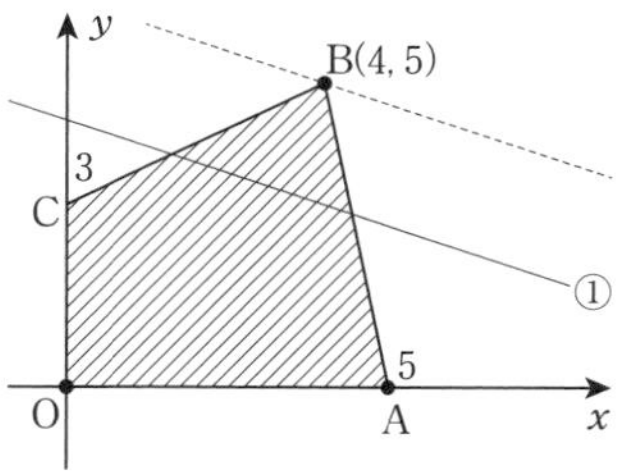


①$\Leftrightarrow y=-\dfrac{1}{3}x+\dfrac{k}{3}$

より，直線①は，傾きが $-\dfrac{1}{3}$，$y$ 切片が $\dfrac{k}{3}$ である．よって，実数 $k$ が最大となるのは，直線①が領域 $D$ と共有点をもつ範囲で，$y$ 切片が最大のときである．これは

(ABの傾き)<(①の傾き)<(BCの傾き)

より，直線①が点B(4, 5)を通るときである．よって

$k$ の最大値　$4+3 \cdot 5=\mathbf{19}$

(2) $x-y=l$ ($l$ は実数)…②とおくと，実数 $l$ のとりうる値の範囲は，座標平面上で領域 $D$ と直線②が共有点をもつような実数 $l$ の集合である．

②$\Leftrightarrow y=x-l$

より，直線②は，傾きが1，$y$ 切片が $-l$ である．よって，実数 $l$ が最大となるのは，直線②が領域 $D$ と共有点をもつ範囲で，$y$ 切片が最小のときである．これは直線②が点A(5, 0)を通るときである．よって

$l$ の最大値　$5-0=\mathbf{5}$

(3) $\dfrac{y+1}{2x-14}=m$ ($m$ は実数)とおく．ここで点P$(x, y)$，点E(7, −1)をとると

$m=\dfrac{1}{2} \cdot \dfrac{y-(-1)}{x-7}=\dfrac{1}{2}$ (EPの傾き)

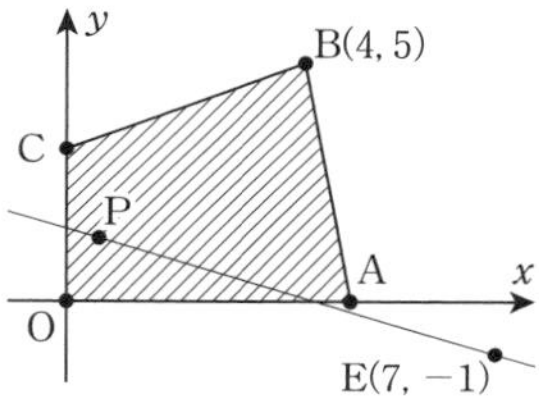


点Pは領域 $D$ 上なので，$m$ が最小となるのは，EPの傾きが最小のときで，点Pが点Bのときである．このとき

$m$ の最小値　$\dfrac{5+1}{2 \cdot 4-14}=\mathbf{-1}$

(4) $x^2+y^2=n$ ($n$ は実数)とおく．このとき

$n=\mathrm{OP}^2$

よって，$n$ が最大になるのは，OPが最大のときで，点Pが点B(4, 5)のときである．このとき

$n$ の最大値　$4^2+5^2=\mathbf{41}$

## 033

(1) 点Pの座標を$(x, y)$とすると

$\mathrm{AP}:\mathrm{BP}=1:1 \Leftrightarrow \mathrm{AP}=\mathrm{BP} \Leftrightarrow \mathrm{AP}^2=\mathrm{BP}^2$

$\Leftrightarrow (x+a)^2+y^2=(x-a)^2+y^2$

$\Leftrightarrow x=0$

よって，点Pの軌跡は

**直線 $x=0$**

である．

別解　AP : BP＝1 : 1　∴ AP＝BPをみたす点Pは，2点A，Bから等距離の点であるから，求める点Pの軌跡は線分ABの垂直二等分線である．これは，ABの中点Oを通り，AB($x$ 軸)に垂直な直線なので　$\boldsymbol{x=0}$

(2) 点Pの座標を$(x, y)$とすると

$\mathrm{AP}:\mathrm{BP}=3:2$

$\Leftrightarrow 2\mathrm{AP}=3\mathrm{BP} \Leftrightarrow 4\mathrm{AP}^2=9\mathrm{BP}^2$

$$\Leftrightarrow 4\{(x+a)^2+y^2\}=9\{(x-a)^2+y^2\}$$

$$\Leftrightarrow 5x^2+5y^2-26ax+5a^2=0$$

$$\Leftrightarrow x^2+y^2-\frac{26}{5}ax+a^2=0$$

$$\Leftrightarrow \left(x-\frac{13}{5}a\right)^2+y^2=\frac{144}{25}a^2$$

点Pの軌跡は

**円** $\boldsymbol{\left(x-\frac{13}{5}a\right)^2+y^2=\left(\frac{12}{5}a\right)^2}$

である．

TRIAL　$3x-4y=2\cdots①$，$5x+12y=22\cdots②$

①，②のなす角の二等分線上の点を $\mathrm{P}(x, y)$ とすると

(Pから①までの距離)＝(Pから②までの距離)

$$\therefore \frac{|3x-4y-2|}{\sqrt{3^2+(-4)^2}}=\frac{|5x+12y-22|}{\sqrt{5^2+12^2}}$$

$\therefore 13|3x-4y-2|=5|5x+12y-22|$

よって

$13(3x-4y-2)=\pm5(5x+12y-22)$

$\therefore 14x-112y+84=0$，$64x+8y-136=0$

$\therefore$ $\boldsymbol{x-8y+6=0}$，$\boldsymbol{8x+y-17=0}$

（注）　**復習 024 TRIAL** を参照．

## 034

(1)　$x=t^2\cdots①$，$y=t^4+t^2\cdots②$

①を②に代入して　$y=x^2+x$

$t$ がすべての実数値をとるので，①より

$x\geqq0$

よって，点Pの軌跡は

**放物線** $\boldsymbol{y=x^2+x}$ **のうち** $\boldsymbol{x\geqq0}$ **の部分**

である．

(2)　$x=t+2\cdots①$，$y=2t^2+t-3\cdots②$

①より　$t=x-2\cdots①'$

①′を②に代入して

$y=2(x-2)^2+(x-2)-3$

$\therefore y=2x^2-7x+3\cdots③$

$0\leqq t\leqq2$ にも①′を代入して

$0\leqq x-2\leqq2$　$\therefore 2\leqq x\leqq4\cdots④$

点Pの軌跡は③かつ④

**放物線** $\boldsymbol{y=2x^2-7x+3}$ **のうち**

$\boldsymbol{2\leqq x\leqq4}$ **の部分**

である．

TRIAL　$x=1+2\cos t\cdots①$，$y=3-2\sin t\cdots②$

①，②より

$$\cos t=\frac{x-1}{2},\ \sin t=\frac{-y+3}{2}$$

$\cos^2t+\sin^2t=1$ に代入して

$$\left(\frac{x-1}{2}\right)^2+\left(\frac{-y+3}{2}\right)^2=1$$

$\therefore (x-1)^2+(y-3)^2=4$

よって，点Pの軌跡は

**円** $\boldsymbol{(x-1)^2+(y-3)^2=4}$

である．

## 035

(1)　①，②より，$y$ を消去して

$(x-4)^2+(px)^2=4$

$\therefore (p^2+1)x^2-8x+12=0\cdots③$

①と②が2点で交わるので，③は異なる2つの実数解をもつ．③の判別式を $D$ とすると

$$\frac{D}{4}=16-12(p^2+1)>0 \quad \therefore p^2<\frac{1}{3}$$

$$\therefore \boldsymbol{-\frac{\sqrt{3}}{3}<p<\frac{\sqrt{3}}{3}}\cdots④$$

(2)　③の2つの実数解を $\alpha$，$\beta$ とすると，これらはP，Qの $x$ 座標であるから，PQの中点を $\mathrm{M}(x, y)$ とすると

$$x=\frac{\alpha+\beta}{2}\cdots⑤$$

また，中点Mも直線 $l$ 上にあるので

$y=px\cdots⑥$

ここで，$\alpha$，$\beta$ は③の解なので，解と係数の関係より $\alpha+\beta=\dfrac{8}{p^2+1}$ であるから，⑤は

$$x=\frac{4}{p^2+1}\cdots⑦$$

(i)　$x=0$ のとき，⑦をみたさない．よって，このとき，軌跡上の点は存在しない．

(ii)　$x\neq0$ のとき，⑥より

$$p=\frac{y}{x}\cdots⑧$$

⑦ $\Leftrightarrow x(p^2+1)=4\cdots⑦'$ より，⑧を⑦′に代入して

$$x\left\{\left(\frac{y}{x}\right)^2+1\right\}=4 \quad \therefore y^2+x^2=4x$$

$\therefore (x-2)^2+y^2=4\cdots⑨$

また，⑧を④に代入して

$$-\frac{\sqrt{3}}{3}<\frac{y}{x}<\frac{\sqrt{3}}{3}$$

ここで，⑨と $x\neq0$ より，$x>0$ であるから

$$-\frac{\sqrt{3}}{3}x<y<\frac{\sqrt{3}}{3}x\cdots⑩$$

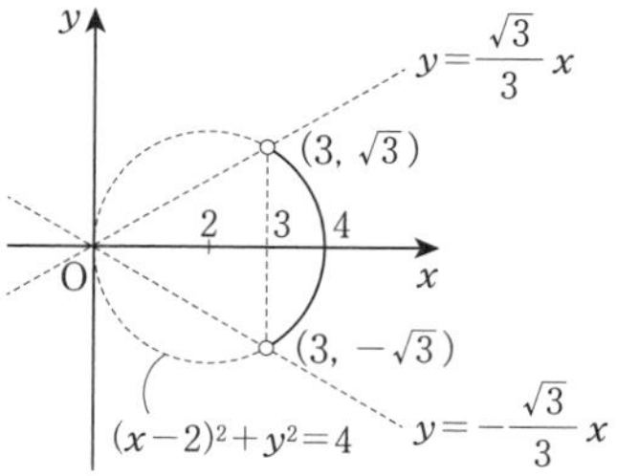


(i), (ii)より，点Mの軌跡は　⑨かつ⑩
図を参照して

**円 $(x-2)^2+y^2=4$ のうち $3<x\leqq4$ の部分**

である．

## 036

(1)　$(t-1)x-y+1=0\cdots①$

$tx+(t-2)y+2=0\cdots②$

$①\Leftrightarrow xt=x+y-1\cdots①'$

(i)　$x=0$ のとき

①，②より　$y=1$，$t=0$

つまり，$t=0$ のとき交点が $(0, 1)$

(ii)　$x\neq0$ のとき

①′より　$t=\frac{x+y-1}{x}\cdots③$

$②\Leftrightarrow t(x+y)-2y+2=0\cdots②'$ より，③を②′に代入すると

$$\frac{x+y-1}{x}(x+y)-2y+2=0$$

$$\therefore (x+y-1)(x+y)+x(-2y+2)=0$$

$$\therefore x^2+y^2+x-y=0$$

$$\therefore \left(x+\frac{1}{2}\right)^2+\left(y-\frac{1}{2}\right)^2=\frac{1}{2}\cdots④$$

以上より

$(x, y)=(0, 1)$ または $(x\neq0$ かつ④$)$

よって，点Pの軌跡は

**円 $\left(x+\frac{1}{2}\right)^2+\left(y-\frac{1}{2}\right)^2=\frac{1}{2}$**

である．(ただし，**点 $(0, 0)$** を除く)

(2)　(1)の(i)のとき，$t=0$ なので交点 $(0, 1)$ を含む．

(1)の(ii)のとき，④のもとで，$t\geqq0$ と③より

$$\frac{x+y-1}{x}\geqq0$$

$$\therefore \begin{cases}x>0\\x+y-1\geqq0\end{cases} \text{または} \begin{cases}x<0\\x+y-1\leqq0\end{cases}$$

$$\therefore \begin{cases}x>0\\y\geqq-x+1\end{cases} \text{または} \begin{cases}x<0\\y\leqq-x+1\end{cases}\cdots⑤$$

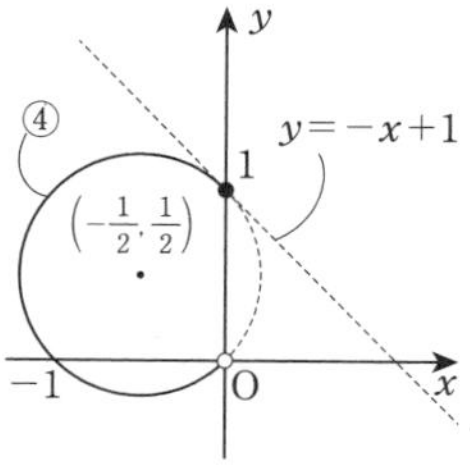


よって，点Pの軌跡は

$(x, y)=(0, 1)$ または $(x\neq0$ かつ④かつ⑤$)$

つまり

**円 $\left(x+\frac{1}{2}\right)^2+\left(y-\frac{1}{2}\right)^2=\frac{1}{2}$ のうち**

**$x\leqq0$ の部分**

である．(ただし，**点 $(0, 0)$** を除く)

## 037

(1)　直線①の通り得る範囲は

「$y=4tx-t^2\cdots①$をみたす実数 $t$ が
存在する」…(＊)

ような $(x, y)$ の集合である．

$①\Leftrightarrow t^2-4xt+y=0\cdots①'$

よって，(＊)は，$t$ の2次方程式とみなした①′が実数解をもつことなので，①′の判別式を $D$ とすると

$$\frac{D}{4}=(2x)^2-y\geqq0 \quad \therefore\ y\leqq4x^2\cdots②$$

よって，①の通り得る範囲は $y\leqq4x^2$ であり，下図の斜線部分である．ただし，境界を含む．

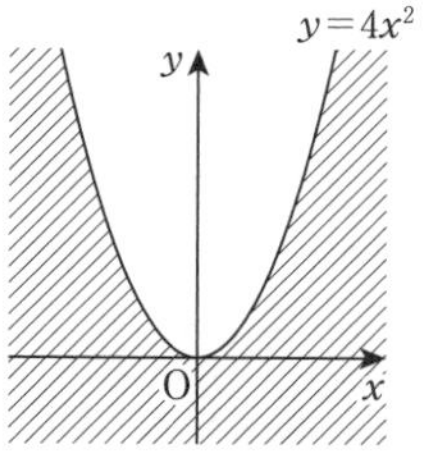


(2)　(1)と同様にして，直線①の通り得る範囲は

「①をみたす0以上の実数 $t$ が
存在する」…(＊)

ような $(x, y)$ の集合である．

よって，(＊)は，$t$ の2次方程式とみなした①$'$ が0以上の解を少なくとも1つもつことである．①$'$ の2解を $\alpha$，$\beta$ とすると，$\alpha$，$\beta$ は実数であり

$\alpha\beta \leqq 0$ または $(\alpha\beta>0$ かつ $\alpha+\beta>0)$

であるから，②のもとで

(2解の積) $= y \leqq 0$

または

((2解の積) $= y>0$ かつ (2解の和) $=4x>0$)

$\therefore$ $y \leqq 0$ または $(y>0$ かつ $x>0)$

よって，下図の斜線部分である．ただし，境界を含む．

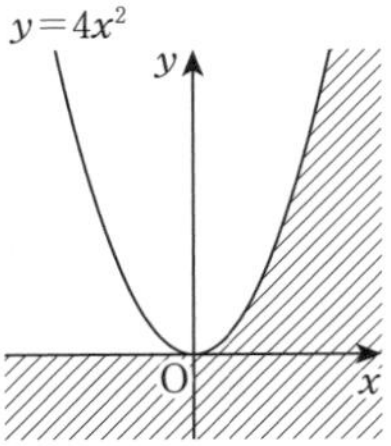


TRIAL　$2kx+(k^2-1)y+(k-1)^2=0 \cdots ①$

$① \Leftrightarrow (y+1)k^2+2(x-1)k-y+1=0 \cdots ①'$

直線①が通らない点の集合は，①$'$ をみたす実数 $k$ が存在しない点 $(x, y)$ の集合である．

(i)　$y=-1$ のとき

$①' \Leftrightarrow (x-1)k=-1$

より　$x=1$

(ii)　$y \neq -1$ のとき

①$'$ を $k$ の2次方程式とみたときの判別式を $D$ とすると

$$\frac{D}{4}=(x-1)^2-(y+1)(-y+1)<0$$

$$\therefore\ (x-1)^2+y^2<1$$

よって，求める点の集合は

$(x, y)=(1, -1)$ または $(x-1)^2+y^2<1$

である．したがって，下図の斜線部分である．ただし，境界は $(1, -1)$ のみを含む．

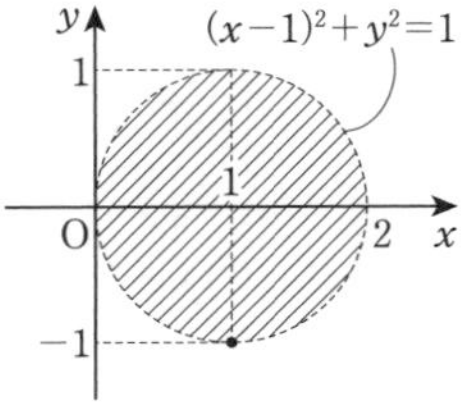


**038**

$xy>0 \cdots ①$，$X=x+y \cdots ②$，$Y=x^2+y^2 \cdots ③$

②，③より

$$xy=\frac{1}{2}\{(x+y)^2-(x^2+y^2)\}$$

$$=\frac{1}{2}(X^2-Y) \cdots ④$$

②，④より，$x$ と $y$ は $t$ の2次方程式

$$t^2-Xt+\frac{1}{2}(X^2-Y)=0 \cdots ⑤$$

の2解である．$x$ と $y$ は実数なので，⑤の判別式を $D$ とすると

$$D=X^2-4\cdot\frac{1}{2}(X^2-Y) \geqq 0$$

$$\therefore\ Y \geqq \frac{1}{2}X^2 \cdots ⑥$$

また，①，④より

$$\frac{1}{2}(X^2-Y)>0 \quad \therefore\ Y<X^2 \cdots ⑦$$

よって，点 $\mathrm{Q}(X, Y)$ の存在範囲は⑥かつ⑦であり，下図の斜線部分である．ただし，境界は実線部分のみを含み，点 **(0, 0)** を除く．

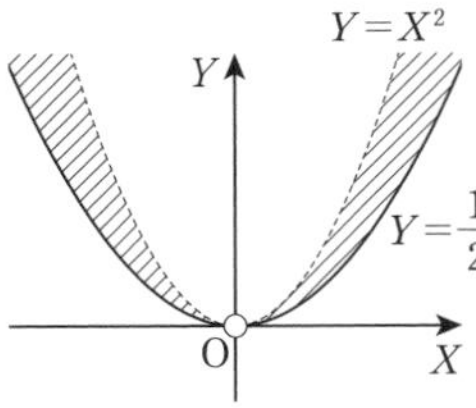


## §3 三角関数

**039**

(1)　$\boldsymbol{\theta=\frac{2}{3}\pi,\ \frac{5}{3}\pi}$

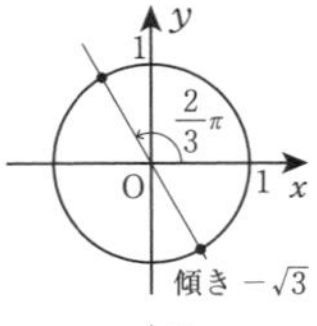


(2)　$0 \leqq \theta < 2\pi$ より

$$-\frac{\pi}{4} \leqq 2\theta-\frac{\pi}{4}<\frac{15}{4}\pi$$

であるから

$$2\theta-\frac{\pi}{4}$$

$$=-\frac{\pi}{6},\ \frac{7}{6}\pi,\ \frac{11}{6}\pi,\ \frac{19}{6}\pi$$

$$\therefore\ \boldsymbol{\theta=\frac{\pi}{24}, \frac{17}{24}\pi, \frac{25}{24}\pi, \frac{41}{24}\pi}$$

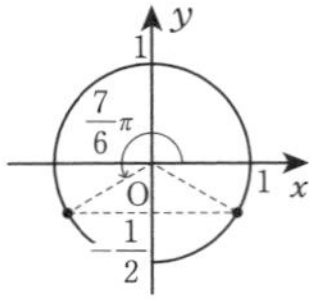


(3)　$\boldsymbol{\frac{5}{6}\pi \leqq \theta \leqq \frac{7}{6}\pi}$

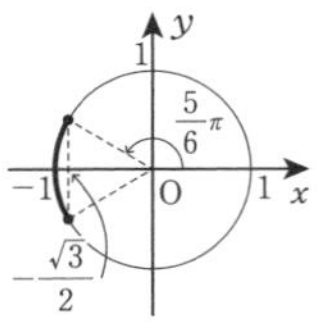

## 040

(1) $\sin x-\cos x=\dfrac{1}{3}$ より

$$(\sin x-\cos x)^2=\frac{1}{9}$$

$$\therefore\ \sin^2 x-2\sin x\cos x+\cos^2 x=\frac{1}{9}$$

$$\therefore\ 1-2\sin x\cos x=\frac{1}{9}$$

$$\therefore\ \boldsymbol{\sin x\cos x=\frac{4}{9}}\cdots①$$

また

$$(\sin x+\cos x)^2$$
$$=\sin^2 x+2\sin x\cos x+\cos^2 x$$
$$=1+2\cdot\frac{4}{9}=\frac{17}{9}$$

①より，$0<x<\dfrac{\pi}{2}$ であるから

$$\boldsymbol{\sin x+\cos x=\frac{\sqrt{17}}{3}}$$

$$\boldsymbol{\sin^3 x-\cos^3 x}$$
$$=(\sin x-\cos x)(\sin^2 x+\sin x\cos x+\cos^2 x)$$
$$=\frac{1}{3}\left(1+\frac{4}{9}\right)=\boldsymbol{\frac{13}{27}}$$

(2) $\sin\theta=\dfrac{1}{3}$ より

$$\boldsymbol{\cos\theta}=\pm\sqrt{1-\sin^2\theta}$$
$$=\pm\sqrt{1-\left(\frac{1}{3}\right)^2}=\boldsymbol{\pm\frac{2\sqrt{2}}{3}}$$

$$\therefore\ \boldsymbol{\tan\theta}=\frac{\sin\theta}{\cos\theta}$$
$$=\frac{\frac{1}{3}}{\pm\frac{2\sqrt{2}}{3}}=\boldsymbol{\pm\frac{\sqrt{2}}{4}}\quad(複号同順)$$

## 041

(1) $y=-\dfrac{1}{2}\cos\dfrac{\theta}{2}$ のグラフは，$y=-\cos\theta$ のグラフを $\theta$ 軸方向に2倍に拡大し，$y$ 軸方向に $\dfrac{1}{2}$ 倍に縮小したものである．

正の最小の周期は　$\boldsymbol{4\pi}$

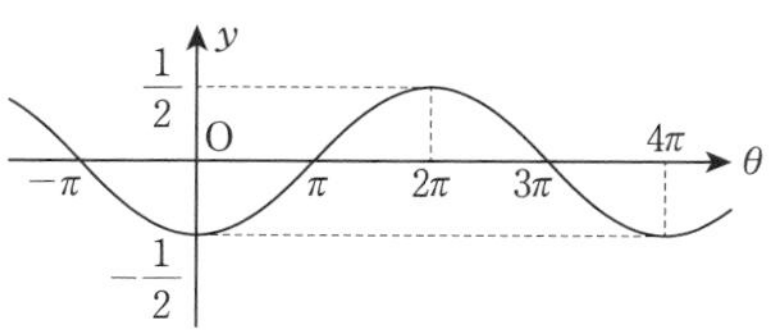


(2) $y=3\sin\left(\theta+\dfrac{\pi}{3}\right)+1$ のグラフは，

$y=3\sin\left(\theta-\left(-\dfrac{\pi}{3}\right)\right)+1$ より，$y=\sin\theta$ のグラフを $\theta$ 軸方向に $-\dfrac{\pi}{3}$ だけ平行移動し，$y$ 軸方向に3倍に拡大し，さらに，$y$ 軸方向に1だけ平行移動したものである．

正の最小の周期は　$\boldsymbol{2\pi}$

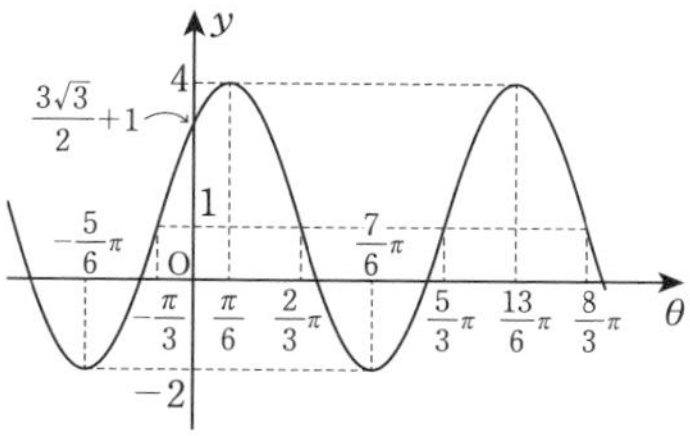


(3) $\cos\left(2\theta-\dfrac{\pi}{3}\right)=\cos 2\left(\theta-\dfrac{\pi}{6}\right)$ であるから，

$y=\cos\left(2\theta-\dfrac{\pi}{3}\right)$ のグラフは，$y=\cos\theta$ のグラフを $\theta$ 軸方向に $\dfrac{\pi}{6}$ だけ平行移動し，$\theta$ 軸方向に $\dfrac{1}{2}$ 倍に縮小したものである．

正の最小の周期は　$\boldsymbol{\pi}$

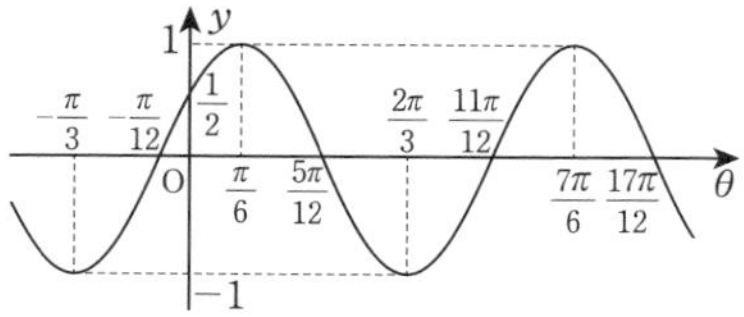


## 042

(1) 与式より　$\cos\left(\dfrac{\pi}{2}-4\theta\right)=\cos\theta$

よって

$$\frac{\pi}{2}-4\theta=\pm\theta+2n\pi\quad(n は整数)$$

$$\therefore\ \theta=\frac{\pi}{10}-\frac{2n}{5}\pi,\ \frac{\pi}{6}-\frac{2n}{3}\pi$$

$0\leqq\theta\leqq\dfrac{\pi}{2}$ より

$\theta=\dfrac{\pi}{10}-\dfrac{2n}{5}\pi$ のとき　$n=0,\ -1$

$$\therefore\ \theta=\frac{\pi}{10},\ \frac{5}{10}\pi$$

$\theta=\dfrac{\pi}{6}-\dfrac{2n}{3}\pi$ のとき　$n=0$

$\therefore\ \theta=\dfrac{\pi}{6}$

以上より　$\boldsymbol{\theta=\dfrac{\pi}{10},\ \dfrac{\pi}{6},\ \dfrac{\pi}{2}}$

(2)　与式より

$\cos y=1+\sin x$ …①

$\sin y=-\sqrt{3}-\cos x$ …②

$\cos^2 y+\sin^2 y=1$ より

$(1+\sin x)^2+(-\sqrt{3}-\cos x)^2=1$

$\therefore\ (1+2\sin x+\sin^2 x)$
$+(3+2\sqrt{3}\cos x+\cos^2 x)=1$

$\therefore\ 4+1+2\sin x+2\sqrt{3}\cos x=1$

$\therefore\ \sin x=-2-\sqrt{3}\cos x$ …③

これを $\sin^2 x+\cos^2 x=1$ に代入して

$(-2-\sqrt{3}\cos x)^2+\cos^2 x=1$

$\therefore\ 4\cos^2 x+4\sqrt{3}\cos x+3=0$

$\therefore\ (2\cos x+\sqrt{3})^2=0$

$\therefore\ \cos x=-\dfrac{\sqrt{3}}{2}$

③に代入して

$(\cos x,\ \sin x)=\left(-\dfrac{\sqrt{3}}{2},\ -\dfrac{1}{2}\right)$

$\therefore\ x=\dfrac{7}{6}\pi$

①，②より

$(\cos y,\ \sin y)=\left(\dfrac{1}{2},\ -\dfrac{\sqrt{3}}{2}\right)$

$\therefore\ y=\dfrac{5}{3}\pi$

よって　$\boldsymbol{(x,\ y)=\left(\dfrac{7}{6}\pi,\ \dfrac{5}{3}\pi\right)}$

(3)　円 $x^2+y^2=1$ 上で，$x$ 軸から半直線OAまでの角が $\alpha$ である点をA，$x$ 軸から半直線OPまでの角が $\theta$ である点をPとする．

(i)　$\cos\theta=\cos\alpha$ …(ア)をみたすとき，点Pは点Aと一致するか，$x$ 軸に関して点Aと対称な点B($x$ 軸から半直線OBまでの角は $-\alpha$ と表せる)に一致する．

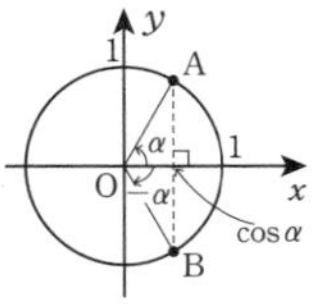


よって，(ア)をみたす条件は

$\theta=\pm\alpha+2n\pi$　($n$ は整数)

(ii)　$\sin\theta=\sin\alpha$ …(イ)をみたすとき，点Pは点Aと一致するか，$y$ 軸に関して点Aと対称な点C($x$ 軸から半直線OCまでの角は $\pi-\alpha$ と表せる)に一致する．

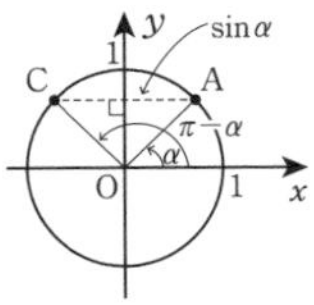


よって，(イ)をみたす条件は

$\theta=\alpha+2n\pi$

または $\theta=\pi-\alpha+2n\pi$　($n$ は整数)　終

## 043

(1)　与式より

$2(1-\cos^2 2\theta)+\cos 2\theta-1=0$

$\therefore\ 2\cos^2 2\theta-\cos 2\theta-1=0$

$\therefore\ (2\cos 2\theta+1)(\cos 2\theta-1)=0$

$\therefore\ \cos 2\theta=-\dfrac{1}{2},\ 1$

$0\leqq\theta\leqq\pi$ より　$0\leqq 2\theta\leqq 2\pi$

$2\theta=\dfrac{2}{3}\pi,\ \dfrac{4}{3}\pi,\ 0,\ 2\pi$

$\therefore\ \boldsymbol{\theta=0,\ \dfrac{\pi}{3},\ \dfrac{2}{3}\pi,\ \pi}$

(2)　$y=\sqrt{3}\cos\theta+(1-\cos^2\theta)+1$

$=-\cos^2\theta+\sqrt{3}\cos\theta+2$

$=-\left(\cos\theta-\dfrac{\sqrt{3}}{2}\right)^2+\dfrac{11}{4}$

$0\leqq\theta\leqq 2\pi$ より，$-1\leqq\cos\theta\leqq 1$ であるから

1°　$\cos\theta=\dfrac{\sqrt{3}}{2}$

$\therefore\ \boldsymbol{\theta=\dfrac{\pi}{6},\ \dfrac{11}{6}\pi}$ **のとき　最大値　$\boldsymbol{\dfrac{11}{4}}$**

2°　$\cos\theta=-1$

$\therefore\ \boldsymbol{\theta=\pi}$ **のとき　最小値　$\boldsymbol{1-\sqrt{3}}$**

(3)　(i)　与式より

$\cos\theta\sin\theta+(1-\cos^2\theta)<1$

$\therefore\ \cos\theta(\sin\theta-\cos\theta)<0$

$\therefore\ (\cos\theta>0$ かつ $\sin\theta<\cos\theta)$

または $(\cos\theta<0$ かつ $\sin\theta>\cos\theta)$

$0\leqq\theta<\pi$ より

$\left(0\leqq\theta<\dfrac{\pi}{2}\right.$ かつ $\left.\sin\theta<\cos\theta\right)$

または $\left(\dfrac{\pi}{2}<\theta<\pi\right.$ かつ $\left.\sin\theta>\cos\theta\right)$

$\therefore\ \boldsymbol{0\leqq\theta<\dfrac{\pi}{4},\ \dfrac{\pi}{2}<\theta<\pi}$

(ii)　与式より

$(\cos\theta-\sin\theta)$

$(\cos^2\theta+\cos\theta\sin\theta+\sin^2\theta)<0$

$\therefore\ (\cos\theta-\sin\theta)(1+\cos\theta\sin\theta)<0$

ここで，$1+\cos\theta\sin\theta=1+\dfrac{1}{2}\sin 2\theta>0$

であるから，与式は

$\cos\theta-\sin\theta<0\quad\therefore\ \cos\theta<\sin\theta$

$0\leqq\theta<\pi$ より

$\boldsymbol{\dfrac{\pi}{4}<\theta<\pi}$

## 044

(1) $\cos 165^\circ=\cos(120^\circ+45^\circ)$

$=\cos 120^\circ\cos 45^\circ-\sin 120^\circ\sin 45^\circ$

$=\left(-\dfrac{1}{2}\right)\cdot\dfrac{\sqrt{2}}{2}-\dfrac{\sqrt{3}}{2}\cdot\dfrac{\sqrt{2}}{2}=\boldsymbol{-\dfrac{\sqrt{6}+\sqrt{2}}{4}}$

(2) $0^\circ\leqq A\leqq 90^\circ$ より

$\cos A=\sqrt{1-\sin^2 A}=\sqrt{1-\left(\dfrac{8}{17}\right)^2}$

$=\sqrt{\dfrac{17^2-8^2}{17^2}}=\dfrac{15}{17}$

$90^\circ\leqq B\leqq 180^\circ$ より

$\cos B=-\sqrt{1-\sin^2 B}=-\sqrt{1-\left(\dfrac{4}{5}\right)^2}$

$=-\dfrac{3}{5}$

よって

$\boldsymbol{\sin(A-B)}=\sin A\cos B-\cos A\sin B$

$=\dfrac{8}{17}\cdot\left(-\dfrac{3}{5}\right)-\dfrac{15}{17}\cdot\dfrac{4}{5}=\boldsymbol{-\dfrac{84}{85}}$

**TRIAL** $(\sin\alpha-\sin\beta)^2=\left(\dfrac{5}{4}\right)^2$ より

$\sin^2\alpha-2\sin\alpha\sin\beta+\sin^2\beta=\dfrac{25}{16}\cdots①$

$(\cos\alpha+\cos\beta)^2=\left(\dfrac{5}{4}\right)^2$ より

$\cos^2\alpha+2\cos\alpha\cos\beta+\cos^2\beta=\dfrac{25}{16}\cdots②$

①，②を辺々足して

$2+2\cos\alpha\cos\beta-2\sin\alpha\sin\beta=\dfrac{50}{16}$

$\therefore\ \cos\alpha\cos\beta-\sin\alpha\sin\beta=\dfrac{9}{16}$

よって

$\boldsymbol{\cos(\alpha+\beta)}=\cos\alpha\cos\beta-\sin\alpha\sin\beta$

$=\boldsymbol{\dfrac{9}{16}}$

## 045

$\pi<\alpha<2\pi$ より

$\boldsymbol{\sin\alpha}=-\sqrt{1-\cos^2\alpha}=-\sqrt{1-\left(\dfrac{3}{5}\right)^2}=\boldsymbol{-\dfrac{4}{5}}$

$\boldsymbol{\sin\left(\dfrac{\pi}{2}-\alpha\right)}=\cos\alpha=\boldsymbol{\dfrac{3}{5}}$

$\cos^2\dfrac{\alpha}{2}=\dfrac{1+\cos\alpha}{2}=\dfrac{1+\dfrac{3}{5}}{2}=\dfrac{4}{5}$

$\pi<\alpha<2\pi$ より，$\dfrac{\pi}{2}<\dfrac{\alpha}{2}<\pi$ であるから

$\boldsymbol{\cos\dfrac{\alpha}{2}}=-\sqrt{\dfrac{4}{5}}=\boldsymbol{-\dfrac{2\sqrt{5}}{5}}$

**TRIAL** $\tan\dfrac{\theta}{2}=t$ とおくと

$\sin\theta=2\sin\dfrac{\theta}{2}\cos\dfrac{\theta}{2}=2\left(\tan\dfrac{\theta}{2}\cos\dfrac{\theta}{2}\right)\cos\dfrac{\theta}{2}$

$=2\tan\dfrac{\theta}{2}\cos^2\dfrac{\theta}{2}=2\tan\dfrac{\theta}{2}\cdot\dfrac{1}{1+\tan^2\dfrac{\theta}{2}}$

$=\dfrac{2t}{1+t^2}$ 終

$\cos\theta=2\cos^2\dfrac{\theta}{2}-1=2\cdot\dfrac{1}{1+\tan^2\dfrac{\theta}{2}}-1$

$=\dfrac{1-\tan^2\dfrac{\theta}{2}}{1+\tan^2\dfrac{\theta}{2}}=\dfrac{1-t^2}{1+t^2}$ 終

よって

$\tan\theta=\dfrac{\sin\theta}{\cos\theta}=\dfrac{\dfrac{2t}{1+t^2}}{\dfrac{1-t^2}{1+t^2}}=\dfrac{2t}{1-t^2}$ 終

## 046

(1) $\alpha=18^\circ$ とすると　$5\alpha=90^\circ$

$3\alpha=90^\circ-2\alpha$ より

$\cos 3\alpha=\cos(90^\circ-2\alpha)=\sin 2\alpha$

$\therefore\ 4\cos^3\alpha-3\cos\alpha=2\sin\alpha\cos\alpha$

$\therefore\ \cos\alpha(4\cos^2\alpha-3-2\sin\alpha)=0$

$\cos\alpha\neq 0$ より

$4\cos^2\alpha-3-2\sin\alpha=0$

$\therefore\ 4(1-\sin^2\alpha)-3-2\sin\alpha=0$

∴ $4\sin^2\alpha+2\sin\alpha-1=0$

$\sin\alpha>0$ より

$$\sin\alpha=\frac{-1+\sqrt{5}}{4} \quad ∴\ \boldsymbol{\sin 18^\circ=\frac{-1+\sqrt{5}}{4}}$$

また，$\cos 18^\circ>0$ より

$$\boldsymbol{\cos 18^\circ}=\sqrt{1-\sin^2 18^\circ}$$

$$=\sqrt{1-\left(\frac{-1+\sqrt{5}}{4}\right)^2}$$

$$=\sqrt{\frac{10+2\sqrt{5}}{16}}=\boldsymbol{\frac{\sqrt{10+2\sqrt{5}}}{4}}$$

(2) 与式より

$$\cos x+(2\cos^2 x-1)+(4\cos^3 x-3\cos x)=0$$

∴ $4\cos^3 x+2\cos^2 x-2\cos x-1=0$

∴ $2\cos^2 x(2\cos x+1)-(2\cos x+1)=0$

∴ $(2\cos x+1)(2\cos^2 x-1)=0$

∴ $\cos x=-\frac{1}{2},\ \pm\frac{1}{\sqrt{2}}$

$0^\circ \leqq x \leqq 180^\circ$ より

$\boldsymbol{x=45^\circ,\ 120^\circ,\ 135^\circ}$

## 047

(1) $f(\theta)=2\left(\frac{1}{2}\sin\theta+\frac{\sqrt{3}}{2}\cos\theta\right)$

$$=2\left(\sin\theta\cos\frac{\pi}{3}+\cos\theta\sin\frac{\pi}{3}\right)$$

$$=2\sin\left(\theta+\frac{\pi}{3}\right)\cdots①$$

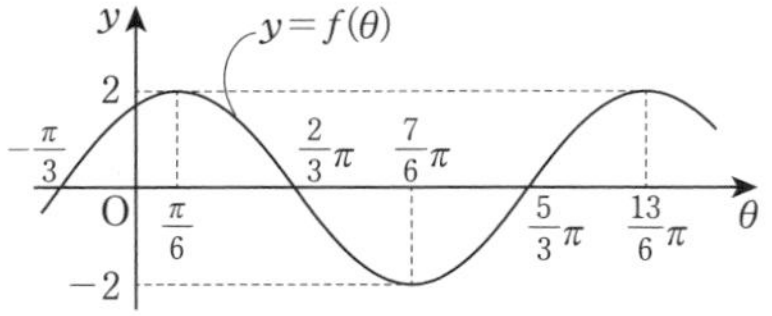


(2) ①より，$f(\theta)=1$ は

$$2\sin\left(\theta+\frac{\pi}{3}\right)=1 \quad ∴\ \sin\left(\theta+\frac{\pi}{3}\right)=\frac{1}{2}$$

$-\pi<\theta<\pi$ より，$-\frac{2}{3}\pi<\theta+\frac{\pi}{3}<\frac{4}{3}\pi\cdots②$であるから

$$\theta+\frac{\pi}{3}=\frac{\pi}{6},\ \frac{5}{6}\pi \quad ∴\ \boldsymbol{\theta=-\frac{\pi}{6},\ \frac{\pi}{2}}$$

(3) $\sin\theta>-\sqrt{3}\cos\theta+\sqrt{3}$ より

$f(\theta)>\sqrt{3}$

∴ $\sin\left(\theta+\frac{\pi}{3}\right)>\frac{\sqrt{3}}{2}$

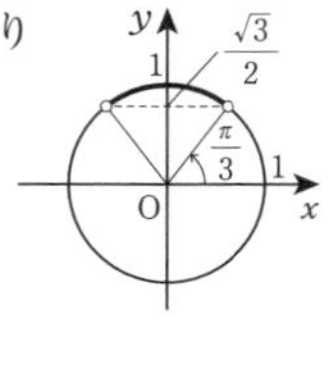


②より

$$\frac{\pi}{3}<\theta+\frac{\pi}{3}<\frac{2}{3}\pi \quad ∴\ \boldsymbol{0<\theta<\frac{\pi}{3}}$$

**TRIAL** $y=\sin\theta+2\cos\theta$

$$=\sqrt{5}\left(\frac{1}{\sqrt{5}}\sin\theta+\frac{2}{\sqrt{5}}\cos\theta\right)$$

$$=\sqrt{5}\sin(\theta+\alpha)$$

ただし，$\alpha$ は $\cos\alpha=\frac{1}{\sqrt{5}}$，$\sin\alpha=\frac{2}{\sqrt{5}}$ $\left(0<\alpha<\frac{\pi}{2}\right)$ をみたす定角である．

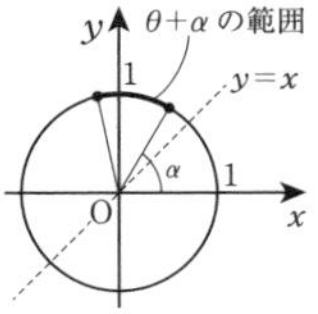


$0\leqq\theta\leqq\frac{\pi}{4}$ より　$\alpha\leqq\theta+\alpha\leqq\frac{\pi}{4}+\alpha$

$\cos\alpha=\frac{1}{\sqrt{5}}$，$\sin\alpha=\frac{2}{\sqrt{5}}$ より　$\cos\alpha<\sin\alpha$

であるから　$\frac{\pi}{4}<\alpha<\frac{\pi}{2}$

よって，$\alpha<\frac{\pi}{2}<\frac{\pi}{4}+\alpha$ であるから，$\theta+\alpha=\frac{\pi}{2}$ となる $\theta$ が $0\leqq\theta\leqq\frac{\pi}{4}$ の範囲に存在する．このとき

**最大値　$\sqrt{5}$**

また

$\theta=0$ のとき $y=2$,

$\theta=\frac{\pi}{4}$ のとき $y=\frac{3}{2}\sqrt{2}$

であるから，$\theta=0$ のとき

**最小値　2**

## 048

半角の公式より

$$\sin^2\theta=\frac{1-\cos 2\theta}{2},\quad \sin\theta\cos\theta=\frac{\sin 2\theta}{2},$$

$$\cos^2\theta=\frac{1+\cos 2\theta}{2}$$

であるから，代入すると

$$f(\theta)=\sqrt{3}\cdot\frac{1-\cos 2\theta}{2}+3\cdot\frac{\sin 2\theta}{2}-2\sqrt{3}\cdot\frac{1+\cos 2\theta}{2}$$

$$=\frac{3}{2}\sin 2\theta-\frac{3\sqrt{3}}{2}\cos 2\theta-\frac{\sqrt{3}}{2}$$

$$=\frac{3}{2}(\sin 2\theta-\sqrt{3}\cos 2\theta)-\frac{\sqrt{3}}{2}$$

$$=\frac{3}{2}\cdot 2\left(\frac{1}{2}\sin 2\theta-\frac{\sqrt{3}}{2}\cos 2\theta\right)-\frac{\sqrt{3}}{2}$$

$$=3\sin\left(2\theta-\frac{\pi}{3}\right)-\frac{\sqrt{3}}{2}$$

ここで，$0\leqq\theta<\pi$ より $-\frac{\pi}{3}\leqq 2\theta-\frac{\pi}{3}<\frac{5}{3}\pi$ であるから

$$2\theta-\frac{\pi}{3}=\frac{\pi}{2}$$

∴ $\boldsymbol{\theta=\frac{5}{12}\pi}$ のとき　**最大値**　$\boldsymbol{3-\frac{\sqrt{3}}{2}}$

$$2\theta-\frac{\pi}{3}=\frac{3}{2}\pi$$

∴ $\boldsymbol{\theta=\frac{11}{12}\pi}$ のとき　**最小値**　$\boldsymbol{-3-\frac{\sqrt{3}}{2}}$

**TRIAL**　$x^2+y^2=1$ より

$x=\cos\theta$，$y=\sin\theta$ $(0\leqq\theta<2\pi)$ と表せ，このとき

$$4x^2+2xy+y^2$$

$$=4\cos^2\theta+2\cos\theta\sin\theta+\sin^2\theta$$

$$=4\cdot\frac{1+\cos 2\theta}{2}+2\cdot\frac{\sin 2\theta}{2}+\frac{1-\cos 2\theta}{2}$$

$$=\sin 2\theta+\frac{3}{2}\cos 2\theta+\frac{5}{2}$$

$$=\frac{1}{2}(2\sin 2\theta+3\cos 2\theta)+\frac{5}{2}$$

$$=\frac{\sqrt{13}}{2}\left(\frac{2}{\sqrt{13}}\sin 2\theta+\frac{3}{\sqrt{13}}\cos 2\theta\right)+\frac{5}{2}$$

$$=\frac{\sqrt{13}}{2}\sin(2\theta+\alpha)+\frac{5}{2}$$

ただし，$\alpha$ は $\cos\alpha=\frac{2}{\sqrt{13}}$，$\sin\alpha=\frac{3}{\sqrt{13}}$

$\left(0<\alpha<\frac{\pi}{2}\right)$ をみたす定角である．

$0\leqq\theta<2\pi$ より，$\alpha\leqq 2\theta+\alpha<4\pi+\alpha$ であるから，$\sin(2\theta+\alpha)=-1$ をみたす $\theta$ が存在し，このとき，$4x^2+2xy+y^2$ は最小値をとり

**最小値**　$\boldsymbol{\frac{5-\sqrt{13}}{2}}$

## 049

$t=\sin\theta+\cos\theta\cdots$①とおくと

$$t^2=\sin^2\theta+2\sin\theta\cos\theta+\cos^2\theta$$

$$\therefore\ t^2=1+2\sin\theta\cos\theta$$

$$\therefore\ \sin\theta\cos\theta=\frac{t^2-1}{2}\cdots②$$

①，②を与式に代入すると

$$y=3t-2\cdot\frac{t^2-1}{2}=-t^2+3t+1$$

$$=-\left(t-\frac{3}{2}\right)^2+\frac{13}{4}\cdots③$$

①より　$t=\sqrt{2}\sin\left(\theta+\frac{\pi}{4}\right)$

$0\leqq\theta\leqq\pi$ であるから　$\frac{\pi}{4}\leqq\theta+\frac{\pi}{4}\leqq\frac{5}{4}\pi$

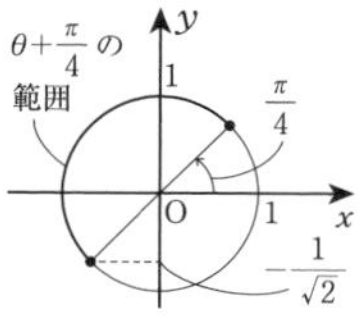


よって，$\sin\left(\theta+\frac{\pi}{4}\right)$ のとりうる値の範囲は

$-\frac{1}{\sqrt{2}}\leqq\sin\left(\theta+\frac{\pi}{4}\right)\leqq 1$ であるから，$t$ のとりうる値の範囲は　$-1\leqq t\leqq\sqrt{2}$

③より

$t=\sqrt{2}$ のとき　**最大値**　$\boldsymbol{3\sqrt{2}-1}$

$t=-1$ のとき　**最小値**　$\boldsymbol{-3}$

**TRIAL**

(1)　$t=\sin\theta+\sqrt{3}\cos\theta$

$$=2\left(\frac{1}{2}\sin\theta+\frac{\sqrt{3}}{2}\cos\theta\right)$$

$$=2\sin\left(\theta+\frac{\pi}{3}\right)\cdots①$$

$-\frac{\pi}{2}\leqq\theta\leqq\frac{\pi}{2}$ より　$-\frac{\pi}{6}\leqq\theta+\frac{\pi}{3}\leqq\frac{5}{6}\pi\cdots②$

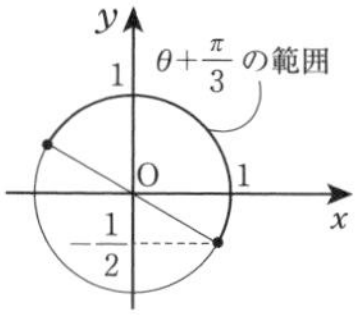


$\sin\left(\theta+\frac{\pi}{3}\right)$ のとりうる値の範囲は

$$-\frac{1}{2}\leqq\sin\left(\theta+\frac{\pi}{3}\right)\leqq 1$$

よって，$t$ のとりうる値の範囲は

$$-1 \leqq t \leqq 2 \cdots ③$$

(2) $t^2=(\sin\theta+\sqrt{3}\cos\theta)^2$

$=\sin^2\theta+2\sqrt{3}\sin\theta\cos\theta+3\cos^2\theta$

$=(1-\cos^2\theta)+2\sqrt{3}\sin\theta\cos\theta+3\cos^2\theta$

$=2(\cos^2\theta+\sqrt{3}\sin\theta\cos\theta)+1$

$\therefore\ \cos^2\theta+\sqrt{3}\sin\theta\cos\theta=\dfrac{t^2-1}{2}$

よって

$$f(\theta)=\frac{t^2-1}{2}-t=\frac{1}{2}t^2-t-\frac{1}{2}=\frac{1}{2}(t-1)^2-1$$

③より，$t=1$ のとき，$f(\theta)$ は最小で

**最小値 $-1$**

このとき，①より $\sin\left(\theta+\dfrac{\pi}{3}\right)=\dfrac{1}{2}$

②より $\theta+\dfrac{\pi}{3}=\dfrac{\pi}{6}$，$\dfrac{5}{6}\pi$ $\therefore$ $\boldsymbol{\theta=-\dfrac{\pi}{6},\ \dfrac{\pi}{2}}$

## 050

(1) 与式より $\sin\theta=\dfrac{-1\pm\sqrt{17}}{8}$

$\dfrac{-1-\sqrt{17}}{8}<0<\dfrac{-1+\sqrt{17}}{8}<1$ かつ $0\leqq\sin\theta\leqq1$

であるから $\sin\theta=\dfrac{-1+\sqrt{17}}{8}$

よって，$4\sin^2\theta+\sin\theta-1=0$ $(0\leqq\theta\leqq\pi)$ の解の個数は **2個**

(2) 与式より

$(2\cos^2\theta-1)+2\cos\theta-a=0$

$\therefore\ 2\cos^2\theta+2\cos\theta-1=a$

$\cos\theta=t\cdots①$とおくと $2t^2+2t-1=a\cdots②$

①と $0\leqq\theta<2\pi\cdots③$より

$-1<t<1$ をみたす各 $t$ に対して，
③をみたす実数 $\theta$ が2つ対応する．
$t=\pm1$ をみたす各 $t$ に対して，
③をみたす実数 $\theta$ が1つ対応する．

よって，$t$ の方程式②の解のうち

$-1<t<1$ をみたすものの個数を $N_1$
$t=\pm1$ をみたすものの個数を $N_2$

とすると，元の方程式の解の個数 $N$ は
$N=2N_1+N_2$ で与えられる．

$f(t)=2t^2+2t-1$ とおくと

$$f(t)=2\left(t+\frac{1}{2}\right)^2-\frac{3}{2}$$

②の実数解 $t$ は，$y=f(t)$ のグラフと $y=a$ のグラフの共有点の $t$ 座標である．グラフより

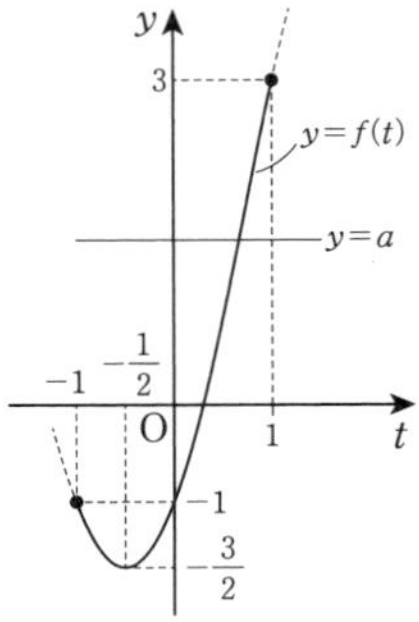


| $a$ | … | $-\frac{3}{2}$ | … | $-1$ | … | 3 | … |
|---|---|---|---|---|---|---|---|
| $N_1$ | 0 | 1 | 2 | 1 | 1 | 0 | 0 |
| $N_2$ | 0 | 0 | 0 | 1 | 0 | 1 | 0 |
| $N$ | **0** | **2** | **4** | **3** | **2** | **1** | **0** |

TRIAL 上の(2)の①と $0\leqq\theta<\dfrac{3}{2}\pi$ $\cdots③$より

$-1<t<0$ をみたす各 $t$ に対して，
③をみたす実数 $\theta$ が2つ対応する．
$t=-1$，$0\leqq t\leqq1$ をみたす各 $t$ に対して，
③をみたす実数 $\theta$ が1つ対応する．

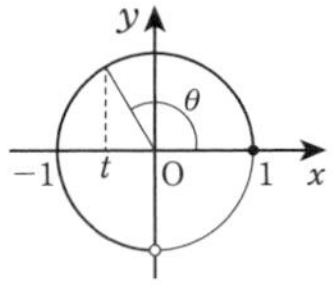


よって，$t$ の方程式②の解のうち

$-1<t<0$ をみたすものの個数を $N_3$
$t=-1$，$0\leqq t\leqq1$ をみたすものの個数を $N_4$

とすると，元の方程式の解の個数 $N$ は
$N=2N_3+N_4$ で与えられる．

| $a$ | … | $-\frac{3}{2}$ | … | $-1$ | … | 3 | … |
|---|---|---|---|---|---|---|---|
| $N_3$ | 0 | 1 | 2 | 0 | 0 | 0 | 0 |
| $N_4$ | 0 | 0 | 0 | 2 | 1 | 1 | 0 |
| $N$ | **0** | **2** | **4** | **2** | **1** | **1** | **0** |

## 051

(1) $x-4y+3=0\cdots①$，$5x-3y-10=0\cdots②$

2直線①，②と $x$ 軸の正の向きとのなす角をそれぞれ $\alpha$，$\beta$ とすると

$\tan\alpha=\dfrac{1}{4}$ (①の傾き)

$$\tan\beta=\frac{5}{3}\quad (②の傾き)$$

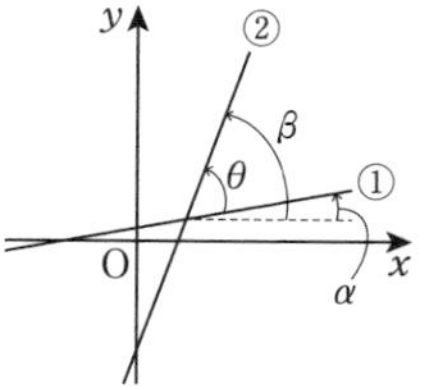


より，$0<\alpha<\beta<\dfrac{\pi}{2}$ とすることができ，このとき，$\theta=\beta-\alpha$ であり

$$\tan\theta=\tan(\beta-\alpha)=\frac{\tan\beta-\tan\alpha}{1+\tan\beta\tan\alpha}$$

$$=\frac{\dfrac{5}{3}-\dfrac{1}{4}}{1+\dfrac{5}{3}\cdot\dfrac{1}{4}}=\frac{17}{17}=1$$

よって，$\theta=\dfrac{\pi}{4}$ となり

$$\boldsymbol{\sin\theta-\cos\theta=\frac{1}{\sqrt{2}}-\frac{1}{\sqrt{2}}=0}$$

(2) $k=0$ とすると，②は $y$ 軸に平行な直線 $(x=-1)$ となり，$\theta=\dfrac{\pi}{4}$ とはならないので

$$k\neq 0$$

①，②と $x$ 軸の正の向きとのなす角をそれぞれ $\alpha$, $\beta$ $\left(0\leqq\alpha\leqq\pi,\ \alpha\neq\dfrac{\pi}{2},\ 0\leqq\beta\leqq\pi,\ \beta\neq\dfrac{\pi}{2}\right)$ とすると

$$\tan\alpha=-2\quad (①の傾き)$$

$$\tan\beta=\frac{2}{k}\quad (②の傾き)$$

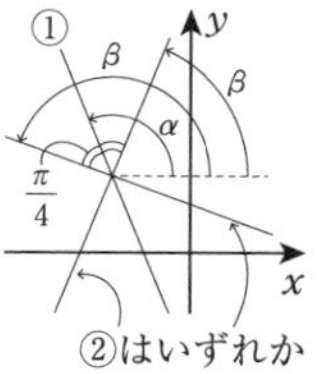


$\theta=\dfrac{\pi}{4}$ より，$\alpha-\beta=\dfrac{\pi}{4}$ または $\beta-\alpha=\dfrac{\pi}{4}$ であるから $\left(\tan(\alpha-\beta)=\tan\dfrac{\pi}{4}\right.$ または $\left.-\tan(\alpha-\beta)=\tan\dfrac{\pi}{4}\ より\right)$

$$|\tan(\beta-\alpha)|=\tan\frac{\pi}{4}$$

ここで

$$|\tan(\beta-\alpha)|=\left|\frac{\tan\beta-\tan\alpha}{1+\tan\beta\tan\alpha}\right|$$

$$=\left|\frac{\dfrac{2}{k}-(-2)}{1+\dfrac{2}{k}\cdot(-2)}\right|$$

$$=\left|\frac{2k+2}{k-4}\right|$$

より

$$\left|\frac{2k+2}{k-4}\right|=1\quad \therefore\ |2k+2|=|k-4|$$

$$\therefore\ 2k+2=\pm(k-4)$$

$$\therefore\ \boldsymbol{k=-6,\ \frac{2}{3}}$$

## 052

(1) $\boldsymbol{2\cos 20^\circ\cos 50^\circ+\cos 110^\circ}$

$$=\{\cos(20^\circ+50^\circ)+\cos(20^\circ-50^\circ)\}+\cos 110^\circ$$

$$=\cos 70^\circ+\cos 30^\circ+\cos 110^\circ$$

$$=\cos 30^\circ=\boldsymbol{\frac{\sqrt{3}}{2}}$$

$(\cos 110^\circ=-\cos(180^\circ-110^\circ)=-\cos 70^\circ$ より$)$

$\boldsymbol{\cos 50^\circ+\cos 70^\circ-\sin 80^\circ}$

$$=2\cos\frac{50^\circ+70^\circ}{2}\cos\frac{50^\circ-70^\circ}{2}-\sin 80^\circ$$

$$=2\cos 60^\circ\cos 10^\circ-\sin 80^\circ$$

$$=\cos 10^\circ-\sin(90^\circ-10^\circ)$$

$$=\cos 10^\circ-\cos 10^\circ$$

$$\boldsymbol{=0}$$

(2) $C=\pi-(A+B)$ より

$\cos A+\cos B+\cos C$

$$=\cos A+\cos B+\cos(\pi-(A+B))$$

$$=2\cos\frac{A+B}{2}\cos\frac{A-B}{2}-\cos(A+B)$$

$$=2\cos\frac{A+B}{2}\cos\frac{A-B}{2}-\left(2\cos^2\frac{A+B}{2}-1\right)$$

$$=1+2\cos\frac{A+B}{2}\left(\cos\frac{A-B}{2}-\cos\frac{A+B}{2}\right)$$

$$=1+2\cos\frac{\pi-C}{2}\left(2\sin\frac{A}{2}\sin\frac{B}{2}\right)$$

$$=1+4\sin\frac{A}{2}\sin\frac{B}{2}\sin\frac{C}{2}$$

終

TRIAL

(1) $\sin 10^\circ\sin 50^\circ\sin 70^\circ$

$$=\left(-\frac{1}{2}\right)\{\cos(10^\circ+50^\circ)$$

$-\cos(10°-50°)\}\sin 70°$

$=\left(-\frac{1}{2}\right)\{\cos 60°-\cos(-40°)\}\sin 70°$

$=\left(-\frac{1}{2}\right)\left(\frac{1}{2}\sin 70°-\cos 40°\sin 70°\right)$

$=\left(-\frac{1}{2}\right)\left[\frac{1}{2}\sin 70°-\left(\frac{1}{2}\right)\{\sin(70°+40°)+\sin(70°-40°)\}\right]$

$=\left(-\frac{1}{4}\right)(\sin 70°-\sin 110°-\sin 30°)$

ここで，$\sin 70°=\sin 110°$ より

$(与式)=\frac{1}{4}\sin 30°=\mathbf{\frac{1}{8}}$

(2) $\cos\left(x+\frac{2}{5}\pi\right)\cos\left(x+\frac{\pi}{5}\right)$

$=\frac{1}{2}\left\{\cos\left(\left(x+\frac{2}{5}\pi\right)+\left(x+\frac{\pi}{5}\right)\right)+\cos\left(\left(x+\frac{2}{5}\pi\right)-\left(x+\frac{\pi}{5}\right)\right)\right\}$

$=\frac{1}{2}\left\{\cos\left(2x+\frac{3}{5}\pi\right)+\cos\left(\frac{1}{5}\pi\right)\right\}$

$\cos\left(2x+\frac{3}{5}\pi\right)=1$ となれば，そのとき，与式は最大となる．

$0\leqq x<2\pi$ より，$\frac{3}{5}\pi\leqq 2x+\frac{3}{5}\pi<\frac{23}{5}\pi$ なので

$2x+\frac{3}{5}\pi=2\pi,\ 4\pi$

$\therefore\ \mathbf{x=\frac{7}{10}\pi,\ \frac{17}{10}\pi}$

のとき，$\cos\left(x+\frac{2}{5}\pi\right)\cos\left(x+\frac{\pi}{5}\right)$ は最大である．

## 053

(1) (i) AB＝AC＝1 より，△ABC に余弦定理を用いると

$\cos A=\frac{1^2+1^2-BC^2}{2\cdot 1\cdot 1}=1-\frac{1}{2}BC^2$

$\frac{1}{2}\leqq BC^2\leqq 2$ であるから

$1-\frac{1}{2}\cdot 2\leqq 1-\frac{1}{2}BC^2\leqq 1-\frac{1}{2}\cdot\frac{1}{2}$

$\therefore\ 0\leqq 1-\frac{1}{2}BC^2\leqq\frac{3}{4}$

よって　$\mathbf{0\leqq\cos A\leqq\frac{3}{4}}$

(ii) $\sin A+\cos A=\sqrt{2}\sin\left(A+\frac{\pi}{4}\right)$

ここで，$\cos A=\frac{3}{4}$ をみたす角 $A$ を $\alpha$ とすると，$\alpha$ は $\cos\alpha=\frac{3}{4}>\frac{\sqrt{2}}{2}$ より，

$0<\alpha<\frac{\pi}{4}$ …① であり

$\alpha\leqq A\leqq\frac{\pi}{2}$

よって

$\alpha+\frac{\pi}{4}\leqq A+\frac{\pi}{4}\leqq\frac{3}{4}\pi$

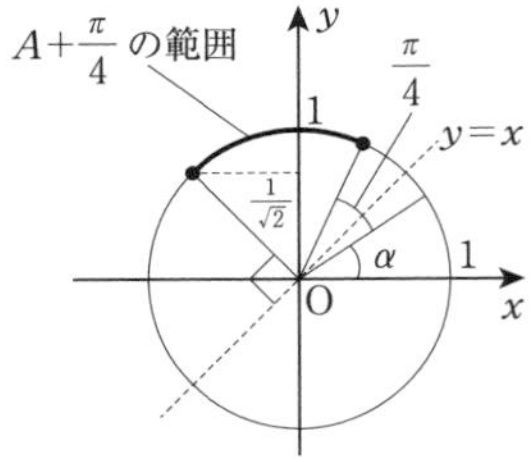


ここで，①より

$\frac{\pi}{4}<\alpha+\frac{\pi}{4}<\frac{\pi}{2}$

であるから，$\sin\left(A+\frac{\pi}{4}\right)$ のとりうる値の範囲は

$\frac{1}{\sqrt{2}}\leqq\sin\left(A+\frac{\pi}{4}\right)\leqq 1$

よって，$\sin A+\cos A$ のとりうる値の範囲は

$1\leqq\sin A+\cos A\leqq\sqrt{2}$

したがって

**最大値　$\sqrt{2}$**

**最小値　1**

(2) 点Pの座標を $P(\cos\theta,\ \sin\theta)$ $(0\leqq\theta<2\pi)$ と表すと

$PA^2+PB^2$

$=(\cos\theta-1)^2+(\sin\theta-2)^2+(\cos\theta-2)^2+(\sin\theta+1)^2$

$=12-6\cos\theta-2\sin\theta$

$=-2(\sin\theta+3\cos\theta)+12$

$=-2\sqrt{10}\left(\frac{1}{\sqrt{10}}\sin\theta+\frac{3}{\sqrt{10}}\cos\theta\right)+12$

$=-2\sqrt{10}\sin(\theta+\alpha)+12$

ただし，$\alpha$ は

$\cos\alpha=\dfrac{1}{\sqrt{10}}$，$\sin\alpha=\dfrac{3}{\sqrt{10}}$ $\left(0<\alpha<+\dfrac{\pi}{2}\right)$ を

みたす定角である．

$\alpha\leqq\theta+\alpha<2\pi+\alpha$ より，

$\sin(\theta+\alpha)=-1$ のとき

**最大値**　$\boldsymbol{2\sqrt{10}+12}$

$\sin(\theta+\alpha)=1$ のとき

**最小値**　$\boldsymbol{-2\sqrt{10}+12}$

## §4 指数関数と対数関数

### 054

(1) (i) (与式)$=\sqrt[3]{2^3\cdot3}-\sqrt[3]{3}-\sqrt[3]{3^4}$

$=2\sqrt[3]{3}-\sqrt[3]{3}-3\sqrt[3]{3}$

$=\boldsymbol{-2\sqrt[3]{3}}$

(ii) (与式)$=(2^2)^{\frac{2}{3}}\div(2^3\cdot3)^{\frac{1}{3}}\times(2\cdot3^2)^{\frac{2}{3}}$

$=2^{\frac{4}{3}}\div(2\cdot3^{\frac{1}{3}})\times(2^{\frac{2}{3}}\cdot3^{\frac{4}{3}})$

$=2^{\frac{4}{3}-1+\frac{2}{3}}\times3^{-\frac{1}{3}+\frac{4}{3}}$

$=2\times3$

$=\boldsymbol{6}$

(2) (与式)$=\dfrac{a^x-a^{-x}}{(a^x)^3-(a^{-x})^3}$

$=\dfrac{a^x-a^{-x}}{(a^x-a^{-x})(a^{2x}+a^x\cdot a^{-x}+a^{-2x})}$

$=\dfrac{1}{a^{2x}+1+a^{-2x}}$

$=\dfrac{1}{5+1+\dfrac{1}{5}}$

$=\boldsymbol{\dfrac{5}{31}}$

**TRIAL** $(\sqrt{3})^{12}=(3^{\frac{1}{2}})^{12}=3^6=729$

$(\sqrt[3]{5})^{12}=(5^{\frac{1}{3}})^{12}=5^4=625$

$(\sqrt[4]{7})^{12}=(7^{\frac{1}{4}})^{12}=7^3=343$

$(\sqrt[6]{19})^{12}=(19^{\frac{1}{6}})^{12}=19^2=361$

より　$(\sqrt[4]{7})^{12}<(\sqrt[6]{19})^{12}<(\sqrt[3]{5})^{12}<(\sqrt{3})^{12}$

$x^{12}$ $(x>0)$ は単調増加関数なので

$\boldsymbol{\sqrt[4]{7}<\sqrt[6]{19}<\sqrt[3]{5}<\sqrt{3}}$

また，105，60，45 の最大公約数は 15 であることに注意して

$(2^{105})^{\frac{1}{15}}=2^7=128$

$(3^{60})^{\frac{1}{15}}=3^4=81$

$(5^{45})^{\frac{1}{15}}=5^3=125$

より　$(3^{60})^{\frac{1}{15}}<(5^{45})^{\frac{1}{15}}<(2^{105})^{\frac{1}{15}}$

$x^{\frac{1}{15}}$ は単調増加関数なので

$\boldsymbol{3^{60}<5^{45}<2^{105}}$

### 055

(1) (与式)$\Leftrightarrow(2^3)^{x+1}-17\cdot(2^2)^x+2\cdot2^x=0$

$2^3\cdot2^{3x}-17\cdot2^{2x}+2\cdot2^x=0$

$2^x=X$ とおくと

$8X^3-17X^2+2X=0$

$\therefore\ X(X-2)(8X-1)=0$

$X>0$ より　$X=2,\ \dfrac{1}{8}$　$\therefore\ 2^x=2,\ 2^{-3}$

$\therefore\ \boldsymbol{x=1,\ -3}$

(2) (与式)$\Leftrightarrow\dfrac{1}{(3^3)^{x-1}}<\dfrac{1}{(3^2)^x}\Leftrightarrow\left(\dfrac{1}{3}\right)^{3x-3}<\left(\dfrac{1}{3}\right)^{2x}$

底が $\dfrac{1}{3}(<1)$ であるから

$3x-3>2x$　$\therefore\ \boldsymbol{x>3}$

(3) (与式)$\Leftrightarrow a\cdot(a^x)^2-a^2\cdot a^x-\dfrac{1}{a}\cdot a^x+1<0$

$a^x=X$ とおくと $(X>0)$

$aX^2-a^2X-\dfrac{1}{a}X+1<0$

$a^2X^2-(a^3+1)X+a<0$

$\therefore\ (X-a)(a^2X-1)<0$

(i) $0<a<1$ のとき

$a<X<\dfrac{1}{a^2}$　$\therefore\ a<a^x<a^{-2}$

$a<1$ より　$1>x>-2$　$\therefore\ -2<x<1$

(ii) $a>1$ のとき

$\dfrac{1}{a^2}<X<a$　$\therefore\ a^{-2}<a^x<a$

$a>1$ より　$-2<x<1$

(i)，(ii)より　$\boldsymbol{-2<x<1}$

### 056

(1) (与式)$=\log_5\sqrt{2}+\log_5\left(\dfrac{25}{12}\right)^{\frac{1}{2}}+\log_5\left(\dfrac{1}{\sqrt{6}}\right)^{-1}$

$=\log_5\sqrt{2}+\log_5\sqrt{\dfrac{25}{12}}+\log_5\sqrt{6}$

$=\log_5\left(\sqrt{2}\times\sqrt{\dfrac{25}{12}}\times\sqrt{6}\right)$

$=\log_5 5$

$=\mathbf{1}$

(2) (与式)$=\left(\dfrac{\log_2 81}{\log_2 4}+\dfrac{\log_2 9}{\log_2 8}\right)\left(\log_3 16+\dfrac{\log_3 2}{\log_3 9}\right)$

$=\left(2\log_2 3+\dfrac{2}{3}\log_2 3\right)\left(4\log_3 2+\dfrac{1}{2}\log_3 2\right)$

$=\left(\dfrac{8}{3}\log_2 3\right)\left(\dfrac{9}{2}\log_3 2\right)$

$=\dfrac{8}{3}\cdot\dfrac{9}{2}(\log_2 3)(\log_3 2)$

$=12(\log_2 3)\cdot\dfrac{\log_2 2}{\log_2 3}$

$=\mathbf{12}$

(3) (与式)$=\left(10^{\frac{1}{2}}\right)^{\log_{10}9}=10^{\frac{1}{2}\log_{10}9}=10^{\log_{10}\sqrt{9}}$

$=10^{\log_{10}3}$

$=\mathbf{3}$

**TRIAL** $\dfrac{1}{2}\log_5 27=\log_5 27^{\frac{1}{2}}=\log_5(3^3)^{\frac{1}{2}}=\log_5 3^{\frac{3}{2}}$

$\log_{125}9=\dfrac{\log_5 9}{\log_5 125}=\dfrac{\log_5 3^2}{\log_5 5^3}=\dfrac{1}{3}\log_5 3^2$

$=\log_5 3^{\frac{2}{3}}$

$\log_5\sqrt[4]{27}=\log_5\sqrt[4]{3^3}=\log_5 3^{\frac{3}{4}}$

ここで，$\dfrac{2}{3}<\dfrac{3}{4}<\dfrac{3}{2}$ であり，$3^x$ が単調増加関数なので

$3^{\frac{2}{3}}<3^{\frac{3}{4}}<3^{\frac{3}{2}}$

底を5とすると，底が1より大きいので

$\log_5 3^{\frac{2}{3}}<\log_5 3^{\frac{3}{4}}<\log_5 3^{\frac{3}{2}}$

よって

$\mathbf{\log_{125}9<\log_5\sqrt[4]{27}<\dfrac{1}{2}\log_5 27}$

## 057

(1) (与式)$\Leftrightarrow 3(\log_3 x)^2+5(\log_3 3+\log_3 x^2)-7=0$

$\log_3 x=X$ とおくと　$3X^2+5(1+2X)-7=0$

$\therefore\ 3X^2+10X-2=0\quad\therefore\ X=\dfrac{-5\pm\sqrt{31}}{3}$

よって　$\log_3 x=\dfrac{-5\pm\sqrt{31}}{3}$

$\therefore\ \mathbf{x=3^{\frac{-5\pm\sqrt{31}}{3}}}$

(2) 真数は正であるから

$x+1>0$ かつ $x^2-2>0$

$\therefore\ x>\sqrt{2}\cdots$①

このとき

(与式)$\Leftrightarrow\log_2(x+1)+1=\log_2(x^2-2)$

$\Leftrightarrow\log_2(x+1)+\log_2 2=\log_2(x^2-2)$

$\Leftrightarrow\log_2 2(x+1)=\log_2(x^2-2)$

$\Leftrightarrow 2(x+1)=x^2-2$

$\Leftrightarrow x^2-2x-4=0$

$\Leftrightarrow x=1\pm\sqrt{5}$

①より　$\mathbf{x=1+\sqrt{5}}$

(3) $x>1$ より，$\log_{10}x>0$ であるから，与式の両辺は正なので，常用対数をとると

(与式)$\Leftrightarrow\log_{10}(\log_{10}x)^{\log_{10}x}=\log_{10}x^2$

$\Leftrightarrow(\log_{10}x)\log_{10}(\log_{10}x)=2\log_{10}x$

ここで，$\log_{10}x=X$ とおくと

$X\log_{10}X=2X$

$X>0$ より

$\log_{10}X=2$

$\therefore\ X=10^2$

よって　$\log_{10}x=100\quad\therefore\ \mathbf{x=10^{100}}$

(4) 真数は正であるから

$x>0$ かつ $(x-3)^2>0$

$\therefore\ x>0$ かつ $x\neq 3\cdots$①

このとき

(与式)$\Leftrightarrow\log_2 x+\dfrac{\log_2(x-3)^2}{\log_2 4}=1$

$\Leftrightarrow 2\log_2 x+\log_2(x-3)^2=2$

$\Leftrightarrow\log_2 x^2(x-3)^2=\log_2 2^2$

$\Leftrightarrow x^2(x-3)^2=4$

$\Leftrightarrow x(x-3)=\pm 2$

よって　$x^2-3x\pm 2=0$

(i) $x^2-3x+2=0$ のとき

$(x-1)(x-2)=0$

$\therefore\ x=1,\ 2$ (①をみたす)

(ii) $x^2-3x-2=0$ のとき　$x=\dfrac{3\pm\sqrt{17}}{2}$

①より　$x=\dfrac{3+\sqrt{17}}{2}$

以上より　$\mathbf{x=1,\ 2,\ \dfrac{3+\sqrt{17}}{2}}$

**別解** 真数は正であるから

$x>0$ かつ $x \neq 3$ …①

このとき

$$(\text{与式}) \Leftrightarrow \log_2 x + 2\log_4|x-3| = 1$$
$$\Leftrightarrow \log_2 x + \frac{2\log_2|x-3|}{\log_2 4} = 1$$
$$\Leftrightarrow \log_2 x + \log_2|x-3| = 1$$
$$\Leftrightarrow \log_2 x|x-3| = \log_2 2$$
$$\Leftrightarrow x|x-3| = 2$$

(i) $x>3$ のとき

$x(x-3)=2$

$\therefore\ x^2-3x-2=0 \quad \therefore\ x=\dfrac{3\pm\sqrt{17}}{2}$

①より $x=\dfrac{3+\sqrt{17}}{2}$

(ii) $x<3$ のとき

$-x(x-3)=2 \quad \therefore\ (x-1)(x-2)=0$

$\therefore\ x=1,\ 2$ (①をみたす)

以上より $x=1,\ 2,\ \dfrac{3+\sqrt{17}}{2}$

**TRIAL** $x^2\log_2 y + y\log_4 x = 2$ …①

$\log_2 x + \log_4(\log_2 y) = \dfrac{1}{2}$ …②

真数は正であるから $x>0,\ y>0,\ \log_2 y>0$

$\therefore\ x>0,\ y>1$ …③

このとき，②より

$$② \Leftrightarrow \log_2 x + \frac{\log_2(\log_2 y)}{\log_2 4} = \frac{1}{2}$$
$$\Leftrightarrow 2\log_2 x + \log_2(\log_2 y) = 1$$
$$\Leftrightarrow \log_2 x^2 + \log_2(\log_2 y) = 1$$
$$\Leftrightarrow \log_2(x^2\log_2 y) = \log_2 2$$
$$\Leftrightarrow x^2\log_2 y = 2 \text{…④}$$

①に代入すると

$2+y\log_4 x=2 \quad \therefore\ y\log_4 x=0$

③より $\log_4 x=0 \quad \therefore\ x=1$

④に代入して $y=4$ (③をみたす)

以上より $\boldsymbol{x=1,\ y=4}$

## 058

(1) 真数は正であるから

$x-3>0$ かつ $x-6>0 \quad \therefore\ x>6$ …①

このとき

$(\text{与式}) \Leftrightarrow \log_3(x-3)(x-6) < \log_3 3$

底は $3(>1)$ なので

$(x-3)(x-6)<3$

$\therefore\ x^2-9x+15<0$

$\therefore\ \dfrac{9-\sqrt{21}}{2}<x<\dfrac{9+\sqrt{21}}{2}$

これと①より $\boldsymbol{6<x<\dfrac{9+\sqrt{21}}{2}}$

(2) 真数は正であるから

$x-1>0$ かつ $x+11>0 \quad \therefore\ x>1$ …①

このとき

$$(\text{与式}) \Leftrightarrow \log_a(x-1) \geqq \frac{\log_a(x+11)}{\log_a a^2}$$
$$\Leftrightarrow 2\log_a(x-1) \geqq \log_a(x+11)$$
$$\Leftrightarrow \log_a(x-1)^2 \geqq \log_a(x+11) \text{…②}$$

(i) $0<a<1$ のとき

②より

$(x-1)^2 \leqq x+11$

よって

$x^2-3x-10 \leqq 0$

$\therefore\ (x-5)(x+2) \leqq 0 \quad \therefore\ -2 \leqq x \leqq 5$

これと①より

$1<x\leqq 5$

(ii) $a>1$ のとき

②より

$(x-1)^2 \geqq x+11$

よって

$x^2-3x-10 \geqq 0$

$\therefore\ (x-5)(x+2) \geqq 0 \quad \therefore\ x\leqq -2,\ 5\leqq x$

これと①より $5 \leqq x$

よって **$0<a<1$ のとき $1<x\leqq 5$**

**$a>1$ のとき $5\leqq x$**

(3) 真数は正であるから

$x>0$ かつ $x^2>0 \quad \therefore\ x>0$ …①

このとき

$(\text{与式}) \Leftrightarrow (\log_{\frac{1}{3}} x)^2 + 2\log_{\frac{1}{3}} x - 15 \leqq 0$

ここで，$\log_{\frac{1}{3}} x = X$ とおくと

$X^2+2X-15 \leqq 0$

$\therefore\ (X+5)(X-3) \leqq 0$

$\therefore\ -5 \leqq X \leqq 3$

よって $\log_{\frac{1}{3}}\left(\dfrac{1}{3}\right)^{-5} \leqq \log_{\frac{1}{3}} x \leqq \log_{\frac{1}{3}}\left(\dfrac{1}{3}\right)^3$

底は $\dfrac{1}{3}(<1)$ なので

$\left(\dfrac{1}{3}\right)^{-5} \geqq x \geqq \left(\dfrac{1}{3}\right)^3$ (①をみたす)

$\therefore\ \boldsymbol{\dfrac{1}{27} \leqq x \leqq 243}$

(4) 真数は正であるから

$x \neq 0,\ x \neq -1$ …①

このとき，底は $\frac{1}{2}(<1)$ なので

$|x|>|x+1|$

$\therefore\ x^2>(x+1)^2$

$\therefore\ x<-\frac{1}{2}$

これと①より　$\boldsymbol{x<-1,\ -1<x<-\frac{1}{2}}$

## 059

(1) 常用対数をとって

$$\log_{10}12^{60}=60\log_{10}2^2\cdot 3$$
$$=60(2\log_{10}2+\log_{10}3)$$
$$=60(2\times 0.3010+0.4771)$$
$$=64.746$$

よって　$64<\log_{10}12^{60}<65$

$\therefore\ \log_{10}10^{64}<\log_{10}12^{60}<\log_{10}10^{65}$

$\therefore\ 10^{64}<12^{60}<10^{65}$

したがって，$12^{60}$ は　**65 桁**

(2) $12^{60}$ の最高位の数字を $a$ とおくと，(1)より，$12^{60}$ は 65 桁であるから，

$a\times 10^{64}\leqq 12^{60}<(a+1)\times 10^{64}$ …①をみたす.

両辺の常用対数をとると

$$\log_{10}a\times 10^{64}\leqq \log_{10}12^{60}<\log_{10}(a+1)\times 10^{64}$$

(1)より

$$\log_{10}a+64\leqq 64.746<\log_{10}(a+1)+64$$

$\therefore\ \log_{10}a\leqq 0.746<\log_{10}(a+1)$

ここで

$$\log_{10}5=\log_{10}\frac{10}{2}=1-0.3010=0.6990$$
$$\log_{10}6=\log_{10}2+\log_{10}3=0.3010+0.4771$$
$$=0.7781$$

よって，①をみたすのは　$a=5$

したがって，最高位の数字は **5**

**TRIAL** 常用対数をとると

$$\log_{10}\left(\frac{1}{125}\right)^{20}=20\log_{10}5^{-3}=-60\log_{10}5$$
$$=-60\log_{10}\frac{10}{2}$$
$$=-60(1-\log_{10}2)$$
$$=-60(1-0.3010)=-41.94$$

よって　$-42<\log_{10}\left(\frac{1}{125}\right)^{20}<-41$

$\therefore\ 10^{-42}<\left(\frac{1}{125}\right)^{20}<10^{-41}$

したがって，$\left(\frac{1}{125}\right)^{20}$ は**小数第 42 位**にはじめて 0 でない数字が現れる.

## 060

$x\geqq 10,\ y\geqq 10,\ xy=10^3$ より

$$\begin{cases}\log_{10}x\geqq\log_{10}10 & \therefore\ \log_{10}x\geqq 1\\ \log_{10}y\geqq\log_{10}10 & \therefore\ \log_{10}y\geqq 1\\ \log_{10}xy=\log_{10}10^3 & \therefore\ \log_{10}x+\log_{10}y=3\end{cases}$$

$\log_{10}x=X,\ \log_{10}y=Y$ …①とおくと

$$\begin{cases}X\geqq 1 \cdots ②\\ Y\geqq 1 \cdots ③\\ Y=3-X \cdots ④\end{cases}$$

よって，②，③，④をみたすときの $XY$ の最大値と最小値を求めればよい.

④より

$$XY=X(3-X)$$
$$=-X^2+3X$$
$$=-\left(X-\frac{3}{2}\right)^2+\frac{9}{4}$$

②，③，④より，$X$ の範囲は　$1\leqq X\leqq 2$

よって，$X=\frac{3}{2}$ のとき

$XY$ の最大値　$\frac{9}{4}$

このとき　$\log_{10}x=\frac{3}{2}$　$\therefore\ x=10^{\frac{3}{2}}=10\sqrt{10}$

$Y=\frac{3}{2}$ であるから，同様に

$y=10\sqrt{10}$

また，$X=1,\ 2$ のとき

$XY$ の最小値　2

このとき

$(X, Y)=(1, 2),\ (2, 1)$

①に代入して

$(x, y)=(10, 100),\ (100, 10)$

以上より

$\boldsymbol{(x, y)=(10\sqrt{10}, 10\sqrt{10})}$ のとき

**最大値　$\frac{9}{4}$**

$\boldsymbol{(x, y)=(10, 100),\ (100, 10)}$ のとき

**最小値　2**

## 061

真数と底の条件から

$$x>0,\ x\neq1,\ y>0,\ y\neq1\cdots①$$

与式より

$$\log_x y>\frac{\log_x x}{\log_x y}$$

$\log_x y=X$ とおくと　$X>\dfrac{1}{X}\cdots②$

(i)　$X>0$ のとき

$$②\Leftrightarrow X^2>1\Leftrightarrow X>1$$

(ii)　$X<0$ のとき

$$②\Leftrightarrow X^2<1\Leftrightarrow -1<X<0$$

よって　$-1<X<0$ または $X>1$

したがって　$\log_x x^{-1}<\log_x y<\log_x 1$

　または　$\log_x y>\log_x x$

$$\begin{cases}0<x<1\text{ のとき }\dfrac{1}{x}>y>1\text{ または }y<x\\ x>1\text{ のとき }\dfrac{1}{x}<y<1\text{ または }y>x\end{cases}$$

①のもとで，これを図示すると，下のようになる．これと①の共通部分が点 $(x,y)$ の存在する領域であり，下図の斜線部分である．ただし，境界を除く．

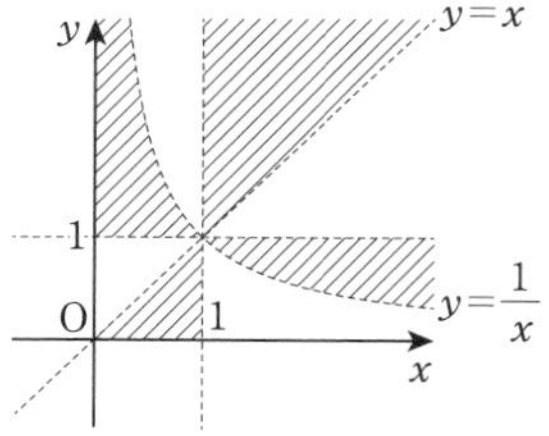


**TRIAL**　真数と底の条件から

$$x>0,\ x\neq1,\ y>0,\ y\neq1\cdots①$$

このとき，与式より

$$\frac{\log_2 y}{\log_2 x}+\frac{\log_2 x}{\log_2 y}>2+\left(\frac{\log_2 2}{\log_2 x}\right)\left(\frac{\log_2 2}{\log_2 y}\right)$$

$\log_2 x=X$，$\log_2 y=Y$ とおくと

$$\frac{Y}{X}+\frac{X}{Y}>2+\frac{1}{XY}$$

また，①より，$X\neq0$，$Y\neq0$ であるから

$$X^2Y^2>0$$

よって，両辺に $X^2Y^2$ をかけて

$$XY(Y^2+X^2-2XY-1)>0$$

$$\therefore\ XY\{(Y-X)^2-1\}>0$$

$$\therefore\ XY(Y-X-1)(Y-X+1)>0\cdots②$$

ここで

$$\begin{cases}X>0\Leftrightarrow x>1\\ X<0\Leftrightarrow 0<x<1,\end{cases}\quad\begin{cases}Y>0\Leftrightarrow y>1\\ Y<0\Leftrightarrow 0<y<1\end{cases}$$

また

$$Y-X-1>0\Leftrightarrow \log_2 y-\log_2 x-1>0$$
$$\Leftrightarrow \log_2 y>\log_2 2x$$
$$\Leftrightarrow y>2x$$

$Y-X-1<0$ についても同様で

$$\begin{cases}Y-X-1>0\Leftrightarrow y>2x\\ Y-X-1<0\Leftrightarrow y<2x\end{cases}$$

$Y-X+1$ についても同様で

$$\begin{cases}Y-X+1>0\Leftrightarrow y>\dfrac{x}{2}\\ Y-X+1<0\Leftrightarrow y<\dfrac{x}{2}\end{cases}$$

以上より，①のもとで，②の左辺の4つの項のうち，正の項と負の項の数がともに偶数個である $(x,y)$ の範囲を図示すると，下図の斜線部分となる．ただし，境界を除く．

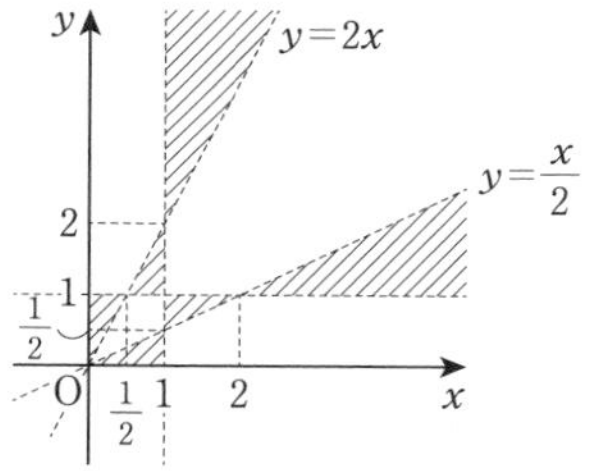


## 062

$\log_3(x^2-2x+10)=t\cdots①$ とおくと，与式は

$$t^2-8t-a+1=0\cdots②$$

また，$①\Leftrightarrow\log_3((x-1)^2+9)=t\cdots①'$ であり

$$(x-1)^2+9\geqq9$$

であるから

$$t\geqq\log_3 9\quad\therefore\ t\geqq2$$

①′ より

$$(x-1)^2+9=3^t\quad\therefore\ x=\pm\sqrt{3^t-9}+1$$

であるから，与式をみたす実数 $x$ の値は，方程式②をみたす実数 $t$ に対して

$$\begin{cases}t>2\text{ なるものに対しては 2 個}\\ t=2\text{ なるものに対しては 1 個}\end{cases}$$

対応し，それ以外の $t$ に対しては1個も対応しない．よって，与えられた方程式が4個の解をもつ条件は，②が $t>2$ をみたす異なる2つの解をもつことである．ここで

$$②\Leftrightarrow t^2-8t+1=a$$

より，$f(t)=t^2-8t+1$ とすると，題意をみたす条件は，$y=f(t)$ のグラフと直線 $y=a$ が $t>2$ において2つの共有点をもつことである．

よって，グラフより

$$\mathbf{-15<a<-11}$$

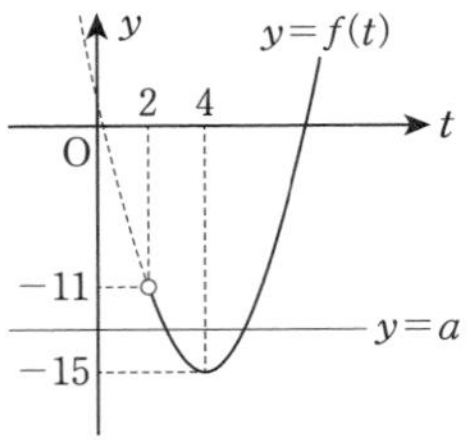


## 063

(1) $3^x>0$，$3^{-x}>0$ であるから，相加・相乗平均の関係より

$$t=3^x+3^{-x}\geqq 2\sqrt{3^x\cdot 3^{-x}}=2 \quad \therefore\ t\geqq 2$$ 終

また　$\mathbf{9^x+9^{-x}}=9^x+\dfrac{1}{9^x}$

$$=\left(3^x+\frac{1}{3^x}\right)^2-2\cdot 3^x\cdot\frac{1}{3^x}$$

$$=\mathbf{t^2-2}$$

(2) 与式より　$y=9^x+9^{-x}-9(3^x+3^{-x})+2$

(1)より

$$y=(t^2-2)-9t+2$$
$$=t^2-9t$$
$$=\left(t-\frac{9}{2}\right)^2-\frac{81}{4}$$

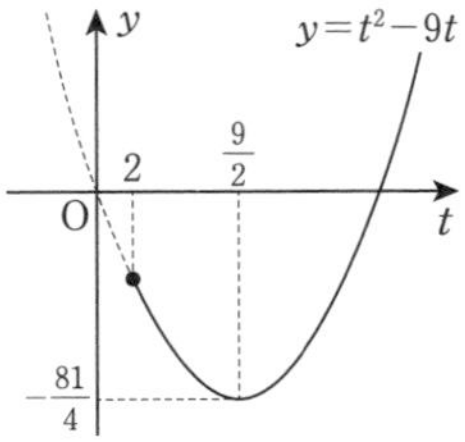


よって

$$y\geqq -\frac{81}{4}$$

等号が成り立つのは $t=\dfrac{9}{2}$ のときである．

このとき　$3^x+3^{-x}=\dfrac{9}{2}$

$3^x=X(>0)$ とおくと

$$X+\frac{1}{X}=\frac{9}{2}$$

$$\therefore\ 2X^2-9X+2=0$$

$$\therefore\ X=\frac{9\pm\sqrt{65}}{4}$$

よって　$x=\log_3\dfrac{9\pm\sqrt{65}}{4}$

$\left(\text{したがって，} t=\dfrac{9}{2} \text{ となる } x \text{ はたしかに存在する}\right)$

このとき，$y$ は最小である．よって

$\mathbf{x=\log_3\dfrac{9\pm\sqrt{65}}{4}}$ のとき

**最小値**　$\mathbf{-\dfrac{81}{4}}$

## 064

(1) $\log_6 12>\log_6 1=0$ より，$\log_6 12$ は正の数である．$\log_6 12$ が有理数であると仮定すると

$$\log_6 12=\frac{p}{q} \quad (p,\ q \text{ は自然数})$$

と表せる．これより

$$6^{\frac{p}{q}}=12$$
$$\therefore\ 6^p=12^q \cdots ①$$
$$\therefore\ 2^p\cdot 3^p=2^{2q}\cdot 3^q$$

2と3が互いに素であるから

$$p=2q \text{ かつ } p=q$$

であるが，これをみたす自然数 $p$，$q$ は存在しない．このことは①が成立することに矛盾する．よって，$\log_6 12$ は無理数である． 終

(2) $1<2<7$ より　$0<\log_7 2<1$

であるから

$$\frac{k}{10}\leqq \log_7 2<\frac{k+1}{10}\cdots ①$$

($k$ は $0\leqq k\leqq 9$ をみたす整数)

と表せる．これをみたす $k$ を求めればよい．

$$① \Leftrightarrow \log_7 7^{\frac{k}{10}}\leqq \log_7 2<\log_7 7^{\frac{k+1}{10}}$$
$$\Leftrightarrow 7^{\frac{k}{10}}\leqq 2<7^{\frac{k+1}{10}}$$
$$\Leftrightarrow 7^k\leqq 2^{10}<7^{k+1}$$

ここで

$$2^{10}=1024$$
$$7^3=343,\ 7^4=2401$$

より

$$k=3$$

よって

$$\frac{3}{10}\leqq \log_7 2<\frac{4}{10}$$

$\log_7 2$ は小数第1位まで求めると **0.3**

## §5 微分法と積分法

### 065

(1) (i) $x=-1$ を代入して

$$\lim_{x\to -1}\frac{x^3+3}{2x+1}=\frac{-1+3}{-2+1}=\mathbf{-2}$$

(ii) $x \fallingdotseq 3$ より

$$(与式)=\lim_{x\to 3}\frac{x^3-27}{x-3}$$
$$=\lim_{x\to 3}\frac{(x-3)(x^2+3x+9)}{x-3}$$
$$=\lim_{x\to 3}(x^2+3x+9)=9+9+9$$
$$=\mathbf{27}$$

(2) $f(x)=x^4$ とおくと，求めるものは $f'(x)$ と表せ

$$f'(x)=\lim_{h\to 0}\frac{(x+h)^4-x^4}{h}$$
$$=\lim_{h\to 0}\frac{4x^3h+6x^2h^2+4xh^3+h^4}{h}$$
$$=\lim_{h\to 0}(4x^3+6x^2h+4xh^2+h^3)$$
$$=\mathbf{4x^3}$$

### 066

(1) $\boldsymbol{f'(x)}=(3x^3-x^2+7)'=3(x^3)'-(x^2)'+7(1)'$

$$=3(3x^2)-(2x)=\mathbf{9x^2-2x}$$

よって

$$\boldsymbol{f'(-1)}=9+2=\mathbf{11}$$

(2) $\boldsymbol{f'(x)}=(-x^4+5x^3+6x^2-x-1)'$

$$=-(x^4)'+5(x^3)'+6(x^2)'-(x)'-(1)'$$
$$=-(4x^3)+5(3x^2)+6(2x)-1$$
$$=\mathbf{-4x^3+15x^2+12x-1}$$

よって

$$\mathbf{f'(0)=-1}$$

### 067

(1) $f(x)=2x^3+5x^2-3x+1$ とおくと

$$f'(x)=6x^2+10x-3$$

よって，$f'(1)=13$ であるから，曲線上の点 $(1, 5)$ における接線は，点 $(1, 5)$ を通り，傾き 13 の直線で，求める接線の方程式は

$$y=13(x-1)+5 \quad \therefore \ \mathbf{y=13x-8}$$

(2) $f(x)=x^3-3x+1$ とおくと

$$f'(x)=3x^2-3$$

よって，曲線上の点 $(t, t^3-3t+1)$ における接線の方程式は傾きが $f'(t)$ であるから

$$y=(3t^2-3)(x-t)+t^3-3t+1$$
$$\therefore \ y=(3t^2-3)x-2t^3+1 \cdots ①$$

この接線が点 $(1, -2)$ を通る条件は，代入して

$$-2=(3t^2-3)\cdot 1-2t^3+1$$
$$\therefore \ t^2(2t-3)=0$$
$$\therefore \ t=0,\ \frac{3}{2}$$

①に代入して，求める接線の方程式は

$$\mathbf{y=-3x+1,\ \ y=\frac{15}{4}x-\frac{23}{4}}$$

### 068

(1) $y'=3x^2+2x-1=(3x-1)(x+1)$

増減表は

| $x$ | $\cdots$ | $-1$ | $\cdots$ | $\frac{1}{3}$ | $\cdots$ |
|---|---|---|---|---|---|
| $y'$ | $+$ | 0 | $-$ | 0 | $+$ |
| $y$ | ↗ | 3 | ↘ | $\frac{49}{27}$ | ↗ |

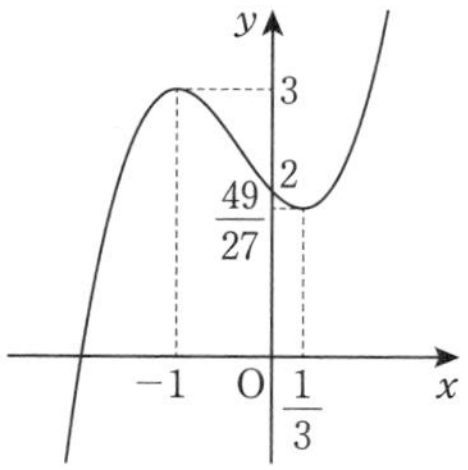


(2) $y'=-2x^2+4x-2=-2(x-1)^2$

増減表は

| $x$ | $\cdots$ | 1 | $\cdots$ |
|---|---|---|---|
| $y'$ | $-$ | 0 | $-$ |
| $y$ | ↘ | $-\frac{11}{3}$ | ↘ |

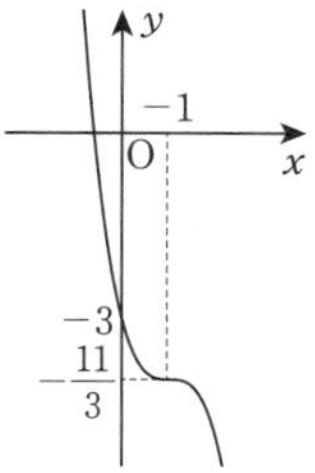


(3) $y'=\frac{3}{2}x^2-6x+8=\frac{1}{2}(3x^2-12x+16)$

$$=\frac{1}{2}\{3(x-2)^2+4\}$$

よって，つねに　$y'>0$

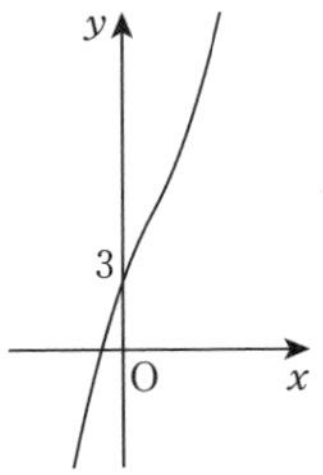


## 069

(1)　$f(x)=2x^3-x^2-4x-1$ とおくと

$$f'(x)=6x^2-2x-4=2(3x+2)(x-1)$$

| $x$ | $\cdots$ | $-\frac{2}{3}$ | $\cdots$ | $1$ | $\cdots$ |
|---|---|---|---|---|---|
| $f'(x)$ | $+$ | $0$ | $-$ | $0$ | $+$ |
| $f(x)$ | ↗ | | ↘ | | ↗ |

よって，$x=-\dfrac{2}{3}$ のとき，極大となり

極大値　$f\left(-\dfrac{2}{3}\right)=\mathbf{\dfrac{17}{27}}$

(2)　$f(x)=2x^3-ax^2+x+9$ とおくと

$$f'(x)=6x^2-2ax+1$$

3 次関数が極値をもつのは，極大値と極小値を 1 つずつもつときで，$f'(x)=0$ が異なる 2 つの実数解をもつときである．よって，$f'(x)=0$ の判別式を $D$ とすると条件は

$$\frac{D}{4}=a^2-6>0 \quad \therefore\ \boldsymbol{a<-\sqrt{6},\ \sqrt{6}<a}$$

(3)　$f(x)=x^3-7x^2+ax+4$ とおくと

$$f'(x)=3x^2-14x+a$$

$x=2$ で極値をもつとき

$$f'(2)=-16+a=0$$

$\therefore\ \boldsymbol{a=16}$

であることが必要である．このとき

$$f'(x)=3x^2-14x+16=(3x-8)(x-2)$$

| $x$ | $\cdots$ | $2$ | $\cdots$ | $\frac{8}{3}$ | $\cdots$ |
|---|---|---|---|---|---|
| $f'(x)$ | $+$ | $0$ | $-$ | $0$ | $+$ |
| $f(x)$ | ↗ | | ↘ | | ↗ |

増減表より，たしかに $x=2$ のとき極値をもつ（これは極大値である）．

**極大値**　$f(2)=2a-16=\mathbf{16}$

**極小値**　$f\left(\dfrac{8}{3}\right)=\left(\dfrac{8}{3}\right)^3-7\left(\dfrac{8}{3}\right)^2+16\left(\dfrac{8}{3}\right)+4$

$$=\mathbf{\frac{428}{27}}$$

**TRIAL**　$f(x)=x^3-2x^2-3x+2$ とおくと

$$f'(x)=3x^2-4x-3$$

ここで，$f'(x)=0$ とおくと　$x=\dfrac{2\pm\sqrt{13}}{3}$

これを $\alpha$，$\beta(\alpha<\beta)$ と表すと，$x=\alpha$ のとき，極大値 $f(\alpha)$ をとり，$x=\beta$ のとき，極小値 $f(\beta)$ をとる．

| $x$ | $\cdots$ | $\alpha$ | $\cdots$ | $\beta$ | $\cdots$ |
|---|---|---|---|---|---|
| $f'(x)$ | $+$ | $0$ | $-$ | $0$ | $+$ |
| $f(x)$ | ↗ | 極大 | ↘ | 極小 | ↗ |

ここで，$f(x)$ を $f'(x)$ で割ると

$$x^3-2x^2-3x+2$$
$$=(3x^2-4x-3)\left(\frac{1}{3}x-\frac{2}{9}\right)-\frac{26}{9}x+\frac{4}{3}$$

であるから

$$f(x)=f'(x)\left(\frac{1}{3}x-\frac{2}{9}\right)+\frac{2}{9}(-13x+6)$$

$f'(\beta)=0$ より

極小値 $f(\beta)$

$$=f'(\beta)\left(\frac{1}{3}\beta-\frac{2}{9}\right)+\frac{2}{9}(-13\beta+6)$$
$$=\frac{2}{9}(-13\beta+6)=\frac{2}{9}\left(-13\cdot\frac{2+\sqrt{13}}{3}+6\right)$$
$$=\mathbf{\frac{-2(8+13\sqrt{13})}{27}}$$

## 070

(1)　$y'=2x^2-10x+8=2(x-1)(x-4)$

$0\leqq x\leqq 6$ における増減表は次の通り．

| $x$ | $0$ | $\cdots$ | $1$ | $\cdots$ | $4$ | $\cdots$ | $6$ |
|---|---|---|---|---|---|---|---|
| $y'$ | | $+$ | $0$ | $-$ | $0$ | $+$ | |
| $y$ | $1$ | ↗ | $\frac{14}{3}$ | ↘ | $-\frac{13}{3}$ | ↗ | $13$ |

よって　$\boldsymbol{x=6}$ **のとき　最大値　13**

$\boldsymbol{x=4}$ **のとき　最小値**　$\mathbf{-\dfrac{13}{3}}$

(2)　(1)と同様にして増減表は次の通り．

| $x$ | $-1$ | $\cdots$ | $1$ | $\cdots$ | $3$ |
|---|---|---|---|---|---|
| $y'$ | | $+$ | $0$ | $-$ | |
| $y$ | $-\frac{38}{3}$ | ↗ | $\frac{14}{3}$ | ↘ | $-2$ |

よって　**$x=1$ のとき　最大値　$\frac{14}{3}$**

**$x=-1$ のとき　最小値　$-\frac{38}{3}$**

## 071

$f(x)=x^3-3a^2x+a^2$ とおくと

$$f'(x)=3x^2-3a^2=3(x+a)(x-a)$$

(i)　$0<a<2$ のとき

| $x$ | $-2$ | $\cdots$ | $-a$ | $\cdots$ | $a$ | $\cdots$ | $2$ |
|---|---|---|---|---|---|---|---|
| $f'(x)$ | | $+$ | $0$ | $-$ | $0$ | $+$ | |
| $f(x)$ | $7a^2-8$ | ↗ | $2a^3+a^2$ | ↘ | $-2a^3+a^2$ | ↗ | $-5a^2+8$ |

よって，最大値は $f(-a)$ と $f(2)$ の大きい方である(等しいときはその等しい値).
最小値は $f(-2)$ と $f(a)$ の小さい方である(等しいときはその等しい値).
ここで，大小を比較すると

$$f(-a)\leqq f(2)\Leftrightarrow 2a^3+a^2\leqq -5a^2+8$$
$$\Leftrightarrow 2a^3+6a^2-8\leqq 0$$
$$\Leftrightarrow a^3+3a^2-4\leqq 0$$
$$\Leftrightarrow (a-1)(a^2+4a+4)\leqq 0$$
$$\Leftrightarrow (a-1)(a+2)^2\leqq 0$$
$$\Leftrightarrow a-1\leqq 0\Leftrightarrow (0<)a\leqq 1$$

よって，$0<a\leqq 1$ のとき　$f(-a)\leqq f(2)$
同様に，$1<a<2$ のとき　$f(-a)\geqq f(2)$
したがって

(ア)　$0<a\leqq 1$ のとき，$x=2$ で最大となり
　　最大値　$f(2)=-5a^2+8$

(イ)　$1<a<2$ のとき，$x=-a$ で最大となり
　　最大値　$f(-a)=2a^3+a^2$

$f(-2)$ と $f(a)$ についても同様に変形できて

$$f(-2)\leqq f(a)\Leftrightarrow 7a^2-8\leqq -2a^3+a^2$$
$$\Leftrightarrow 2a^3+6a^2-8\leqq 0$$
$$\Leftrightarrow a-1<0\Leftrightarrow (0<)a\leqq 1$$

よって，$0<a\leqq 1$ のとき　$f(-2)\leqq f(a)$
同様に，$1<a<2$ のとき　$f(-2)\geqq f(a)$
したがって

(ア)　$0<a\leqq 1$ のとき，$x=-2$ で最小となり
　　最小値　$f(-2)=7a^2-8$

(イ)　$1<a<2$ のとき，$x=a$ で最小となり
　　最小値　$f(a)=-2a^3+a^2$

(ii)　$a\geqq 2$ のとき
$-2<x<2$ において　$f'(x)<0$
つまり，$f(x)$ は減少関数である.
よって
　$x=-2$ のとき　最大値　$f(-2)=7a^2-8$
　$x=2$ のとき　最小値　$f(2)=-5a^2+8$

以上より

$$\begin{cases} \boldsymbol{0<a\leqq 1} \text{ のとき　最大値　} \boldsymbol{-5a^2+8} \\ \boldsymbol{1<a<2} \text{ のとき　最大値　} \boldsymbol{2a^3+a^2} \\ \boldsymbol{a\geqq 2} \text{ のとき　最大値　} \boldsymbol{7a^2-8} \end{cases}$$

$$\begin{cases} \boldsymbol{0<a\leqq 1} \text{ のとき　最小値　} \boldsymbol{7a^2-8} \\ \boldsymbol{1<a<2} \text{ のとき　最小値　} \boldsymbol{-2a^3+a^2} \\ \boldsymbol{a\geqq 2} \text{ のとき　最小値　} \boldsymbol{-5a^2+8} \end{cases}$$

**TRIAL**

(1)　$f(-x)=f(x)$ をみたすので $f(x)$ は偶関数であり，$y=f(x)$ のグラフは $y$ 軸に関して対称である. よって，$0\leqq x\leqq 1$ で最大値を求めればよい.
$g(x)=x^3-3a^2x$ とおく.

$$f(x)=|g(x)|=\begin{cases} -g(x)\cdots g(x)\leqq 0 \\ g(x)\cdots g(x)\geqq 0 \end{cases}$$

($y=f(x)$ のグラフは，$y=g(x)$ のグラフにおいて，$y<0$ の部分を $x$ 軸で折り返したものと $y\geqq 0$ の部分との和集合である).

$$g'(x)=3x^2-3a^2=3(x+a)(x-a)$$

| $x$ | $0$ | $\cdots$ | $a$ | $\cdots$ |
|---|---|---|---|---|
| $g'(x)$ | | $-$ | $0$ | $+$ |
| $g(x)$ | $0$ | ↘ | $-2a^3$ | ↗ |

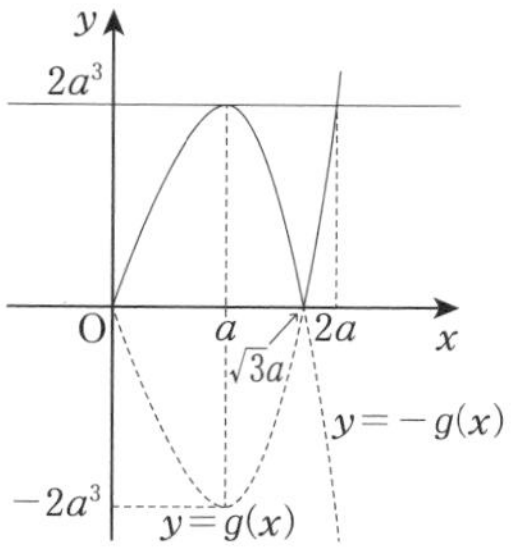


また，$f(a)=2a^3$ であり，$y=f(x)$ と $y=2a^3$ の $x>\sqrt{3}a$ における共有点の $x$ 座標を求めると

$$x^3-3a^2x=2a^3\quad\therefore\ x^3-3a^2x-2a^3=0$$

$\therefore\ (x+a)(x^2-ax-2a^2)=0$

$\therefore\ (x+a)^2(x-2a)=0$

よって　$x=2a$

(i)　$2a \leqq 1$

$\therefore$ **$0<a\leqq\frac{1}{2}$ のとき**

$M(a)=f(1)=|1-3a^2|=\boldsymbol{1-3a^2}$

(ii)　$a\leqq 1\leqq 2a$

$\therefore$ **$\frac{1}{2}\leqq a\leqq 1$ のとき**

$M(a)=f(a)=\boldsymbol{2a^3}$

(iii)　$1\leqq a$

$\therefore$ **$a\geqq 1$ のとき**

$M(a)=f(1)=|1-3a^2|=\boldsymbol{3a^2-1}$

(2)　$M(a)$ は $0<a\leqq\frac{1}{2}$ で単調に減少し，$\frac{1}{2}\leqq a$ で単調に増加するので，$M(a)$ を最小にする $a$ の値は　$\boldsymbol{a=\frac{1}{2}}$

## 072

(1)　$x^3-3x^2-24x+1-k=0$

$\Leftrightarrow x^3-3x^2-24x+1=k$

より，$f(x)=x^3-3x^2-24x+1$ とおくと，与えられた方程式の実数解は，$y=f(x)$ のグラフと直線 $y=k$ の共有点の $x$ 座標である．

したがって，題意をみたす条件は，これらが $-4\leqq x\leqq 8$ で少なくとも1つの共有点をもつことである．

$f'(x)=3x^2-6x-24=3(x+2)(x-4)$

| $x$ | $-4$ | $\cdots$ | $-2$ | $\cdots$ | $4$ | $\cdots$ | $8$ |
|---|---|---|---|---|---|---|---|
| $f'(x)$ | | $+$ | $0$ | $-$ | $0$ | $+$ | |
| $f(x)$ | $-15$ | ↗ | $29$ | ↘ | $-79$ | ↗ | $129$ |

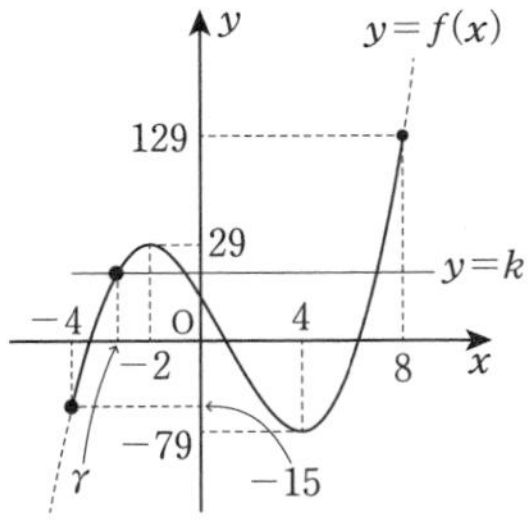


このグラフより　$\boldsymbol{-79\leqq k\leqq 129}$

(2)　与式が異なる3つの実数解をもつのは，上の2つのグラフが3つの共有点をもつときで

$-15\leqq k<29\cdots$①

$k=-15$ のとき　$\gamma=-4$

①の範囲で $k$ を変化させると，グラフより

$\boldsymbol{-4\leqq\gamma<-2}$

**TRIAL**　$y=x^3-4x^2+6x\cdots$①，$y=x+a\cdots$②

①，②を連立して $y$ を消去すると

$x^3-4x^2+6x=x+a\cdots$③

ここで　③$\Leftrightarrow x^3-4x^2+5x=a$

より，3次関数①と直線②の共有点の個数は $y=x^3-4x^2+5x\cdots$④と $y=a\cdots$⑤の共有点の個数と一致する．

そこで，④と⑤の共有点の個数を調べる．

$f(x)=x^3-4x^2+5x$ とおくと

$f'(x)=3x^2-8x+5=(3x-5)(x-1)$

| $x$ | $\cdots$ | $1$ | $\cdots$ | $\frac{5}{3}$ | $\cdots$ |
|---|---|---|---|---|---|
| $f'(x)$ | $+$ | $0$ | $-$ | $0$ | $+$ |
| $f(x)$ | ↗ | $2$ | ↘ | $\frac{50}{27}$ | ↗ |

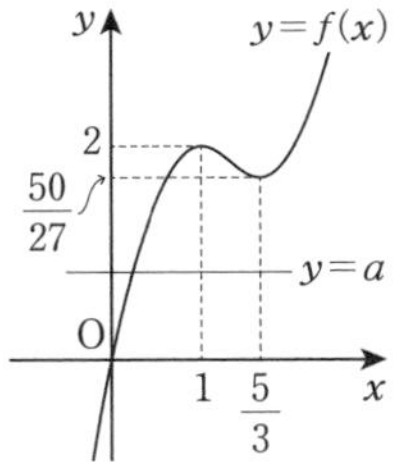


よって，グラフより

**$a<\frac{50}{27}$，$2<a$ のとき　1個**

**$a=\frac{50}{27}$，$2$ のとき　2個**

**$\frac{50}{27}<a<2$ のとき　3個**

## 073

$f(x)=x^3+3ax^2-45a^2x-5$ とおくと

$f'(x)=3x^2+6ax-45a^2$

$=3(x-3a)(x+5a)$

より　$f'(x)=0\Leftrightarrow x=-5a,\ 3a$

このとき，題意をみたす条件は

(i)　$f'(x)$ が極大値と極小値をもち

(ii)　(極大値)$=0$ または(極小値)$=0$

(i)は　$-5a\neq 3a$　$\therefore\ a\neq 0\cdots$①

(ii)は　$f(-5a)\cdot f(3a)=0$

$\therefore\ (7\cdot 5^2a^3-5)(-3^4a^3-5)=0$

$\therefore\ (35a^3-1)(3^4a^3+5)=0$

$\therefore\ a^3=\dfrac{1}{35},\ -\dfrac{5}{3\cdot 3^3}$

(i), (ii)より

$$\boldsymbol{a=\frac{1}{\sqrt[3]{35}},\ -\frac{1}{3}\sqrt[3]{\frac{5}{3}}}\quad (①をみたす)$$

## 074

(1) $f'(x)=3x^2+2ax+b$

$g'(x)=2x+p$

$y=f(x)$ と $y=g(x)$ が1点A(0, 1) を共有し，点Aにおいて共通の接線をもつ条件は

$f(0)=g(0)=1,\ f'(0)=g'(0)$

$\therefore\ c=q=1,\ b=p$

よって　$f(x)=x^3+ax^2+px+1,$

$g(x)=x^2+px+1$

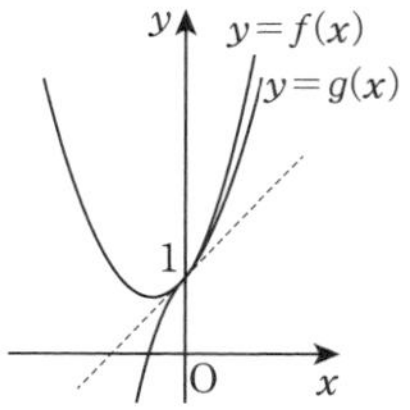


ここで，$y=f(x)$ と $y=g(x)$ を連立して，$y$ を消去すると

$f(x)=g(x)\quad \therefore\ x^2\{x+(a-1)\}=0$

$\therefore\ x=0,\ -a+1$

よって，$y=f(x)$ と $y=g(x)$ の共有点がただ1つである条件は

$-a+1=0\quad \therefore\ a=1$

また　$f'(x)=3x^2+2x+p$

$f(x)$ が極値をもたないことから，$f'(x)=0$ の判別式を $D$ とすると

$\dfrac{D}{4}=1-3p\leqq 0\quad \therefore\ \boldsymbol{p\geqq\dfrac{1}{3}}$

(2) $g(x)=x^2+px+1$ より

$g(x)=\left(x+\dfrac{p}{2}\right)^2+1-\dfrac{p^2}{4}$

よって，$y=g(x)$ の頂点を $(x, y)$ とすると，

$x=-\dfrac{p}{2}\cdots①,\ y=1-\dfrac{p^2}{4}\ \left(p\geqq\dfrac{1}{3}\right)\cdots②$

①($\Leftrightarrow p=-2x$) を②に代入して

$$\boldsymbol{y=1-x^2\ \left(x\leqq-\frac{1}{6}\right)}$$

これが放物線 $y=g(x)$ の頂点が描く図形の方程式である．

## 075

$f(x)=x^3+x^2-3x-4$ とする．

曲線 $y=f(x)$ 上の点 $(t, f(t))$ における接線の方程式は $f'(x)=3x^2+2x-3$ より

$y=(3t^2+2t-3)(x-t)+t^3+t^2-3t-4$

$\therefore\ y=(3t^2+2t-3)x-2t^3-t^2-4$

この接線が点 $(0, a)$ を通る条件は，代入して

$a=-2t^3-t^2-4\cdots②$

接線が1本しか引けない条件は，②をみたす実数 $t$ がちょうど1つであることである．

$g(t)=-2t^3-t^2-4$ とおくと

$g'(t)=-6t^2-2t=-2t(3t+1)$

よって，題意をみたす条件は

| $t$ | $\cdots$ | $-\frac{1}{3}$ | $\cdots$ | $0$ | $\cdots$ |
|---|---|---|---|---|---|
| $g'(t)$ | $-$ | $0$ | $+$ | $0$ | $-$ |
| $g(t)$ | ↘ | $-\frac{109}{27}$ | ↗ | $-4$ | ↘ |

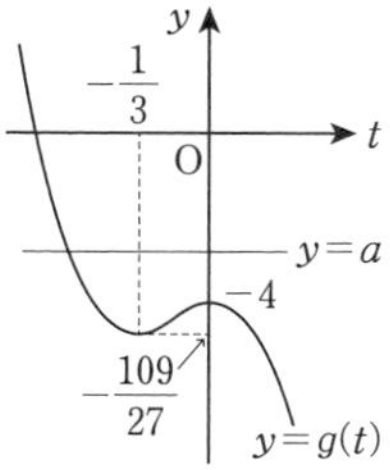


$$\boldsymbol{a<-\frac{109}{27},\ -4<a}$$

**TRIAL** $f(x)=x^3+3x^2$ とする．

$f'(x)=3x^2+6x$

曲線 $y=f(x)$ 上の点 $(t, f(t))$ における接線の方程式は

$y=(3t^2+6t)(x-t)+t^3+3t^2$

$\therefore\ y=(3t^2+6t)x-2t^3-3t^2\cdots①$

①が点 $(a, b)$ を通る条件は

$b=(3t^2+6t)a-2t^3-3t^2$

$\therefore\ 2t^3-3(a-1)t^2-6at+b=0\cdots②$

よって，②をみたす実数 $t$ がちょうど3個存在する条件を求めればよい．

$h(t)=2t^3-3(a-1)t^2-6at+b$ とおくと

$h'(t)=6t^2-6(a-1)t-6a$

$=6(t-a)(t+1)$

よって，$h'(t)=0$ とおくと，$t=a,\ -1$ より，題意をみたす条件は

$$a \neq -1 \text{ かつ } h(a)h(-1)<0$$

$$\boldsymbol{(-a^3-3a^2+b)(3a+b+1)<0}$$

また，これより

$$\{b-(a^3+3a^2)\}\{b-(-3a-1)\}<0$$

と表されるので，点 $(a,\ b)$ の存在範囲は，下図の斜線部分である．ただし，境界を除く．

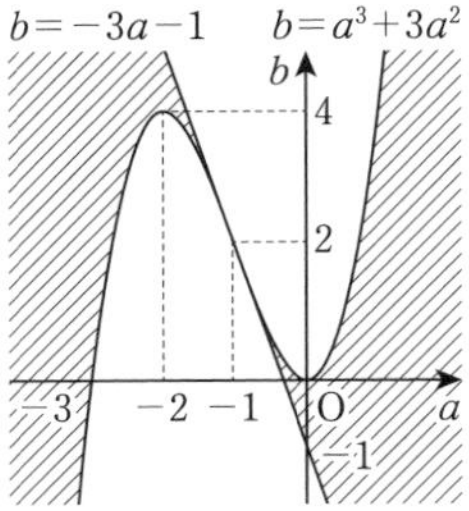


## 076

(1) $f(x)=(3x+18)-(x^3+4x^2)$ とおくと

$$f(x)=-x^3-4x^2+3x+18 \quad (x \leqq 0)$$

よって

$$f'(x)=-3x^2-8x+3=-(3x-1)(x+3)$$

増減表は次の通り．

| $x$ | $\cdots$ | $-3$ | $\cdots$ | $0$ |
|---|---|---|---|---|
| $f'(x)$ | $-$ | $0$ | $+$ | |
| $f(x)$ | ↘ | $0$ | ↗ | $18$ |

よって，$x \leqq 0$ のとき

$$f(x) \geqq 0 \quad \therefore\ x^3+4x^2 \leqq 3x+18$$

が成り立つ．　終

(2) $f(x)=(x^3+32)-px^2$ とおくと

$$f'(x)=3x^2-2px=x(3x-2p)$$

| $x$ | $0$ | $\cdots$ | $\frac{2p}{3}$ | $\cdots$ |
|---|---|---|---|---|
| $f'(x)$ | $0$ | $-$ | $0$ | $+$ |
| $f(x)$ | | ↘ | | ↗ |

よって，題意をみたす条件は $x \geqq 0$ をみたす任意の $x$ に対して $f(x) \geqq 0$ が成り立つことであるから

$$f\left(\frac{2p}{3}\right)=-\frac{4}{27}p^3+32 \geqq 0$$

$$\therefore\ p^3 \leqq 2^3 \cdot 3^3 \quad \therefore\ p \leqq 6$$

よって　$\boldsymbol{0<p \leqq 6}$

**TRIAL** $f(x)=(x^5-1)-k(x^4-1)$ とおくと

$$f'(x)=5x^4-4kx^3=5x^3\left(x-\frac{4}{5}k\right)$$

(i) $k \leqq 0$ のとき

$x>0$ において，つねに　$f'(x)>0$

つまり，$f(x)$ は増加関数である．

また，このとき $f(0)=-1+k<0$ より，題意をみたさない．

(ii) $k>0$ のとき，増減表は

| $x$ | $0$ | $\cdots$ | $\frac{4}{5}k$ | $\cdots$ |
|---|---|---|---|---|
| $f'(x)$ | | $-$ | $0$ | $+$ |
| $f(x)$ | | ↘ | | ↗ |

このとき，$x>0$ において，

$f(x)$ の最小値は　$f\left(\frac{4}{5}k\right)$

一方，$f(1)=0$ であるから，題意をみたすには

$$\frac{4}{5}k=1 \quad \therefore\ k=\frac{5}{4}$$

ではなくてはならず，このとき，たしかに題意をみたす．

(i)，(ii)より　$\boldsymbol{k=\frac{5}{4}}$

## 077

半径 $R$ の球の中心を O，正四角錐を P−ABCD（底面の正方形が ABCD）とする．また，正方形の1辺の長さを $x$，底面 ABCD に対する正四角錐の高さを $h$，正方形 ABCD の中心を $Z$ とする．

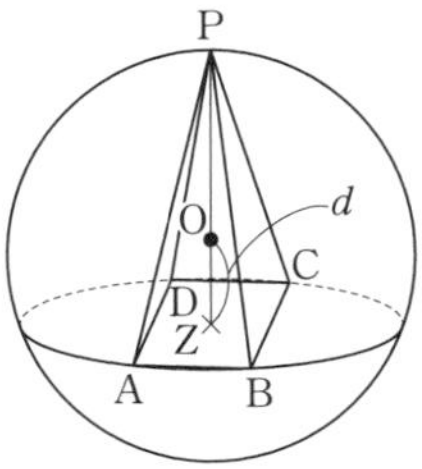


このとき，P−ABCD は正四角錐なので，P，O，Z は一直線上にある．

OZ⊥平面 ABCD より

$$\mathrm{OZ}=\sqrt{\mathrm{OA}^2-\mathrm{AZ}^2}=\sqrt{R^2-\left(\frac{x}{\sqrt{2}}\right)^2}$$

$$=\sqrt{R^2-\frac{x^2}{2}}$$

そこで，$OZ=d$ とおくと，

$$d^2=R^2-\frac{x^2}{2}\cdots①$$

である．$V$ の最大値を考えるので，Pは平面ABCDに関して点Oと同じ側にあるとしてよく（つまりP，O，Zの順に並んでいるとしてよい）

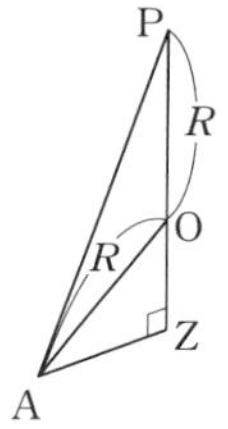


$$h=PZ=PO+OZ=R+d$$

よって

$$V=\frac{1}{3}\times\square ABCD\times h=\frac{1}{3}x^2\cdot(R+d)$$

①より，$x^2=2(R^2-d^2)$ であるから

$$V=\frac{2}{3}(R^2-d^2)(d+R)$$

$$=\frac{2}{3}(-d^3-Rd^2+R^2d+R^3)$$

ここで，$f(d)=-d^3-Rd^2+R^2d+R^3$ とおくと

$$f'(d)=-3d^2-2Rd+R^2$$

$$=-(3d-R)(d+R)$$

ここで，$d$ の範囲は　$0\leqq d<R$

| $d$ | $0$ | $\cdots$ | $\frac{R}{3}$ | $\cdots$ | $(R)$ |
|---|---|---|---|---|---|
| $f'(d)$ | | $+$ | $0$ | $-$ | |
| $f(d)$ | | ↗ | | ↘ | |

よって，$d=\frac{R}{3}$ のとき，$V$ は最大で

最大値　$\frac{2}{3}f\left(\frac{R}{3}\right)=\frac{2}{3}\left(\frac{32}{27}R^3\right)=\frac{64}{81}R^3$

元の球の体積が $\frac{4}{3}\pi R^3$ なので，元の球の体積の $\mathbf{\frac{16}{27\pi}}$ 倍

## 078

(1)　$y'=-4x^3+4x^2+12x-12$

$$=-4x^2(x-1)+12(x-1)$$

$$=-4(x-1)(x^2-3)$$

$$=-4(x-1)(x-\sqrt{3})(x+\sqrt{3})$$

| $x$ | | $-\sqrt{3}$ | $\cdots$ | $1$ | $\cdots$ | $\sqrt{3}$ | $\cdots$ |
|---|---|---|---|---|---|---|---|
| $y'$ | $+$ | $0$ | $-$ | $0$ | $+$ | $0$ | $-$ |
| $y$ | ↗ | $7+8\sqrt{3}$ | ↘ | $-\frac{23}{3}$ | ↗ | $7-8\sqrt{3}$ | ↘ |

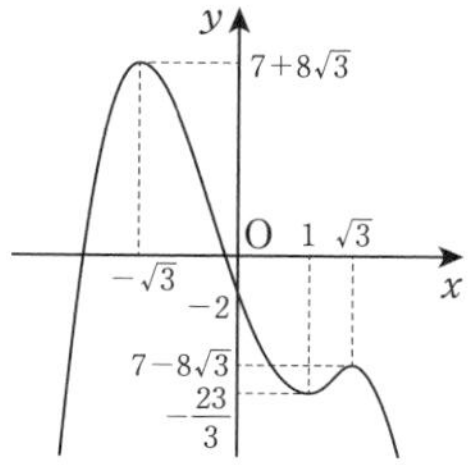


(2)　$y'=4x^3+12x^2+12x+4$

$$=4(x+1)^3$$

| $x$ | $\cdots$ | $-1$ | $\cdots$ |
|---|---|---|---|
| $y'$ | $-$ | $0$ | $+$ |
| $y$ | ↘ | $-2$ | ↗ |

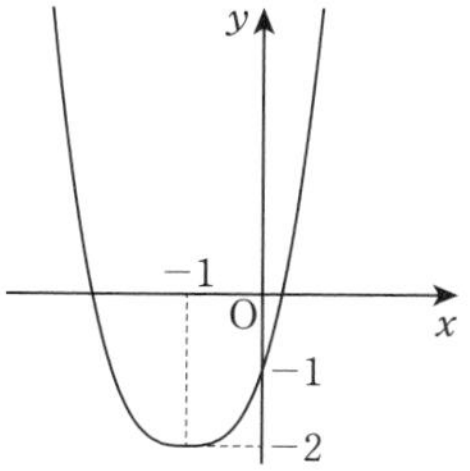


## 079

(1)　$\int\left(-\frac{1}{2}x^2+\frac{2}{3}x-5\right)dx$

$$=\mathbf{-\frac{1}{6}x^3+\frac{1}{3}x^2-5x+C}\quad(C\text{は積分定数})$$

(2)　$\int_3^{-2}(5x^2-x-6)dx=\left[\frac{5}{3}x^3-\frac{1}{2}x^2-6x\right]_3^{-2}$

$$=\left\{\frac{5}{3}(-2)^3-\frac{1}{2}(-2)^2-6(-2)\right\}-\left\{\frac{5}{3}\cdot3^3-\frac{1}{2}\cdot3^2-6\cdot3\right\}$$

$$=\left(-\frac{40}{3}-2+12\right)-\left(45-\frac{9}{2}-18\right)$$

$$=\mathbf{-\frac{155}{6}}$$

## 080

(1)　$-3x^3+6x$ は奇数次の項の和なので

$$\int_{-2}^{2}(-3x^3+6x)dx=0$$

$-3x^2-5$ は偶数次の項の和なので

$$\int_{-2}^{2}(-3x^2-5)dx=2\int_{0}^{2}(-3x^2-5)dx$$

よって

$$(\text{与式})=2\int_{0}^{2}(-3x^2-5)dx=2\Big[-x^3-5x\Big]_0^2$$

$$=2\cdot(-18)=\mathbf{-36}$$

(2)　$(\text{与式})=\int_{-2}^{1}(x^2-5x+2)dx$

$$+\int_{0}^{-2}(x^2-5x+2)dx$$

$$=\int_{0}^{-2}(x^2-5x+2)dx$$

$$+\int_{-2}^{1}(x^2-5x+2)dx$$

$$=\int_{0}^{1}(x^2-5x+2)dx$$

$$=\left[\frac{1}{3}x^3-\frac{5}{2}x^2+2x\right]_0^1$$

$$=\frac{1}{3}-\frac{5}{2}+2=\mathbf{-\frac{1}{6}}$$

## 081

(1)　$\int_{-2}^{1}tf(t)dt$ は定数であるから，

$$\int_{-2}^{1}tf(t)dt=A\quad(A\text{ は定数})$$

とおくと

$$f(x)=4x+A$$

よって

$$A=\int_{-2}^{1}tf(t)dt=\int_{-2}^{1}t(4t+A)dt$$

$$=\int_{-2}^{1}(4t^2+At)dt=\left[\frac{4}{3}t^3+\frac{1}{2}At^2\right]_{-2}^{1}$$

$$=-\frac{3}{2}A+12$$

$\therefore\ \frac{5}{2}A=12\quad\therefore\ A=\frac{24}{5}$

よって　$\mathbf{f(x)=4x+\frac{24}{5}}$

(2)　$\int_{2}^{x}f(t)dt=2x^3-a^2x^2-8x+4a-1\cdots$①

①の両辺を $x$ で微分すると

$$f(x)=6x^2-2a^2x-8$$

また，①に $x=2$ を代入すると

$$0=-4a^2+4a-1$$

$\therefore\ (2a-1)^2=0\quad\therefore\ a=\frac{1}{2}$

よって

$$\mathbf{f(x)=6x^2-\frac{1}{2}x-8}$$

## 082

(1)　$y=-x^2+2x-1=-(x-1)^2$

$$(\text{面積})=\int_{-3}^{1}(-1)(-x^2+2x-1)dx$$

$$=-\left[-\frac{1}{3}x^3+x^2-x\right]_{-3}^{1}$$

$$=-\left\{\left(-\frac{1}{3}\right)-21\right\}$$

$$=\mathbf{\frac{64}{3}}$$

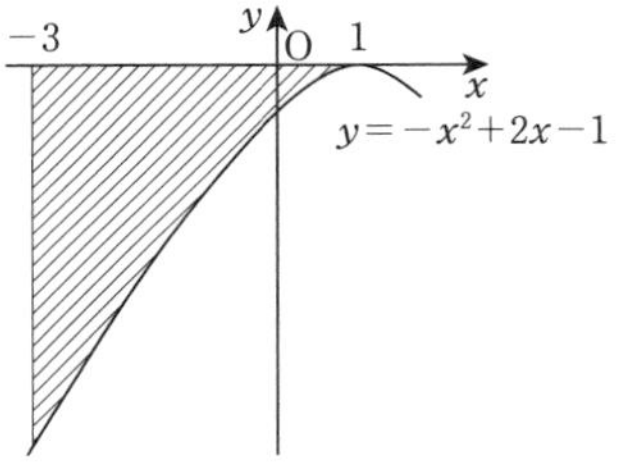


(2)　$y=x^2$ と $y=-x^2+4x+6$ の交点の $x$ 座標を求める．

$y=x^2$ と $y=-x^2+4x+6$ を連立して，$y$ を消去すると

$$x^2=-x^2+4x+6$$

$\therefore\ 2(x^2-2x-3)=0$

$\therefore\ (x+1)(x-3)=0$

よって，2つの放物線の交点の $x$ 座標は $x=-1,\ 3$ であるから，図より

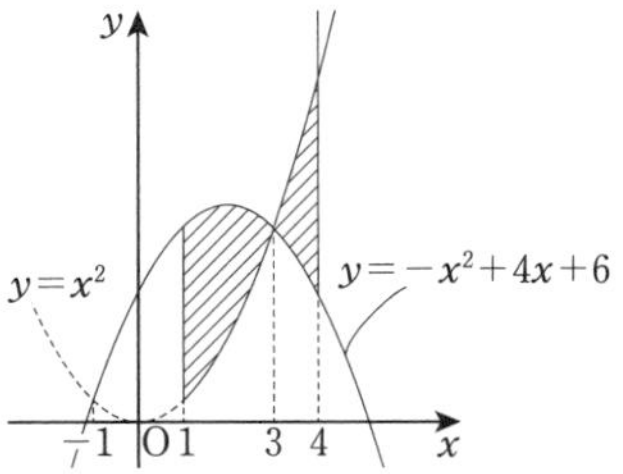


$$(\text{面積})=\int_{1}^{3}\{(-x^2+4x+6)-x^2\}dx$$

$$+\int_{3}^{4}\{x^2-(-x^2+4x+6)\}dx$$

$$=\int_{1}^{3}(-2x^2+4x+6)dx$$

$$+\int_{3}^{4}(2x^2-4x-6)dx$$

$$=\left[-\frac{2}{3}x^3+2x^2+6x\right]_1^3+\left[\frac{2}{3}x^3-2x^2-6x\right]_3^4$$

$$=(-18+18+18)-\left(-\frac{2}{3}+2+6\right)$$

$$+\left(\frac{128}{3}-32-24\right)-(18-18-18)$$

$$=\mathbf{\frac{46}{3}}$$

**TRIAL** (面積) $=\int_0^3 xdy=\int_0^3\frac{1}{9}y^2dy$

$$=\left[\frac{1}{27}y^3\right]_0^3=\mathbf{1}$$

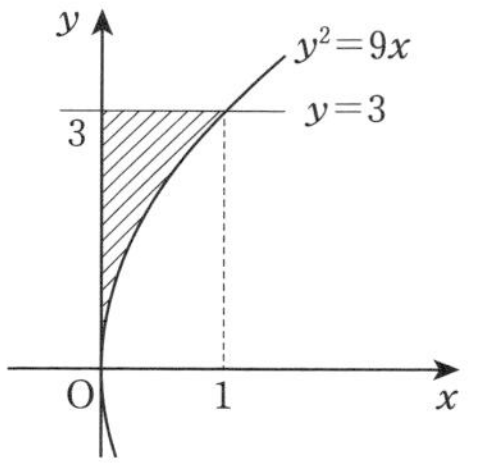


## 083

(1) $\int_{-3}^{1}|x+2|dx$

$$=\int_{-3}^{-2}(-1)(x+2)dx+\int_{-2}^{1}(x+2)dx$$

$$=-\left[\frac{1}{2}x^2+2x\right]_{-3}^{-2}+\left[\frac{1}{2}x^2+2x\right]_{-2}^{1}$$

$$=-\left\{-2-\left(-\frac{3}{2}\right)\right\}+\left\{\frac{5}{2}-(-2)\right\}=\mathbf{5}$$

(2) $y=|(x-1)(x-2)|$ は

$x\leqq1$, $2\leqq x$ のとき

$y=(x-1)(x-2)$

$1\leqq x\leqq2$ のとき

$y=-(x-1)(x-2)$

であるから

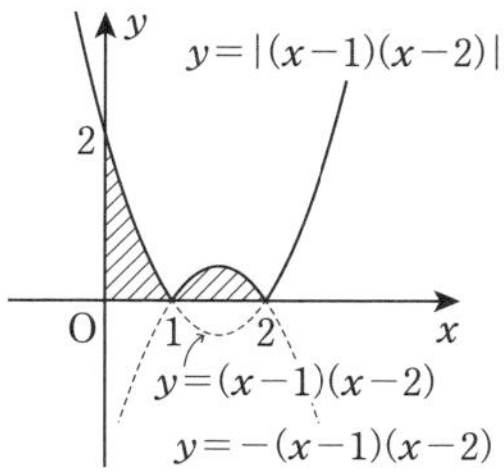


$\int_0^2|(x-1)(x-2)|dx$

$$=\int_0^1(x^2-3x+2)dx+\int_1^2\{-(x^2-3x+2)\}dx$$

$$=\left[\frac{1}{3}x^3-\frac{3}{2}x^2+2x\right]_0^1-\left[\frac{1}{3}x^3-\frac{3}{2}x^2+2x\right]_1^2$$

$$=\left(\frac{1}{3}-\frac{3}{2}+2\right)-\left(\frac{8}{3}-6+4\right)+\left(\frac{1}{3}-\frac{3}{2}+2\right)$$

$$=\mathbf{1}$$

(3) (i) $\boldsymbol{a\leqq0}$ **のとき**

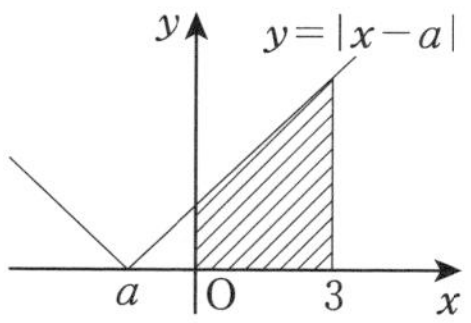

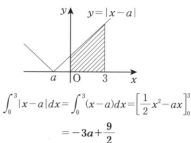

$$\int_0^3|x-a|dx=\int_0^3(x-a)dx=\left[\frac{1}{2}x^2-ax\right]_0^3$$

$$=\mathbf{-3a+\frac{9}{2}}$$

(ii) $\boldsymbol{0\leqq a\leqq3}$ **のとき**

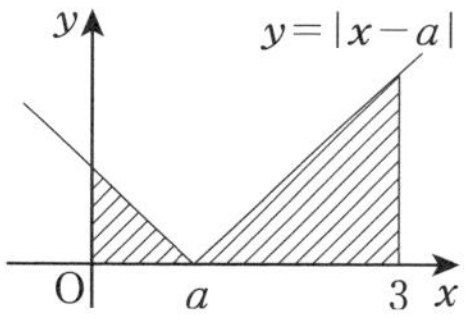


$\int_0^3|x-a|dx$

$$=\int_0^a(-1)(x-a)dx+\int_a^3(x-a)dx$$

$$=-\left[\frac{1}{2}x^2-ax\right]_0^a+\left[\frac{1}{2}x^2-ax\right]_a^3$$

$$=-\left(-\frac{1}{2}a^2\right)+\left(\frac{9}{2}-3a\right)-\left(-\frac{1}{2}a^2\right)$$

$$=\mathbf{a^2-3a+\frac{9}{2}}$$

(iii) $\boldsymbol{a\geqq3}$ **のとき**

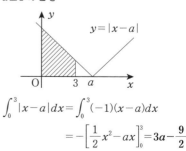

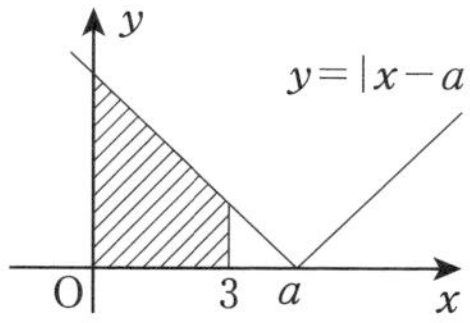


$$\int_0^3|x-a|dx=\int_0^3(-1)(x-a)dx$$

$$=-\left[\frac{1}{2}x^2-ax\right]_0^3=\mathbf{3a-\frac{9}{2}}$$

## 084

(1) $y=-x^2+2x-2$ と $y=4x-5$ を連立して，$y$ を消去すると

$$-x^2+2x-2=4x-5$$
$$\therefore\ x^2+2x-3=0$$
$$\therefore\ (x+3)(x-1)=0$$
$$\therefore\ x=-3,\ 1$$

よって

$$(\text{面積})=\int_{-3}^{1}\{(-x^2+2x-2)-(4x-5)\}dx$$
$$=\int_{-3}^{1}(-1)(x+3)(x-1)dx$$
$$=\frac{\{1-(-3)\}^3}{6}=\boldsymbol{\frac{32}{3}}$$

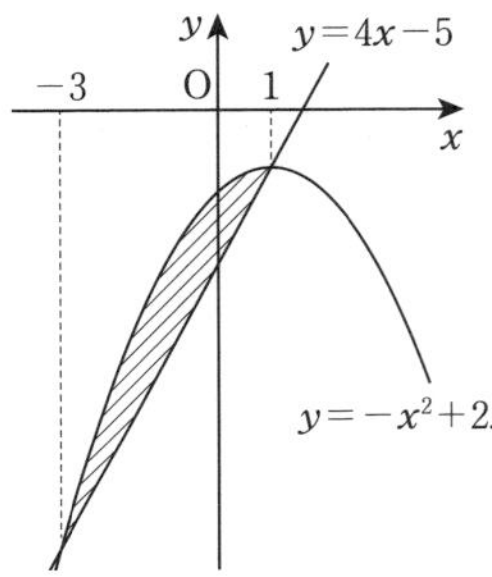


(2)　$y=2x^2+x+4$ と $y=-x^2+6x+6$ を連立して，$y$ を消去すると

$$2x^2+x+4=-x^2+6x+6$$
$$\therefore\ 3x^2-5x-2=0$$
$$\therefore\ (x-2)(3x+1)=0$$
$$\therefore\ x=2,\ -\frac{1}{3}$$

よって

$$(\text{面積})=\int_{-\frac{1}{3}}^{2}\{(-x^2+6x+6)-(2x^2+x+4)\}dx$$
$$=\int_{-\frac{1}{3}}^{2}(-3)\left(x+\frac{1}{3}\right)(x-2)dx$$
$$=3\cdot\frac{\left\{2-\left(-\frac{1}{3}\right)\right\}^3}{6}=\frac{1}{2}\cdot\frac{7^3}{3^3}=\boldsymbol{\frac{343}{54}}$$

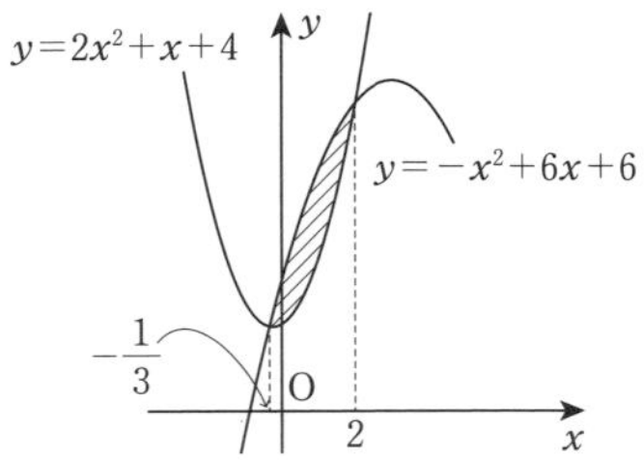


(3)　曲線 $y=x^3+x^2-x$ …①を $x$ 軸方向に $-2$ だけ平行移動した曲線は

$$y=(x+2)^3+(x+2)^2-(x+2)$$
$$\therefore\ y=x^3+7x^2+15x+10\cdots②$$

①，②を連立して，$y$ を消去すると

$$x^3+x^2-x=x^3+7x^2+15x+10$$
$$\therefore\ 3x^2+8x+5=0$$
$$\therefore\ (3x+5)(x+1)=0$$
$$\therefore\ x=-\frac{5}{3},\ -1$$

よって

$$(\text{面積})=\int_{-\frac{5}{3}}^{-1}\{(x^3+x^2-x)-(x^3+7x^2+15x+10)\}dx$$
$$=\int_{-\frac{5}{3}}^{-1}(-6)\left(x+\frac{5}{3}\right)(x+1)dx$$
$$=6\cdot\frac{\left\{(-1)-\left(-\frac{5}{3}\right)\right\}^3}{6}=\boldsymbol{\frac{8}{27}}$$

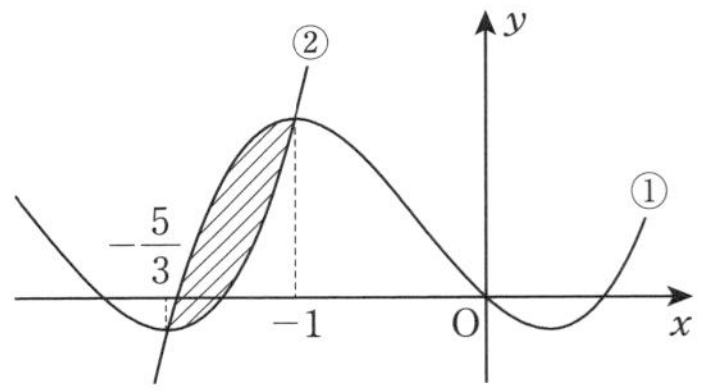


## 085

P, Q は放物線 $y=x^2$ にあるので，$P(p,\ p^2)$，$Q(q,\ q^2)$ $(p<q)$ と表してよい．

PQ=1 より

$$(p-q)^2+(p^2-q^2)^2=1^2$$
$$\therefore\ (p-q)^2\{1+(p+q)^2\}=1\cdots①$$

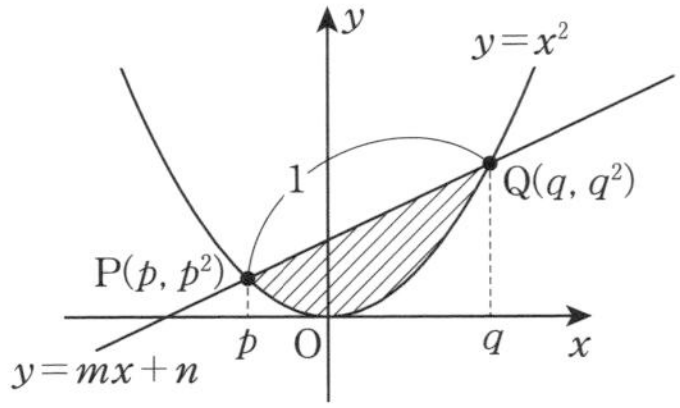


ここで，直線PQの方程式を $y=mx+n$ とすると，PとQは $y=x^2$ と $y=mx+n$ の交点なので，$p$ と $q$ は2式を連立した方程式

$$x^2=mx+n\quad\therefore\ x^2-(mx+n)=0$$

の2解である．よって

$$x^2-(mx+n)=(x-p)(x-q)$$

と表される．求める面積を $S$ とすると

$$S=\int_p^q\{(mx+n)-x^2\}dx$$
$$=\int_p^q(-1)(x-p)(x-q)dx$$
$$=\frac{(q-p)^3}{6}$$

ここで，①より $(p-q)^2=\dfrac{1}{1+(p+q)^2}$ であるから

$$S=\frac{1}{6}\{(p-q)^2\}^{\frac{3}{2}}=\frac{1}{6}\left\{\frac{1}{1+(p+q)^2}\right\}^{\frac{3}{2}}$$

よって

$p+q=0$ のとき $S$ は最大で　$S$ の最大値 $\boldsymbol{\dfrac{1}{6}}$

## 086

(1)　$f(x)=x^2$ とする．

点 $A(\alpha,\alpha^2)$ における $y=x^2$ の接線の方程式は，$f'(x)=2x$ より

$$y=2\alpha(x-\alpha)+\alpha^2 \quad \therefore \ y=2\alpha x-\alpha^2 \cdots①$$

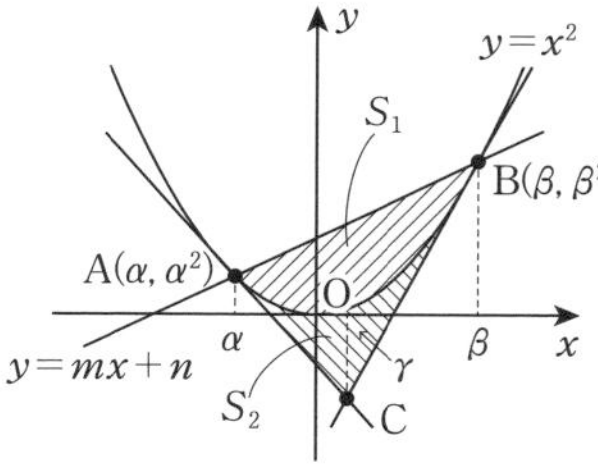


同様に，点 $B(\beta,\beta^2)$ における $y=x^2$ の接線は

$$y=2\beta x-\beta^2\cdots②$$

①，②を連立して，$y$ を消去すると

$$2\alpha x-\alpha^2=2\beta x-\beta^2$$
$$\therefore \ 2(\beta-\alpha)x=\beta^2-\alpha^2$$

$\beta-\alpha\neq 0$ より

$$x=\frac{\alpha+\beta}{2}$$

交点が $C(\gamma,\delta)$ であるから

$$\gamma=\frac{\alpha+\beta}{2}\cdots③$$

終

(2)　直線ABの方程式を $y=mx+n$ とすると，AとBは $y=x^2$ と $y=mx+n$ の交点なので，$\alpha$ と $\beta$ は2式を連立した方程式

$$x^2=mx+n \quad \therefore \ x^2-(mx+n)=0$$

の2解である．よって

$$x^2-(mx+n)=(x-\alpha)(x-\beta)$$

と表される．

$$S_1=\int_\alpha^\beta\{(mx+n)-x^2\}dx$$
$$=\int_\alpha^\beta(-1)(x-\alpha)(x-\beta)dx=\frac{(\beta-\alpha)^3}{6}$$

また

$$S_2=\int_\alpha^\gamma\{x^2-(2\alpha x-\alpha^2)\}dx+\int_\gamma^\beta\{x^2-(2\beta x-\beta^2)\}dx$$
$$=\int_\alpha^\gamma(x-\alpha)^2dx+\int_\gamma^\beta(x-\beta)^2dx$$
$$=\left[\frac{1}{3}(x-\alpha)^3\right]_\alpha^\gamma+\left[\frac{1}{3}(x-\beta)^3\right]_\gamma^\beta$$
$$=\frac{1}{3}(\gamma-\alpha)^3-\frac{1}{3}(\gamma-\beta)^3$$
$$=\frac{1}{3}\left\{\left(\frac{\alpha+\beta}{2}-\alpha\right)^3-\left(\frac{\alpha+\beta}{2}-\beta\right)^3\right\} \ （③より）$$
$$=\frac{1}{3}\left\{\left(\frac{\beta-\alpha}{2}\right)^3-\left(\frac{\alpha-\beta}{2}\right)^3\right\}$$
$$=\frac{1}{3}\cdot 2\cdot\frac{(\beta-\alpha)^3}{8}$$
$$=\frac{1}{12}(\beta-\alpha)^3$$

よって　$\boldsymbol{S_1:S_2=2:1}$

## 087

(1)　$f'(x)=3x^2+a$

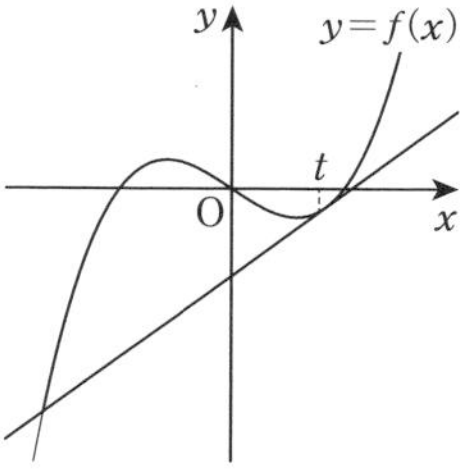


点 $(t,t^3+at)$ における $y=f(x)$ の接線の方程式は

$$y=(3t^2+a)(x-t)+t^3+at$$
$$\therefore \ \boldsymbol{y=(3t^2+a)x-2t^3}\cdots①$$

これと $y=f(x)$ を連立して，$y$ を消去すると

$$x^3+ax=(3t^2+a)x-2t^3$$
$$\therefore \ x^3-3t^2x+2t^3=0$$

①と $y=f(x)$ は $x=t$ で接するので，この方程式は $x=t$ を解にもつ．よって

$$(x-t)(x^2+tx-2t^2)=0$$
$$\therefore \ (x-t)(x-t)(x+2t)=0$$
$$\therefore \ (x-t)^2(x+2t)=0$$
$$\therefore \ x=t,\ -2t$$

交点の $x$ 座標は　$-2t$

交点は　$(-2t, -8t^3-2at)$

(2)　(i)　$t>0$ のとき

$$(\text{面積})=\int_{-2t}^{t}\{(x^3+ax)-((3t^2+a)x-2t^3)\}dx$$
$$=\int_{-2t}^{t}(x-t)^2(x+2t)dx$$
$$=\int_{-2t}^{t}(x-t)^2\{(x-t)+3t\}dx$$
$$=\int_{-2t}^{t}\{(x-t)^3+3t(x-t)^2\}dx$$
$$=\left[\frac{1}{4}(x-t)^4+t(x-t)^3\right]_{-2t}^{t}$$
$$=-\left\{\frac{1}{4}(-3t)^4+t(-3t)^3\right\}$$
$$=\frac{27}{4}t^4$$

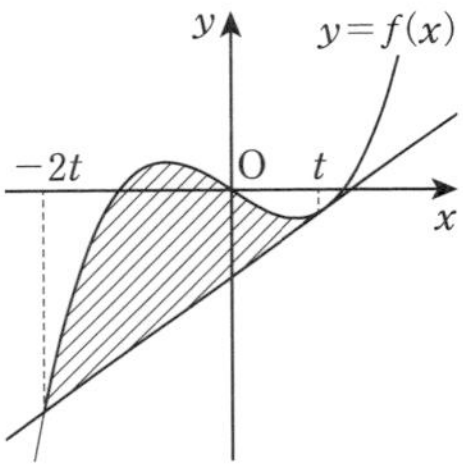


(ii)　$t<0$ のとき

$$(\text{面積})=\int_{t}^{-2t}\{((3t^2+a)x-2t^3)-(x^3+ax)\}dx$$
$$=\int_{-2t}^{t}(x-t)^2(x+2t)dx$$

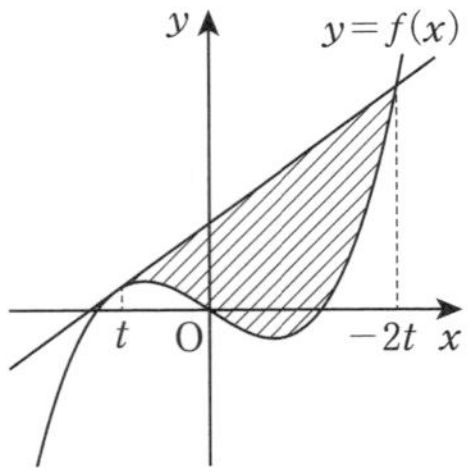


面積は(i)と同じ式で表される．
よって，(i)，(ii)のいずれにおいても

$$(\text{面積})=\boldsymbol{\frac{27}{4}t^4}$$

## §6 数列

### 088

(1)　初項を $a$，公差を $d$ とおくと

$a_2+a_4+a_6=453$ より
$$(a+d)+(a+3d)+(a+5d)=453$$
$\therefore\ a+3d=151\cdots$①

また，$a_3+a_7=296$ より
$$(a+2d)+(a+6d)=296$$
$\therefore\ a+4d=148\cdots$②

①，②を解くと
$$a=160,\ d=-3$$
よって
$$\boldsymbol{a_n}=160+(n-1)(-3)=\boldsymbol{-3n+163}$$

(2)　$a_n>0$ を解くと　$n<\frac{163}{3}\ (=54.33\cdots)$

$n$ は自然数であるから
$$a_n>0 \Leftrightarrow n\leqq 54$$
同様にして
$$a_n<0 \Leftrightarrow n\geqq 55$$
以上より，$S_n$ は $\boldsymbol{n=54}$ のとき最大となり，
最大値は
$$S_{54}=\frac{54\{2\cdot 160+(54-1)(-3)\}}{2}=\boldsymbol{4347}$$

**TRIAL**　**復習 088** の(1)より
$$S_n=\frac{n}{2}\{160+(-3n+163)\}$$
$$=-\frac{3}{2}\left(n-\frac{323}{3}\right)n$$
よって
$$S_n>0 \Leftrightarrow n<\frac{323}{3} \Leftrightarrow n\leqq 107$$
$$S_n<0 \Leftrightarrow n>\frac{323}{3} \Leftrightarrow n\geqq 108$$
以上より
$$160=S_1<S_2<S_3<\cdots<S_{54}>S_{55}>\cdots$$
$$\cdots>S_{107}>0>S_{108}>S_{109}>\cdots$$
ここで
$$S_{107}=107,\ S_{108}=-54$$
より，$\boldsymbol{n=108}$ のとき $|S_n|$ は最小で

**最小値　54**

### 089

初項を $a$，公比を $r$，初項から第 $n$ 項までの和を $S_n$ とおくと，条件より
$$S_n=240\cdots①,\ S_{2n}=300\cdots②$$

(i)　$r=1$ のとき

①，②より　$an=240$ かつ $2an=300$
となり，不適である．

(ii)　$r \fallingdotseq 1$ のとき

①，②より　$\dfrac{a(r^n-1)}{r-1}=240 \cdots ③$

$\dfrac{a(r^{2n}-1)}{r-1}=300 \cdots ④$

④÷③より　$\dfrac{r^{2n}-1}{r^n-1}=\dfrac{300}{240}$

$\therefore\ r^n+1=\dfrac{5}{4}\quad \therefore\ r^n=\dfrac{1}{4}$

このとき，③，④をみたす $a$ は1つに定まる．よって

$$S_{3n}=\frac{a(r^{3n}-1)}{r-1}=\frac{a(r^n-1)(r^{2n}+r^n+1)}{r-1}$$

$$=240\times\left\{\left(\frac{1}{4}\right)^2+\frac{1}{4}+1\right\}=\mathbf{315}$$

**TRIAL**　一般に，1回の積立金 $a$ 円は $k$ 年後に元利合計が $a(1+r)^k$ 円になる．よって，毎年度初めに積み立てる $a$ 円の $n$ 年度末の元利合計を考えると，

1年度初めの $a$ 円の元利合計は $a(1+r)^n$ 円

2年度初めの $a$ 円の元利合計は $a(1+r)^{n-1}$ 円

3年度初めの $a$ 円の元利合計は $a(1+r)^{n-2}$ 円

⋮

⋮

$n$ 年度初めの $a$ 円の元利合計は $a(1+r)$ 円

よって，求める元利合計は

$$a(1+r)^n+a(1+r)^{n-1}+a(1+r)^{n-2}+\cdots+a(1+r)$$

これは

$$a(1+r)+a(1+r)^2+a(1+r)^3+\cdots+a(1+r)^n$$

と等しく，初項 $a(1+r)$，公比 $1+r$，項数 $n$ の等比数列の和であるから

$$\frac{a(1+r)\{(1+r)^n-1\}}{(1+r)-1}$$

$$=\boldsymbol{\frac{a(1+r)\{(1+r)^n-1\}}{r}}\ \textbf{(円)}$$

## 090

(1)　$\displaystyle\sum_{k=5}^{24}(7k-40)=\frac{1}{2}\cdot 20(-5+128)=\mathbf{1230}$

(2)　$\displaystyle\sum_{k=4}^{12}2^{k-2}=\frac{2^2(2^9-1)}{2-1}=2^{11}-2^2$

$=2048-4=\mathbf{2044}$

(3)　$\displaystyle\sum_{k=1}^{n}k(k+1)(k+2)$

$$=\sum_{k=1}^{n}(k^3+3k^2+2k)=\sum_{k=1}^{n}k^3+3\sum_{k=1}^{n}k^2+2\sum_{k=1}^{n}k$$

$$=\left\{\frac{1}{2}n(n+1)\right\}^2+3\cdot\frac{1}{6}n(n+1)(2n+1)+2\cdot\frac{1}{2}n(n+1)$$

$$=\frac{1}{4}n(n+1)\{n(n+1)+2(2n+1)+4\}$$

$$=\boldsymbol{\frac{1}{4}n(n+1)(n+2)(n+3)}$$

(4)　$1\cdot(n+1)+2\cdot(n+2)+3\cdot(n+3)+\cdots\cdots+n\cdot 2n$

$$=\sum_{k=1}^{n}k(n+k)=\sum_{k=1}^{n}(k^2+nk)=\sum_{k=1}^{n}k^2+n\sum_{k=1}^{n}k$$

$$=\frac{1}{6}n(n+1)(2n+1)+n\cdot\frac{1}{2}n(n+1)$$

$$=\frac{1}{6}n(n+1)\{(2n+1)+3n\}$$

$$=\boldsymbol{\frac{1}{6}n(n+1)(5n+1)}$$

**TRIAL**　(与式)$=(2^2-1^2)+(4^2-3^2)+\cdots\cdots+(50^2-49^2)$

$$=\sum_{k=1}^{25}\{(2k)^2-(2k-1)^2\}$$

$$=\sum_{k=1}^{25}(4k-1)=4\sum_{k=1}^{25}k-\sum_{k=1}^{25}1$$

$$=4\cdot\frac{25\cdot 26}{2}-25=\mathbf{1275}$$

## 091

(1)　数列 $\{a_n\}$ の階差数列を $\{b_n\}$ とすると，

$\{b_n\}$ は

2，4，8，16，……

であり，$b_n=2^n$

$n\geqq 2$ のとき

$$a_n=1+\sum_{k=1}^{n-1}2^k=1+\frac{2(2^{n-1}-1)}{2-1}=2^n-1$$

これは $n=1$ のときも成り立つ．

よって　$\boldsymbol{a_n=2^n-1}$

(2)　数列 $\{a_n\}$ の階差数列を $\{b_n\}$ とすると，

$\{b_n\}$ は

$-2$，$-1$，$-4$，5，$-22$，59，……

数列 $\{b_n\}$ の階差数列を $\{c_n\}$ とすると，$\{c_n\}$ は

1，$-3$，9，$-27$，81，……

であるから　$c_n=(-3)^{n-1}$

$n\geqq 2$ のとき

$$b_n=-2+\sum_{k=1}^{n-1}(-3)^{k-1}$$

$$=-2+\frac{1\cdot\{1-(-3)^{n-1}\}}{1-(-3)}$$

$$=-\frac{7}{4}-\frac{1}{4}(-3)^{n-1}$$

これは $n=1$ のときも成り立つ.

よって　$b_n=-\frac{7}{4}-\frac{1}{4}(-3)^{n-1}$

$n\geqq2$ のとき

$$a_n=1+\sum_{k=1}^{n-1}\left\{-\frac{7}{4}-\frac{1}{4}(-3)^{k-1}\right\}$$

$$=1-\frac{7}{4}(n-1)-\frac{1}{4}\cdot\frac{1-(-3)^{n-1}}{1-(-3)}$$

$$=\frac{43}{16}-\frac{7}{4}n+\frac{1}{16}(-3)^{n-1}$$

これは $n=1$ のときも成り立つ.

よって　$\boldsymbol{a_n=\frac{43}{16}-\frac{7}{4}n+\frac{1}{16}(-3)^{n-1}}$

**TRIAL**　$c_n=a_n+b_n$ とおくと，数列 $\{c_n\}$ の階差数列が初項4，公比3の等比数列なので

$$c_{n+1}-c_n=4\cdot3^{n-1}$$

よって

$$c_n=c_1+\sum_{k=1}^{n-1}(c_{k+1}-c_k)$$

$$=(a_1+b_1)+\sum_{k=1}^{n-1}4\cdot3^{k-1}$$

$$=(3+1)+4\cdot\frac{3^{n-1}-1}{3-1}$$

$$=4+2(3^{n-1}-1)=2\cdot3^{n-1}+2$$

（この式は $n=1$ のとき成り立つ.）

したがって

$$a_n+b_n=2\cdot3^{n-1}+2\cdots①$$

$d_n=a_n-b_n$ とおくと，数列 $\{d_n\}$ の階差数列が初項6，公差4の等差数列なので

$$d_{n+1}-d_n=6+(n-1)4=4n+2$$

$$d_n=d_1+\sum_{k=1}^{n-1}(d_{k+1}-d_k)$$

$$=(a_1-b_1)+\sum_{k=1}^{n-1}(4k+2)$$

$$=(3-1)+\frac{n-1}{2}[6+\{4(n-1)+2\}]$$

$$=2n^2$$

（この式は $n=1$ のときも成り立つ.）

よって

$$a_n-b_n=2n^2\cdots②$$

$\frac{①+②}{2}$ より　$\boldsymbol{a_n=3^{n-1}+n^2+1}$

$\frac{①-②}{2}$ より　$\boldsymbol{b_n=3^{n-1}-n^2+1}$

## 092

(1)　$\displaystyle\sum_{k=3}^{20}\frac{1}{(3k-1)(3k+2)}$

$$=\sum_{k=3}^{20}\frac{1}{3}\left(\frac{1}{3k-1}-\frac{1}{3k+2}\right)$$

$$=\frac{1}{3}\left\{\left(\frac{1}{8}-\frac{1}{11}\right)+\left(\frac{1}{11}-\frac{1}{14}\right)+\left(\frac{1}{14}-\frac{1}{17}\right)+\cdots+\left(\frac{1}{59}-\frac{1}{62}\right)\right\}$$

$$=\frac{1}{3}\left(\frac{1}{8}-\frac{1}{62}\right)=\boldsymbol{\frac{9}{248}}$$

(2)　$\displaystyle\sum_{k=1}^{n}\frac{1}{k(k+3)}=\frac{1}{3}\sum_{k=1}^{n}\left(\frac{1}{k}-\frac{1}{k+3}\right)$

$$=\frac{1}{3}\left\{\left(\frac{1}{1}-\frac{1}{4}\right)+\left(\frac{1}{2}-\frac{1}{5}\right)+\left(\frac{1}{3}-\frac{1}{6}\right)+\left(\frac{1}{4}-\frac{1}{7}\right)+\cdots\cdots+\left(\frac{1}{n-2}-\frac{1}{n+1}\right)+\left(\frac{1}{n-1}-\frac{1}{n+2}\right)+\left(\frac{1}{n}-\frac{1}{n+3}\right)\right\}$$

$$=\frac{1}{3}\left(\frac{1}{1}+\frac{1}{2}+\frac{1}{3}-\frac{1}{n+1}-\frac{1}{n+2}-\frac{1}{n+3}\right)$$

$$\boldsymbol{=\frac{1}{3}\left(\frac{11}{6}-\frac{1}{n+1}-\frac{1}{n+2}-\frac{1}{n+3}\right)}$$

(3)　$\displaystyle\sum_{k=1}^{n}\frac{1}{\sqrt{k+2}+\sqrt{k}}$

$$=\sum_{k=1}^{n}\frac{\sqrt{k+2}-\sqrt{k}}{(\sqrt{k+2}+\sqrt{k})(\sqrt{k+2}-\sqrt{k})}$$

$$=-\frac{1}{2}\sum_{k=1}^{n}(\sqrt{k}-\sqrt{k+2})$$

$$=-\frac{1}{2}\{(\sqrt{1}-\sqrt{3})+(\sqrt{2}-\sqrt{4})+(\sqrt{3}-\sqrt{5})+\cdots\cdots+(\sqrt{n-2}-\sqrt{n})+(\sqrt{n-1}-\sqrt{n+1})+(\sqrt{n}-\sqrt{n+2})\}$$

$$=-\frac{1}{2}(\sqrt{1}+\sqrt{2}-\sqrt{n+1}-\sqrt{n+2})$$

$$\boldsymbol{=\frac{1}{2}(\sqrt{n+1}+\sqrt{n+2}-1-\sqrt{2})}$$

**TRIAL**

(1)　$\displaystyle\sum_{k=1}^{n}\frac{1}{k(k+1)(k+2)}$

$$=\sum_{k=1}^{n}\frac{1}{2}\left\{\frac{1}{k(k+1)}-\frac{1}{(k+1)(k+2)}\right\}$$

$$=\frac{1}{2}\left[\left(\frac{1}{1\cdot2}-\frac{1}{2\cdot3}\right)+\left(\frac{1}{2\cdot3}-\frac{1}{3\cdot4}\right)+\left(\frac{1}{3\cdot4}-\frac{1}{4\cdot5}\right)\right.$$

$$+\cdots\cdots+\left\{\frac{1}{(n-1)n}-\frac{1}{n(n+1)}\right\}$$

$$\left.+\left\{\frac{1}{n(n+1)}-\frac{1}{(n+1)(n+2)}\right\}\right]$$

$$=\frac{1}{2}\left\{\frac{1}{1\cdot 2}-\frac{1}{(n+1)(n+2)}\right\}$$

$$=\boldsymbol{\frac{n(n+3)}{4(n+1)(n+2)}}$$

(2) $\displaystyle\sum_{k=1}^{n}k(k+1)(k+2)(k+3)$

$$=\sum_{k=1}^{n}\frac{1}{5}\{k(k+1)(k+2)(k+3)(k+4)$$

$$-(k-1)k(k+1)(k+2)(k+3)\}$$

$$=\frac{1}{5}\{(1\cdot2\cdot3\cdot4\cdot5-0\cdot1\cdot2\cdot3\cdot4)$$

$$+(2\cdot3\cdot4\cdot5\cdot6-1\cdot2\cdot3\cdot4\cdot5)$$

$$+\cdots+(n(n+1)(n+2)(n+3)(n+4)$$

$$-(n-1)n(n+1)(n+2)(n+3))\}$$

$$=\frac{1}{5}\{-0\cdot1\cdot2\cdot3\cdot4$$

$$+n(n+1)(n+2)(n+3)(n+4)\}$$

$$=\boldsymbol{\frac{1}{5}n(n+1)(n+2)(n+3)(n+4)}$$

## 093

$S=\displaystyle\sum_{k=1}^{n}kr^{k-1}$ より

$$S=1+2\cdot r+3\cdot r^2+\cdots+(n-1)\cdot r^{n-2}+n\cdot r^{n-1}\cdots①$$

$$rS=1\cdot r+2\cdot r^2+3\cdot r^3+\cdots+(n-1)\cdot r^{n-1}+n\cdot r^n\cdots②$$

①−②より

$$(1-r)S=1+r+r^2+r^3+\cdots\cdots+r^{n-1}-n\cdot r^n$$

(i) $r\neq1$ のとき

$$(1-r)S=\frac{1-r^n}{1-r}-nr^n$$

$$=\frac{1-r^n-nr^n(1-r)}{1-r}$$

$$\therefore\ S=\frac{1-(1+n)r^n+nr^{n+1}}{(1-r)^2}$$

(ii) $r=1$ のとき

$$S=1+2+3+\cdots\cdots+(n-1)+n=\frac{1}{2}n(n+1)$$

(i), (ii)より

$$S=\begin{cases}\boldsymbol{\dfrac{1-(1+n)r^n+nr^{n+1}}{(1-r)^2}} & \boldsymbol{(r\neq1)}\\[2mm] \boldsymbol{\dfrac{1}{2}n(n+1)} & \boldsymbol{(r=1)}\end{cases}$$

**TRIAL** $(1+2+3+\cdots\cdots+n)^2$

$$=(1^2+2^2+3^2+\cdots\cdots+n^2)+2\{1\cdot2+1\cdot3+\cdots\cdots+(n-1)n\}$$

であり，{ }内は ${}_nC_2$ 個の異なる2数の積の総和なので，これが $S_n$ であり

$$2S_n=(1+2+3+\cdots\cdots+n)^2-(1^2+2^2+3^2+\cdots\cdots+n^2)$$

$$\therefore\ S_n=\frac{1}{2}\left\{\left(\sum_{k=1}^{n}k\right)^2-\sum_{k=1}^{n}k^2\right\}$$

$$=\frac{1}{2}\left\{\left(\frac{n(n+1)}{2}\right)^2-\frac{n(n+1)(2n+1)}{6}\right\}$$

$$=\boldsymbol{\frac{1}{24}(n-1)n(n+1)(3n+2)}$$

**別解** $S_n$ は次のように表せる．

$$1\cdot2+1\cdot3+1\cdot4+\cdots\cdots+1\cdot n$$
$$+2\cdot3+2\cdot4+\cdots\cdots+2\cdot n$$
$$+3\cdot4+\cdots\cdots+3\cdot n$$
$$\cdots\cdots$$
$$+(n-1)\cdot n$$

この $i$ 行目 $(i=1, 2, \cdots\cdots, n-1)$ は

$$i\cdot(i+1)+i\cdot(i+2)+\cdots\cdots+i\cdot n$$

と表され，$\displaystyle\sum_{j=i+1}^{n}i\cdot j$ である．ここで $i=1, 2, \cdots\cdots, n-1$ としたものの総和が $S_n$ であるから $S_n=\displaystyle\sum_{i=1}^{n-1}\left(\sum_{j=i+1}^{n}i\cdot j\right)$ である．よって

$$S_n=\sum_{i=1}^{n-1}\left(\sum_{j=i+1}^{n}i\cdot j\right)=\sum_{i=1}^{n-1}i\left(\sum_{j=i+1}^{n}j\right)$$

$$=\sum_{i=1}^{n-1}i\cdot\frac{n-i}{2}\{(i+1)+n\}$$

$$=\frac{1}{2}\sum_{i=1}^{n-1}\{-i^3-i^2+n(n+1)i\}$$

$$=\frac{1}{2}\left[-\left\{\frac{(n-1)n}{2}\right\}^2-\frac{(n-1)n(2n-1)}{6}+n(n+1)\cdot\frac{(n-1)n}{2}\right]$$

$$=\boldsymbol{\frac{1}{24}(n-1)n(n+1)(3n+2)}$$

## 094

(1) 第 $n$ 群の項数は $2n$ だから，第 $n$ 群の末項は一番はじめから数えて

$$2+4+6+8+\cdots\cdots+2n$$
$$=2\cdot\frac{1}{2}n(n+1)=n(n+1)$$

番目である．一方，数列 1, 3, 5, 7, 9, 11, ……の $k$ 項目は $1+(k-1)\cdot 2=2k-1$ であるから，第 $n$ 群の末項は $k=n(n+1)$ を代入して，$2n(n+1)-1(=2n^2+2n-1)$ となる．

これより，第 $n$ 群の初項は第 $n-1$ 群の末項に2を加えたものであるから

$$\{2(n-1)n-1\}+2=2n^2-2n+1$$

（これは $n=1$ のときも成り立つ.）

第 $n$ 群の総和は

$$\frac{2n\{(2n^2-2n+1)+(2n^2+2n-1)\}}{2}=\mathbf{4n^3}$$

(2) 2017が第 $n$ 群にあるとすると，第 $n-1$ 群，第 $n$ 群の末項に着目して

$$2(n-1)n-1<2017\leqq 2n(n+1)-1$$
$$\therefore\ 2(n-1)n<2018\leqq 2n(n+1)$$
$$\therefore\ (n-1)n<1009\leqq n(n+1)\cdots①$$

ここで，$31\cdot 32=992$，$32\cdot 33=1056$ であるから，①をみたす自然数 $n$ は32，つまり第32群である．

いま，第31群の末項は $2\cdot 31\cdot 32-1=1983$ であり，$\dfrac{2017-1983}{2}=17$ より，2017は**第32群の第17番目**である．

TRIAL

(1) 分母が $n$ となる項の集まりを第 $n$ 群とすると，第 $n$ 群には $n$ 個の項を含む．よって，第 $n$ 群の末項は，一番はじめから数えると，

$$1+2+3+\cdots\cdots+n=\frac{n(n+1)}{2}$$

より，$\dfrac{n(n+1)}{2}$ 番目である．ここで，$\dfrac{99}{100}$ は第100群の99番目であり，これは第100群の末項の1つ前であるから，初項から数えると

$$\frac{100(100+1)}{2}-1=5049$$

より　**第5049項**

(2) 第2005項が第 $n$ 群にあるとすると，第 $n-1$ 群，第 $n$ 群の末項までの項数に着目して

$$\frac{(n-1)n}{2}<2005\leqq\frac{n(n+1)}{2}$$
$$\therefore\ (n-1)n<4010\leqq n(n+1)$$

ここで，$62\cdot 63=3906$，$63\cdot 64=4032$ であるから

$$n=63$$

よって，第2005項は第63群にある．第62群の末項は，初項から数えると

$$\frac{62\cdot 63}{2}=1953\text{番目}$$

なので，第2005項は第63群の

$$2005-1953=52\text{番目}$$

よって，第2005項は　$\mathbf{\dfrac{52}{63}}$

## 095

(1) $a_n=5+(n-1)\cdot 4=\mathbf{4n+1}$

(2) $a_n=6\cdot 2^{n-1}=\mathbf{3\cdot 2^n}$

(3) $n\geqq 2$ のとき

$$a_n=1+\sum_{k=1}^{n-1}(2^k-3)$$
$$=1+\frac{2(2^{n-1}-1)}{2-1}-3(n-1)$$
$$=2^n-3n+2$$

これは $n=1$ のときも成り立つ．

よって　$\mathbf{a_n=2^n-3n+2}$

## 096

(1) $a_{n+1}=\dfrac{1}{2}a_n+2$ を変形すると

（$a_n$，$a_{n+1}$ をともに $\alpha$ とおくと

$$\alpha=\frac{1}{2}\alpha+2\quad\therefore\ \alpha=4)$$

$$a_{n+1}-4=\frac{1}{2}(a_n-4)$$

よって，$\{a_n-4\}$ は，初項 $a_1-4(=2-4=-2)$，公比 $\dfrac{1}{2}$ の等比数列であるから

$$a_n-4=-2\left(\frac{1}{2}\right)^{n-1}$$
$$\therefore\ \mathbf{a_n=4-\left(\frac{1}{2}\right)^{n-2}}$$

(2) 与式は

$$a_{n+1}+1=\frac{a_n+1}{5(a_n+1)+2}\cdots①$$

と表され，$a_1+1=3>0$ であるから，任意の自然数 $n$ に対して $a_n+1>0$ である．

よって，①の両辺の逆数をとって

$$\frac{1}{a_{n+1}+1}=\frac{5(a_n+1)+2}{a_n+1}$$

$\therefore\ \dfrac{1}{a_{n+1}+1}=5+\dfrac{2}{a_n+1}$

ここで，$b_n=\dfrac{1}{a_n+1}\cdots$②とおくと

$b_{n+1}=2b_n+5$

($b_n$，$b_{n+1}$をともに$\alpha$とおくと

$\alpha=2\alpha+5\quad\therefore\ \alpha=-5$)

変形すると

$b_{n+1}+5=2(b_n+5)$

よって

$b_n+5=2^{n-1}(b_1+5)$

$b_1=\dfrac{1}{a_1+1}=\dfrac{1}{3}$ より

$b_n=\dfrac{16}{3}\cdot 2^{n-1}-5=\dfrac{1}{3}\cdot 2^{n+3}-5$

②より $\dfrac{1}{b_n}=a_n+1\quad\therefore\ a_n=\dfrac{1}{b_n}-1$

よって

$$\boldsymbol{a_n}=\frac{1}{\frac{1}{3}\cdot 2^{n+3}-5}-1=\boldsymbol{\frac{3}{2^{n+3}-15}-1}$$

## 097

$a_{n+1}=2a_n+3^n\cdots$①

両辺を $3^{n+1}$ で割ると

$\dfrac{a_{n+1}}{3^{n+1}}=\dfrac{2a_n}{3\cdot 3^n}+\dfrac{3^n}{3^{n+1}}$

$\therefore\ \dfrac{a_{n+1}}{3^{n+1}}=\dfrac{2}{3}\cdot\dfrac{a_n}{3^n}+\dfrac{1}{3}$

$b_n=\dfrac{a_n}{3^n}\cdots$②とおくと

$b_{n+1}=\dfrac{2}{3}b_n+\dfrac{1}{3}$

これを変形すると $b_{n+1}-1=\dfrac{2}{3}(b_n-1)$

よって，数列$\{b_n-1\}$は

初項 $b_1-1\left(=\dfrac{a_1}{3^1}-1=\dfrac{1}{3}-1=-\dfrac{2}{3}\right)$，公比 $\dfrac{2}{3}$ の等比数列であるから

$b_n-1=-\dfrac{2}{3}\cdot\left(\dfrac{2}{3}\right)^{n-1}=-\left(\dfrac{2}{3}\right)^n$

$\therefore\ b_n=1-\left(\dfrac{2}{3}\right)^n$

②より $\boldsymbol{a_n}=3^n\cdot b_n=\boldsymbol{3^n-2^n}$

別解1 ①の両辺を $2^{n+1}$ で割ると

$\dfrac{a_{n+1}}{2^{n+1}}=\dfrac{2a_n}{2\cdot 2^n}+\dfrac{3^n}{2^{n+1}}$

$\therefore\ \dfrac{a_{n+1}}{2^{n+1}}-\dfrac{a_n}{2^n}=\dfrac{1}{2}\left(\dfrac{3}{2}\right)^n$

よって，$n\geqq 2$のとき

$$\frac{a_n}{2^n}=\frac{a_1}{2^1}+\sum_{k=1}^{n-1}\left(\frac{a_{k+1}}{2^{k+1}}-\frac{a_k}{2^k}\right)$$
$$=\frac{1}{2}+\sum_{k=1}^{n-1}\frac{1}{2}\left(\frac{3}{2}\right)^k$$
$$=\frac{1}{2}+\left(\frac{1}{2}\cdot\frac{3}{2}\right)\cdot\frac{\left(\frac{3}{2}\right)^{n-1}-1}{\frac{3}{2}-1}$$
$$=\left(\frac{3}{2}\right)^n-1$$

この式は$n=1$のとき成り立つ．よって

$$\boldsymbol{a_n}=2^n\left\{\left(\frac{3}{2}\right)^n-1\right\}=\boldsymbol{3^n-2^n}$$

別解2 $a_{n+1}-\alpha\cdot 3^{n+1}=2(a_n-\alpha\cdot 3^n)\cdots$③をみたすような$\alpha$を求める．

①−③より $\alpha\cdot 3^{n+1}=3^n+2\alpha\cdot 3^n$

$\therefore\ 3^n(\alpha-1)=0\quad\therefore\ \alpha=1$

よって，①は

$a_{n+1}-3^{n+1}=2(a_n-3^n)$

と表され，数列$\{a_n-3^n\}$は，

初項 $a_1-3^1(=1-3=-2)$，公比2の等比数列であるから

$a_n-3^n=(-2)2^{n-1}$

$\therefore\ \boldsymbol{a_n=3^n-2^n}$

## 098

$a_{n+1}=3a_n+8n\cdots$①

$a_{n+1}-\{\alpha(n+1)+\beta\}=3\{a_n-(\alpha n+\beta)\}\cdots$②

をみたす実数の組$(\alpha,\beta)$を1つ求める．

② $\Leftrightarrow a_{n+1}=3a_n-2\alpha n+\alpha-2\beta\cdots$②′

①と②′の右辺の$n$の式の係数を比較して

$8=-2\alpha,\ 0=\alpha-2\beta$

$\therefore\ \alpha=-4,\ \beta=-2$

②に代入して

$a_{n+1}-\{-4(n+1)-2\}$
$=3\{a_n-(-4n-2)\}$

$\therefore\ a_{n+1}+\{4(n+1)+2\}$
$=3\{a_n+(4n+2)\}$

よって，$\{a_n+(4n+2)\}$は公比3の等比数列であるから

$a_n+(4n+2)=3^{n-1}\{a_1+(4\cdot 1+2)\}$

$a_1=-2$ より

$$a_n=4\cdot 3^{n-1}-4n-2$$

TRIAL

(1) $a_{n+1}-\{\alpha(n+1)^2+\beta(n+1)+\gamma\}$
$=2\{a_n-(\alpha n^2+\beta n+\gamma)\}$

より

$$a_{n+1}=2a_n-2(\alpha n^2+\beta n+\gamma)+\alpha(n+1)^2+\beta(n+1)+\gamma$$
$$=2a_n-\alpha n^2+(2\alpha-\beta)n+\alpha+\beta-\gamma$$

これと $a_{n+1}=2a_n+n^2$ の係数を比較して

$-\alpha=1,\ 2\alpha-\beta=0,\ \alpha+\beta-\gamma=0$

$\therefore$ $\boldsymbol{\alpha=-1,\ \beta=-2,\ \gamma=-3}$

(2) (1)より，$a_{n+1}=2a_n+n^2$ は

$$a_{n+1}+(n+1)^2+2(n+1)+3=2(a_n+n^2+2n+3)$$

と変形できる．

よって，数列 $\{a_n+n^2+2n+3\}$ は，

初項 $a_1+1^2+2\cdot1+3(=0+6=6)$，公比 2 の等比数列であるから

$$a_n+n^2+2n+3=6\cdot2^{n-1}=3\cdot2^n$$

$$\therefore\ \boldsymbol{a_n=3\cdot2^n-n^2-2n-3}$$

## 099

(1) $n\geqq2$ のとき

$$a_n=S_n-S_{n-1}$$
$$=n(n+1)(n+2)-(n-1)n(n+1)$$
$$=3n(n+1)\cdots①$$

一方，$a_1=S_1=1\cdot2\cdot3=6$ であり，①は $n=1$ のときも成り立つ．

よって　$\boldsymbol{a_n=3n(n+1)}$

(2) $2S_n=n+1-a_n\cdots①$

$n$ を $n+1$ に置き換えて

$$2S_{n+1}=(n+1)+1-a_{n+1}\cdots②$$

②−①より

$$2(S_{n+1}-S_n)=1-a_{n+1}+a_n$$

$$\therefore\ 2a_{n+1}=1-a_{n+1}+a_n$$

$$\therefore\ a_{n+1}=\frac{1}{3}a_n+\frac{1}{3}\cdots③$$

また，①に $n=1$ を代入すると

$$2S_1=1+1-a_1$$

$$\therefore\ 2a_1=2-a_1\quad\therefore\ a_1=\frac{2}{3}$$

③を変形すると　$a_{n+1}-\dfrac{1}{2}=\dfrac{1}{3}\left(a_n-\dfrac{1}{2}\right)$

数列 $\left\{a_n-\dfrac{1}{2}\right\}$ は，

初項 $a_1-\dfrac{1}{2}\left(=\dfrac{2}{3}-\dfrac{1}{2}=\dfrac{1}{6}\right)$，

公比 $\dfrac{1}{3}$ の等比数列であるから

$$a_n-\frac{1}{2}=\frac{1}{6}\cdot\left(\frac{1}{3}\right)^{n-1}=\frac{1}{2}\cdot\left(\frac{1}{3}\right)^n$$

$$\therefore\ \boldsymbol{a_n=\frac{1}{2}\left\{1+\left(\frac{1}{3}\right)^n\right\}}$$

## 100

(1) $5a_{n+2}=8a_{n+1}-3a_n$ を変形すると

$$\begin{cases}a_{n+2}-\dfrac{3}{5}a_{n+1}=a_{n+1}-\dfrac{3}{5}a_n\cdots①\\[2mm] a_{n+2}-a_{n+1}=\dfrac{3}{5}(a_{n+1}-a_n)\cdots②\end{cases}$$

$\left(5t^2=8t-3\text{を解いて}(\alpha,\beta)=\left(1,\dfrac{3}{5}\right),\left(\dfrac{3}{5},1\right)\right)$

①より，数列 $\left\{a_{n+1}-\dfrac{3}{5}a_n\right\}$ は，

初項が $a_2-\dfrac{3}{5}a_1\left(=2-\dfrac{3}{5}\cdot1=\dfrac{7}{5}\right)$ であり，

定数の数列であるから

$$a_{n+1}-\frac{3}{5}a_n=\frac{7}{5}\cdots③$$

②より，数列 $\{a_{n+1}-a_n\}$ は，

初項 $a_2-a_1(=2-1=1)$，

公比 $\dfrac{3}{5}$ の等比数列であるから

$$a_{n+1}-a_n=1\cdot\left(\frac{3}{5}\right)^{n-1}\cdots④$$

③−④より　$\dfrac{2}{5}a_n=\dfrac{7}{5}-\left(\dfrac{3}{5}\right)^{n-1}$

$$\therefore\ \boldsymbol{a_n=\frac{7}{2}-\frac{5}{2}\left(\frac{3}{5}\right)^{n-1}}$$

(2) $a_{n+2}-4a_{n+1}+4a_n=0$ を変形すると

$$a_{n+2}-2a_{n+1}=2(a_{n+1}-2a_n)$$

数列 $\{a_{n+1}-2a_n\}$ は，

初項 $a_2-2a_1(=3-2\cdot1=1)$，

公比 2 の等比数列であるから

$$a_{n+1}-2a_n=1\cdot2^{n-1}=2^{n-1}$$

両辺を $2^{n+1}$ で割ると

$$\frac{a_{n+1}}{2^{n+1}}-\frac{a_n}{2^n}=\frac{1}{4}$$

よって，数列 $\left\{\dfrac{a_n}{2^n}\right\}$ は，初項 $\dfrac{a_1}{2^1}\left(=\dfrac{1}{2^1}\right)$，

公差 $\dfrac{1}{4}$ の等差数列であるから

$$\frac{a_n}{2^n}=\frac{1}{2}+(n-1)\cdot\frac{1}{4}=\frac{n+1}{4}$$

$$\therefore\ a_n=2^n\cdot\frac{n+1}{4}=(n+1)\cdot 2^{n-2}$$

## 101

(1) $a_{n+1}=-3a_n+b_n\cdots①$

$b_{n+1}=a_n-3b_n\cdots②$

①＋②より

$$a_{n+1}+b_{n+1}=-2a_n-2b_n$$
$$=-2(a_n+b_n)$$

よって，$\{a_n+b_n\}$は，初項 $a_1+b_1(=2+1=3)$，公比 $-2$ の等比数列であるから

$$a_n+b_n=3(-2)^{n-1}\cdots③$$

①－②より

$$a_{n+1}-b_{n+1}=-4a_n+4b_n$$
$$=-4(a_n-b_n)$$

$\{a_n-b_n\}$は，初項 $a_1-b_1(=2-1=1)$，公比 $-4$ の等比数列であるから

$$a_n-b_n=(-4)^{n-1}\cdots④$$

$\dfrac{③+④}{2}$ より

$$a_n=\frac{1}{2}\{3(-2)^{n-1}+(-4)^{n-1}\}$$

$\dfrac{③-④}{2}$ より

$$b_n=\frac{1}{2}\{3(-2)^{n-1}-(-4)^{n-1}\}$$

(2) $a_{n+1}=\dfrac{4a_n+b_n}{6}\cdots①$

$b_{n+1}=\dfrac{-a_n+2b_n}{6}\cdots②$

①＋②より

$$a_{n+1}+b_{n+1}=\frac{4a_n+b_n}{6}+\frac{-a_n+2b_n}{6}$$

$$\therefore\ a_{n+1}+b_{n+1}=\frac{1}{2}(a_n+b_n)$$

よって，$\{a_n+b_n\}$は，

初項 $a_1+b_1(=1-2=-1)$，公比 $\dfrac{1}{2}$ の等比数列であるから

$$a_n+b_n=-\left(\frac{1}{2}\right)^{n-1}$$

$$\therefore\ b_n=-a_n-\left(\frac{1}{2}\right)^{n-1}\cdots③$$

①に代入して

$$a_{n+1}=\frac{1}{6}\left\{4a_n+\left(-a_n-\left(\frac{1}{2}\right)^{n-1}\right)\right\}$$

$$\therefore\ a_{n+1}=\frac{1}{2}a_n-\frac{1}{3}\left(\frac{1}{2}\right)^n$$

両辺を $2^{n+1}$ 倍して

$$2^{n+1}a_{n+1}=2^na_n-\frac{2}{3}$$

$c_n=2^na_n\cdots④$とおくと

$$c_{n+1}=c_n-\frac{2}{3}$$

よって，$\{c_n\}$は，公差 $-\dfrac{2}{3}$ の等差数列であるから

$$c_n=c_1+(n-1)\left(-\frac{2}{3}\right)$$

$c_1=2^1a_1=2$ より

$$c_n=-\frac{2}{3}n+\frac{8}{3}$$

よって，④より

$$a_n=\frac{c_n}{2^n}=\frac{-n+4}{3\cdot 2^{n-1}}$$

したがって，③より

$$b_n=\frac{n-4}{3\cdot 2^{n-1}}-\left(\frac{1}{2}\right)^{n-1}=\frac{n-7}{3\cdot 2^{n-1}}$$

**TRIAL** $a_{n+1}=-a_n-6b_n$，$b_{n+1}=a_n+4b_n$ を

$a_{n+1}+\alpha b_{n+1}=\beta(a_n+\alpha b_n)$

に代入すると

$$(-a_n-6b_n)+\alpha(a_n+4b_n)=\beta(a_n+\alpha b_n)$$

$$\therefore\ (-1+\alpha)a_n+(-6+4\alpha)b_n=\beta a_n+\alpha\beta b_n$$

係数を比較して

$$-1+\alpha=\beta,\quad -6+4\alpha=\alpha\beta$$

$$\therefore\ (\alpha,\beta)=(2,1),\ (3,2)$$

$(\alpha,\beta)=(2,1)$ のとき

$$a_{n+1}+2b_{n+1}=a_n+2b_n$$

数列 $\{a_n+2b_n\}$は，

初項が $a_1+2b_1(=4+2\cdot(-1)=2)$ であり，

定数の数列であるから

$$a_n+2b_n=2\cdots①$$

$(\alpha,\beta)=(3,2)$ のとき

$$a_{n+1}+3b_{n+1}=2(a_n+3b_n)$$

数列 $\{a_n+3b_n\}$は，

初項 $a_1+3b_1(=4+3\cdot(-1)=1)$，公比 2 の等比数列であるから

$$a_n+3b_n=1\cdot 2^{n-1}\cdots②$$

①，②より

$$a_n=6-2^n,\quad b_n=2^{n-1}-2$$

## 102

$$a_{n+1}=\frac{2-a_n}{3-2a_n}\cdots①$$

(1) $$a_2=\frac{2-a_1}{3-2a_1}=\frac{2-\frac{2}{3}}{3-2\cdot\frac{2}{3}}=\mathbf{\frac{4}{5}}$$

$$a_3=\frac{2-a_2}{3-2a_2}=\frac{2-\frac{4}{5}}{3-2\cdot\frac{4}{5}}=\mathbf{\frac{6}{7}}$$

(2) (1)より，$a_n=\dfrac{2n}{2n+1}\cdots②$と推定できるので，これを数学的帰納法で証明する．

(i) $n=1$のとき

$a_1=\dfrac{2}{3}$ だから，②は成り立つ．

(ii) $n=k$のとき，②が成り立つと仮定すると

$$a_k=\frac{2k}{2k+1}\cdots③$$

このとき，①より　$a_{k+1}=\dfrac{2-a_k}{3-2a_k}$

③を代入して

$$a_{k+1}=\frac{2-\frac{2k}{2k+1}}{3-2\cdot\frac{2k}{2k+1}}=\frac{2(2k+1)-2k}{3(2k+1)-4k}$$

$$=\frac{2k+2}{2k+3}=\frac{2(k+1)}{2(k+1)+1}$$

よって，$n=k+1$のときも②が成り立つ．

(i)，(ii)から，数学的帰納法により，すべての自然数$n$に対して，②は成り立つ．　終

**TRIAL** $$\frac{1}{1^2}+\frac{1}{2^2}+\cdots\cdots+\frac{1}{n^2}<2-\frac{1}{n}\cdots①$$

(i) $n=2$のとき

$$(\text{左辺})=\frac{1}{1^2}+\frac{1}{2^2}=\frac{5}{4}$$

$$(\text{右辺})=2-\frac{1}{2}=\frac{3}{2}$$

$\dfrac{5}{4}<\dfrac{3}{2}$ だから，①は成り立つ．

(ii) $n=k$のとき ($k\geqq2$)，①が成り立つと仮定すると

$$\frac{1}{1^2}+\frac{1}{2^2}+\cdots\cdots+\frac{1}{k^2}<2-\frac{1}{k}$$

両辺に $\dfrac{1}{(k+1)^2}$ を足すと

$$\frac{1}{1^2}+\frac{1}{2^2}+\cdots\cdots+\frac{1}{k^2}+\frac{1}{(k+1)^2}$$
$$<2-\frac{1}{k}+\frac{1}{(k+1)^2}\cdots②$$

ここで

$$2-\frac{1}{k}+\frac{1}{(k+1)^2}-\left(2-\frac{1}{k+1}\right)$$
$$=-\frac{1}{k}+\frac{1}{(k+1)^2}+\frac{1}{k+1}$$
$$=-\frac{1}{k(k+1)^2}<0$$

だから

$$2-\frac{1}{k}+\frac{1}{(k+1)^2}<2-\frac{1}{k+1}\cdots③$$

②，③より

$$\frac{1}{1^2}+\frac{1}{2^2}+\cdots\cdots+\frac{1}{k^2}+\frac{1}{(k+1)^2}<2-\frac{1}{k+1}$$

よって，$n=k+1$のときも①が成り立つ．

(i)，(ii)から，数学的帰納法により，2以上の自然数$n$に対して，①は成り立つ．　終

(注) (ii)は次のようにしてもよい．

$n=k$のとき ($k\geqq2$)，①が成り立つと仮定すると

$$\frac{1}{1^2}+\frac{1}{2^2}+\cdots\cdots+\frac{1}{k^2}<2-\frac{1}{k}$$

よって

$$\left(2-\frac{1}{k+1}\right)-\left(\frac{1}{1^2}+\frac{1}{2^2}+\cdots\cdots+\frac{1}{(k+1)^2}\right)$$
$$=2-\frac{1}{k+1}-\frac{1}{(k+1)^2}-\left(\frac{1}{1^2}+\frac{1}{2^2}+\cdots+\frac{1}{k^2}\right)$$
$$>2-\frac{1}{k+1}-\frac{1}{(k+1)^2}-\left(2-\frac{1}{k}\right)$$
$$=\frac{-k(k+1)-k+(k+1)^2}{k(k+1)^2}$$
$$=\frac{1}{k(k+1)^2}>0$$

$$\therefore\ \left(2-\frac{1}{k+1}\right)-\left(\frac{1}{1^2}+\frac{1}{2^2}+\cdots\cdots+\frac{1}{(k+1)^2}\right)>0$$

$$\therefore\ \frac{1}{1^2}+\frac{1}{2^2}+\cdots\cdots+\frac{1}{(k+1)^2}<2-\frac{1}{k+1}$$

## 103

$x=k\,(k=0,1,2,\cdots\cdots,n)$ のときの格子点の個数を $a_k$ とおくと，直線 $x=k$ 上の格子点は

$(k, k)$，$(k, k+1)$，$(k, k+2)$，……，$(k, k\cdot2^k)$

であるから

$$a_k=k\cdot2^k-k+1\,(\text{個})$$

よって

$$S=\sum_{k=0}^{n}a_k=\sum_{k=0}^{n}(k\cdot 2^k-k+1)$$

$$=\sum_{k=1}^{n}k\cdot 2^k-\sum_{k=1}^{n}k+\sum_{k=0}^{n}1$$

$$=\sum_{k=1}^{n}k\cdot 2^k-\frac{1}{2}n(n+1)+(n+1)$$

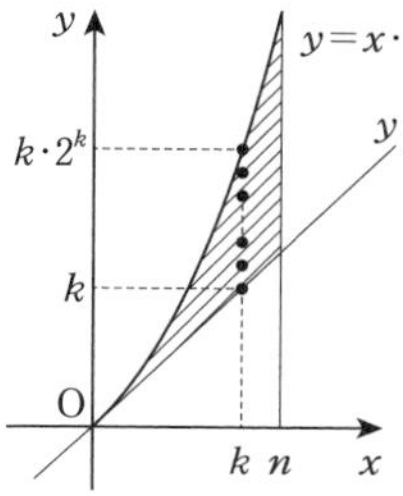


ここで，$T=\sum_{k=1}^{n}k\cdot 2^k$ とおくと

$$T=1\cdot 2+2\cdot 2^2+3\cdot 2^3+\cdots\cdots+(n-1)\cdot 2^{n-1}+n\cdot 2^n\cdots①$$

$$2T=1\cdot 2^2+2\cdot 2^3+3\cdot 2^4+\cdots\cdots+(n-1)\cdot 2^n+n\cdot 2^{n+1}\cdots②$$

①−②より

$$-T=2+2^2+2^3+2^4+\cdots\cdots+2^n-n\cdot 2^{n+1}$$

$$\therefore\ -T=\frac{2(2^n-1)}{2-1}-n\cdot 2^{n+1}$$

$$=2^{n+1}-2-n\cdot 2^{n+1}$$

$$\therefore\ T=(n-1)2^{n+1}+2$$

よって

$$S=(n-1)2^{n+1}+2-\frac{1}{2}n(n+1)+(n+1)$$

$$=\boldsymbol{(n-1)2^{n+1}-\frac{1}{2}n^2+\frac{1}{2}n+3}$$

## 104

(1) $n+1$ 回の試行後に1枚目のカードの数字が1であるのは，次のいずれかの場合である．

(i) $n$ 回の試行後に1枚目のカードの数字が1であるとき，$n+1$ 回目は2枚目から10枚目の9枚の中から2枚のカードを抜き出し，入れ換える．

(ii) $n$ 回の試行後に1枚目のカードの数字が1でないとき，$n+1$ 回目は1枚目と数字が1のカードを抜き出し，入れ換える．

(i)，(ii)より

$$p_{n+1}=p_n\cdot\frac{{}_9C_2}{{}_{10}C_2}+(1-p_n)\cdot\frac{1}{{}_{10}C_2}$$

$$\therefore\ p_{n+1}=\frac{4}{5}p_n+\frac{1}{45}(1-p_n)$$

$$\therefore\ \boldsymbol{p_{n+1}=\frac{7}{9}p_n+\frac{1}{45}}\cdots①$$

(2) はじめに1枚目のカードの数字は1であるから $p_0=1$ とすると，①は $n=0, 1, 2, 3, \cdots\cdots$ で成り立つ．

①を変形すると　$p_{n+1}-\frac{1}{10}=\frac{7}{9}\left(p_n-\frac{1}{10}\right)$

数列 $\left\{p_n-\frac{1}{10}\right\}$ は，

初項 $p_0-\frac{1}{10}\left(=1-\frac{1}{10}=\frac{9}{10}\right)$，公比 $\frac{7}{9}$ の等比数列であるから

$$p_n-\frac{1}{10}=\frac{9}{10}\left(\frac{7}{9}\right)^n$$

$$\therefore\ \boldsymbol{p_n=\frac{9}{10}\left(\frac{7}{9}\right)^n+\frac{1}{10}}$$

(注) 操作を1回行ったとき，順に並べてある1枚目のカードの数字が1であるのは，抜き出す2枚のカードの数字がともに1以外のときで

$$p_1=\frac{{}_9C_2}{{}_{10}C_2}=\frac{9\cdot 8}{10\cdot 9}=\frac{4}{5}$$

よって，初項を $n=1$ のときとすると

$p_1-\frac{1}{10}=\frac{4}{5}-\frac{1}{10}=\frac{7}{10}$ であるから

$$p_n-\frac{1}{10}=\frac{7}{10}\left(\frac{7}{9}\right)^{n-1}$$

$$\therefore\ p_n=\frac{7}{10}\left(\frac{7}{9}\right)^{n-1}+\frac{1}{10}$$

と表せる(上の答と等しい)．

# §7 統計的推測

## 105

(1) $X=k$ $(k=0, 1, 2, \cdots\cdots, 5)$ であるとは，番号が5以下である5枚から $k$ 枚，番号が6以上である5枚から $5-k$ 枚取り出すことで

$$P(X=0)=\frac{{}_5C_0\times{}_5C_5}{{}_{10}C_5}=\frac{1}{252}$$

$$P(X=1)=\frac{{}_5C_1\times{}_5C_4}{{}_{10}C_5}=\frac{25}{252}$$

$$P(X=2)=\frac{{}_5C_2\times{}_5C_3}{{}_{10}C_5}=\frac{100}{252}$$

$$P(X=3)=\frac{{}_5C_3\times{}_5C_2}{{}_{10}C_5}=\frac{100}{252}$$

$$P(X=4)=\frac{{}_5C_4\times{}_5C_1}{{}_{10}C_5}=\frac{25}{252}$$

$$P(X=5)=\frac{{}_5C_5\times{}_5C_0}{{}_{10}C_5}=\frac{1}{252}$$

よって，求める確率分布は

| $X$ | 0 | 1 | 2 | 3 | 4 | 5 | 計 |
|---|---|---|---|---|---|---|---|
| $P$ | $\frac{1}{252}$ | $\frac{25}{252}$ | $\frac{100}{252}$ | $\frac{100}{252}$ | $\frac{25}{252}$ | $\frac{1}{252}$ | **1** |

(2) 期待値は

$$E(X)=0\times\frac{1}{252}+1\times\frac{25}{252}+2\times\frac{100}{252}+3\times\frac{100}{252}+4\times\frac{25}{252}+5\times\frac{1}{252}$$

$$=\frac{630}{252}=\mathbf{\frac{5}{2}}$$

また

$$E(X^2)=0^2\times\frac{1}{252}+1^2\times\frac{25}{252}+2^2\times\frac{100}{252}+3^2\times\frac{100}{252}+4^2\times\frac{25}{252}+5^2\times\frac{1}{252}$$

$$=\frac{1750}{252}=\frac{125}{18}$$

より，分散は

$$V(X)=E(X^2)-\{E(X)\}^2$$

$$=\frac{125}{18}-\left(\frac{5}{2}\right)^2=\mathbf{\frac{25}{36}}$$

## 106

(1) 硬貨を3回投げて表が$X$回，裏が$3-X$回であるから

$$\boldsymbol{T}=3\times X+(-2)\times(3-X)=\mathbf{5X-6}$$

(2) $X=k$ $(k=0, 1, 2, 3)$ である確率は

${}_3C_k\left(\frac{1}{2}\right)^k\left(\frac{1}{2}\right)^{3-k}$ であるから，$X$の期待値は

$$E(X)=0\cdot\left(\frac{1}{2}\right)^3+1\cdot{}_3C_1\left(\frac{1}{2}\right)^1\left(\frac{1}{2}\right)^2+2\cdot{}_3C_2\left(\frac{1}{2}\right)^2\left(\frac{1}{2}\right)^1+3\cdot\left(\frac{1}{2}\right)^3$$

$$=\frac{3+6+3}{2^3}=\frac{3}{2}$$

分散は

$$E(X^2)=0^2\cdot\left(\frac{1}{2}\right)^3+1^2\cdot{}_3C_1\left(\frac{1}{2}\right)^1\left(\frac{1}{2}\right)^2+2^2\cdot{}_3C_2\left(\frac{1}{2}\right)^2\left(\frac{1}{2}\right)^1+3^2\cdot\left(\frac{1}{2}\right)^3$$

$$=\frac{3+12+9}{2^3}=3$$

より

$$V(X)=E(X^2)-\{E(X)\}^2=3-\left(\frac{3}{2}\right)^2$$

$$=\frac{3}{4}$$

よって

$$V(T)=V(5X-6)=5^2V(X)$$

$$=25\cdot\frac{3}{4}=\mathbf{\frac{75}{4}}$$

## 107

取り出した2枚のカードの数字が

(i) 1と1のとき，$X=1$，$Y=0$

確率は $\frac{{}_3C_2}{{}_5C_2}=\frac{3}{10}$

(ii) 1と2のとき，$X=\frac{3}{2}$，$Y=1$

確率は $\frac{{}_3C_1\times{}_1C_1}{{}_5C_2}=\frac{3}{10}$

(iii) 1と3のとき，$X=2$，$Y=2$

確率は(ii)と同様で $\frac{3}{10}$

(iv) 2と3のとき，$X=\frac{5}{2}$，$Y=1$

確率は $\frac{{}_1C_1\times{}_1C_1}{{}_5C_2}=\frac{1}{10}$

よって，$X$，$Y$の期待値はそれぞれ

$$E(X)=1\times\frac{3}{10}+\frac{3}{2}\times\frac{3}{10}+2\times\frac{3}{10}+\frac{5}{2}\times\frac{1}{10}$$

$$=\frac{8}{5}$$

$$E(Y)=0\times\frac{3}{10}+1\times\frac{3}{10}+2\times\frac{3}{10}+1\times\frac{1}{10}$$

$$=1$$

したがって，求める期待値は

$$E(2X-Y)=2E(X)-E(Y)$$

$$=2\cdot\frac{8}{5}-1=\mathbf{\frac{11}{5}}$$

## 108

6枚のカードから2枚のカードを同時に取り出す方法は ${}_6C_2=\frac{6\cdot5}{2\cdot1}=15$(通り)である.

$X$のとりうる値は，2，3，4のいずれかである.

$X=2$となるのは，取り出したカードに書かれた数字が2枚とも1のときで

$$P(X=2)=\frac{{}_2C_2}{15}=\frac{1}{15}$$

$X=3$ となるのは，取り出したカードに書かれた数字が 1 と 2 のときで，

$$P(X=3)=\frac{{}_2C_1\times{}_4C_1}{15}=\frac{8}{15}$$

同様に

$$P(X=4)=\frac{{}_4C_2}{15}=\frac{6}{15}=\frac{2}{5}$$

よって

$$E(X)=2\times\frac{1}{15}+3\times\frac{8}{15}+4\times\frac{6}{15}$$
$$=\frac{50}{15}=\frac{10}{3}$$
$$V(X)=E(X^2)-\{E(X)\}^2$$
$$=\left(2^2\times\frac{1}{15}+3^2\times\frac{8}{15}+4^2\times\frac{6}{15}\right)-\left(\frac{10}{3}\right)^2$$
$$=\frac{172}{15}-\frac{100}{9}=\frac{16}{45}$$

また，$Y$ のとりうる値は，1，2，4 のいずれかである．$Y=1$ となるのは，取り出したカードに書かれた数字が 2 枚とも 1 のときで

$$P(Y=1)=\left(\frac{2}{6}\right)^2=\frac{1}{9}$$

$Y=2$ となるのは，取り出したカードに書かれた数字が 1 と 2 のときで

$$P(Y=2)={}_2C_1\left(\frac{2}{6}\right)^1\left(\frac{4}{6}\right)^1=\frac{4}{9}$$

同様に

$$P(Y=4)=\left(\frac{4}{6}\right)^2=\frac{4}{9}$$

よって

$$E(Y)=1\times\frac{1}{9}+2\times\frac{4}{9}+4\times\frac{4}{9}=\frac{25}{9}$$
$$V(Y)=E(Y^2)-\{E(Y)\}^2$$
$$=\left(1^2\times\frac{1}{9}+2^2\times\frac{4}{9}+4^2\times\frac{4}{9}\right)-\left(\frac{25}{9}\right)^2$$
$$=\frac{81}{9}-\frac{625}{81}=\frac{104}{81}$$

よって

$$\boldsymbol{E(Z)}=E(2X+3Y)$$
$$=2E(X)+3E(Y)$$
$$=2\cdot\frac{10}{3}+3\cdot\frac{25}{9}=\mathbf{15}$$

$X$ と $Y$ は独立なので

$$\boldsymbol{V(Z)}=V(2X+3Y)$$
$$=2^2V(X)+3^2V(Y)$$
$$=4\cdot\frac{16}{45}+9\cdot\frac{104}{81}=\mathbf{\frac{584}{45}}$$

## 109

1 回の試行で 2 枚が表で 2 枚が裏となる確率 $p$ は

$$p={}_4C_2\left(\frac{1}{2}\right)^2\left(\frac{1}{2}\right)^2=\frac{3}{8}$$

確率変数 $X$ のとる値は，0，1，2，3，4 であり，$X$ の確率分布は二項分布で，$X=x$ となる確率 $P(x)$ は

$$P(x)={}_4C_x\,p^x(1-p)^{4-x}$$
$$={}_4C_x\left(\mathbf{\frac{3}{8}}\right)^x\left(\mathbf{\frac{5}{8}}\right)^{4-x}$$

$X$ の期待値は

$$\boldsymbol{E(X)}=4\cdot\frac{3}{8}=\mathbf{\frac{3}{2}}$$

$X$ の分散は

$$V(X)=4\cdot\frac{3}{8}\cdot\frac{5}{8}=\frac{15}{16}$$
$$\therefore\ \boldsymbol{\sigma(X)}=\mathbf{\frac{\sqrt{15}}{4}}$$

## 110

(1) 確率密度関数の定義より，

$\int_0^a f(x)dx=1$ であるから

$$\int_0^a f(x)dx=\int_0^a bx(a-x)dx$$
$$=b\left[\frac{a}{2}x^2-\frac{1}{3}x^3\right]_0^a=\frac{1}{6}a^3b$$

より

$$\frac{1}{6}a^3b=1\cdots①$$

$X$ の期待値が 1 のとき　$\int_0^a xf(x)dx=1$

$$\int_0^a xf(x)dx=\int_0^a bx^2(a-x)dx$$
$$=b\left[\frac{a}{3}x^3-\frac{1}{4}x^4\right]_0^a=\frac{1}{12}a^4b$$

より　$\frac{1}{12}a^4b=1\cdots②$

①，②より　$\boldsymbol{a=2}$，$\boldsymbol{b=\frac{3}{4}}$

(2) 分散は

$$\boldsymbol{V(X)}=\int_0^2(x-1)^2f(x)dx$$
$$=\int_0^2\frac{3}{4}(x-1)^2x(2-x)dx$$

$$=\frac{3}{4}\int_0^2(-x^4+4x^3-5x^2+2x)dx$$

$$=\frac{3}{4}\left[-\frac{1}{5}x^5+x^4-\frac{5}{3}x^3+x^2\right]_0^2$$

$$=\frac{3}{4}\left(-\frac{32}{5}+16-\frac{40}{3}+4\right)=\frac{1}{5}$$

(注)　分散の計算においては，**例題105**の公式$V(X)=E(X^2)-\{E(X)\}^2$と同様に**例題110** ***Assist***(注)の公式が成り立つ．これは次のように示せる．

$$V(X)=\int_\alpha^\beta(x-m)^2f(x)dx$$

$$=\int_\alpha^\beta\{x^2f(x)-2mxf(x)+m^2f(x)\}dx$$

$$=\int_\alpha^\beta x^2f(x)dx-2m\int_\alpha^\beta xf(x)dx+m^2\int_\alpha^\beta f(x)dx$$

$$=\int_\alpha^\beta x^2f(x)dx-2m\cdot m+m^2\cdot 1$$

$$=\int_\alpha^\beta x^2f(x)dx-m^2$$

これを用いて(2)を計算してもよい．

$$V(X)=\int_0^2 x^2f(x)dx-\{E(X)\}^2$$

$$=\int_0^2 x^2\cdot\frac{3}{4}(2-x)xdx-1^2$$

$$=\frac{3}{4}\left[\frac{1}{2}x^4-\frac{1}{5}x^5\right]_0^2-1=\frac{1}{5}$$

**例題110**の方も同様である．

$$V(X)=\int_0^1 x^2f(x)dx-\{E(X)\}^2$$

$$=\int_0^1 x^2\cdot 6(x-x^2)dx-\left(\frac{1}{2}\right)^2$$

$$=6\left[\frac{1}{4}x^4-\frac{1}{5}x^5\right]_0^1-\frac{1}{4}=\frac{1}{20}$$

## 111

$T$は確率変数として正規分布$N(1500, 450^2)$に従うので，$Z=\frac{T-1500}{450}$とおくと，$Z$は標準正規分布$N(0, 1)$に従う．

求める確率は

$$P(T\leqq 852)=P(Z\leqq -1.44)=P(Z\geqq 1.44)$$
$$=0.5-p(1.44)=0.5-0.4251$$
$$=\mathbf{0.0749}$$

## 112

(1)　1人の解答者が2つとも正しく○を付ける確率は　$\frac{1}{{}_5C_2}=\frac{1}{10}$

1600人の中の正解者の数を$X$とすると，

$$P(X=k)={}_{1600}C_k\left(\frac{1}{10}\right)^k\left(\frac{9}{10}\right)^{1600-k}$$

$(k=0, 1, \cdots\cdots, 1600)$

2つとも正しく○を付けたものが130人以上175人以下となる確率を式で表すと

$$\boldsymbol{P(130\leqq X\leqq 175)=\sum_{k=130}^{175}{}_{1600}C_k\left(\frac{1}{10}\right)^k\left(\frac{9}{10}\right)^{1600-k}}$$

(2)　$X$は二項分布$B\left(1600, \frac{1}{10}\right)$に従う．

$$m=E(X)=1600\times\frac{1}{10}=160$$

$$\sigma=\sqrt{V(X)}=\sqrt{1600\times\frac{1}{10}\times\frac{9}{10}}=12$$

と$m$，$\sigma$を定めると，$X$は正規分布$N(m, \sigma^2)$に従う．よって，$Z=\frac{X-m}{\sigma}=\frac{X-160}{12}$とおくと，$Z$は標準正規分布$N(0, 1)$に従うので

$$P(130\leqq X\leqq 175)=P(-2.5\leqq Z\leqq 1.25)$$
$$=P(-2.5\leqq Z\leqq 0)+P(0\leqq Z\leqq 1.25)$$
$$=P(0\leqq Z\leqq 2.5)+P(0\leqq Z\leqq 1.25)$$
$$=0.4938+0.3944=0.8882$$

よって，求める確率は　**0.89**

**TRIAL**　$X$は二項分布$B\left(n, \frac{1}{2}\right)$に従うから

期待値　$E(X)=\frac{n}{2}$

標準偏差　$\sigma(X)=\sqrt{n\cdot\frac{1}{2}\cdot\frac{1}{2}}=\frac{\sqrt{n}}{2}$

$X$は正規分布$N\left(\frac{n}{2}, \frac{n}{4}\right)$に従い，$Z=\frac{X-\frac{n}{2}}{\frac{\sqrt{n}}{2}}$

とおくと，$Z$は標準正規分布$N(0, 1)$に従うから，$\left|\frac{X}{n}-\frac{1}{2}\right|\leqq 0.05$より

$$-0.05\leqq\frac{X}{n}-\frac{1}{2}\leqq 0.05$$

$\therefore$　$0.45\times n\leqq X\leqq 0.55\times n$

よって

$$(-0.05\times n)\frac{2}{\sqrt{n}}\leqq Z\leqq(0.05\times n)\frac{2}{\sqrt{n}}$$

$\therefore$　$-0.1\times\sqrt{n}\leqq Z\leqq 0.1\times\sqrt{n}$

$\therefore\ |Z| \leqq 0.1\times\sqrt{n}\cdots$①

正規分布表より，

$P(|Z|\leqq 1.96)=2P(0\leqq Z\leqq 1.96)\fallingdotseq 0.95$ である．

$\left|\dfrac{X}{n}-\dfrac{1}{2}\right|\leqq 0.05$ となるのは，①のときであり，その確率が 0.95 以上となる条件は

$$1.96\leqq 0.1\times\sqrt{n}$$

$\therefore\ \sqrt{n}\geqq 19.6\quad\therefore\ n\geqq 384.16$

よって，**385 回以上**にすればよい．

## 113

(1) 母平均が 167cm，母標準偏差が 6cm であり，標本の大きさが $n$ であるから，**標本平均の期待値は 167cm，標本平均の標準偏差は $\dfrac{6}{\sqrt{n}}$** である．

(2) 標本平均の標準偏差が 0.3cm 以下であるためには，(1)より，

$$\frac{6}{\sqrt{n}}\leqq 0.3\quad\therefore\ \sqrt{n}\geqq\frac{6}{0.3}=20\quad\therefore\ n\geqq 400$$

よって，**400 人**の平均をとれば十分である．

## 114

母平均を $m$，母標準偏差を $\sigma$，標本の大きさを $n$，標本平均を $\overline{X}$ とすると，$\overline{X}$ は正規分布 $N\left(m, \dfrac{\sigma^2}{n}\right)$ に従う．

$m=20$，$\sigma=0.12$，$n=25$ より，$\overline{X}$ は正規分布

$$N\left(20, \frac{0.12^2}{25}\right)\quad\therefore\ N(20, 0.024^2)$$

に従う．

$Z=\dfrac{\overline{X}-20}{0.024}$ とおくと，$Z$ は標準正規分布 $N(0, 1)$ に従う．

$\overline{X}\geqq 20.03$ より

$$Z\geqq\frac{20.03-20}{0.024}=\frac{0.03}{0.024}\quad\therefore\ Z\geqq 1.25$$

正規分布表より

$$P(\overline{X}\geqq 20.03)=P(Z\geqq 1.25)$$
$$=\frac{1}{2}-P(0\leqq Z\leqq 1.25)=\frac{1}{2}-p(1.25)$$
$$=0.5-0.3944=\mathbf{0.1056}$$

## 115

標本平均を $\overline{X}$，標本標準偏差を $s$，標本の大きさを $n$ とすると，$\overline{X}=110.0$，$s=1.8$，$n=81$ である．このとき，母平均 $m$ に対する信頼度 95% の信頼区間は $\left[\overline{X}-1.96\cdot\dfrac{s}{\sqrt{n}},\ \overline{X}+1.96\cdot\dfrac{s}{\sqrt{n}}\right]$ である．

$$\overline{X}-1.96\cdot\frac{s}{\sqrt{n}}=110.0-1.96\cdot\frac{1.8}{\sqrt{81}}$$
$$=109.608$$
$$\overline{X}+1.96\cdot\frac{s}{\sqrt{n}}=110.0+1.96\cdot\frac{1.8}{\sqrt{81}}$$
$$=110.392$$

より，求める信頼区間は **[109.608, 110.392]** である．ただし，単位は g．

また，母平均 $m$ に対する信頼度 99% の信頼区間は $\left[\overline{X}-2.58\cdot\dfrac{s}{\sqrt{n}},\ \overline{X}+2.58\cdot\dfrac{s}{\sqrt{n}}\right]$ である．

$$\overline{X}-2.58\cdot\frac{s}{\sqrt{n}}=110.0-2.58\cdot\frac{1.8}{\sqrt{81}}$$
$$=109.484$$
$$\overline{X}+2.58\cdot\frac{s}{\sqrt{n}}=110.0+2.58\cdot\frac{1.8}{\sqrt{81}}$$
$$=110.516$$

より，求める信頼区間は **[109.484, 110.516]** である．ただし，単位は g．

(注) 《**母平均の推定**》の (注) にあるように，標本の大きさ $n$ が大きいときには，$\sigma$ の代わりに，標本標準偏差 $s$ を用いてもよい．

## 116

標本比率を $R$ とすると

$$R=\frac{320}{400}=\frac{4}{5}=0.8$$

$n=400$ が十分大きいので，母比率 $p$ に対する信頼度 95% の信頼区間は

$$\left[R-1.96\sqrt{\frac{R(1-R)}{n}},\ R+1.96\sqrt{\frac{R(1-R)}{n}}\right]$$

である．

$$1.96\sqrt{\frac{R(1-R)}{n}}=1.96\sqrt{\frac{0.8\times 0.2}{400}}$$
$$=1.96\times\frac{0.4}{20}=0.0392$$

より，$p$ に対する信頼度 95% の信頼区間は

$$[0.8-0.0392,\ 0.8+0.0392]$$
$$\therefore\ \mathbf{[0.7608,\ 0.8392]}$$

また，標本の人数を $n$ 人とする．

標本比率を $R$ とすると，母比率 $p$ に対する信頼度95%の信頼区間は

$$\left[R-1.96\sqrt{\frac{R(1-R)}{n}},\ R+1.96\sqrt{\frac{R(1-R)}{n}}\right]$$

である．この信頼区間の幅は

$$2\times1.96\sqrt{\frac{R(1-R)}{n}}$$

信頼区間の幅が4%以下となる条件は

$$2\times1.96\sqrt{\frac{R(1-R)}{n}}\leqq0.04\cdots①$$

賛成者の比率が80%と予想されるとき，$p=0.8$ であるが，$R$ は $p$ の近似値としてよいから，$R=0.8$ として代入すると，①は

$$2\times1.96\sqrt{\frac{0.8\times0.2}{n}}\leqq0.04$$

$\therefore\ \sqrt{n}\geqq39.2\quad\therefore\ n\geqq1536.64$

よって，**1537人以上抽出すればよい．**

## 117

白球と黒球の割合は同じであるという仮説を立てる．400個の球を無作為に取り出したときに，白球が取り出される個数を $X$ 個とすると，仮説より，$X$ は二項分布 $B\left(400,\dfrac{1}{2}\right)$ に従うので，近似的に正規分布

$N\left(400\times\dfrac{1}{2},400\times\dfrac{1}{2}\times\dfrac{1}{2}\right)$，つまり $N(200,10^2)$ に従う．

$Z=\dfrac{X-200}{10}$ とおくと，$Z$ は標準正規分布 $N(0,1)$ に従う．有意水準は5%であり，正規分布表の $p(u)=0.5-0.025=0.475$ のときの $u$ の値は $u=1.96$ であるから，$|Z|\geqq1.96$ が棄却域である．$X=222$ に対する $Z$ の値は $Z=2.2$ で，これは棄却域に入るので，仮説は棄却される．よって，有意水準5%で，**白球と黒球の割合は異なると判断してよい．**

## 118

新しい薬の副作用の発生する割合を $p$% とする．$p=10$ という仮説を立てる．このとき400人の患者のうち，副作用の発生した患者の数を $X$ とすると，$X$ は二項分布 $B(400,0.1)$ に従うので，近似的に正規分布 $N(400\times0.1,400\times0.1\times0.9)$，つまり $N(40,6^2)$ に従うとしてよい．

したがって，$Z=\dfrac{X-40}{6}$ とおくと，$Z$ は標準正規分布 $N(0,1)$ に従う．

ここで，$P(Z\geqq u)=0.95$ となる $u$ を求める．

$P(Z\geqq u)=0.95$

$\Leftrightarrow P(u\leqq Z\leqq0)=0.5-0.05(=0.45)$

$\Leftrightarrow P(0\leqq Z\leqq-u)=0.45$

であるから，$P(0\leqq Z\leqq1.64)=0.45$ より

$u=-1.64$

よって，棄却域は

$Z\leqq-1.64\quad\therefore\ \dfrac{X-40}{6}\leqq-1.64$

$\therefore\ X\leqq30.16$

$X=35$ は棄却域に含まれないので，$p=10$ という仮説は棄却されない．したがって，**新しい薬は副作用の発生する割合が低いとは判断できない．**

（注）「副作用が発生する割合が低いといえるか」とあるので $p\leqq10$ を前提としてよい．

# §8 ベクトル

## 119

(1) 正八角形ABCDEFGHの中心をOとすると

$\vec{a}-\vec{b}=\overrightarrow{AB}-\overrightarrow{AH}=\overrightarrow{HB}$

ここで，$\angle AOB=\angle AOH=\dfrac{\pi}{4}$ より

$\angle BOH=\dfrac{\pi}{2}$

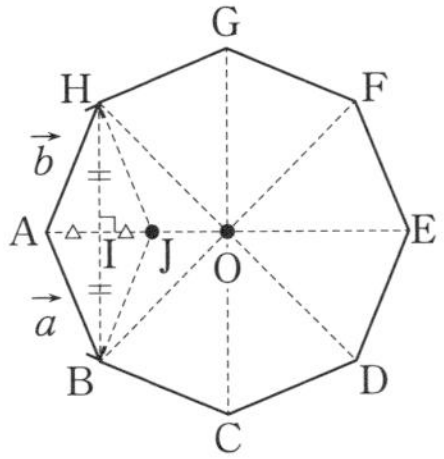


OB＝OH＝1より　$HB=\sqrt{2}$

よって　$|\boldsymbol{\vec{a}-\vec{b}}|=|\overrightarrow{HB}|=HB=\boldsymbol{\sqrt{2}}$

次に，BHの中点をI，AIを2:1に外分する点をJとすると，$|\vec{a}|=|\vec{b}|$ より

$|\boldsymbol{\vec{a}+\vec{b}}|=|\overrightarrow{AJ}|=2AI$

$=2(OA-OI)=2\left(1-\dfrac{1}{\sqrt{2}}\right)$

$=\boldsymbol{2-\sqrt{2}}$

(2) $AE=2$ であり，$\overrightarrow{AE}$ と $\overrightarrow{AJ}$ は同じ方向なので，

$$|\overrightarrow{AJ}|=|\vec{a}+\vec{b}|=2-\sqrt{2}$$

であるから

$$\overrightarrow{AE}=\frac{2}{2-\sqrt{2}}\overrightarrow{AJ}=\frac{2}{2-\sqrt{2}}(\vec{a}+\vec{b})$$

$$=\mathbf{(2+\sqrt{2})(\vec{a}+\vec{b})}\cdots①$$

また　$\overrightarrow{AD}=\overrightarrow{AB}+\overrightarrow{BD}$

ここで，$\overrightarrow{BD}$ と $\overrightarrow{AE}$ は同じ方向であり，

$$BD=BH=\sqrt{2},\ AE=2$$

であるから，①より

$$\overrightarrow{BD}=\frac{\sqrt{2}}{2}\overrightarrow{AE}=\frac{\sqrt{2}}{2}(2+\sqrt{2})(\vec{a}+\vec{b})$$

$$=(1+\sqrt{2})(\vec{a}+\vec{b})$$

よって

$$\overrightarrow{AD}=\overrightarrow{AB}+\overrightarrow{BD}=\vec{a}+(1+\sqrt{2})(\vec{a}+\vec{b})$$

$$=\mathbf{(2+\sqrt{2})\vec{a}+(1+\sqrt{2})\vec{b}}\cdots②$$

(3) $(1+\sqrt{2})\times①-(2+\sqrt{2})\times②$ より

$$(1+\sqrt{2})\overrightarrow{AE}-(2+\sqrt{2})\overrightarrow{AD}$$

$$=-(2+\sqrt{2})\vec{a}$$

$$\therefore\ \boldsymbol{\vec{a}=\overrightarrow{AD}-\frac{\sqrt{2}}{2}\overrightarrow{AE}}$$

## 120

(1)

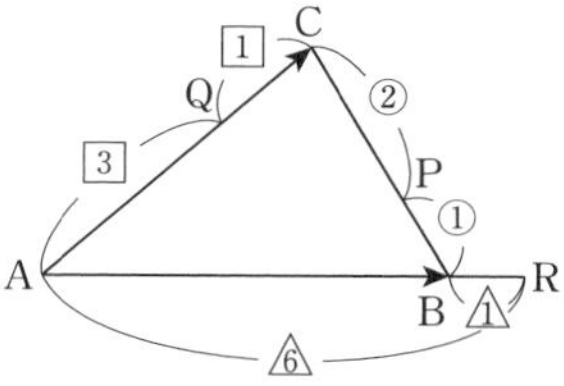


BP:PC=1:2 より　$\boldsymbol{\overrightarrow{AP}=\frac{2\overrightarrow{AB}+\overrightarrow{AC}}{3}}$

AQ:QC=3:1 より　$\boldsymbol{\overrightarrow{AQ}=\frac{3}{4}\overrightarrow{AC}}$

AR:RB=6:1 より　$\boldsymbol{\overrightarrow{AR}=\frac{6}{5}\overrightarrow{AB}}$

(2) (1)より

$$\overrightarrow{QP}=\overrightarrow{AP}-\overrightarrow{AQ}$$

$$=\frac{2\overrightarrow{AB}+\overrightarrow{AC}}{3}-\frac{3}{4}\overrightarrow{AC}$$

$$=\frac{2}{3}\overrightarrow{AB}-\frac{5}{12}\overrightarrow{AC}$$

$$=\frac{1}{12}(8\overrightarrow{AB}-5\overrightarrow{AC})$$

$$\overrightarrow{QR}=\overrightarrow{AR}-\overrightarrow{AQ}$$

$$=\frac{6}{5}\overrightarrow{AB}-\frac{3}{4}\overrightarrow{AC}$$

$$=\frac{3}{20}(8\overrightarrow{AB}-5\overrightarrow{AC})$$

よって，$\overrightarrow{QR}=\frac{9}{5}\overrightarrow{QP}$ であるから，3点P，Q，Rは一直線上にある．　終

## 121

$\overrightarrow{OA}=\vec{a}$，$\overrightarrow{OB}=\vec{b}$，$\overrightarrow{OC}=\vec{c}$ とおくと，Gは△ABCの重心なので

$$\overrightarrow{OG}=\frac{\vec{a}+\vec{b}+\vec{c}}{3}$$

また，Dは△ABGの重心なので

$$\overrightarrow{OD}=\frac{\overrightarrow{OA}+\overrightarrow{OB}+\overrightarrow{OG}}{3}$$

$$=\frac{\vec{a}+\vec{b}+\frac{\vec{a}+\vec{b}+\vec{c}}{3}}{3}=\frac{4\vec{a}+4\vec{b}+\vec{c}}{9}$$

同様に，Eは△BCGの重心なので

$$\overrightarrow{OE}=\frac{\overrightarrow{OB}+\overrightarrow{OC}+\overrightarrow{OG}}{3}$$

$$=\frac{\vec{b}+\vec{c}+\frac{\vec{a}+\vec{b}+\vec{c}}{3}}{3}=\frac{\vec{a}+4\vec{b}+4\vec{c}}{9}$$

Fは△CAGの重心なので

$$\overrightarrow{OF}=\frac{\overrightarrow{OC}+\overrightarrow{OA}+\overrightarrow{OG}}{3}$$

$$=\frac{\vec{c}+\vec{a}+\frac{\vec{a}+\vec{b}+\vec{c}}{3}}{3}=\frac{4\vec{a}+\vec{b}+4\vec{c}}{9}$$

よって

$$\overrightarrow{DE}=\overrightarrow{OE}-\overrightarrow{OD}$$

$$=\frac{\vec{a}+4\vec{b}+4\vec{c}}{9}-\frac{4\vec{a}+4\vec{b}+\vec{c}}{9}$$

$$=\frac{3}{9}(\vec{c}-\vec{a})=\frac{1}{3}\overrightarrow{AC}=-\frac{1}{3}\overrightarrow{CA}\cdots①$$

$$\overrightarrow{DF}=\overrightarrow{OF}-\overrightarrow{OD}$$

$$=\frac{4\vec{a}+\vec{b}+4\vec{c}}{9}-\frac{4\vec{a}+4\vec{b}+\vec{c}}{9}$$

$$=\frac{3}{9}(\vec{c}-\vec{b})=\frac{1}{3}\overrightarrow{BC}=-\frac{1}{3}\overrightarrow{CB}\cdots②$$

①，②より

$$\angle EDF=\angle ACB$$

$$DE:CA=DF:CB=1:3$$
よって
$$\triangle ABC \backsim \triangle EFD$$ 終

であり，相似比は　3:1

よって，面積比は　**9:1**

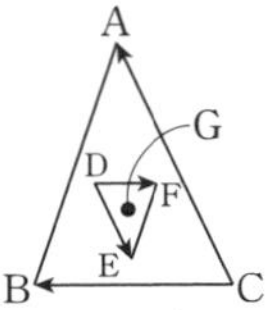


## 122

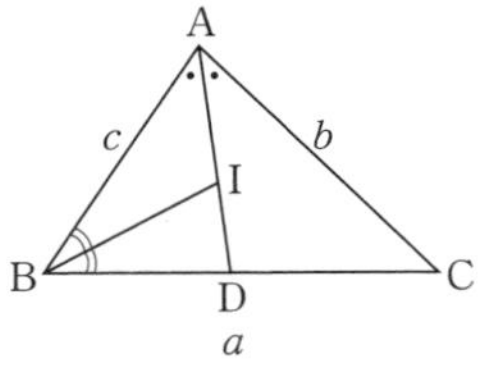


∠Aの二等分線と辺BCの交点をDとすると

$$BD:DC=AB:AC=c:b \cdots ①$$

よって，DはBCを$c:b$に内分する点であるから

$$\overrightarrow{OD}=\frac{b\overrightarrow{OB}+c\overrightarrow{OC}}{c+b} \cdots ②$$

また，①より　$BD=\frac{c}{c+b}BC=\frac{ca}{c+b}$

内心Iは∠Bの二等分線とADの交点であるから

$$AI:ID=BA:BD=c:\frac{ca}{c+b}=(c+b):a$$

よって，内心IはADを$(c+b):a$に内分する点であるから

$$\overrightarrow{OI}=\frac{a\overrightarrow{OA}+(c+b)\overrightarrow{OD}}{(c+b)+a}$$

②を代入して

$$\overrightarrow{OI}=\frac{a}{a+b+c}\overrightarrow{OA}+\frac{b}{a+b+c}\overrightarrow{OB}+\frac{c}{a+b+c}\overrightarrow{OC}$$ 終

**TRIAL**　内心Iは∠AOBの二等分線上にあるので

$$\overrightarrow{OI}=t\left(\frac{1}{OA}\overrightarrow{OA}+\frac{1}{OB}\overrightarrow{OB}\right) \quad (t\text{ は実数})$$
$$=\frac{t}{2}\overrightarrow{OA}+\frac{t}{4}\overrightarrow{OB} \cdots ①$$

と表せる．また，内心Iは∠OABの二等分線上にあるので

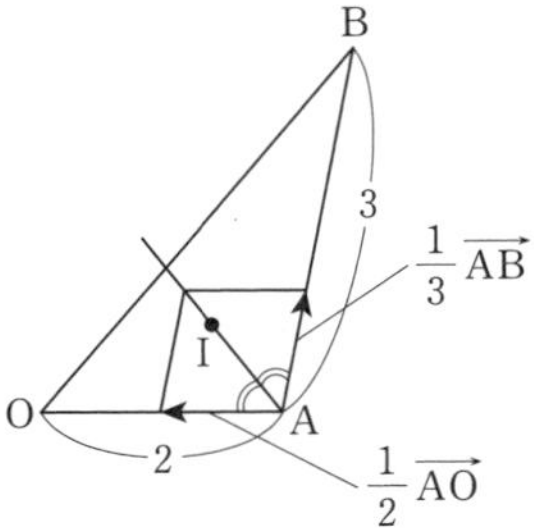


$$\overrightarrow{AI}=u\left(\frac{1}{AO}\overrightarrow{AO}+\frac{1}{AB}\overrightarrow{AB}\right) \quad (u\text{ は実数})$$
$$=\frac{u}{2}\overrightarrow{AO}+\frac{u}{3}\overrightarrow{AB}$$
$$=\frac{u}{2}(-\overrightarrow{OA})+\frac{u}{3}(\overrightarrow{OB}-\overrightarrow{OA})$$
$$=-\frac{5u}{6}\overrightarrow{OA}+\frac{u}{3}\overrightarrow{OB}$$

と表せるから

$$\overrightarrow{OI}=\overrightarrow{OA}+\overrightarrow{AI}$$
$$=\overrightarrow{OA}+\left(-\frac{5u}{6}\overrightarrow{OA}+\frac{u}{3}\overrightarrow{OB}\right)$$
$$=\left(1-\frac{5u}{6}\right)\overrightarrow{OA}+\frac{u}{3}\overrightarrow{OB} \cdots ②$$

$\overrightarrow{OA}\neq\vec{0}$，$\overrightarrow{OB}\neq\vec{0}$，$\overrightarrow{OA}\not\parallel\overrightarrow{OB}$ であるから，

①，②より

$$\begin{cases}\frac{t}{2}=1-\frac{5u}{6}\\ \frac{t}{4}=\frac{u}{3}\end{cases} \cdots (*) \quad \therefore\ t=\frac{8}{9},\ u=\frac{2}{3}$$

よって　$\boldsymbol{\overrightarrow{OI}=\frac{4}{9}\overrightarrow{OA}+\frac{2}{9}\overrightarrow{OB}}$

（注）（＊）において，本冊 p.131 の《係数の条件》を用いている．

（注）**例題 122** のようにしても結果の式は得られる．

## 123

(1)　$k\overrightarrow{AP}+5\overrightarrow{BP}+3\overrightarrow{CP}=\vec{0} \cdots ①$

①より

$$k\overrightarrow{AP}+5(\overrightarrow{AP}-\overrightarrow{AB})+3(\overrightarrow{AP}-\overrightarrow{AC})=\vec{0}$$
$$(k+8)\overrightarrow{AP}=5\overrightarrow{AB}+3\overrightarrow{AC}$$
$$\therefore\ \overrightarrow{AP}=\frac{1}{k+8}(5\overrightarrow{AB}+3\overrightarrow{AC}) \cdots ②$$
$$=\boldsymbol{\frac{5}{k+8}\overrightarrow{AB}+\frac{3}{k+8}\overrightarrow{AC}}$$

(2)　点Dは辺BCを3:5に内分する点なので

$$\overrightarrow{AD}=\frac{5\overrightarrow{AB}+3\overrightarrow{AC}}{3+5}$$

$$=\frac{1}{8}(5\overrightarrow{AB}+3\overrightarrow{AC})\cdots③$$

②，③より　$\overrightarrow{AP}=\dfrac{8}{k+8}\overrightarrow{AD}\cdots④$

よって，3点A，P，Dは一直線上にある．終

(3)　△ABPと△BDPにおいて，底辺をそれぞれAP，DPとすると，高さは等しい．

よって，④より

$\boldsymbol{S_1:S_2}=\mathrm{AP}:\mathrm{DP}=\boldsymbol{8:k}\cdots⑤$

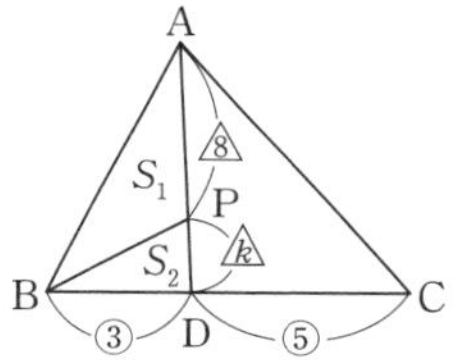


(4)　△ABCの面積を$S$，△CDPの面積を$S_3$とすると

$$S_3=\frac{\mathrm{DC}}{\mathrm{BC}}\triangle\mathrm{PBC}=\frac{5}{8}\triangle\mathrm{PBC}$$

$$=\frac{5}{8}\cdot\frac{\mathrm{PD}}{\mathrm{AD}}\triangle\mathrm{ABC}=\frac{5}{8}\cdot\frac{k}{k+8}S$$

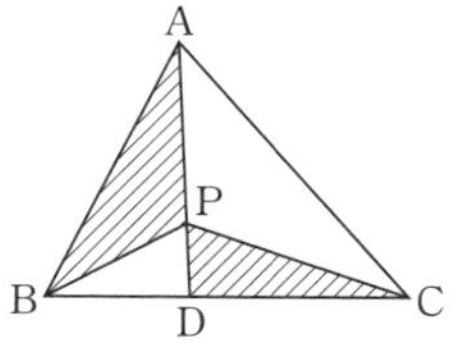


また，⑤より

$$S_1=\frac{8}{k+8}\triangle\mathrm{ABD}=\frac{8}{k+8}\cdot\frac{\mathrm{BD}}{\mathrm{BC}}\triangle\mathrm{ABC}$$

$$=\frac{8}{k+8}\cdot\frac{3}{8}S=\frac{3}{k+8}S$$

$S_1=S_3\times\dfrac{6}{5}$ のとき

$$\frac{3}{k+8}S=\frac{5k}{8(k+8)}S\times\frac{6}{5}$$

$\therefore\ \boldsymbol{k=4}$

## 124

(1)

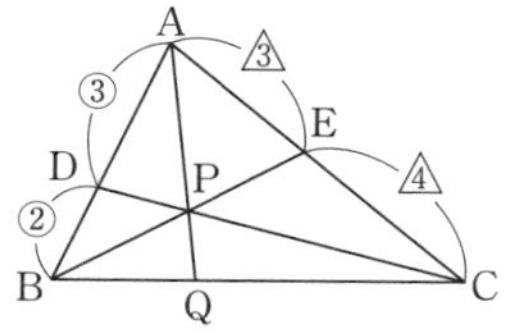


$$\overrightarrow{AD}=\frac{3}{5}\overrightarrow{AB},\ \overrightarrow{AE}=\frac{3}{7}\overrightarrow{AC}$$

点PはBE上にあるので

$\overrightarrow{AP}=(1-t)\overrightarrow{AB}+t\overrightarrow{AE}$　($t$は実数)

$=(1-t)\overrightarrow{AB}+\dfrac{3}{7}t\overrightarrow{AC}\cdots①$

と表される．また，点Pは線分CD上にあるので

$\overrightarrow{AP}=(1-u)\overrightarrow{AC}+u\overrightarrow{AD}$　($u$は実数)

$=\dfrac{3}{5}u\overrightarrow{AB}+(1-u)\overrightarrow{AC}\cdots②$

と表される．ここで，$\overrightarrow{AB}\neq\vec{0}$，$\overrightarrow{AC}\neq\vec{0}$，$\overrightarrow{AB}\not\parallel\overrightarrow{AC}$であるから，①，②より

$$\begin{cases}1-t=\dfrac{3}{5}u\\ \dfrac{3}{7}t=1-u\end{cases}\quad\therefore\ t=\frac{7}{13},\ u=\frac{10}{13}$$

$$\therefore\ \boldsymbol{\overrightarrow{AP}=\frac{6}{13}\overrightarrow{AB}+\frac{3}{13}\overrightarrow{AC}}$$

(2)　点Qは直線AP上にあるので

$\overrightarrow{AQ}=k\overrightarrow{AP}$　($k$は実数)

と表され

$$\overrightarrow{AQ}=k\left(\frac{6}{13}\overrightarrow{AB}+\frac{3}{13}\overrightarrow{AC}\right)$$

$$=\frac{6}{13}k\overrightarrow{AB}+\frac{3}{13}k\overrightarrow{AC}$$

また，点QはBC上にあるので

$$\frac{6}{13}k+\frac{3}{13}k=1\quad\therefore\ k=\frac{13}{9}$$

$$\therefore\ \boldsymbol{\overrightarrow{AQ}=\frac{2}{3}\overrightarrow{AB}+\frac{1}{3}\overrightarrow{AC}}$$

## 125

(1)　$\cos\angle\mathrm{AOB}=\dfrac{\overrightarrow{OA}\cdot\overrightarrow{OB}}{|\overrightarrow{OA}||\overrightarrow{OB}|}=\dfrac{4}{2\cdot5}=\boldsymbol{\dfrac{2}{5}}$

(2)　CはABを2:1に内分する点なので

$$\overrightarrow{OC}=\frac{\overrightarrow{OA}+2\overrightarrow{OB}}{3}$$

よって

$$|\overrightarrow{OC}|^2=\left|\frac{\overrightarrow{OA}+2\overrightarrow{OB}}{3}\right|^2$$

$$=\frac{1}{3^2}(\overrightarrow{OA}+2\overrightarrow{OB})\cdot(\overrightarrow{OA}+2\overrightarrow{OB})$$

$$=\frac{1}{9}(|\overrightarrow{OA}|^2+4\overrightarrow{OA}\cdot\overrightarrow{OB}+4|\overrightarrow{OB}|^2)$$

$$=\frac{1}{9}(2^2+4\cdot4+4\cdot5^2)=\frac{120}{9}$$

$$\therefore\ \mathbf{OC}=\frac{\sqrt{120}}{3}=\boldsymbol{\frac{2\sqrt{30}}{3}}$$

また

$$\overrightarrow{OA}\cdot\overrightarrow{OC}=\overrightarrow{OA}\cdot\left(\frac{\overrightarrow{OA}+2\overrightarrow{OB}}{3}\right)$$

$$=\frac{1}{3}(|\overrightarrow{OA}|^2+2\overrightarrow{OA}\cdot\overrightarrow{OB})$$

$$=\frac{1}{3}(2^2+2\cdot4)=4$$

よって

$$\mathbf{\cos\angle AOC}=\frac{\overrightarrow{OA}\cdot\overrightarrow{OC}}{|\overrightarrow{OA}||\overrightarrow{OC}|}=\frac{4}{2\cdot\frac{2\sqrt{30}}{3}}$$

$$=\frac{3}{\sqrt{30}}=\boldsymbol{\frac{\sqrt{30}}{10}}$$

## 126

(1) $|\vec{a}|=2,\ |\vec{b}|=1\cdots①$

$|\vec{a}+3\vec{b}|=3$ より

$$|\vec{a}+3\vec{b}|^2=3^2$$

$$\therefore\ |\vec{a}|^2+6\vec{a}\cdot\vec{b}+9|\vec{b}|^2=9$$

①を代入して

$$2^2+6\vec{a}\cdot\vec{b}+9\cdot1^2=9$$

$$\therefore\ \boldsymbol{\vec{a}\cdot\vec{b}=-\frac{2}{3}}\cdots②$$

(2) $k\vec{a}-\vec{b}$ と $\vec{a}+k\vec{b}$ が垂直となる条件は

$$(k\vec{a}-\vec{b})\cdot(\vec{a}+k\vec{b})=0$$

$$\therefore\ k|\vec{a}|^2+(k^2-1)\vec{a}\cdot\vec{b}-k|\vec{b}|^2=0$$

①，②を代入して

$$k\cdot2^2+(k^2-1)\left(-\frac{2}{3}\right)-k\cdot1^2=0$$

$$\therefore\ 2k^2-9k-2=0$$

$$\therefore\ \boldsymbol{k=\frac{9\pm\sqrt{97}}{4}}$$

(3) $L=|x\vec{a}+(1-x)\vec{b}|$ とおくと，①，②より

$$L^2=|x\vec{a}+(1-x)\vec{b}|^2$$

$$=x^2|\vec{a}|^2+2x(1-x)(\vec{a}\cdot\vec{b})+(1-x)^2|\vec{b}|^2$$

$$=4x^2-\frac{4}{3}x(1-x)+(1-x)^2$$

$$=\frac{19}{3}x^2-\frac{10}{3}x+1$$

$$=\frac{19}{3}\left(x-\frac{5}{19}\right)^2+\frac{32}{57}$$

$L^2$ が最小のとき，$L$ も最小となる.

よって，$\boldsymbol{x=\frac{5}{19}}$ のとき，$L$ は最小となる.

## 127

$\vec{a}=(-1,\ -1),\ \vec{b}=(1,\ -2)$ より

$$\vec{c}=\vec{a}-\vec{b}=(-1,\ -1)-(1,\ -2)=(-2,\ 1)$$

$$\vec{d}=\vec{a}+t\vec{b}=(-1,\ -1)+t(1,\ -2)$$

$$=(t-1,\ -2t-1)$$

(1) $\vec{d}$ と $\vec{e}$ が平行となる条件は

$\vec{d}=k\vec{e}\cdots①$　($k$ は実数)

と表されることである. ①より

$$(t-1,\ -2t-1)=k(3,\ 4)$$

$$\therefore\ t-1=3k,\ -2t-1=4k$$

$$\therefore\ 4(t-1)=3(-2t-1)\quad\therefore\ \boldsymbol{t=\frac{1}{10}}$$

(2) $\vec{c}$ と $\vec{d}$ が垂直となる条件は　$\vec{c}\cdot\vec{d}=0$

$$\vec{c}\cdot\vec{d}=(-2)(t-1)+(-2t-1)$$

$$=-4t+1$$

より　$\boldsymbol{t=\frac{1}{4}}$

(3) $\vec{c}$ と $\vec{d}$ のなす角が $\frac{\pi}{4}$ である条件は

$$\vec{c}\cdot\vec{d}=|\vec{c}||\vec{d}|\cos\frac{\pi}{4}$$

$$\therefore\ -4t+1$$

$$=\sqrt{(-2)^2+1^2}\sqrt{(t-1)^2+(-2t-1)^2}\cdot\frac{1}{\sqrt{2}}$$

$$\therefore\ \sqrt{2}(-4t+1)=\sqrt{5}\sqrt{5t^2+2t+2}$$

よって　$-4t+1\geqq0\quad\therefore\ t\leqq\frac{1}{4}\cdots②$

であり，このとき

$$2(-4t+1)^2=5(5t^2+2t+2)$$

$$\therefore\ 7t^2-26t-8=0$$

$$\therefore\ (7t+2)(t-4)=0$$

②より

$$\boldsymbol{t=-\frac{2}{7}}$$

## 128

(1) $\overrightarrow{\mathrm{AB}}\cdot\overrightarrow{\mathrm{AC}}=|\overrightarrow{\mathrm{AB}}||\overrightarrow{\mathrm{AC}}|\cos\angle\mathrm{BAC}$

$$=5\cdot3\cdot\cos60^\circ=\mathbf{\frac{15}{2}}$$

(2)

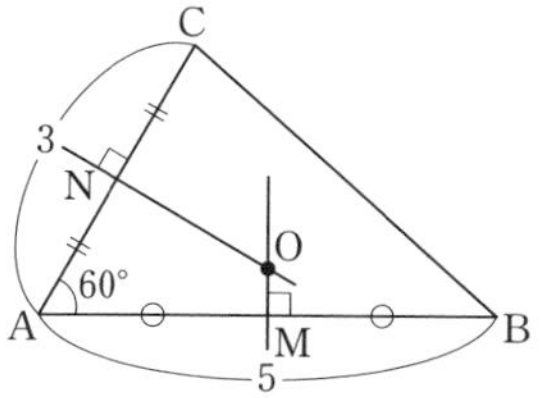


$\overrightarrow{\mathrm{AO}}=p\overrightarrow{\mathrm{AB}}+q\overrightarrow{\mathrm{AC}}$ とおく．線分AB，ACの中点をそれぞれM，Nとすると，

$\mathrm{MO}\perp\mathrm{AB}$，$\mathrm{NO}\perp\mathrm{AC}$

$$\overrightarrow{\mathrm{MO}}=\overrightarrow{\mathrm{AO}}-\overrightarrow{\mathrm{AM}}$$
$$=(p\overrightarrow{\mathrm{AB}}+q\overrightarrow{\mathrm{AC}})-\frac{1}{2}\overrightarrow{\mathrm{AB}}$$
$$=\left(p-\frac{1}{2}\right)\overrightarrow{\mathrm{AB}}+q\overrightarrow{\mathrm{AC}}$$

より

$$\overrightarrow{\mathrm{MO}}\cdot\overrightarrow{\mathrm{AB}}=\left\{\left(p-\frac{1}{2}\right)\overrightarrow{\mathrm{AB}}+q\overrightarrow{\mathrm{AC}}\right\}\cdot\overrightarrow{\mathrm{AB}}=0$$

$$\therefore\ \left(p-\frac{1}{2}\right)|\overrightarrow{\mathrm{AB}}|^2+q(\overrightarrow{\mathrm{AC}}\cdot\overrightarrow{\mathrm{AB}})=0$$

AB=5と(1)の結果を代入して

$$5^2\left(p-\frac{1}{2}\right)+\frac{15}{2}q=0$$

$\therefore\ 10p+3q=5\cdots$①

同様に

$$\overrightarrow{\mathrm{NO}}\cdot\overrightarrow{\mathrm{AC}}=\left\{p\overrightarrow{\mathrm{AB}}+\left(q-\frac{1}{2}\right)\overrightarrow{\mathrm{AC}}\right\}\cdot\overrightarrow{\mathrm{AC}}=0$$

$$\therefore\ \frac{15}{2}p+9\left(q-\frac{1}{2}\right)=0$$

$\therefore\ 5p+6q=3\cdots$②

①，②より　$p=\dfrac{7}{15}$，$q=\dfrac{1}{9}$

$$\mathbf{\overrightarrow{AO}=\frac{7}{15}\overrightarrow{AB}+\frac{1}{9}\overrightarrow{AC}}$$

(3) 条件より　$|\overrightarrow{\mathrm{AB}}|=5$，$|\overrightarrow{\mathrm{AC}}|=3$

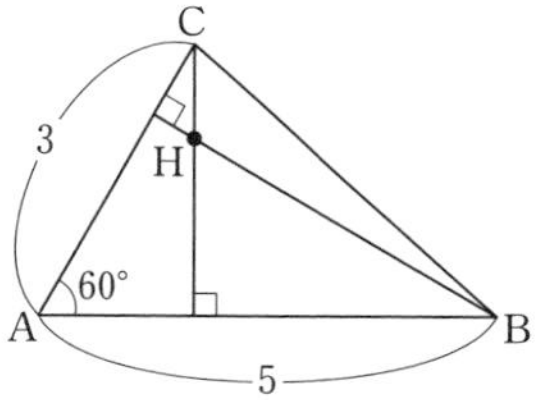


いま，$\overrightarrow{\mathrm{AH}}=r\overrightarrow{\mathrm{AB}}+s\overrightarrow{\mathrm{AC}}$ ($r$，$s$は実数)とすると，$\mathrm{BH}\perp\mathrm{CA}$より

$$\overrightarrow{\mathrm{BH}}\cdot\overrightarrow{\mathrm{CA}}=0$$
$$\therefore\ (\overrightarrow{\mathrm{AH}}-\overrightarrow{\mathrm{AB}})\cdot\overrightarrow{\mathrm{CA}}=0$$
$$\therefore\ (r\overrightarrow{\mathrm{AB}}+s\overrightarrow{\mathrm{AC}}-\overrightarrow{\mathrm{AB}})(-\overrightarrow{\mathrm{AC}})=0$$
$$\therefore\ -(r-1)\overrightarrow{\mathrm{AB}}\cdot\overrightarrow{\mathrm{AC}}-s|\overrightarrow{\mathrm{AC}}|^2=0$$

よって

$$-\frac{15}{2}(r-1)-9s=0$$

$\therefore\ 5r+6s=5\cdots$③

$\mathrm{CH}\perp\mathrm{AB}$より

$$\overrightarrow{\mathrm{CH}}\cdot\overrightarrow{\mathrm{AB}}=0$$
$$\therefore\ (\overrightarrow{\mathrm{AH}}-\overrightarrow{\mathrm{AC}})\cdot\overrightarrow{\mathrm{AB}}=0$$
$$\therefore\ (r\overrightarrow{\mathrm{AB}}+s\overrightarrow{\mathrm{AC}}-\overrightarrow{\mathrm{AC}})\cdot\overrightarrow{\mathrm{AB}}=0$$
$$\therefore\ r|\overrightarrow{\mathrm{AB}}|^2+(s-1)\overrightarrow{\mathrm{AB}}\cdot\overrightarrow{\mathrm{AC}}=0$$

よって

$$25r+\frac{15}{2}(s-1)=0$$

$\therefore\ 10r+3s=3\cdots$④

③，④より　$r=\dfrac{1}{15}$，$s=\dfrac{7}{9}$

よって

$$\mathbf{\overrightarrow{AH}=\frac{1}{15}\overrightarrow{AB}+\frac{7}{9}\overrightarrow{AC}}$$

## 129

$$\overrightarrow{\mathrm{OP}}=s\overrightarrow{\mathrm{OA}}+t\overrightarrow{\mathrm{OB}}\cdots①$$

(1) $2s+t=1\cdots$②

①より　$\overrightarrow{\mathrm{OP}}=2s\left(\dfrac{1}{2}\overrightarrow{\mathrm{OA}}\right)+t\overrightarrow{\mathrm{OB}}\cdots$①′

ここで，$\dfrac{1}{2}\overrightarrow{\mathrm{OA}}=\overrightarrow{\mathrm{OA'}}$ をみたす点A′をとると(A′はOAの中点)，①′より

$$\overrightarrow{\mathrm{OP}}=(2s)\overrightarrow{\mathrm{OA'}}+t\overrightarrow{\mathrm{OB}}$$

よって，②より，点Pの存在範囲は**直線A′B**である．

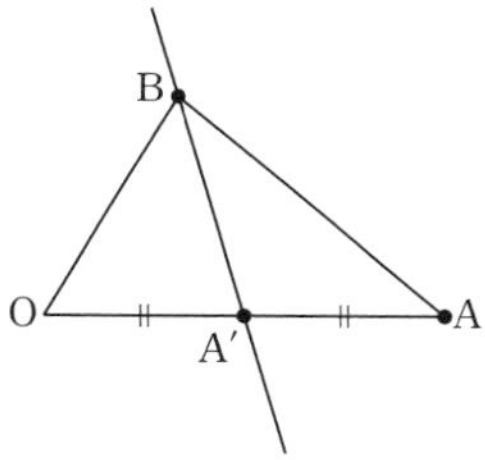

(2)　$2s+t=3$ より

$$\frac{2s}{3}+\frac{t}{3}=1 \cdots ③$$

①より　$\overrightarrow{OP}=\frac{2s}{3}\left(\frac{3}{2}\overrightarrow{OA}\right)+\frac{t}{3}(3\overrightarrow{OB})$

ここで，$\frac{3}{2}\overrightarrow{OA}=\overrightarrow{OA_1}$，$3\overrightarrow{OB}=\overrightarrow{OB_1}$ とすると
($A_1$ はOAを3:1に外分する点，$B_1$ はOBを3:2に外分する点)，

$$\overrightarrow{OP}=\frac{2s}{3}\overrightarrow{OA_1}+\frac{t}{3}\overrightarrow{OB_1}\cdots ①''$$

このとき，③より，点Pの存在範囲は直線 $\mathbf{A_1B_1}$ である．

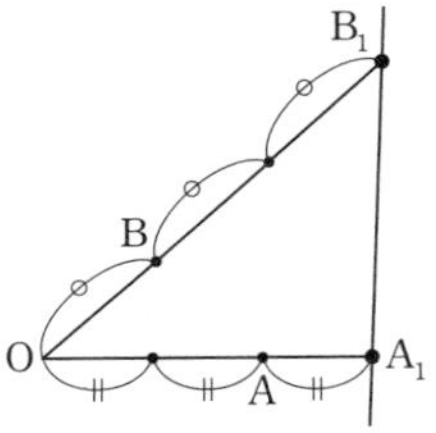


(3)　$2s+t \leqq 3$，$s \geqq 0$，$t \geqq 0$ より

$$\frac{2s}{3}+\frac{t}{3}\leqq 1,\ \frac{2s}{3}\geqq 0,\ \frac{t}{3}\geqq 0$$

これと①″と**例題129**(3)の結果より，点Pの存在範囲は $\triangle OA_1B_1$ の周および内部である．

$OA_1=\frac{3}{2}OA$，$OB_1=3OB$ であり，$\triangle OAB$ の面積を1とするので，点Pの存在範囲の面積は

$$OA:OA_1=2:3,\ OB:OB_1=1:3$$

より　$\frac{3}{2}\times 3=\mathbf{\frac{9}{2}}$

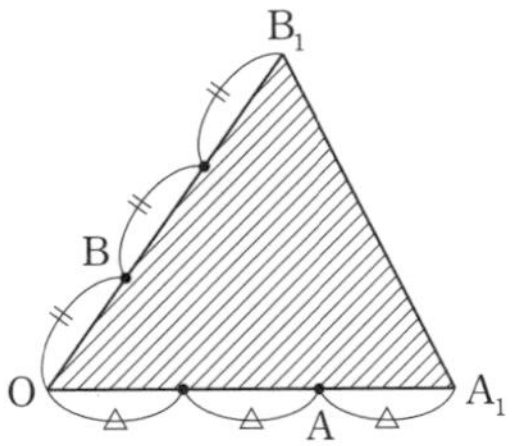


## 130

(1)　直線 $l$ の方向ベクトルは $\overrightarrow{AB}$ で

$$\overrightarrow{AB}=\overrightarrow{OB}-\overrightarrow{OA}=(0,2)-(-4,-1)$$
$$=(4,3)$$

直線 $m$ の方向ベクトルは $\overrightarrow{CD}$ で

$$\overrightarrow{CD}=\overrightarrow{OD}-\overrightarrow{OC}$$
$$=(a,-a+2)-(1,0)$$
$$=(a-1,-a+2)$$

**直線 $l$ と $m$ が平行**となるのは，$\overrightarrow{AB}/\!/\overrightarrow{CD}$ のときで

$(a-1,-a+2)=t(4,3)\cdots ①$　($t$ は実数)

と表されるときである．

①より

$$a-1=4t,\ -a+2=3t$$

$\therefore\ 7t=1$　$\therefore\ t=\frac{1}{7}$

$\therefore\ \boldsymbol{a=\frac{11}{7}}$

**直線 $l$ と $m$ が垂直**となるのは，$\overrightarrow{AB}\perp\overrightarrow{CD}$ のときで

$$\overrightarrow{AB}\cdot\overrightarrow{CD}=0$$

$\therefore\ 4(a-1)+3(-a+2)=0$

$\therefore\ \boldsymbol{a=-2}$

(2)

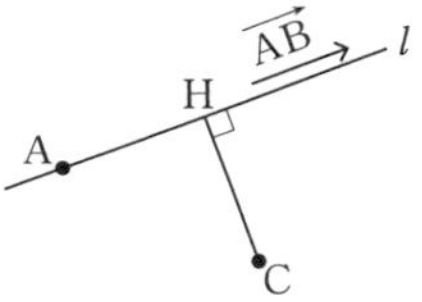


直線 $l$ のベクトル方程式は

$\vec{p}=\overrightarrow{OA}+u\overrightarrow{AB}$　($u$ は実数)

$$=(-4,-1)+u(4,3)$$
$$=(4u-4,3u-1)$$

と表せる．ここで，点Hは直線 $l$ 上にあるので

$\overrightarrow{OH}=(4u-4,3u-1)\cdots ②$　($u$ は実数)

と表せ

$$\overrightarrow{CH}=\overrightarrow{OH}-\overrightarrow{OC}$$
$$=(4u-4,3u-1)-(1,0)$$
$$=(4u-5,3u-1)$$

また，$CH\perp l$ より，$\overrightarrow{CH}\perp\overrightarrow{AB}$ であるから

$$\overrightarrow{CH}\cdot\overrightarrow{AB}=0$$

$\therefore\ 4(4u-5)+3(3u-1)=0$

$\therefore\ u=\frac{23}{25}$

②より

$$\overrightarrow{OH}=\left(-\frac{8}{25},\frac{44}{25}\right)$$

$\therefore\ \mathbf{H}\left(\boldsymbol{-\frac{8}{25},\frac{44}{25}}\right)$

## 131

(1) 与式より

$$\left|\overrightarrow{OP}+\frac{1}{3}\overrightarrow{OA}\right|=\frac{1}{3}OA$$

$-\frac{1}{3}\overrightarrow{OA}=\overrightarrow{OA'}$ をみたす点 A′(OA を 1:4 に外分する点)をとると

$$|\overrightarrow{OP}-\overrightarrow{OA'}|=\frac{1}{3}OA$$

よって，点 P が描く図形は，**点 A′ を中心とする半径 $\boldsymbol{\frac{1}{3}}$OA の円.**

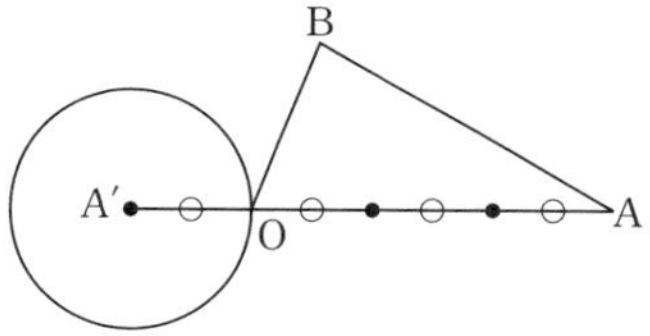


(2) 与式より

$$|3(\overrightarrow{OA}-\overrightarrow{OP})+2(\overrightarrow{OB}-\overrightarrow{OP})|=AB$$

$$\therefore\ |5\overrightarrow{OP}-(3\overrightarrow{OA}+2\overrightarrow{OB})|=AB$$

$$\therefore\ \left|\overrightarrow{OP}-\frac{3\overrightarrow{OA}+2\overrightarrow{OB}}{5}\right|=\frac{1}{5}AB\cdots①$$

ここで，AB を 2:3 に内分する点を C とすると，

$$\overrightarrow{OC}=\frac{3\overrightarrow{OA}+2\overrightarrow{OB}}{5}$$

であるから，①は

$$|\overrightarrow{OP}-\overrightarrow{OC}|=\frac{1}{5}AB$$

と表される．よって，点 P が描く図形は，**点 C を中心とする半径 $\boldsymbol{\frac{1}{5}}$AB の円.**

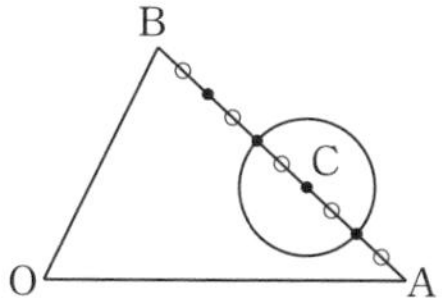


(3) 与式より

$$\{(\overrightarrow{OP}-\overrightarrow{OA})+(\overrightarrow{OP}-\overrightarrow{OB})\}$$

$$\cdot\{2(\overrightarrow{OP}-\overrightarrow{OA})+(\overrightarrow{OP}-\overrightarrow{OB})\}=0$$

$$\therefore\ \{2\overrightarrow{OP}-(\overrightarrow{OA}+\overrightarrow{OB})\}\cdot\{3\overrightarrow{OP}-(2\overrightarrow{OA}+\overrightarrow{OB})\}=0$$

$$\therefore\ \left(\overrightarrow{OP}-\frac{\overrightarrow{OA}+\overrightarrow{OB}}{2}\right)\cdot\left(\overrightarrow{OP}-\frac{2\overrightarrow{OA}+\overrightarrow{OB}}{3}\right)=0$$

ここで，線分 AB の中点を E，線分 AB を 1:2 に内分する点を F とすると

$$(\overrightarrow{OP}-\overrightarrow{OE})\cdot(\overrightarrow{OP}-\overrightarrow{OF})=0$$

つまり　$\overrightarrow{EP}\cdot\overrightarrow{FP}=0$

よって　EP⊥FP または P=E または P=F となり，点 P が描く図形は，**2 点 E，F を直径の両端とする円.**

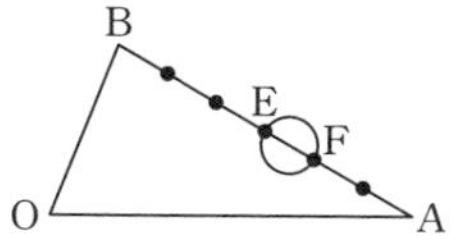


## 132

(1) $3\overrightarrow{OA}+4\overrightarrow{OB}+5\overrightarrow{OC}=\vec{0}\cdots①$

3 点 A，B，C は原点 O を中心とする半径 1 の円周上にあるので

$$|\overrightarrow{OA}|=|\overrightarrow{OB}|=|\overrightarrow{OC}|=1\cdots②$$

①より

$$3\overrightarrow{OA}+4\overrightarrow{OB}=-5\overrightarrow{OC}\cdots①'$$

よって

$$|3\overrightarrow{OA}+4\overrightarrow{OB}|^2=|-5\overrightarrow{OC}|^2$$

$$\therefore\ 9|\overrightarrow{OA}|^2+24\overrightarrow{OA}\cdot\overrightarrow{OB}+16|\overrightarrow{OB}|^2=25|\overrightarrow{OC}|^2$$

②を代入して

$$9+24\overrightarrow{OA}\cdot\overrightarrow{OB}+16=25$$

$$\therefore\ \overrightarrow{OA}\cdot\overrightarrow{OB}=0$$

よって，$|\overrightarrow{OA}|\neq0$, $|\overrightarrow{OB}|\neq0$ より

$$\boldsymbol{\angle AOB=\frac{\pi}{2}}$$

(2) ①′より $\overrightarrow{OC}=-\left(\frac{3}{5}\overrightarrow{OA}+\frac{4}{5}\overrightarrow{OB}\right)$ であり，右辺の $\overrightarrow{OA}$，$\overrightarrow{OB}$ の係数は負であるから，点 C は図の斜線部分にある.

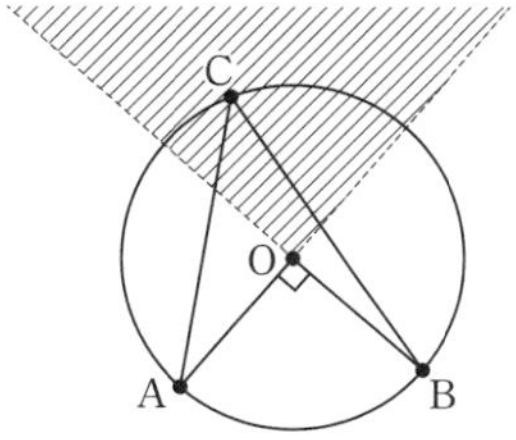


よって，円周角 ∠ACB に対する中心角は $\frac{\pi}{2}$ である $\left(\frac{3}{2}\pi\text{ ではない}\right)$．したがって

$$\boldsymbol{\angle ACB=\frac{1}{2}\times\frac{\pi}{2}=\frac{\pi}{4}}$$

## 133

(1) $\overrightarrow{\mathrm{AC}}=\overrightarrow{\mathrm{AF}}+\overrightarrow{\mathrm{FC}}=\vec{b}+2\vec{a}$ …①

$\overrightarrow{\mathrm{AI}}=\overrightarrow{\mathrm{AG}}+\overrightarrow{\mathrm{GI}}=\overrightarrow{\mathrm{AG}}+\overrightarrow{\mathrm{AC}}=\vec{c}+(2\vec{a}+\vec{b})$

$\therefore\ \overrightarrow{\mathrm{AI}}=2\vec{a}+\vec{b}+\vec{c}$ …②

$\overrightarrow{\mathrm{AJ}}=\overrightarrow{\mathrm{AD}}+\overrightarrow{\mathrm{DJ}}=(\overrightarrow{\mathrm{AC}}+\overrightarrow{\mathrm{CD}})+\overrightarrow{\mathrm{AG}}$

$=(\overrightarrow{\mathrm{AC}}+\overrightarrow{\mathrm{AF}})+\overrightarrow{\mathrm{AG}}$

$=(2\vec{a}+\vec{b})+\vec{b}+\vec{c}$

$\therefore\ \overrightarrow{\mathrm{AJ}}=2\vec{a}+2\vec{b}+\vec{c}$ …③

③−②より，$\vec{b}$ を $\overrightarrow{\mathrm{AI}}$，$\overrightarrow{\mathrm{AJ}}$ で表すと

$\vec{b}=\overrightarrow{\mathrm{AJ}}-\overrightarrow{\mathrm{AI}}$ …④

④を①に代入して

$$\vec{a}=\frac{1}{2}\overrightarrow{\mathrm{AC}}+\frac{1}{2}\overrightarrow{\mathrm{AI}}-\frac{1}{2}\overrightarrow{\mathrm{AJ}}$$

(2) $\overrightarrow{\mathrm{OE}}=t\overrightarrow{\mathrm{OA}}=t(1,2,3)=(t,2t,3t)$

$\overrightarrow{\mathrm{OF}}=\overrightarrow{\mathrm{OB}}+u\overrightarrow{\mathrm{OC}}$

$=(2,-1,3)+u(1,-3,1)$

$=(u+2,-3u-1,u+3)$

よって

$\overrightarrow{\mathrm{DE}}=\overrightarrow{\mathrm{OE}}-\overrightarrow{\mathrm{OD}}$

$=(t,2t,3t)-(1,1,1)$

$=(t-1,2t-1,3t-1)$

$\overrightarrow{\mathrm{DF}}=\overrightarrow{\mathrm{OF}}-\overrightarrow{\mathrm{OD}}$

$=(u+2,-3u-1,u+3)-(1,1,1)$

$=(u+1,-3u-2,u+2)$

3点D，E，Fが一直線上にある条件は

$\overrightarrow{\mathrm{DF}}=k\overrightarrow{\mathrm{DE}}$ （$k$ は実数）

$\therefore\ (u+1,-3u-2,u+2)=k(t-1,2t-1,3t-1)$

$$\therefore\ \begin{cases} u+1=k(t-1)\cdots① \\ -3u-2=k(2t-1)\cdots② \\ u+2=k(3t-1)\cdots③ \end{cases}$$

をみたす実数 $t,u,k$ が存在することである.

2×①−②より　$5u+4=-k$

3×①−③より　$2u+1=-2k$

よって

$$u=-\frac{7}{8},\ k=\frac{3}{8}$$

①に代入して　$t=\dfrac{4}{3}$

## 134

(1) 直線 $l$ の方向ベクトルを $\vec{l}$ とすると

$\vec{l}=\overrightarrow{\mathrm{OA}}=(1,1,1)$

点Hは直線 $l$ 上にあるので

$\overrightarrow{\mathrm{OH}}=(t,t,t)$ …① （$t$ は実数）

と表せる．このとき

$\overrightarrow{\mathrm{BH}}=\overrightarrow{\mathrm{OH}}-\overrightarrow{\mathrm{OB}}$

$=(t,t,t)-(0,1,2)=(t,t-1,t-2)$

$\mathrm{BH}\perp l$ より

$\overrightarrow{\mathrm{BH}}\cdot\vec{l}=0$

$\therefore\ t+(t-1)+(t-2)=0\quad\therefore\ t=1$

①に代入して

$\overrightarrow{\mathrm{OH}}=(1,1,1)\quad\therefore\ \mathbf{H(1,1,1)}$

(2) 直線 $m$ の方向ベクトルを $\vec{m}$ とすると

$\vec{m}=\overrightarrow{\mathrm{BC}}=\overrightarrow{\mathrm{OC}}-\overrightarrow{\mathrm{OB}}$

$=(a,a+2,2a)-(0,1,2)=(a,a+1,2a-2)$

直線 $l$ と直線 $m$ が垂直となる条件は

$\vec{l}\cdot\vec{m}=a+(a+1)+(2a-2)=0$

$\therefore\ a=\dfrac{1}{4}$

(3) $l:(x,y,z)=t(1,1,1)$ …② （$t$ は実数）

$m:(x,y,z)=(0,1,2)+u\vec{m}$

$=(0,1,2)+u(a,a+1,2a-2)$ …③

（$u$ は実数）

直線 $l$ と直線 $m$ が交点をもつ条件は，②，③より，

$t(1,1,1)=(0,1,2)+u(a,a+1,2a-2)$

$$\therefore\ \begin{cases} t=au\cdots④ \\ t=1+(a+1)u\cdots⑤ \\ t=2+(2a-2)u\cdots⑥ \end{cases}$$

をみたす実数 $t$，$u$ が存在することである.

⑤−④より　$u+1=0\quad\therefore\ u=-1$

2×④−⑥より　$t=2u-2\quad\therefore\ t=-4$

④に代入して

$a=4$

## 135

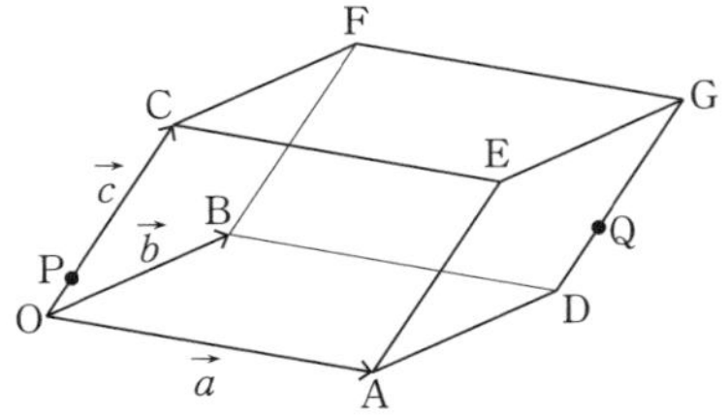


条件より　$\overrightarrow{\mathrm{OP}}=\dfrac{1}{6}\vec{c}$

$\overrightarrow{\mathrm{OD}}=\overrightarrow{\mathrm{OA}}+\overrightarrow{\mathrm{OB}}=\vec{a}+\vec{b}$

$\overrightarrow{DQ}=\frac{1}{4}\overrightarrow{DG}$ より

$$\overrightarrow{OQ}-\overrightarrow{OD}=\frac{1}{4}\overrightarrow{OC}$$

$$\therefore\ \overrightarrow{OQ}=\overrightarrow{OD}+\frac{1}{4}\overrightarrow{OC}$$

$$=\vec{a}+\vec{b}+\frac{1}{4}\vec{c}$$

Rは線分PQ上にあるので

$$\overrightarrow{OR}=(1-k)\overrightarrow{OP}+k\overrightarrow{OQ}\quad(k\text{ は実数})$$

$$=\frac{1}{6}(1-k)\vec{c}+k\left(\vec{a}+\vec{b}+\frac{1}{4}\vec{c}\right)$$

$$=k\vec{a}+k\vec{b}+\left(\frac{k}{12}+\frac{1}{6}\right)\vec{c}\cdots①$$

と表される．また，点Rは平面ABC上にあるので

$$\overrightarrow{OR}=\alpha\vec{a}+\beta\vec{b}+\gamma\vec{c}\cdots②$$

$$(\alpha+\beta+\gamma=1\cdots③)$$

と表される．OABCは四面体をなすので，①，②より

$$k=\alpha,\ k=\beta,\ \frac{k}{12}+\frac{1}{6}=\gamma$$

③に代入して

$$k+k+\left(\frac{k}{12}+\frac{1}{6}\right)=1\quad\therefore\ k=\frac{2}{5}$$

よって　$\alpha=\frac{2}{5},\ \beta=\frac{2}{5},\ \gamma=\frac{1}{5}$

②より

$$\mathbf{\overrightarrow{OR}=\frac{2}{5}\vec{a}+\frac{2}{5}\vec{b}+\frac{1}{5}\vec{c}}$$

## 136

(1)　点Mは線分ABの中点なので

$$\overrightarrow{OM}=\frac{\vec{a}+\vec{b}}{2}$$

点Pは辺OCを1:2に内分する点なので

$$\overrightarrow{OP}=\frac{1}{3}\vec{c}$$

よって

$$\overrightarrow{MP}=\overrightarrow{OP}-\overrightarrow{OM}=\frac{1}{3}\vec{c}-\frac{\vec{a}+\vec{b}}{2}$$

$$\mathbf{=-\frac{1}{2}\vec{a}-\frac{1}{2}\vec{b}+\frac{1}{3}\vec{c}}$$

(2)　OA=OB=OC=2

$$\angle AOB=\angle AOC=\frac{\pi}{3}$$

$$\angle BOC=\frac{\pi}{2}$$

より

$$|\vec{a}|=|\vec{b}|=|\vec{c}|=2$$

$$\vec{a}\cdot\vec{b}=\vec{a}\cdot\vec{c}=2\cdot2\cdot\cos\frac{\pi}{3}=2$$

$$\vec{b}\cdot\vec{c}=2\cdot2\cdot\cos\frac{\pi}{2}=0$$

よって

$$\mathbf{\overrightarrow{AB}\cdot\overrightarrow{MP}}$$

$$=(\vec{b}-\vec{a})\cdot\left(-\frac{1}{2}\vec{a}-\frac{1}{2}\vec{b}+\frac{1}{3}\vec{c}\right)$$

$$=(\vec{a}-\vec{b})\cdot\left(\frac{1}{2}\vec{a}+\frac{1}{2}\vec{b}-\frac{1}{3}\vec{c}\right)$$

$$=\frac{1}{2}|\vec{a}|^2-\frac{1}{2}|\vec{b}|^2-\frac{1}{3}\vec{a}\cdot\vec{c}+\frac{1}{3}\vec{b}\cdot\vec{c}$$

$$=\frac{1}{2}\cdot2^2-\frac{1}{2}\cdot2^2-\frac{1}{3}\cdot2+0$$

$$\mathbf{=-\frac{2}{3}}$$

(3)　$|\overrightarrow{AB}|^2=|\vec{b}-\vec{a}|^2=|\vec{b}|^2-2\vec{a}\cdot\vec{b}+|\vec{a}|^2$

$$=2^2-2\cdot2+2^2=4$$

$$|\overrightarrow{MP}|^2=\left|-\frac{1}{2}\vec{a}-\frac{1}{2}\vec{b}+\frac{1}{3}\vec{c}\right|^2$$

$$=\frac{1}{4}|\vec{a}|^2+\frac{1}{4}|\vec{b}|^2+\frac{1}{9}|\vec{c}|^2$$

$$+\frac{1}{2}\vec{a}\cdot\vec{b}-\frac{1}{3}\vec{b}\cdot\vec{c}-\frac{1}{3}\vec{c}\cdot\vec{a}$$

$$=\frac{1}{4}\cdot2^2+\frac{1}{4}\cdot2^2+\frac{1}{9}\cdot2^2$$

$$+\frac{1}{2}\cdot2-0-\frac{1}{3}\cdot2$$

$$=\frac{25}{9}$$

よって

$$\mathbf{\cos\theta}=\frac{\overrightarrow{AB}\cdot\overrightarrow{MP}}{|\overrightarrow{AB}||\overrightarrow{MP}|}=\frac{-\frac{2}{3}}{\sqrt{4}\sqrt{\frac{25}{9}}}\mathbf{=-\frac{1}{5}}$$

(注)　$|\overrightarrow{AB}|$ については，OA=OB=2，

$\angle AOB=\frac{\pi}{3}$ より，△OABは正三角形である．

これより，$|\overrightarrow{AB}|=2$ としてもよい．

## 137

(1)　$\overrightarrow{OA}$ と $\overrightarrow{OB}$ が垂直となる条件は

$$\overrightarrow{OA}\cdot\overrightarrow{OB}=0$$

$\therefore\ 1\cdot(-4)+2\cdot(t+1)+(-2)\cdot2=0$

$\therefore\ 2t-6=0\quad\therefore\ \boldsymbol{t=3}$

よって，$\overrightarrow{OB}=(-4,4,2)=2(-2,2,1)$ であるから

$$|\overrightarrow{OB}|^2=4\{(-2)^2+2^2+1^2\}=36$$

また　$|\overrightarrow{OA}|^2=1^2+2^2+(-2)^2$
$=9\cdots①$

このとき，OA⊥OBであるから，△OABの面積は

$$\frac{1}{2}\cdot OA\cdot OB=\frac{1}{2}|\overrightarrow{OA}||\overrightarrow{OB}|$$
$$=\frac{1}{2}\sqrt{9}\cdot\sqrt{36}=\boldsymbol{9}$$

(2)　$|\overrightarrow{OC}|^2=1^2+(-2)^2+3^2=14$

$\overrightarrow{OA}\cdot\overrightarrow{OC}=1\cdot1+2\cdot(-2)+(-2)\cdot3=-9$

これと①より

$$\boldsymbol{\cos\theta}=\frac{\overrightarrow{OA}\cdot\overrightarrow{OC}}{|\overrightarrow{OA}||\overrightarrow{OC}|}=\frac{-9}{\sqrt{9}\cdot\sqrt{14}}=\boldsymbol{-\frac{3\sqrt{14}}{14}}$$

また，$\overrightarrow{OA}$ と $\overrightarrow{OB}$ のなす角，$\overrightarrow{OB}$ と $\overrightarrow{OC}$ のなす角をそれぞれ$\alpha$，$\beta$とすると，$\alpha=\beta$となる条件は

$\cos\alpha=\cos\beta$

$$\therefore\ \frac{\overrightarrow{OA}\cdot\overrightarrow{OB}}{|\overrightarrow{OA}||\overrightarrow{OB}|}=\frac{\overrightarrow{OB}\cdot\overrightarrow{OC}}{|\overrightarrow{OB}||\overrightarrow{OC}|}$$

$\therefore\ |\overrightarrow{OC}|(\overrightarrow{OA}\cdot\overrightarrow{OB})=|\overrightarrow{OA}|(\overrightarrow{OB}\cdot\overrightarrow{OC})\cdots②$

ここで

$\overrightarrow{OB}\cdot\overrightarrow{OC}=(-4)\cdot1+(t+1)\cdot(-2)+2\cdot3$
$=-2t$

これと上で求めた値を代入すると，②は

$\sqrt{14}(2t-6)=3(-2t)$

$\therefore\ (\sqrt{14}+3)t=3\sqrt{14}$

$$\therefore\ \boldsymbol{t}=\frac{3\sqrt{14}}{\sqrt{14}+3}=\boldsymbol{\frac{3(14-3\sqrt{14})}{5}}$$

(3)　$\overrightarrow{OA}$，$\overrightarrow{OC}$ の2つのベクトルと垂直なベクトルを $\vec{p}=(x,y,z)$ とすると，$\vec{p}\perp\overrightarrow{OA}$，$\vec{p}\perp\overrightarrow{OC}$ より

$\vec{p}\cdot\overrightarrow{OA}=0$

$\therefore\ x+2y-2z=0\cdots②$

$\vec{p}\cdot\overrightarrow{OC}=0$

$\therefore\ x-2y+3z=0\cdots③$

②+③より　$2x+z=0$　$\therefore\ 2x=-z$

②−③より　$4y-5z=0$　$\therefore\ 4y=5z$

よって，$z=-4$ とおくと　$\vec{p}=(2,-5,-4)$

これは $\overrightarrow{OA}$，$\overrightarrow{OC}$ と垂直なベクトルである．したがって，求めるベクトルは

$$\pm\frac{1}{|\vec{p}|}\vec{p}$$
$$=\pm\frac{1}{\sqrt{2^2+(-5)^2+(-4)^2}}(2,-5,-4)$$
$$=\boldsymbol{\pm\frac{\sqrt{5}}{15}(2,-5,-4)}$$

## 138

(1)　$\overrightarrow{AB}=\overrightarrow{OB}-\overrightarrow{OA}=(-3,0,-4)-(3,0,4)$
$=(-6,0,-8)$

$\overrightarrow{AC}=\overrightarrow{OC}-\overrightarrow{OA}=(0,10,0)-(3,0,4)$
$=(-3,10,-4)$

よって

$|\overrightarrow{AB}|^2=(-6)^2+(-8)^2=100$

$|\overrightarrow{AC}|^2=(-3)^2+10^2+(-4)^2=125$

$\overrightarrow{AB}\cdot\overrightarrow{AC}=(-6)(-3)+0\cdot10+(-8)(-4)$
$=50$

したがって

$$\triangle\mathbf{ABC}=\frac{1}{2}\sqrt{|\overrightarrow{AB}|^2|\overrightarrow{AC}|^2-(\overrightarrow{AB}\cdot\overrightarrow{AC})^2}$$
$$=\frac{1}{2}\sqrt{100\cdot125-50^2}=\boldsymbol{50}$$

(2)　点Hは平面ABC上にあるので

$\overrightarrow{AH}=s\overrightarrow{AB}+t\overrightarrow{AC}$　($s$，$t$ は実数)

$\therefore\ \overrightarrow{OH}=\overrightarrow{OA}+s\overrightarrow{AB}+t\overrightarrow{AC}$
$=(3,0,4)+s(-6,0,-8)$
$+t(-3,10,-4)$
$=(3-6s-3t,10t,4-8s-4t)\cdots①$

と表される．このとき

$\overrightarrow{DH}=\overrightarrow{OH}-\overrightarrow{OD}$
$=(3-6s-3t,10t,4-8s-4t)-(-8,5,6)$
$=(11-6s-3t,-5+10t,-2-8s-4t)$

ここで，DH⊥AB，DH⊥ACより

$\overrightarrow{DH}\cdot\overrightarrow{AB}=0$

$\therefore\ -6(11-6s-3t)$
$+(-8)(-2-8s-4t)=0$

$\therefore\ 2s+t=1\cdots②$

$\overrightarrow{DH}\cdot\overrightarrow{AC}=0$

$\therefore\ -3(11-6s-3t)+10(-5+10t)$
$+(-4)(-2-8s-4t)=0$

$\therefore\ 2s+5t=3\cdots③$

②，③より　$t=\dfrac{1}{2}$，$s=\dfrac{1}{4}$

①に代入して

$$\overrightarrow{OH}=(0, 5, 0)$$

∴ **H(0, 5, 0)**

(3)　$\overrightarrow{DH}=\overrightarrow{OH}-\overrightarrow{OD}=(8, 0, -6)$

よって

$$|\overrightarrow{DH}|^2=8^2+(-6)^2=100$$

したがって

$$V=\frac{1}{3}\triangle ABC\times|\overrightarrow{DH}|=\frac{1}{3}\cdot 50\cdot 10$$

$$=\mathbf{\frac{500}{3}}$$

## 139

(1)　直線$l$の方向ベクトルは

$$\overrightarrow{AB}=\overrightarrow{OB}-\overrightarrow{OA}=(0, 1, 2)-(1, 0, 0)$$
$$=(-1, 1, 2)$$

よって，$l$のベクトル方程式は

$$(x, y, z)=(1, 0, 0)+t(-1, 1, 2)\cdots①$$

（$t$は実数）

同様に，直線$m$のベクトル方程式は，方向ベクトルが

$$\overrightarrow{CD}=(1, 1, 0)-(0, 0, 1)=(1, 1, -1)$$

であるから

$$(x, y, z)=(0, 0, 1)+u(1, 1, -1)\cdots②$$

（$u$は実数）

直線$l$と直線$m$が共有点をもつ条件は，①，②より

$$(1, 0, 0)+t(-1, 1, 2)$$
$$=(0, 0, 1)+u(1, 1, -1)\cdots③$$

をみたす実数$t$，$u$が存在することである．

$$③\Leftrightarrow(-t+1, t, 2t)=(u, u, -u+1)$$

$$\Leftrightarrow\begin{cases}-t+1=u\cdots④\\ t=u\cdots⑤\\ 2t=-u+1\cdots⑥\end{cases}$$

④，⑤より$t=u=\dfrac{1}{2}$となるが，これは⑥をみたさないので，③をみたす実数$t$，$u$は存在しない．

よって，直線$l$と直線$m$は共有点をもたない．　終

(2)　直線$l$上の点P，直線$m$上の点Qは，①，②より，

$$P(-t+1, t, 2t),\ Q(u, u, -u+1)$$

と表せる．このとき

$$\overrightarrow{PQ}=\overrightarrow{OQ}-\overrightarrow{OP}$$
$$=(u, u, -u+1)-(-t+1, t, 2t)$$
$$=(t+u-1, -t+u, -2t-u+1)$$

であるから

$$PQ^2=|\overrightarrow{PQ}|^2$$
$$=(t+u-1)^2+(-t+u)^2+(-2t-u+1)^2$$
$$=6t^2+3u^2+4tu-6t-4u+2$$
$$=3u^2+4(t-1)u+6t^2-6t+2$$
$$=3\left\{u+\frac{2}{3}(t-1)\right\}^2-\frac{4}{3}(t-1)^2+6t^2-6t+2$$
$$=3\left\{u+\frac{2}{3}(t-1)\right\}^2+\frac{14}{3}t^2-\frac{10}{3}t+\frac{2}{3}$$
$$=3\left\{u+\frac{2}{3}(t-1)\right\}^2+\frac{14}{3}\left(t-\frac{5}{14}\right)^2+\frac{1}{14}$$

よって

$$u+\frac{2}{3}(t-1)=0 \text{ かつ } t-\frac{5}{14}=0$$

$$\therefore\ t=\frac{5}{14},\ u=\frac{3}{7}$$

のとき，線分PQの長さは最小となり，求める最小値は

$$\sqrt{\frac{1}{14}}=\mathbf{\frac{\sqrt{14}}{14}}$$

（注）　**例題139 Assist**にあるように，線分PQの長さが最小となるのは

$$PQ\perp l \text{ かつ } PQ\perp m$$

のときであるから，上にあるように

$$\overrightarrow{PQ}=(t+u-1, -t+u, -2t-u+1)$$

と表し

$$\overrightarrow{PQ}\cdot\overrightarrow{AB}=0\cdots(*)$$

かつ $\overrightarrow{PQ}\cdot\overrightarrow{CD}=0\cdots(**)$

より

$$(*)\Leftrightarrow-(t+u-1)+(-t+u)+2(-2t-u+1)=0$$
$$\Leftrightarrow 6t+2u=3\cdots(*)'$$
$$(**)\Leftrightarrow(t+u-1)+(-t+u)-(-2t-u+1)=0$$
$$\Leftrightarrow 2t+3u=2\cdots(**)'$$

$(*)'$，$(**)'$より　$t=\dfrac{5}{14}$，$u=\dfrac{3}{7}$

このように，PQの長さの最小値を求めてもよい．

**140**

(1)　$\overrightarrow{OA}=(2,0,1)$, $\overrightarrow{OB}=(0,3,-1)$

$\overrightarrow{OA}$, $\overrightarrow{OB}$ の両方と垂直なベクトルを $\vec{\alpha}=(x,y,z)$ とすると

$$\vec{\alpha}\cdot\overrightarrow{OA}=(x,y,z)\cdot(2,0,1)=2x+z=0$$

$\therefore\ 2x=-z$

$$\vec{\alpha}\cdot\overrightarrow{OB}=(x,y,z)\cdot(0,3,-1)$$
$$=3y-z=0$$

$\therefore\ 3y=z$

よって，$z=-6$ とおくと　$x=3$, $y=-2$

$\therefore\ \vec{\alpha}=\mathbf{(3,-2,-6)}$

これは $\overrightarrow{OA}$, $\overrightarrow{OB}$ の両方と垂直なベクトルである．

(2)

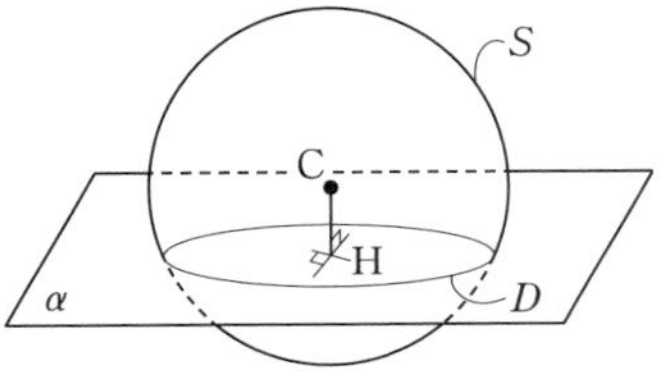


点Cを中心とする半径 $10\sqrt{2}$ の球面を $S$, $S$ と平面 $\alpha$ とが交わってできる交円を $D$ とすると，$D$ の中心は，$S$ の中心Cから平面 $\alpha$ におろした垂線と平面の交点Hである．ここで，$\overrightarrow{CH}\parallel\vec{\alpha}$ より，

$$\overrightarrow{CH}=k\vec{\alpha}\quad(k\text{ は実数})$$

$\therefore\ \overrightarrow{OH}-\overrightarrow{OC}=k\vec{\alpha}$

$\therefore\ \overrightarrow{OH}=\overrightarrow{OC}+k\vec{\alpha}$

$$=(0,7,14)+k(3,-2,-6)$$
$$=(3k,-2k+7,-6k+14)\cdots①$$

と表せる．また，Hは平面 $\alpha$ 上にあるので

$$\overrightarrow{OH}=p\overrightarrow{OA}+q\overrightarrow{OB}\quad(p,q\text{ は実数})$$
$$=p(2,0,1)+q(0,3,-1)$$
$$=(2p,3q,p-q)\cdots②$$

①，②より

$$(3k,-2k+7,-6k+14)=(2p,3q,p-q)$$
$$3k=2p,\ -2k+7=3q,\ -6k+14=p-q$$

$\therefore\ k=2,\ p=3,\ q=1$

よって，交円の中心Hは　**(6, 3, 2)**

円 $D$ の半径を $r$ とすると，三平方の定理より

$$(10\sqrt{2})^2=CH^2+r^2$$

$\therefore\ r^2=200-|k\vec{\alpha}|^2$

$$=200-2^2\{3^2+(-2)^2+(-6)^2\}$$
$$=4$$

よって，交円の半径 $r$ は　**2**

— MEMO —

— MEMO —

— MEMO —

— MEMO —

— MEMO —

— MEMO —

— MEMO —

改① 20240723